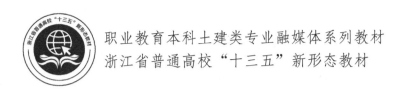

职业教育本科土建类专业融媒体系列教材
浙江省普通高校"十三五"新形态教材

土木工程材料

张飞燕　主　编

吴　庆　吴宗华　葛　晓　副主编

汪国辉　主　审

U0283146

中国建筑工业出版社

图书在版编目（CIP）数据

土木工程材料 / 张飞燕主编；吴庆，吴宗华，葛晓
副主编. — 北京：中国建筑工业出版社，2023.3
职业教育本科土建类专业融媒体系列教材 浙江省普
通高校"十三五"新形态教材
ISBN 978-7-112-28349-1

Ⅰ. ①土… Ⅱ. ①张… ②吴… ③吴… ④葛… Ⅲ.
①土木工程-建筑材料-职业教育-教材 Ⅳ. ①TU5

中国国家版本馆 CIP 数据核字（2023）第 015823 号

本教材共包括绪论和 12 个项目，分别为土木工程材料的基本性质、石材、气硬性胶凝材料、水泥、混凝土、砂浆、墙体及屋面材料、建筑钢材与铝材、建筑功能材料、建筑装饰材料、新型土木工程材料、常用土木工程材料试验。

本教材可作为高等职业教育本科的工程造价、建设工程管理、建筑工程、建筑设计等土木建筑大类专业教学用书，也可作为高等职业教育专科的工程造价、建设工程管理、建设工程监理、建筑工程技术等专业的教学用书，同时可供材料员、施工员、造价员、试验员、质检员等岗位人员学习参考。

为方便教师授课，本教材作者自制免费课件并提供习题答案，索取方式为：1. 邮箱 jckj@cabp.com.cn；2. 电话（010）58337285；3. 建工书院 http://edu.cabplink.com。

责任编辑：李天虹 李 阳
责任校对：赵 菲

职业教育本科土建类专业融媒体系列教材
浙江省普通高校"十三五"新形态教材

土木工程材料

张飞燕 主 编

吴 庆 吴宗华 葛 晓 副主编

汪国辉 主 审

＊

中国建筑工业出版社出版、发行（北京海淀三里河路 9 号）
各地新华书店、建筑书店经销
北京鸿文瀚海文化传媒有限公司制版
北京君升印刷有限公司印刷

＊

开本：787 毫米×1092 毫米 1/16 印张：21 字数：521 千字
2023 年 2 月第一版 2023 年 2 月第一次印刷
定价：**65.00** 元（赠教师课件）
ISBN 978-7-112-28349-1
（40766）

前　言

党的二十大报告中指出，从现在起，中国共产党的中心任务就是团结带领全国各族人民全面建成社会主义现代化强国、实现第二个百年奋斗目标，以中国式现代化全面推进中华民族伟大复兴。教育是国之大计、党之大计。加快发展职业教育，是推动国家现代化的紧迫需求，发扬职业教育理念，使职业教育更好地为现代化发展服务。

本教材是浙江省普通高校"十三五"新形态教材，系全过程造价咨询系列教材之一。教材将新设备、新技术、新工艺、新材料"四新"和信息化、智能化、工业化、国际化、绿色化"建筑五化"纳入其中，并与现行土木工程材料最新国家标准规范相衔接，体现了项目化教学的设计理念，可作为本科层次职业教育的工程造价、建设工程管理、建筑工程、建筑设计等土木建筑大类专业教学用书，也可作为高等职业教育专科的工程造价、建设工程管理、建设工程监理、建筑工程技术等专业的教学用书，同时可供材料员、施工员、试验员、质检员等岗位人员学习参考。

本教材以习近平新时代中国特色社会主义思想理论为指导，着力体现职业教育类型特点，以培养土木建筑大类专业高层次技术技能人才为目标，紧密对接最新行业规范标准，涉及常用土木工程材料的组成、特点、技术性质、质量标准及应用、检验方法、绿色环保性等主要内容，且在其中"润物细无声"地融入了课程思政典型案例，将团队协作、职业道德、责任担当、环保意识和工匠精神等思政元素融入教材，全面增强了课程铸魂育人功能。同时，本教材对接"土木工程材料"精品在线开放课程建设，实行线上线下混合式教学模式，通过移动互联网技术，将土木工程材料微课视频、土木工程材料图片集、规范标准、工程案例等数字资源嵌入其中，把教材、课堂、教学资源三者进行有机融合，创建了立体的数字化新形态教材，使读者在通读本教材时可以获得多样化的学习方式。

本教材由浙江广厦建设职业技术大学张飞燕任主编，吴庆、吴宗华、葛晓任副主编，王珊珊、李燕、陈锦贤、刘瑛瑛、陈云舟等参加编写。具体分工如下：绪论、项目1、项目4、项目10由张飞燕编写；项目2由海天建设集团有限公司陈锦贤编写；项目3由深圳市斯维尔科技股份有限公司叶东东编写；项目5、项目12由吴庆编写；项目6由浙江花园建设集团有限公司葛晓编写；项目7由李燕编写；项目8由王珊珊编写；项目9、项目11由吴宗华编写；刘瑛瑛、陈云舟参与微课视频的主讲；部分二维码数字资源由品茗科技股份有限公司李泉整理完成。全书由张飞燕最后统稿并定稿，由汪国辉担任主审。

本教材参考了部分相关专业的文献和资料，但未在教材中一一注明出处，在此对相关文献的作者表示感谢。限于编者自身水平有限，教材中难免存在疏漏和不妥之处，恳请广大读者批评指正。

目　录

绪论

0.1　土木工程材料的发展

　　土木工程材料的发展史是人类文明史的一部分，利用土木工程材料改造自然、促进人类物质文明的进步，是人类社会发展的一个重要标志。土木工程材料是随着社会生产力和科学技术水平的发展而发展的。土木工程材料的发展历程大致可分为石器时代、青铜时代、铁器时代、工业时代和科技时代五个阶段。

　　1. 石器时代

　　在旧石器时代，人类祖先居住在天然洞穴里，并不需要建筑材料，如图0-1所示。到了大约1万年前的新石器时代，人类开始伐木筑土，建造自己的房屋，故古代工程建设也称为"大兴土木"，这是当代土木工程的来源。西安半坡氏族的圆形房子和宁波河姆渡干栏式房屋，用木材作为房屋的基础、柱和梁，使用黏土和草砌筑建筑的墙，如图0-2和图0-3所示。现代农村存留的土砖房，也是将黏土、秸秆和稻草混合制坯，进

一步晒干形成土砖，并采用黏土将土砖进行砌筑构建而成的，如图0-4所示。古代建筑中的材料基本来自天然材料——土和石，土取材方便，可塑性好，但是干缩开裂，耐水性差；木轻质高强，易于加工，弹性和韧性好，可是内部不均匀，湿胀干缩大，耐火性和耐腐蚀性差，但在当时的生产水平下，是最适合的建筑材料。

图0-1　天然洞穴

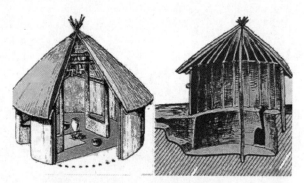

图0-2　西安半坡氏族的圆形房子

图0-3　宁波河姆渡干栏式房屋复原图

图0-4　土砖房

小贴士

　　北京故宫是中国明清两代的皇家宫殿，旧称为紫禁城，位于北京中轴线的中心，是中国古代宫廷建筑之精华，是世界上现存规模最大、保存最为完整的木质结构古建筑之一，被誉为世界五大宫之首。它是我国古代宫城发展史上现存的唯一实例和最高典范，在建筑技术和建筑艺术上代表了中国古代官式建筑的最高水平。北京故宫是中国封建社会后期明清两代的皇宫，是当时国家的政治中心、封建权力的中枢所在地，是历史的缩影，是中国文化传统的结晶，是源远流长的中华文明的见证与载体。它展现了我们国家古代劳动人民巧夺天工的技艺和智慧。希望同学们学会尊重历史，传承历史，学习古人们巧夺天工的技艺和智慧，传承大国工匠精神。

微课：传统木结构古建筑建造技艺

2. 青铜时代

　　青铜时代，金属工具进入人类的视野，人类开始使用金属进行开采，石材作为土木工程材料登上了历史舞台。石材抗压强度高，耐久性好，但是自重大，抗弯抗剪强度低，加工运输困难，因此，当时石梁的跨度都非常小。约公元前 2700 年修建的左塞尔金字塔，是世界上最早用石块修建的陵墓，由实心的巨石体堆砌建成，如图 0-5 所示。始建于公元前 447 年的希腊帕特农神庙，是由 46 根高达 10m 的石柱进行支撑的，如图 0-6 所示。石材还常用于建造石拱，石拱优化了建筑的受力形式，将压力转化为弯矩和剪力，使抗弯和抗剪不再成为缺点。建于公元 72—82 年间的古罗马圆形剧场，整个建筑面积约为 2 万 m^2，共花费 10 万 m^3 石料，可容纳 9 万人，是当时使用石拱的典型代表，如图 0-7 所示。对于石拱，我们中国人最骄傲的是赵州桥，整个桥体全部由石料建成，代表当时石拱建造技术的最高峰，如图 0-8 所示。

图 0-5　左塞尔金字塔

图 0-6　希腊帕特农神庙

3

图 0-7 古罗马圆形剧场

图 0-8 赵州桥

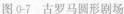 小 贴 士

　　赵州桥又称安济桥，坐落在河北省石家庄市赵县的洨河上，横跨在 37m 多宽的河面上，因桥体全部用石料建成，当地称作"大石桥"。

　　赵州桥建于隋朝（公元 595—605 年），由著名匠师李春设计建造，距今已有 1400 多年的历史，是当今世界上现存最早、保存最完整的古代单孔敞肩石拱桥。赵州桥是工匠精神的有力诠释，凝结了中国古代工匠的心血，体现了古人的智慧和艺术欣赏眼光，开创了中国桥梁建造的崭新局面。

　　1961 年被国务院列为第一批全国重点文物保护单位，2015 年荣获石家庄十大城市名片之一。赵州桥在漫长的岁月中，虽然经过无数次洪水冲击、风吹雨打、冰雪风霜的侵蚀和多次地震的考验，却屹立千年不倒。那么，赵州桥为什么屹立千年不倒呢？

　　赵州桥千年不倒的原因是赵州桥每块石材坚固耐久。同样的道理，我们中国共产党成为世界上少数百年大党，离不开每一个党员不断地追求先进性。要保证中国共产党千秋伟业，每个共产党人就必须不忘初心、牢记使命。

　　伴随石材的广泛使用，砌筑材料的胶结问题应运而生。古埃及使用石膏作为石材的胶凝材料，如举世闻名的金字塔。古希腊则使用石灰作为胶凝材料，如希腊帕特农神庙。公元 46 年，古罗马攻入古希腊，他们将制备石灰这门技术加以发挥，在石灰中加入砂，做成石灰砂浆，用以砌筑石，古罗马剧场就是用石灰砂浆作为胶凝材料的。石灰和石膏均具有煅烧温度低、可塑性和保水性好的优点，但其强度低、耐水性差。青铜时代另外一种重要的胶凝材料为火山灰，它的主要成分为活性二氧化硅，具有潜在水硬性，并且强度高、耐久性好；但属于火山喷发物，天然资源很少，可遇而不可求。公元 79 年，古罗马帝国的维苏威火山喷发，繁荣的庞贝古城有 2 万人葬身在火山灰之下，如图 0-9 和图 0-10 所示。这次喷发对当时来说是一场巨大的灾难，但火山喷发所留下的火山灰满足了几十年甚至上百年古罗马帝国建筑的需要。

　　3. 铁器时代

　　铁器时代制造建筑材料的工具更加丰富，人类开始人工合成和制造各种土木工程材料，

图 0-9　维苏威火山喷发

图 0-10　庞贝古城

如砖和瓦。早在西周时期的墓穴当中就发现了砖的痕迹，如图 0-11 所示。到了战国和秦朝时期，为了抵御北方的匈奴，使用砖修筑了长城，如图 0-12 所示。砖和石相比具有许多优点，质量相对较轻，尺寸相同，就地取材，施工方便且速度快，抗压强度高。

图 0-11　西周墓穴中的砖

图 0-12　长城

　　秦朝时期的阿房宫前殿遗址中发现了瓦，又有西汉"都司空瓦"瓦当，如图 0-13 和图 0-14 所示。到了汉朝，制瓦工艺达到了巅峰。瓦是历史上第一次出现的防水材料，它的出现具有划时代的意义。瓦的防水隔热性能好，强度较高，耐腐蚀性好，但是脆性大，易破损。

　　4. 工业时代

　　随着工业时代的到来，土木工程材料的发展进入了新时期。这个时期资本主义快速兴起，大跨度厂房、高层建筑和桥梁等工程的建设使土木工程材料需求剧增，原有材料在性能上满足不了新的建设要求，钢材和混凝土应运而生。

图 0-13 阿房宫前殿遗址

图 0-14 西汉 "都司空瓦" 瓦当

　　钢材的大规模应用代表着建筑结构的一次飞跃。1781 年通车的英国塞文河铁桥是人类历史上第一座铁桥，如图 0-15 所示。它是一个拱形结构，跨度只有 30m，但在当时这是一个划时代的产品，是英国工业革命的重要象征，见证了当时的工业发展。1796 年，英国建造的第二座铸铁大桥桑德兰桥单跨已长达 72m，有塞文河铁桥的两倍之多，质量只有其四分之三。1786 年建成的法兰西剧院的铁屋顶是钢铁在建筑上应用的标志，当时为了采光，还采用了与玻璃结合的方式，如图 0-16 所示。

图 0-15 英国塞文河铁桥

图 0-16 法兰西剧院

　　19 世纪中叶，冶金业的发展使得强度更高、延性更好、质量更均匀的钢材广泛应用，随后高强度钢丝、钢索被制造出来，钢结构得到蓬勃发展，并逐渐应用于新型的桁架、框架、网架和悬索结构，出现了结构形式百花争艳的局面。1851 年的世界博览会上，伦敦海德公园所建造的世界博览会会馆，即我们耳熟能详的水晶宫，就采用了钢和玻璃建造，如图 0-17 所示。1885 年，美国建造了世界上第一栋高层建筑——芝加哥家庭保险公司大厦，建筑总共 10 层，高 42m，是世界上第一栋按现代钢框架结构原理建造的高层建筑，开启了摩天大楼建造之先河，如图 0-18 所示。1889 年建成的埃菲尔铁塔是铁制建筑的典范作品，初始塔高 312m，重约 10000t，总共用了约 1.2 万个钢铁部件和 250 万个铆钉，使用熟铁重达 7300t，如图 0-19 所示。钢材轻质高强，而且刚度大，不易变形，材质均匀，塑性和韧性都非常出色，但是耐腐蚀性和耐火性较差，在海边很多钢材会生锈，易受腐蚀。著名的纽约世界贸易中心有 110 层，高 412m，塔柱边宽 63.5m，用钢量达到 78000t，外围是密制的钢柱，墙面为铝板和玻璃，如图 0-20 所示。在 2001 年 9 月 11 日恐怖分子劫持的两架飞机分别撞击下，两栋楼仅历时 1h 左右就分别坍塌了，其主要原因就是钢材耐火性较差，燃烧温度达到 300℃时，普通钢材的承载力下降近 1/3，800℃以上时承载力几乎完全消失。

图 0-17　伦敦海德公园世界博览会会馆

图 0-18　芝加哥家庭保险公司大厦

图 0-19　埃菲尔铁塔

图 0-20　纽约世界贸易中心

　　19 世纪 20 年代，英国人阿斯谱丁发明了"波特兰水泥"，极大提高了人类征服和改造自然的能力。在波特兰水泥的基础上，混凝土随之出现并大量应用于建筑结构。混凝土中砂、石可以就地取材，易于成型，造就了混凝土得天独厚的生产条件。在 1849 年，法国园丁约瑟夫·莫尼尔发明了钢筋混凝土，充分发挥了钢筋抗拉强度高、混凝土抗压强度高的优势，使建材的用途更为广阔。世界上首座钢筋混凝土桥长 16m，宽 4m，尽管尺寸不大，但是具有跨时代的意义，如图 0-21 所示。随着混凝土结构计算理论研究和混凝土材料研究的深入，钢筋混凝土逐渐成为首选的土木工程材料。1903 年，美国辛辛那提市建成的英格尔斯大楼，16 层、高 64m，是世界上第一座钢筋混凝土的高层建筑，如图 0-22 所示。1955 年所建造的华沙文化科学宫，44 层、高 230m，是首个钢-混凝土组合结构，如图 0-23 所示。2010 年建成的目前世界上最高的组合结构建筑——哈利法塔（原名迪拜塔），162 层、高 828m，这是钢和混凝土相互之间的协同作用、相互映衬造就的成果，如图 0-24 所示。

图 0-21　首座钢筋混凝土桥

图 0-22　英格尔斯大楼

图 0-23　华沙文化科学宫

图 0-24　哈利法塔

5. 科技时代

进入 21 世纪，土木工程材料开始由单一强调经济性和适用性向关注可持续性、绿色化、智能化发生转变，基础学科及相关工程学科的发展为土木工程材料的高性能、多功能、智能化和绿色生态化创造了更为充分的条件，日新月异的土木工程设计理念和建造技术对土木工程材料的发展提出了越来越多的要求，各种具有应变能力或者更强功能性的材料被不断研发，如新型防水材料、新型保温材料、新型复合材料及新型智能材料。此外，随着社会进步，人们对环境保护的重视和节能降耗的需要，对土木工程材料提出了更高、更多的要求。因而，今后一段时间内，土木工程材料将向以下几个方面发展：

（1）轻质高强。现今钢筋混凝土结构材料自重大（表观密度约为 $2500kg/m^3$），限制了建筑物向高层、大跨度方向进一步发展。通过减轻材料自重，以尽量减轻结构物自重，可提高经济效益。目前，世界各国都在大力发展高强混凝土、加气混凝土、轻骨料混凝土、空心砖和石膏板等材料，以适应建筑工程发展的需要。

（2）节能化。土木工程材料的生产能耗和建筑物使用能耗，在国家总能耗中一般占 20%～35%，研制和生产低能耗的新型节能土木工程材料，是构建资源节约型、环境友好型社会的需要。

（3）利废化。充分利用工业废渣、生活废渣、建筑垃圾生产土木工程材料，将各种废渣尽可能资源化，以保护环境、节约自然资源，使人类社会走可持续发展之路。

（4）多功能化。利用复合技术生产多功能材料、特殊性能材料及高性能材料，这对提高建筑物的使用功能、经济性及加快施工速度等有着十分重要的作用。

（5）智能化。所谓智能化材料，是指材料本身具有自我诊断和预告破坏、自我修复的功能，以及可重复利用性。土木工程材料向智能化方向发展，是人类社会向智能化社会发展过程的需要。

（6）绿色化。产品的设计是以改善生产环境、提高生活质量为宗旨，产品具有多功能，可循环或回收再利用，或形成无污染环境的废弃物，不仅无损而且有益于人的健康。因此，生产材料所用的原料尽可能少用天然资源，大量使用废渣、垃圾和废液等废弃物；采用低能耗制造工艺和对环境无污染的生产技术；产品配制和生产过程中，不使用对人体和环境有害的污染物质。

图片：土木工程材料发展史

（7）再生化。工程中使用的材料可再生循环和回收利用，建筑物拆除后不会造成二次污染。

0.2 土木工程材料在工程中的作用

土木工程材料是建筑、结构、施工、造价的物质基础，是土木工程学科极为重要的组成部分。一个优秀的建筑师总是把建筑艺术和以最佳方式选用的土木工程材料融合在一起。结构工程师只有在很好地了解土木工程材料的性能后，才能根据力学计算并创造出先进的结构形式，准确地确定建筑构件的尺寸，并将结构的受力特性和材料很好地统一起来。建筑造价工程师为了降低造价，节约成本，在基本建设中，首先要考虑的是节约和合理地使用建筑材料，因为目前在我国的建筑工程总造价中，建筑材料所占的比例高达 50%～

60%。而建筑施工和安装的全过程，实质上是按设计要求把建筑材料逐步变成建筑物的过程，它涉及材料的选用、运输、储存及加工等方面。总之，从事工程建筑的技术人员都必须了解和掌握与建筑材料有关的技术知识。而且，应使所用的建筑材料能最大限度地发挥其效能，并合理、经济地满足建筑工程的各种要求。

建筑、材料、结构、施工四者是密切相关的。从根本上说，材料是基础，材料决定了建筑形式和施工方法。新材料的出现，可以促进建筑形式的变化、结构设计和施工技术的革新。土木工程材料是指应用于土木建筑工程建设中的无机材料、有机材料和复合材料。通常根据工程类别在材料名称前加以区分，如建筑工程常用的材料称为建筑材料；道路（含桥梁）工程常用的材料称为道路建筑材料；主要用于港口码头的材料称为港工材料；主要用于水利工程的材料称为水工材料。此外，还有市政材料、军工材料、核工业材料等。

土木工程材料在工程中有着举足轻重的地位。

第一，土木工程材料是建筑工程的物质基础。

第二，土木工程材料与建筑结构和施工之间存在着互相促进、互相依存的密切关系。一种新型建筑工程材料的出现，必将促进建筑形式的创新，同时结构设计和施工技术也将得到相应的改进和提高。同样，新的建筑形式和结构布置，也召唤着新的建筑工程材料的出现，并促进建筑工程材料的发展。例如，采用建筑砌块和板材替代实心黏土砖作为墙体材料，就要求结构构造设计和施工工艺、施工设备的改进；高强混凝土的推广应用，就要求有新的钢筋混凝土结构设计和施工技术规程；同样，高层建筑、大跨度结构、预应力结构的大量应用，就要求提供更高强度的混凝土和钢材，以减小构件的截面尺寸，减轻建筑物的质量。又如，随着对建筑功能的提高，需要提供同时具有保温、隔热、隔声、装饰、耐腐蚀等性能的多功能建筑工程材料等。

第三，建筑物的功能和使用寿命在很大程度上取决于土木工程材料的性能。例如，装饰材料的装饰效果、钢材的锈蚀、混凝土的裂化、防水材料的老化问题等，无一不是材料的问题，也正是这些材料特性构成了建筑物的整体性能。因此，要实现从强度设计理论向耐久性设计理论的转变，关键在于提高材料的耐久性。

第四，建设工程的质量在很大程度上取决于材料的质量控制。例如，钢筋混凝土结构的质量主要取决于混凝土强度、密实性和是否产生裂缝。在材料的选择、生产、储运、使用和检验评定过程中，任何环节的失误，都可能导致建筑工程质量事故的发生。事实上，国内外建筑工程建设中的质量事故，绝大部分都与材料的质量缺损有关。

第五，建筑物的可靠度评价在很大程度上依存于材料的可靠度评价。材料信息参数是构成构件和结构性能的基础，在一定程度上"材料—构件—结构"组成了宏观上的"本构关系"。因此，作为一名建筑工程技术人员，无论是从事设计，还是从事施工、管理工作或造价工作，均必须掌握土木工程材料的基本性能，并做到合理选材、正确使用和维护保养。

微课：土木工程
材料前言

0.3　土木工程材料的定义与分类

1. 土木工程材料的定义

土木工程材料是指房屋、桥梁、道路、水工等土木工程建设活动中所使用的各种材料及制品的总称。不仅包括构成土木建筑物的材料，而且包括在土木建筑工程施工中的一些辅助性材料，如地基基础、承重构件、地面、墙面、屋面等所用的材料。土木工程材料的品种、性能和质量，很大程度上决定着土木建筑物的坚固、适用和美观，并影响着结构形式和施工速度。

2. 土木工程材料的分类

土木工程材料种类繁多，最常见的是按材料的化学组成和使用功能来分类。

（1）按材料的化学组成分类

按土木工程材料的化学组成可分为无机材料、有机材料和复合材料。具体见表 0-1。

土木工程材料的分类　　　　　　　　　　　　　　　表 0-1

分　类			举　例
无机材料	金属材料	黑色金属	钢、铁、不锈钢
		有色金属	铜、铝、铝合金
	非金属材料	天然石材	砂、石及石材制品
		烧土制品	砖、瓦、陶瓷、琉璃制品
		玻璃及熔融制品	玻璃、玻璃纤维、岩棉、铸石
		胶凝材料	气硬性：石灰、石膏、水玻璃、菱苦土 水硬性：水泥
		混凝土及硅酸盐制品	混凝土、砂浆、硅酸盐制品
有机材料	植物材料		木材、竹材、秸秆、植物纤维及其制品
	沥青材料		石油沥青、煤沥青、沥青制品
	高分子材料		塑料、橡胶、有机涂料和胶凝剂
复合材料	有机-无机复合材料		玻璃钢、聚合物混凝土、沥青混凝土
	金属-无机非金属复合材料		钢筋混凝土、钢纤维混凝土
	金属-有机复合材料		彩钢泡沫塑料夹芯板

（2）按材料使用功能分类

根据土木工程材料在建筑物中的部位或使用功能，大体上可分为三大类，即结构材料、墙体材料和功能材料。

① 结构材料。结构材料主要是指构成建筑物受力构件和结构所用的材料，如梁、板、柱、基础、框架及其他受力构件和结构等所用的材料。这类材料的主要技术性能要求是强度和耐久性。目前，所用的主要结构材料有砖、石、混凝土和钢材，以及两者复合的钢筋混凝土和预应力混凝土。在相当长的时期内，钢筋混凝土及预应力钢筋混凝土仍是我国建筑工程中的主要结构材料之一。随着工业的发展，轻钢结构和铝合金结构所占的比例将会逐渐增大。

② 墙体材料。墙体材料是指建筑物内、外及分隔墙体所用的材料，有承重和非承重两类。由于墙体在建筑物中占有很大的比例，因此认真选用墙体材料，对降低建筑物的成本、节能和安全耐久使用等都具有重要作用。目前，我国大量采用的墙体材料为砌墙砖、混凝土及加气混凝土砌块等。此外，还有混凝土墙板、石膏板、金属板和复合墙体等，特

别是轻质多功能的复合墙板发展较快。

③ 功能材料。功能材料主要是指担负某些建筑功能的非承重材料，如防水材料、绝热材料、吸声和隔声材料、采光材料、装饰材料等。这类材料的品种、形式繁多，功能各异，随着国民经济的发展及人民生活水平的提高，这类材料将会越来越多地应用于建筑上。一般来说，建筑物的可靠度与安全度，主要取决于由结构材料组成的构件和结构体系，而建筑物的使用功能和建筑品位，主要取决于建筑功能材料。此外，对某一种具体材料来说，它可能兼有多种功能。

0.4　土木工程材料的技术标准

土木工程材料的技术标准是生产、流通和使用单位检验、确定产品质量是否合格的技术文件。为了保证材料的质量以及进行现代化生产和科学管理，必须对材料产品的技术要求制定统一的执行标准。其内容主要包括产品规格、分类、技术要求、检验方法、验收规则、包装及标志、运输和储存注意事项等方面。

微课：土木工程材料的技术标准

1. 技术标准的等级

根据发布单位与适用范围，技术标准可分为国家标准、行业标准、地方标准及企业标准四级。

（1）国家标准（代号：GB、GB/T）。GB 是国家强制性标准，全国必须执行，产品的技术指标都不得低于标准中规定的要求；GB/T 是国家推荐性标准。

（2）行业标准。行业标准是由中央部委标准机构指定有关研究院所、大专院校、工厂等单位提出或联合提出，报请中央部委主管部门审批后发布，并报国务院标准化行政主管部门备案的全国性的某行业范围的技术标准。在公布国家标准之后，该行业标准即行作废。其代号按各行业名称而定，例如，建工行业标准（代号：JG）、建材行业标准（代号：JC）、冶金行业标准（代号：YB）、交通行业标准（代号：JT）等。

（3）地方标准（代号：DB）。对于没有国家标准和行业标准，又需在省、自治区、直辖市范围内实行统一要求的，可制定地方标准。地方标准是地方主管部门发布的地方性指导技术文件。

（4）企业标准（代号：QB）。企业生产的产品没有国家标准和行业标准的，应当制定企业标准以作为组织生产的依据。企业标准仅适用于本企业。

各级技术标准在必要时可分为试行与正式标准两大类。按其权威程度又可分为强制性标准和推荐性标准。建筑材料技术标准按其特性可分为基础标准、方法标准、原材料标准、能源标准、包装标准和产品标准等。

2. 技术标准的表示方法

技术标准的表示方法通常由标准代号、编号、制定和修订年份、标准名称四个部分组成。例如，国家标准（强制性）《通用硅酸盐水泥》GB 175—2007；国家标准（推荐性）《建设用砂》GB/T 14684—2022；工程建设行业《普通混凝土配合比设计规程》JGJ 55—2011。

国际上较有影响的技术标准有：国际标准 ISO、美国国家标准 ANS、美国材料与试验学会标准 ASTM、英国标准 BS、德国工业标准 DIN、日本工业标准 JIS、法国标准 NF 等。熟悉有关的技术标准，并了解制定标准的科学依据，是十分必要的。

小贴士

我国早在宋朝时期，就有了建筑图集规范，那就是北宋建筑师李诫组织编纂的《营造法式》。北宋建国以后百余年间，大兴土木，宫殿、衙署、庙宇、园囿的建造此起彼伏，造型豪华精美铺张，负责工程的大小官吏贪污成风，致使国库无法应付浩大的开支。因而，建筑的各种设计标准、规范和有关材料、施工定额、指标亟待制定，以明确房屋建筑的等级制度、建筑的艺术形式及严格的料例功限以杜防贪污盗窃被提到议事日程。所以北宋绍圣四年（公元 1097 年）诏李诫编修《营造法式》，以规范当时的工程建筑。

著名建筑学家梁思成还因《营造法式》一书而对中国古建筑产生了浓厚的兴趣，并把自己最美好的时光献给了中国古建筑。由此可见，工匠精神不是舶来品，不是日本、德国独有的民族特性，我国早在 900 多年前就由李诫刻在了我们民族基因里，新时代的我们只需捡起这份工匠精神，认真做事，正直做人。

0.5　本课程的学习内容和学习要求

本课程的任务是使学生通过学习，获得土木工程材料的基础知识，掌握土木工程材料的性能和应用技术，同时对土木工程材料的储运和保护也有所了解，以便在今后的工作实践中能正确选择与合理使用土木工程材料，也为进一步学习其他有关课程打下基础。

土木工程材料种类繁多，本书着重介绍各类土木工程材料的品种、基本组成、配制、性能和用途。为了方便教学，将按下列顺序对各种常用的土木工程材料进行讲述：土木工程材料的基本性质，石材，气硬性胶凝材料，水泥，混凝土，砂浆，墙体及屋面材料，建筑钢材与铝材，建筑功能材料，建筑装饰材料，新型土木工程材料，常用土木工程材料试验等。

学好土木工程材料课程的方法：

（1）在理解土木工程材料共性的基础上，掌握土木工程材料的个性。

（2）理解土木工程材料性能形成的内在原因，了解影响其性能的各种因素。

（3）掌握土木工程材料在各类工程中的应用。

（4）认真完成课后巩固练习题，积极参与实践课，注重理论与实践相结合。

（5）注意阅读专业期刊，关注专业网站、论坛、公众号等。

Chapter 01

项目1

土木工程材料的基本性质

学习目标

了解和掌握土木工程材料的基本物理性质、表示方法及与工程的关系，掌握材料力学性质的基本概念，熟悉材料与水有关的性质、耐久性包含的内容，了解材料的热工性能和装饰性。能根据材料的基本性质，正确选择和合理使用土木工程材料。

思政目标

保持认真严谨的工作态度，弘扬精益求精的工匠精神。

在土木工程各类建筑物中，材料要受到各种物理、化学、力学因素单独及综合作用。例如，由于用于建筑结构的材料要受到各种外力的作用，因此选用的材料应具有所需要的力学性能和耐久性；根据建筑物各种不同部位的使用要求，有些材料还应具有防水、保温、绝热、吸声等性质；而对于长期暴露于大气环境中的材料，要求能经受风吹、雨淋、日晒、冰冻等引起的冲刷、化学腐蚀、生物作用、温度变化、干湿变化和反复冻融等破坏作用。这些性能在很大程度上决定了工程质量，因此，对于从事工程设计、施工、造价和管理的工程技术人员来讲，了解和掌握土木工程材料的基本性质，是合理选择、使用和计算材料的前提和基础。

任务 1.1　材料的基本物理性质

1.1.1　材料的体积构成

体积是材料占有的空间尺寸。由于材料具有不同的结构状态，因而表现出不同的体积。材料体积的构成状态如图 1-1 和图 1-2 所示。

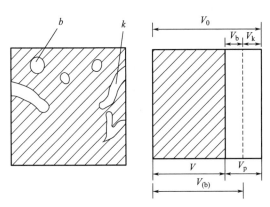

图 1-1　含孔材料体积组成示意图

b—闭孔；k—开孔；V_b—闭孔体积；V_k—开孔体积；
V_0—自然体积；V—绝对密实体积；
V_p—孔隙体积；$V_{(b)}$—包含闭孔的体积

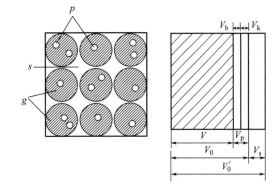

图 1-2　散粒材料堆积状态体积组成示意图

p—孔隙（包括闭孔和开孔）；s—空隙；g—固体物质；
V_b—闭孔体积；V_k—开孔体积；V—绝对密实体积；
V_p—孔隙体积；V_0—自然体积；V_s—空隙体积；
V_0'—堆积体积

如图 1-1 所示，材料内部常含有两大类型的孔隙：自身封闭的（闭口）孔隙（b）和与外界连通的（开口）孔隙（k）。如图 1-2 所示，如果是堆积状态下的散粒材料，颗粒之间还存在着空隙（s）。材料在不同状态时，其体积分为绝对密实体积、自然体积和堆积体积。

材料的绝对密实体积是指干燥材料在绝对密实状态下的体积，即材料内部固体物质的体积，或不包括内部孔隙的材料体积，一般以 V 表示。在常用建筑材料中，对于绝对密实而外形规则的材料如钢材、玻璃等，V 可采用直接测量外形尺寸计算的方法求得。对于可研磨的非密实材料如烧结砖、石膏等，为了测得其绝对密实体积，应把材料磨成细粉以排除内部孔隙，一般要求磨细至粒径小于 0.2mm，然后用密度瓶排水法求得。

材料的自然体积是指材料在自然状态下（包括所有孔隙）的体积，一般以 V_0 表示。材料自然体积的测量，对于外形规则的材料，如烧结砖、砌块，可采用直接测量外形尺寸计算的方法求得；对于形状不规则材料的体积要用排水法求得，但在材料表面应预先涂蜡，以防止水分渗入材料内部而使所测结果不准确。

材料的堆积体积是指粉状或粒状材料，在堆积状态下的总体外观体积，一般以 V_0' 表示。根据其堆积状态不同，同一材料表现的体积大小可能不同，松散堆积状态下的体积较大，密实堆积状态下的体积较小。常采用已知容积的容器测量法求得。如砂子、石子的堆积体积可用此法测得。

1.1.2 材料的密度、表观密度与堆积密度

1.1.2.1 密度

材料在绝对密实状态下单位体积的质量称为材料的密度。按公式（1-1）进行计算：

微课：材料的密度、表观密度与堆积密度

$$\rho = \frac{m}{V} \tag{1-1}$$

式中，ρ——材料的密度，g/cm^3；

m——材料在干燥状态下的质量，g；

V——干燥材料在绝对密实状态下的体积，cm^3。

材料的密度与 $4℃$ 纯水密度之比称为相对密度，是一个无量纲的物理量。

1.1.2.2 表观密度

材料在自然状态下单位体积的质量称为材料的表观密度（道路工程中称为体积密度）。按公式（1-2）进行计算：

$$\rho_0 = \frac{m}{V_0} \tag{1-2}$$

式中，ρ_0——材料的表观密度，g/cm^3 或 kg/m^3；

m——材料在自然状态下的质量，g 或 kg；

V_0——材料的自然体积，cm^3 或 m^3。

材料表观密度的大小还与含水情况有关，通常材料的表观密度是指气干状态下的表观密度，在烘干状态下的表观密度称为干表观密度。

由于大多数材料或多或少含有一些孔隙，故一般材料的表观密度总是小于其密度。

1.1.2.3 堆积密度

散粒材料（粉状或粒状材料）在堆积状态下单位体积的质量称为材料的堆积密度。按公式（1-3）进行计算：

$$\rho_0' = \frac{m}{V_0'} \tag{1-3}$$

式中，ρ_0'——材料的堆积密度，kg/m^3；

m——材料在堆积状态下的质量，kg；

V_0'——材料的堆积体积，m^3。

在建筑工程中，计算材料用量、构件自重、配料、材料堆放的体积或面积时，常用到材

料的密度、表观密度和堆积密度。常用建筑工程材料的密度、表观密度和堆积密度见表 1-1。

常用建筑工程材料的密度、表观密度和堆积密度　　　　　　　　　　　　　　表 1-1

材料名称	密度(g/cm³)	表观密度(kg/m³)	堆积密度(kg/m³)
建筑钢材	7.85	7850	—
普通混凝土	—	2100~2600	—
轻骨料混凝土	—	800~1900	—
烧结普通砖	2.5~2.7	1600~1900	—
花岗岩	2.7~3.0	2500~2900	—
碎石(石灰岩)	2.48~2.76	2300~2700	1400~1700
砂	2.5~2.6	—	1450~1650
黏土	2.5~2.7	—	1600~1800
水泥	2.8~3.1	—	1200~1300
红松木	1.55~1.60	400~800	—
普通玻璃	2.45~2.55	2450~2550	—
烧结空心砖	2.5~2.7	1000~1480	—
泡沫塑料	—	20~50	—
粉煤灰	1.95~2.40	—	550~800

注：习惯上 ρ 的单位用 g/cm³，ρ_0 和 ρ_0' 的单位采用 kg/m³。

1.1.3　材料的密实度与孔隙率

1.1.3.1　密实度

材料的固体物质体积占自然状态下体积的百分率称为材料的密实度，一般用 D 表示。按公式（1-4）进行计算：

$$D = \frac{V}{V_0} \times 100\% = \frac{\rho_0}{\rho} \times 100\% \tag{1-4}$$

【例 1-1】某一材料在干燥状态下的质量为 200g，自然状态下的体积为 50cm³，绝对密实状态下的体积为 40cm³，试计算此材料的密度、表观密度、密实度。

解：（1）$\rho = m/V = 200\mathrm{g}/40\mathrm{cm}^3 = 5\mathrm{g/cm}^3$

（2）$\rho_0 = m/V_0 = 200\mathrm{g}/50\mathrm{cm}^3 = 4\mathrm{g/cm}^3$

（3）$D = (\rho_0/\rho) \times 100\% = 80\%$

对于绝对密实材料，因 $\rho_0 = \rho$，故密实度 $D=1$ 或 100%。对于大多数建筑工程材料，因 $\rho_0 < \rho$，故密实度 $D<1$ 或 $D<100\%$。材料的很多性能，如强度、吸水性、耐久性、导热性等均与其密实度有关。

小贴士

加拿大特朗斯康谷仓（见图 1-3）于 1911 年动工，1913 年完工。1913 年 9 月装谷物，10 月 17 日，当谷仓装满了 31822t 谷物时，1 小时内竖向沉降达 30.5cm，结构物向西倾斜，并在 24 小时内谷仓倾斜达 26°53′。上部钢筋混凝土筒仓坚如磐石，经分析，由于建筑下部地基土的密实度不同，造成地基承载力的差异，导致谷仓不均匀沉降，因此，在实际的工程建设中应严格检测土的密实度，以此确定准确的工程地质的承载能力。

作为新时代的大学生，我们应该保持认真严谨的工作、学习态度，在工程建设的过程中坚持一丝不苟的工作作风，以强烈的责任心对待每个环节，弘扬精益求精的工匠精神。

图 1-3　加拿大特朗斯康谷仓

1.1.3.2　孔隙率

材料内部孔隙的体积占材料自然状态下体积的百分率称为材料的孔隙率，一般用 P 表示。按公式（1-5）进行计算：

$$P = \frac{V_0 - V}{V_0} \times 100\% = (1 - \frac{\rho_0}{\rho}) \times 100\% \qquad (1\text{-}5)$$

密实度与孔隙率之间的关系为

$$P + D = 1$$

【例 1-2】普通黏土砖 $\rho_0 = 1850 \text{kg/m}^3$，$\rho = 2.50 \text{g/cm}^3$，求孔隙率和密实度。

微课：材料的孔隙率

解：（1）$P = \left(1 - \frac{\rho_0}{\rho}\right) \times 100\% = \left(1 - \frac{1850}{2500}\right) \times 100\% = 26\%$

（2）$D = 1 - P = 1 - 26\% = 74\%$

按孔隙的特征，材料的孔隙可分为开口孔隙和闭口孔隙两种，两者孔隙率之和等于材料的总孔隙率。按孔隙的尺寸大小，又可分为微孔、细孔及大孔三种。不同的孔隙对材料的性能影响各不相同。一般而言，孔隙率较小，且连通孔较少的材料，其吸水性较小，强度较高，抗冻性和抗渗性较好。工程中对需要保温隔热的建筑物或部位，要求其所用材料的孔隙率要较大。相反，对要求高或不透水的建筑物或部位，则其所用的材料孔隙率应很小。

1.1.4　材料的填充率与空隙率

1.1.4.1　填充率

材料在自然状态下体积占堆积体积的百分率称为材料的填充率，一般用 D' 表示。按公式（1-6）进行计算：

$$D' = \frac{V_0}{V_0'} \times 100\% = \frac{\rho_0'}{\rho_0} \times 100\% \qquad (1-6)$$

1.1.4.2　空隙率

散粒材料颗粒之间的空隙多少常用空隙率来表示。散粒材料颗粒之间的空隙体积所占材料堆积体积的百分率称为材料的空隙率，一般用 P' 表示。按公式（1-7）进行计算：

$$P' = \frac{V_0' - V_0}{V_0'} \times 100\% = \left(1 - \frac{V_0}{V'}\right) \times 100\% = \left(1 - \frac{\rho_0'}{\rho_0}\right) \times 100\% \qquad (1-7)$$

填充率与空隙率之间的关系为

$$D' + P' = 1$$

【例 1-3】某工地所用卵石材料的密度为 $2.65 \mathrm{g/cm^3}$，表观密度为 $2.61 \mathrm{g/cm^3}$，堆积密度为 $1680 \mathrm{kg/m^3}$，计算此石子的孔隙率和空隙率。

解：（1）$P = \left(1 - \dfrac{\rho_0}{\rho}\right) \times 100\% = \left(1 - \dfrac{2.61}{2.65}\right) \times 100\% = 1.51\%$

（2）$P' = \left(1 - \dfrac{\rho_0'}{\rho_0}\right) \times 100\% = \left(1 - \dfrac{1.68}{2.61}\right) \times 100\% = 35.63\%$

空隙率的大小反映了散粒状材料的颗粒之间互相填充的致密程度，也可作为控制混凝土骨料级配与计算砂率的依据。对于混凝土的粗、细骨料，空隙率越小，说明其颗粒大小搭配得越合理，用其配置的混凝土越密实，越节约水泥。

任务 1.2　材料与水有关的性质

建筑物在使用过程中，材料不可避免会受到自然界的雨、雪、地下水和冻融等作用的影响，故要特别注意建筑材料与水有关的性质。材料与水有关的性质包括材料的亲水性与憎水性，以及材料的吸湿性与吸水性、耐水性、抗冻性、抗渗性、霉变性与腐朽性等。

1.2.1　材料的亲水性与憎水性

当材料在空气中与水接触时可以发现，有些材料能被水润湿，即具有亲水性；有些材料则不能被水润湿，即具有憎水性。

材料具有亲水性的原因是材料与水接触时，材料与水之间的分子亲和力大于水本身分子间的内聚力。当材料与水之间的分子亲和力小于水本身分子间的内聚力时，材料表现为憎水性。

微课：材料的亲
水性与憎水性

材料被水湿润的情况可用润湿角 θ 表示。当材料与水接触时，在材料、水、空气这三相体的交点处，作沿水滴表面的切线，此切线与材料和水接触面的夹角 θ，称为润湿角，如图 1-4 所示。θ 角愈小，表明材料愈易被水润湿。实验证明，当 $\theta \leq 90°$ 时（图 1-4a），材料表面吸附水，材料能被水润湿而表现出亲水性，这种材料称为亲水性材料；$\theta > 90°$ 时（图 1-4b），材料表面不吸附水，此种材料称为憎水性材料。$\theta = 0°$，表明材料完全被水润湿。

亲水性材料易被水润湿，且水能通过毛细管作用而渗入材料内部。憎水性材料则能阻

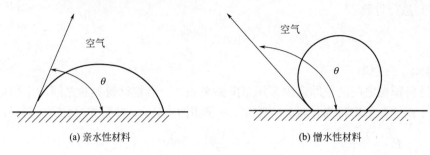

(a) 亲水性材料   (b) 憎水性材料

图 1-4　材料湿润示意图

止水分渗入毛细管中，从而降低材料的吸水性。憎水性材料常被用作防水材料，或用作亲水性材料的覆面层，以提高其防水、防潮性能。建筑工程材料大多数为亲水性材料，如水泥、混凝土、砂、石、砖、木材等，只有少数材料如沥青、石蜡及某些塑料等为憎水性材料。

图片：亲水性材料
与憎水性材料

1.2.2　材料的吸湿性与吸水性

1.2.2.1　吸湿性

材料在潮湿空气中吸收水分的性质称为吸湿性。材料的吸湿性大小用含水率表示。含水率是指材料内部所含水的质量占干燥材料质量的百分率。按公式（1-8）进行计算：

$$W_{\mathrm{h}} = \frac{m_{\mathrm{h}} - m}{m} \times 100\% \tag{1-8}$$

式中，W_{h}——材料的含水率，%；

　　　m_{h}——材料在吸湿状态下的质量，g；

　　　m——材料在干燥状态下的质量，g。

材料的吸湿性随着空气湿度和环境温度的变化而改变，当空气湿度较大且温度较低时，材料的含水率较大，反之则小。在一定的温度和湿度条件下，材料中所含水分与周围空气的湿度相平衡时的含水率，称为平衡含水率。当材料吸湿达到饱和状态时的含水率即为吸水率。例如拌制混凝土所用材料质量是指干质量，但由于现场的砂石都不同程度地有水存在，因此在称量上应该考虑到砂石的含水情况。

【例 1-4】已知每拌制 $1\mathrm{m}^3$ 混凝土需要干砂 606kg，测得施工现场的含水率为 7%，则现场需要称取多少湿砂？

解： $m_{\mathrm{h}} = m(1 + W_{\mathrm{h}}) = 606 \times (1 + 7\%) = 648\mathrm{kg}$

具有微小开口孔隙的材料，吸湿性特别强。例如，木材及某些绝热材料在潮湿空气中能吸收很多水分。这是由于这类材料的内表面积大，吸附水的能力强。材料的吸水性和吸湿性均会对材料的性能产生不利影响。材料吸水后会导致其自身质量增大，绝热性降低，强度和耐久性将出现不同程度的下降。材料吸湿和还湿还会引起体积变形，影响使用。不过利用材料的吸湿可起到降湿作用，常用于保持环境的干燥。

1.2.2.2　吸水性

材料在水中吸收水分的性质称为吸水性。材料的吸水性用吸水率表示，有以下两种表示方法：

1. 质量吸水率

质量吸水率是指材料在吸水饱和时，其内部所吸收水分的质量占材料干质量的百分率。按公式（1-9）进行计算：

$$W_m = \frac{m_b - m_g}{m_g} \times 100\%$$ (1-9)

式中，W_m——材料的质量吸水率，%；

m_b——材料在吸水饱和状态下的质量，g；

m_g——材料在干燥状态下的质量，g。

2. 体积吸水率

体积吸水率是指材料在吸水饱和时，其内部所吸收水分的体积占干燥材料自然体积的百分率。按公式（1-10）进行计算：

$$W_V = \frac{m_b - m_g}{\rho_w V_0} \times 100\%$$ (1-10)

式中，W_V——材料的体积吸水率，%；

V_0——干燥材料在自然状态下的体积，cm^3；

ρ_w——水的密度，常温下取 $1.0 g/cm^3$。

土木工程材料吸水性的大小一般采用质量吸水率。质量吸水率与体积吸水率有下列关系：

$$\frac{质量吸水率}{体积吸水率} = \frac{水的密度}{材料绝干表观密度}$$

材料所吸收的水分是通过开口孔隙吸入的，故开口孔隙率愈大，则材料的吸水量愈多。材料吸水饱和时的体积吸水率，即为材料的开口孔隙率。

【例 1-5】某材料的体积吸水率为 10%，密度为 $3g/cm^3$，绝干时的表观密度为 $1500kg/m^3$。求这种材料的吸水率、孔隙率、开口孔隙率和闭口孔隙率。

解：（1）由于

$$\frac{质量吸水率}{体积吸水率} = \frac{水的密度}{材料绝干表观密度}$$

故质量吸水率 $W_m = \frac{10\% \times 1}{1.5} \times 100\% = 6.67\%$

（2）孔隙率 $P = (1 - \frac{1.5}{3}) \times 100\% = 50\%$

（3）开口孔隙率 $P_开 = 体积吸水率 = 10\%$

（4）闭口孔隙率 $P_闭 = P - P_开 = 50\% - 10\% = 40\%$

材料的吸水性与材料的孔隙率及孔隙特征有关。对于细微连通的孔隙，孔隙率愈大，则吸水率愈大。封闭的孔隙内水分不易进去，而孔开口大虽然水分易进入，但不易存留，只能润湿孔壁，所以吸水率仍然较小。各种材料的吸水率差异很大，如花岗岩的吸水率只有 0.5%～0.7%，混凝土的吸水率为 2%～3%，烧结普通砖的吸水率为 8%～20%，木材的吸水率可超过 100%。

材料的吸水性和吸湿性均会对材料的性能产生不利影响。材料吸水后会导致其自重增大、导热性增大、强度和耐久性将产生不同程度的下降。材料干湿交替还会引起其形状尺寸的改变而影响使用。

1.2.3 材料的耐水性

材料长期在饱和水作用下，强度不显著降低的性质称为耐水性。材料的耐水性用软化系数表示。材料在饱和水状态下的抗压强度与材料在干燥状态下的抗压强度的比值称为软化系数。按公式（1-11）进行计算：

$$K_R = \frac{f_b}{f} \tag{1-11}$$

式中，K_R——材料的软化系数，$0 \leqslant K_R \leqslant 1$；

$\quad\quad$ f_b——材料在吸水饱水状态下的抗压强度，MPa；

$\quad\quad$ f——材料在干燥状态下的抗压强度，MPa。

软化系数的大小表明材料在浸水饱和后强度降低的程度。一般来说，材料被水浸湿后，强度均会有所降低。这是因为水分被组成材料的微粒表面吸附，形成水膜，削弱了微粒间的结合力。值愈小，表示材料吸水饱和后强度下降愈多，即耐水性愈差。材料的软化系数在 $0 \sim 1$ 之间。不同材料的值相差颇大，如黏土 $K_R = 0$，而金属 $K_R = 1$。土木工程中将 $K_R \geqslant 0.85$ 的材料，称为耐水材料。在设计长期处于水中或潮湿环境中的重要结构时，必须选用 $K_R > 0.85$ 的材料；用于受潮较轻或次要结构物的材料，其值不宜小于 0.75。

1.2.4 材料的抗冻性

材料在吸水饱和状态下能经受多次冻融循环而不破坏，强度也不显著降低的性能称为材料的抗冻性。

材料的抗冻性用抗冻等级表示。抗冻等级是以规定的试件，在规定的试验条件下，测得其强度降低和重量损失不超过规定值所能经受的冻融循环次数，用符号 Fn 表示，其中 n 即为最大冻融循环次数，如 F25、F50 等。

材料抗冻等级的选择，是根据结构物的种类、使用要求、气候条件等来决定。例如，烧结普通砖、陶瓷面砖、轻混凝土等墙体材料，一般要求其抗冻标号为 F15 或 F25；用于桥梁和道路的混凝土应为 F50、F100 或 F200，而水工混凝土要求高达 F500。

材料受冻融破坏主要是因其孔隙中的水结冰所致。水结冰时体积增大约 9%，若材料孔隙中充满水，则结冰膨胀对孔壁产生很大的冻胀应力，当此应力超过材料的抗拉强度时，孔壁将产生局部开裂。随着冻融循环次数的增多，材料破坏加重。所以材料的抗冻性取决于其孔隙率、孔隙特征、充水程度和材料对结冰膨胀所产生的冻胀应力的抵抗能力。如果孔隙未充满水，即还未达到饱和，具有足够的自由空间，则即使受冻也不致产生很大的冻胀应力。极细的孔隙虽可充满水，但因孔壁对水的吸附力极大，吸附在孔壁上的水冰点很低，它在一般负温下不会结冰。粗大孔隙一般水分不会充满其中，对冻胀破坏可起缓冲作用。毛细管孔隙中易充满水分，又能结冰，故对材料的冰冻破坏影响最大。若材料的变形能力大、强度高、软化系数大，则其抗冻性较高。一般认为软化系数小于 0.80 的材料，其抗冻性较差。

另外，从外界条件来看，材料受冻融破坏的程度，与冻融温度、结冰速度、冻融频繁程度等因素有关。环境温度愈低、降温愈快、冻融愈频繁，则材料受冻融破坏愈严重。材料的冻融破坏作用是从外表面开始产生剥落，逐渐向内部深入发展。

抗冻性良好的材料，对于抵抗大气温度变化、干湿交替等破坏作用的能力较强，所以抗冻性常作为考查材料耐久性的一项重要指标。在设计寒冷地区及寒冷环境（如冷库）的建筑物时，必须要考虑材料的抗冻性。处于温暖地区的建筑物，虽无冰冻作用，但为抵抗大气的作用，确保建筑物的耐久性，也常对材料提出一定的抗冻性要求。

1.2.5　材料的抗渗性

材料抵抗压力水渗透的性质称为抗渗性。材料的抗渗性通常用渗透系数表示。渗透系数的意义是：一定厚度的材料，在单位压力水头作用下，在单位时间内透过单位面积的水量。按公式（1-12）进行计算：

$$K = \frac{Wd}{AtH} \tag{1-12}$$

式中，K——材料的渗透系数，cm/h；

　　　W——渗透水量，cm^3；

　　　d——试件的厚度，cm；

　　　A——渗水面积，cm^2；

　　　t——渗水时间，h；

　　　H——材料两侧的水压差，cm。

K 值愈大，表示渗透材料的水量愈多，即抗渗性愈差。

材料的抗渗性也可用抗渗等级表示。抗渗等级是以规定的试件，在标准试验条件下所能承受的最大水压力来确定，以符号 Pn 表示，其中 n 为该材料在标准试验条件下所能承受的最大水压力的 10 倍数，如 P4、P6、P8、P10、P12 等分别表示材料能承受 0.4MPa、0.6MPa、0.8MPa、1.0MPa、1.2MPa 的水压而不渗水。

材料的抗渗性与其孔隙特征有关。细微连通的孔隙中水易渗入，故这种孔隙愈多，材料的抗渗性愈差。封闭孔隙中水不易渗入，因此封闭孔隙率大的材料，其抗渗性仍然良好。开口大孔中水最易渗入，故其抗渗性最差。

抗渗性是决定材料耐久性的重要因素。在设计地下结构、压力管道、压力容器等结构时，均要求其所用材料具有一定的抗渗性能。抗渗性也是检验防水材料质量的重要指标。

小贴士

　　火神山医院和雷神山医院建设项目，分秒必争的建设过程中，在进行地基处理时，在地基上先铺了一层 HDPE（高密度聚乙烯）防渗膜（见图 1-5），也叫 HDPE 土工膜，具有良好的耐化学腐蚀性，这层膜的主要作用是控制渗流量并延缓污染物扩散，它可以有效防止医院产生的废水废液渗透到周围的土壤和地下水中，造成土壤和水体环境的污染。

　　作为生活在中国特色社会主义新时代的大学生，每一个人都有着特定责任，在未来工程实践中，要始终树立环保意识和社会责任感。

图 1-5　火神山医院铺设 HDPE 防渗膜

1.2.6　材料的霉变性与腐朽性

材料在潮湿或温暖的气候条件下受到真菌侵蚀，在材料的表面产生绒毛状的或棉花状的、颜色从白色到暗灰色至黑色，有时会显出蓝绿色、黄绿色或微红色的物质称为材料霉变。霉变对材料的力学性质影响较小，但影响外观，甚至会引起材料表面变形。材料发生霉变的原因主要有 3 个，即水分、温度及空气，真菌适宜在潮湿的、温度为 25～35℃的空气中繁殖生存，温度低于 5℃或高于 60℃或完全浸入水中的材料，真菌都会停止繁殖甚至死亡。只要保持材料干燥、通风，就可避免材料发生霉变。

材料在使用过程中受到酸、碱、盐以及真菌等各种腐蚀介质的作用，在材料内部发生一系列的物理、化学变化，使材料逐渐受到损害，性能改变，力学性质降低，严重时会引起整个材料彻底破坏的现象称为材料腐朽。如水泥石在淡水、酸类、盐类和强碱等各种介质作用下水化产物发生分解、反应，引起水泥石疏松、开裂。木材受到腐朽菌侵蚀，将木材细胞壁中的纤维素等物质分解，使木材腐朽破坏。

任务 1.3　材料的力学性质

1.3.1　材料的强度与比强度

1.3.1.1　强度

材料在外力（荷载）作用下抵抗破坏的能力称为强度。当材料受外力作用时，其内部产生应力，外力增加，应力相应增大，直至材料内部质点间结合力不足以抵抗所作用的外力时，材料即发生破坏。材料破坏时，应力达到极限值，这个极限应力值就是材料的强度，也称极限强度。

根据外力作用形式的不同，材料的强度有抗压强度、抗拉强度、抗剪强度及抗弯强度等。材料承受各种外力的示意图，如图 1-6 所示。

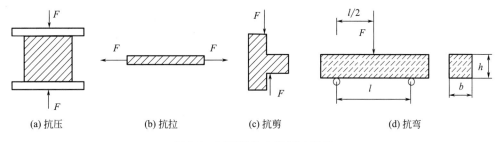

(a) 抗压　　　　　(b) 抗拉　　　　　(c) 抗剪　　　　　(d) 抗弯

图 1-6　材料受外力作用示意图

材料的这些强度是通过静力试验来测定的，故总称为静力强度。材料的静力强度通过标准试件的破坏试验而测得。材料的抗压、抗拉和抗剪强度，按公式（1-13）进行计算：

$$f = \frac{F}{A} \tag{1-13}$$

式中，f——材料的抗压、抗拉、抗剪强度，MPa；

　　　　F——材料受压、受拉、受剪破坏时的荷载，N；

　　　　A——材料的受拉、受压、受剪面积，mm^2。

材料的抗弯强度与试件的几何外形及荷载施加的情况有关，对于矩形截面和条形试件，当采用二分点试验（在两支点间的中间作用一个集中荷载）时，其抗弯极限强度按公式（1-14）进行计算：

$$f_m = \frac{3Fl}{2bh^2} \tag{1-14}$$

当采用三分点试验（在跨度的三分点上加两个集中荷载）时，其抗弯极限强度按公式（1-15）进行计算：

$$f_m = \frac{Fl}{bh^2} \tag{1-15}$$

式中，f_m——材料的抗弯极限强度，MPa；

　　　　F——材料弯曲破坏时的最大荷载，N；

　　　　l——试件两支点间的距离，mm；

　　b、h——分别为试件截面的宽度和高度，mm。

材料的强度主要取决于材料的组成和构造。不同种类的材料具有不同的抵抗外力的特点。同种材料也会由于其孔隙率和孔隙特征的不同，使其强度呈现较大的差异。往往是材料的结构越密实，即孔隙率越小，则强度越高。混凝土、石材、砖和铸铁等脆性材料的抗压强度值较高，而其抗拉强度及抗弯强度很低。木材在平行纤维方向的抗拉和抗压强度均大于垂直纤维方向的强度。钢材的抗压和抗拉强度都很高。另外，材料的强度还与试验条件的多种因素有关，如环境温度、湿度、试件的形状尺寸、表面状态、内部含水率以及加荷速度等。因此，测定材料强度时，必须严格遵循有关技术标准，按规定的试验方法操作。

1964 年，日本新潟县南方近海 40km 发生 7.5 级大地震，并引发严重的土壤液化现象。这是日本与世界地震史上第一个以严重土壤液化灾害闻名的地震。当时的楼房考虑了抗震，没有因地震而坍塌，但很多建筑却出现了整体倾斜，有些虽然没有完全倾倒，倾斜度却超过了 60°，导致房屋破坏。

日本新潟地震中房屋的破坏是由于地基土体强度不足而导致。砂土液化，即地震作用下使得地基土体变成了一盘散沙。九层之台，起于累土，基础不牢上部结构再结实也没有用。作为新时代大学生，我们做人应与盖房子一样，打牢基础很关键。

1.3.1.2　强度等级

各种材料的强度差别甚大。大部分建筑材料，按其强度值的大小划分为若干个强度等级。例如，混凝土抗压强度有 C15、C20、C25、C30、C35、C40、C45、C50、C55、C60、C65、C70、C75、C80 十四个强度等级，硅酸盐水泥按抗压强度分为 42.5、42.5R、52.5、52.5R、62.5、62.5R 六个强度等级。建筑工程材料划分强度等级，对生产者和使用者均有重要意义，它可使生产者在控制质量时有据可依，从而保证产品质量；对使用者则有利于掌握材料的性能指标，以便于合理选用材料，正确地进行设计，便于控制工程施工质量。常用建筑工程材料的强度见表 1-2。

常用建筑工程材料的强度（MPa）　　　　　　　　　　表 1-2

材料	抗压强度	抗拉强度	抗弯强度
花岗岩	100～250	5～8	10～14
烧结普通砖	7.5～30	—	1.8～4.0
普通混凝土	5～60	1～9	—
松木	30～50	80～120	60～100
建筑钢材	210～1500	240～1500	—

1.3.1.3　比强度

比强度反映材料单位体积重量的强度，其值等于材料强度与其表观密度之比，它是衡量材料轻质高强性能的重要指标。优质的结构材料，必须具有较高的比强度。几种主要材料的比强度见表 1-3。由表 1-3 中比强度数据可知，玻璃钢和木材是轻质高强的材料，它们的比强度大于低碳钢，而低碳钢的比强度大于普通混凝土。普通混凝土是表观密度大而比强度相对较低的材料，所以努力促进普通混凝土——这一当代最重要的结构材料，向轻质高强发展是一项十分重要的工作。

几种主要材料的比强度　　　　　　　　　　表 1-3

材料	表观密度 ρ_0（kg/m³）	强度 F（MPa）	比强度（F/ρ_0）
低碳钢	7850	420	0.054
普通混凝土	2400	40	0.017
松木（顺纹抗拉）	500	100	0.200

续表

材料	表观密度 ρ_0 (kg/m³)	强度 F (MPa)	比强度(F/ρ_0)
松木(顺纹抗压)	500	36	0.070
玻璃钢	2000	450	0.225
烧结普通砖	1700	10	0.006

1.3.2　材料的弹性与塑性

微课：材料的
弹性与塑性

材料在外力作用下产生变形，当外力取消后变形即可消失并能完全恢复到原始形状的性质称为弹性。材料的这种可恢复的变形称为弹性变形。弹性变形属可逆变形，其数值大小与外力成正比，其比例系数 E 称为弹性模量。材料在弹性变形范围内，弹性模量为常数，其值等于应力与应变之比。按公式（1-16）进行计算：

$$E = \frac{\sigma}{\varepsilon} \tag{1-16}$$

式中，E——材料的弹性模量，MPa；

　　　σ——材料所受的应力，MPa；

　　　ε——材料在应力 σ 作用下产生的应变，无量纲。

弹性模量是衡量材料抵抗变形能力的一个指标。弹性模量愈大，材料愈不易变形，即刚度愈好。弹性模量是结构设计的重要参数。材料在外力作用下产生变形，当外力取消后不能恢复变形，仍然保持变形后的形状和尺寸，并且不产生裂缝的性质称为塑性。实际上，纯弹性变形的材料是没有的，通常一些材料在受力不大时，表现为弹性变形，当外力超过一定值时，则呈现塑性变形。建筑钢材在受力不大的情况下，表现为弹性变形，但受力超过一定限度后，则表现为塑性变形。混凝土在受力后，弹性变形及塑性变形同时产生。

1.3.3　材料的脆性与韧性

微课：材料的
脆性与韧性

材料受外力作用，当外力达到一定限度后，材料突然破坏，而无明显的塑性变形的性质称为脆性。具有这种性质的材料称为脆性材料。脆性材料的抗压强度远大于其抗拉强度，可高达数倍甚至数十倍。脆性材料抵抗冲击荷载或振动作用的能力很差，只适合用作承压构件。建筑工程材料中大部分无机非金属材料均为脆性材料，如天然岩石、砖、陶瓷、玻璃、普通混凝土、铸铁等。

图片：脆性材料
与韧性材料

材料在冲击或振动荷载作用下，能吸收较大能量，同时产生较大变形而不破坏的性质称为韧性或冲击韧性。材料的韧性是用冲击试验来检验的。建筑钢材（软钢）、木材等属于韧性材料。用作路面、桥梁、吊车梁及有抗震要求的结构都要考虑材料的韧性。在建筑工程中，对于要承受冲击荷载和有抗震要求的结构，其所用的材料都要考虑材料的冲击韧性，其值可用材料受荷载达到破坏时所吸收的能量来表示。

1.3.4 材料的硬度与耐磨性

1.3.4.1 硬度

硬度是指材料表面抵抗硬物压入或刻划的能力。测定材料硬度的方法有多种，常用的有刻划法和压入法两种，不同材料其硬度的测定方法不同。刻划法常用于测定天然矿物的硬度，按刻划法矿物硬度分为十级（莫氏硬度），其硬度递增顺序为滑石1级、石膏2级、方解石3级、萤石4级、磷灰石5级、正长石6级、石英7级、黄玉8级、刚玉9级、金刚石10级。钢材、木材及混凝土等材料的硬度常用压入法测定，例如布氏硬度。布氏硬度值是以压痕单位面积上所受压力来表示。

一般材料的硬度愈大，则其耐磨性愈好。工程中有时也可用硬度来间接推算材料的强度。

1.3.4.2 耐磨性

耐磨性是材料表面抵抗磨损的能力。材料的耐磨性以磨损前后材料单位面积的质量损失（即磨损率）来表示。材料的磨损率越低，表明该材料的耐磨性越好。

材料的耐磨性与材料的组成成分、结构、强度、硬度等因素有关。在建筑工程中，用作踏步、台阶、地面、路面等部位的材料，应具有较高的耐磨性。一般来说，强度较高且密实的材料，其硬度较大，耐磨性较好。

任务 1.4 材料的热工性质

建筑与装饰工程材料除了须满足必要的强度及其他性能要求外，为了降低建筑物的使用能耗，以及为生产和生活创造适宜的条件，常要求建筑与装饰工程材料具有一定的热工性质以维持室内温度。常考虑的热工性质有材料的导热性、热容量与比热等。

1.4.1 材料的导热性

材料传导热量的性质称为导热性。材料的导热性可用导热系数 λ 表示。导热系数的物理意义是：厚度为1m的材料，当其相对两侧表面温度差为1K时，在1s时间内通过 $1m^2$ 面积的热量。

微课：材料的
导热性

材料的导热系数愈小，表示其绝热性能愈好。各种材料的导热系数差别很大，大致在 $0.029\sim3.5W/(m\cdot K)$，如泡沫塑料 $\lambda=0.035W/(m\cdot K)$，而大理石 $\lambda=3.48W/(m\cdot K)$。工程中通常把 $\lambda\leqslant0.23W/(m\cdot K)$ 的材料称为绝热材料。为了降低建筑物的使用能耗，保证建筑物的室内温度宜人，要求建筑物应有良好的绝热性。

材料导热系数的大小与材料内部孔隙构造有密切关系。由于密闭空气的导热系数很小，所以，材料的孔隙率较大者其导热系数较小，但如果孔隙粗大或贯通，由于对流作用，材料的导热系数反而会增高。材料受潮或受冻后，其导热系数大大提高，这是由于水和冰的导热系数比空气的导热系数大很多［分别为 $0.58W/(m\cdot K)$ 和 $2.20W/(m\cdot K)$］。因此，绝热材料应经常处于干燥状态，以利于发挥材料的绝热效能。

1.4.2 材料的热容量与比热

热容量是指材料受热时吸收热量或冷却时放出热量的性质。按公式（1-17）进行计算：

$$Q = Cm(t_1 - t_2) \tag{1-17}$$

式中，Q——材料的热容量，kJ；

C——材料的比热，kJ/（kg·K）；

m——材料的质量，kg；

$t_1 - t_2$——材料受热或冷却前后的温度差，K。

比热的物理意义是指 1g 质量的材料，在温度升高或降低 1K 时所吸收或放出的热量。比热是反映材料的吸热或放热能力大小的物理量。不同的材料比热不同，即使是同一种材料，由于所处物态不同，比热也不同，例如，水的比热为 4.19，而结冰后比热则是 2.05。材料的比热对保持建筑内部温度的稳定具有很大的意义，因为比热大的材料能在热流变动或采暖设备供热不均匀时，缓和室内的温度波动。

材料的导热系数和热容量是设计建筑物围护结构（墙体、屋盖）进行热工计算时的重要参数，设计时应选用导热系数较小而热容量较大的建筑工程材料，有利于保持建筑物室内温度的稳定性。同时，导热系数也是工业窑炉热工计算和确定冷藏绝热层厚度的重要数据。几种典型材料的热工性质指标见表 1-4，由表可见，水的比热最大。

几种典型材料的热工性质指标 　　　　　　　表 1-4

材料	导热系数[W/（m·K）]	比热[kJ/（kg·K）]
铜	370	0.38
钢	56	0.47
花岗岩	3.1	0.82
普通混凝土	1.6	0.86
烧结普通砖	0.65	0.85
松木(横纹)	0.15	1.63
泡沫塑料	0.03	1.30
冰	2.20	2.05
水	0.58	4.19
静止空气	0.023	1.00

1.4.3 耐燃性与耐火性

1.4.3.1 耐燃性

建筑物失火时，材料能经受高温与火的作用不破坏，强度不严重降低的性能称为耐燃性。材料的耐燃性是影响建筑物防火和耐火等级的重要因素。根据耐燃性可将材料分为 3 大类。

（1）不燃烧类，如普通石材、混凝土、砖、石棉等。

（2）难燃烧类，如沥青混凝土、经防火处理的木材等。

（3）燃烧类，如木材、沥青等。

常用材料的极限耐火温度：钢筋混凝土最高使用温度为 200℃，火灾时最高允许温度为 500℃；钢材火灾时最高允许温度为 350℃；普通黏土砖最高使用温度为 500℃。

1.4.3.2 耐火性

材料在长期高温作用下保持不熔性并能工作的性能称为耐火性。按耐火性高低可将材料分为 3 类。

（1）耐火材料，如耐火砖中的硅砖、镁砖、铝砖、铬砖等。

（2）难熔材料，如难熔黏土砖、耐火混凝土等。

（3）易熔材料，如普通黏土砖等。

小 贴 士

2022 年 9 月 16 日，湖南长沙某大楼发生火灾（见图 1-7）。近几年超高层建筑发生的火灾事故，远不是仅此一例，从最后官方公布的调查结果来看，多数与外墙保温材料有关。

2021 年 3 月 9 日，石家庄市中心城区某大厦突然起火，火势凶猛，冲上 110m 高的顶楼，起火原因为未熄灭的烟蒂等引燃平台西南角的纸质包装物、树叶等可燃物，进而引发大厦外墙保温材料和铝塑板燃烧造成火灾。

按照公安部消防局的介绍，中国高层建筑的消防安全隐患，有的是历史遗留问题，有的则是近年来新出现的违规乱象。其中历史遗留下来的火灾隐患之一就是：外墙采用易燃可燃保温材料。

在《建筑设计防火规范》GB 50016—2014（2018 年版）中，对建筑的外保温材料的燃烧性能作了强制性规定。即，与基层墙体、装饰层之间无空腔的建筑外墙外保温系统，其保温材料应符合下列规

图 1-7　湖南长沙某大楼火灾

定：建筑高度大于 100m 时，保温材料的燃烧性能应为 A 级。建筑的内、外保温系统，宜采用燃烧性能为 A 级的保温材料，不宜采用 B2 级保温材料，严禁采用 B3 级保温材料。

建筑物着火，除了人为因素外，易燃可燃保温材料是重要的隐患，绝不可小视。在工程实践中，正确选用防火保温材料、防患于未然极其重要。

任务 1.5　材料的装饰性和耐久性

1.5.1　材料的装饰性

1.5.1.1　材料的色彩

色彩是指颜色及颜色的搭配。在建筑装饰工程中，色彩是材料装饰性的重要指标。不

同的颜色，可以使人产生冷暖、大小、远近、轻重等感觉，会对人的心理产生不同的影响。如红、橙、黄等暖色使人看了联想到太阳、火焰而感到热烈、兴奋、温暖；青、蓝等冷色使人看了会联想到大海、蓝天、森林而感到宁静、幽雅、清凉。不同功能的房间，有不同的色彩要求。如幼儿园活动室宜采用暖色调，以适合儿童天真活泼的心理；医院的病房宜采用冷色调，使病人感到宁静。因此设计师在装饰设计时应充分考

微课：材料的
装饰性

虑色彩给人的心理作用，合理利用材料的色彩，注重材料颜色与光线及周围环境的统一协调，创造出符合实际要求的空间环境，从而提高建筑装饰的艺术性。

1.5.1.2　材料的光泽度和透明性

不同的光泽度，会极大地影响材料表面的明暗程度，造成不同的虚实对比感受。在常用的材料中，釉面砖、磨光石材、镜面不锈钢等材料具有较高的光泽度，而毛面石材、无釉陶瓷等材料的光泽度较低。

透明性是光线透过物体所表现的光学特征。装饰材料可分为透明体（透光、透视）、半透明体（透光、不透视）、不透明体（不透光、不透视）。利用材料的透明性不同，我们可以用来调节光线的明暗，改善建筑内部的光环境。如发光天棚的罩面材料一般采用半透明体，这样既能将灯具外形遮住，又能透过光线，既能满足室内照明需要又美观；商场的橱窗就需要用透明性非常高的玻璃，使顾客能清楚看到陈列的商品。

1.5.1.3　材料的质感

质感是材料的色彩、光泽、透明性、表面组织结构等给人的一种综合感受。不同材料的质感给人的心理诱发作用是不同的。例如，光滑、细腻的材料，富有优美、雅致的感情基调，当然也会给人以冷漠、傲然的心理感受；金属能使人产生坚硬、沉重、寒冷的感觉；皮毛、丝织品会使人感到柔软、轻盈和温暖；石材可使人感到坚实、稳重而富有力度；而未加修饰的混凝土等毛面材料使人具有粗犷豪迈的感觉。选择饰面材料的质感，不能只看材料本身装饰效果如何，必须正确把握材料的各项特征，使之与建筑装饰的特点相吻合，从而赋予材料以生命力。

1.5.1.4　材料的花纹图案（肌理）

材料的花纹图案是材料表面天然形成或人工刻画的图形、线条、色彩等构成的画幅。

如天然石材表面的层理条纹及木材纤维呈现的花纹，构成天然图案；采用人工图案时，则有跟更多的表现技艺和手法。建筑装饰材料的图案常采用几何图形、花木鸟兽、山水云月、风竹桥厅等具有文化韵味的元素来表现传统、崇拜、信仰等文化观念和艺术追求。

图片：装饰
材料选集

花纹图案的对称、重复、组合、叠加等变换，可体现材料质地及装饰技艺的价值和品位。

材料表面的花纹图案，能引起人们的好奇心，吸引人们对材料及装饰的细部欣赏，还可以拉近人与材料的空间关系，起到人与物近距离相互交流的作用。

1.5.1.5　材料的形状和尺寸

材料的形状和尺寸能给人带来空间尺寸的大小和使用上是否舒适的感觉。一般块状材料具有稳定感，而板状材料则有轻盈的视觉感受。在装饰设计和施工时，可通过改变装饰

材料的形状和尺寸，配合花纹、颜色、光泽等特征创造出各种类型的图案，从而获得不同的装饰效果，以满足不同的建筑形体和功能的要求，最大限度地发挥材料的装饰性。

1.5.2 材料的耐久性

材料的耐久性是指在环境的多种因素作用下，能经久不变质、不破坏，长久地保持其性能的性质。耐久性是材料的一项综合性质，诸如抗冻性、抗风化性、抗老化性、耐化学腐蚀性等均属耐久性的范围。此外，材料的强度、抗渗性、耐磨性等也与材料的耐久性有着密切关系。

1.5.2.1 环境对材料的作用

在建筑物使用过程中，材料除内在原因使其组成、构造、性能发生变化以外，还长期受到周围环境及各种自然因素的作用而破坏。这些作用可概括为以下几方面：

1. 物理作用。包括环境温度、湿度的交替变化，即冷热、干湿、冻融等循环作用。材料在经受这些作用后，将发生膨胀、收缩，产生内应力。长期的反复作用，将使材料渐遭破坏。

2. 化学作用。包括大气和环境水中的酸、碱、盐等溶液或其他有害物质对材料的侵蚀作用，以及日光等对材料的作用，使材料产生本质的变化而破坏。

3. 机械作用。包括荷载的持续作用或交变应力的作用引起材料的疲劳、冲击、磨损等破坏。

4. 生物作用。包括菌类、昆虫等的侵害作用，导致材料发生腐朽、蛀蚀等破坏。

各种材料耐久性的具体内容，因其组成和结构不同而异。例如钢材易氧化而锈蚀；无机非金属材料常因氧化、风化、碳化、溶蚀、冻融、热应力、干湿交替作用等而破坏；有机材料多因腐烂、虫蛀、老化而变质等。

1.5.2.2 提高材料耐久性的意义与措施

在设计选用建筑工程材料时，必须考虑材料的耐久性问题。采用耐久性良好的建筑工程材料，对节约材料、保证建筑物长期正常使用、减少维修费用、延长建筑物使用寿命等，均具有十分重要的意义。其中，提高材料耐久性的措施主要有以下几种：

(1) 提高材料本身的密实度，改变材料的孔隙构造。

(2) 降低湿度，排除侵蚀性物质。

(3) 适当改变成分，进行憎水处理和防腐处理。

(4) 做保护层，如抹灰、刷涂料。

小 贴 士

北京西直门立交桥（见图1-8）是全国第一座三层转盘式立交桥，始建于1980年，由于混凝土的耐久性原因，在使用11年后，混凝土大面积剥落和锈蚀、钢筋外漏锈蚀，存在较大的安全隐患，严重影响正常使用，不得不于1999年重新修建。

案例：北京西直门立交桥

土木工程材料的耐久性决定着工程的耐久性，与20世纪90年代土木工程材料对比，我国当今在材料方面的研究不断突破，我们感知到了国家技术的进步和科技的发展。

图 1-8　北京西直门立交桥

巩固练习题

一、单项选择题

1. 孔隙率增大，材料的_____降低。

A. 密度　　　　　　B. 表观密度　　　　C. 憎水性　　　　　D. 抗冻性

2. 材料在水中吸收水分的性质称为_____。

A. 吸水性　　　　　B. 吸湿性　　　　　C. 耐水性　　　　　D. 渗透性

3. 含水率为 10% 的湿砂 220g，其中水的质量为_____。

A. 19.8g　　　　　B. 22g　　　　　　C. 20g　　　　　　D. 20.2g

4. 材料的孔隙率增大时，其性质保持不变的是_____。

A. 表观密度　　　　B. 堆积密度　　　　C. 密度　　　　　　D. 强度

5. 密度是指材料在_____单位体积的质量。

A. 自然状态　　　　B. 绝对体积近似值　C. 绝对密实状态　　D. 松散状态

6. 表观密度是指材料在_____单位体积的质量。

A. 自然状态　　　　　　　　　　　B. 绝对体积近似值

C. 绝对密实状态　　　　　　　　　D. 松散状态

7. 同一种材料的密度与表观密度差值较小，这种材料的_____。

A. 孔隙率较大　　　　　　　　　　B. 保温隔热性较好

C. 吸声能力强　　　　　　　　　　D. 强度高

8. 材料在潮湿空气中吸附水分的性质称为_____。

A. 吸湿性　　　　　B. 吸水性　　　　　C. 耐水性　　　　　D. 渗透性

9. 材料吸水后将材料的_____提高。

A. 耐久性   B. 导热系数   C. 密度   D. 密实度

10. 如材料的质量已知,求其表观密度时,测定的体积应为_____。

A. 材料的密实体积   B. 材料的密实体积与开口孔隙体积

C. 材料的密实体积与闭口孔隙体积   D. 材料的密实体积与开口及闭口体积

11. 在 100g 含水率为 3% 的湿砂中,其中干砂的质量为_____。

A. 97.0g   B. 97.5g   C. 96.7g   D. 97.1g

12. 某材料吸水饱和后的质量为 20kg,烘干到恒重时,质量为 16kg,则材料的_____。

A. 质量吸水率为 25%   B. 质量吸水率为 20%

C. 体积吸水率为 25%   D. 体积吸水率为 20%

13. 某一材料的下列指标中为固定值的是_____。

A. 密度   B. 表观密度   C. 堆积密度   D. 导热系数

14. 某材料 100g,含水 5g,放入水中又吸水 8g 后达到饱和状态,则该材料的吸水率可用_____计算。

A. 8/100   B. 8/95   C. 13/100   D. 13/95

15. 评定材料抵抗水的破坏能力的指标是_____。

A. 抗渗等级   B. 渗透系数   C. 软化系数   D. 抗冻等级

16. 用于吸声的材料,要求其具有_____孔隙。

A. 大孔   B. 内部连通而表面封死

C. 封闭小孔   D. 开口连通细孔

17. 材料抗渗性的指标为_____。

A. 软化系数   B. 渗透系数   C. 抗渗指标   D. 吸水率

18. 含水率表示材料的_____。

A. 耐水性   B. 吸水性   C. 吸湿性   D. 抗渗性

19. 材料吸水后,将使材料的_____提高。

A. 耐久性   B. 强度和导热系数

C. 密度   D. 体积密度和导热系数

20. 水附于憎水性(或疏水性)材料表面上时,其润湿边角为_____。

A. 0°   B. >90°   C. ≤90°   D. <90°

21. 当材料的润湿边角为_____时,称为亲水性材料。

A. 0°   B. >90°   C. ≤90°   D. <90°

22. 当材料的软化系数为_____时,可以认为是耐水性材料。

A. ≥0.80   B. <0.75   C. ≥0.85   D. <0.80

23. 同材质的两块材料其表观密度 $A>B$,则其孔隙率_____。

A. $A>B$ B. $A=B$ C. $A<B$ D. 无法比较

24. 同材质的两块材料其表观密度 $A>B$,则其强度_____。

A. $A>B$ B. $A=B$ C. $A<B$ D. 无法比较

25. 吸水性好的材料,构造状态是_____。

A. 粗大连通孔　　　B. 微细连通孔　　　C. 粗大封闭孔　　　D. 微细封闭孔

26. 材料密度的大小主要取决于材料的_____。

A. 化学组成　　　　B. 孔隙率　　　　C. 密实度　　　　D. 形状

27. 材料的孔隙率 P 与密实度 D 的关系是_____。

A. $P=D-1$　　　B. $D=P-1$　　　C. $D-1-P$　　　D. $D=P$

28. 孔隙率大的材料，则_____。

A. 强度较高、抗渗性好、导热性好　　　B. 强度较高、抗渗性好、导热性差

C. 强度较低、抗渗性好、导热性差　　　D. 强度较低、抗渗性差、导热性差

29. 软化系数是用来表示材料的_____能力。

A. 抗渗　　　　　B. 抗冻　　　　　C. 耐水　　　　　D. 耐热

30. 含水率 $A\%$ 的石子 100kg，将其干燥后的质量是_____。

A. $A\% \times 100$　　B. $100/(1-A\%)$　　C. $100/(1+A\%)$　　D. $(100-A) \times A\%$

31. 相对来说，_____对材料的热导系数影响最小。

A. 孔隙率　　　　　　　　　　　B. 含水率

C. 0～50℃内的温度变化　　　　　D. 表观密度

32. 建筑材料可分为脆性材料和韧性材料，其中脆性材料具有的特征是_____。

A. 破坏前没有明显变形　　　　　B. 抗压强度是抗拉强度 8 倍以上

C. 抗冲击破坏时吸收的能量大　　　D. 破坏前不产生任何变形

33. 以下四种材料中属于憎水材料的是_____。

A. 天然石材　　　B. 木材　　　　C. 石油沥青　　　D. 混凝土

二、多项选择题

1. 下列性质属于力学性质的有_____。

A. 强度　　　　　B. 硬度　　　　　C. 弹性　　　　　D. 脆性

E. 吸水性

2. 下列材料中，属于复合材料的是_____。

A. 钢筋混凝土　　B. 沥青混凝土　　C. 建筑石油沥青　　D. 建筑塑料

E. 玻璃钢

3. 吸水率增加，将使材料_____。

A. 表观密度增加　　B. 体积膨胀　　　C. 导热性增加　　　D. 强度下降

E. 抗冻性下降

4. 孔隙率较大的材料_____性能较差。

A. 吸水　　　　　B. 耐水　　　　　C. 导热　　　　　D. 抗渗

E. 抗冻

5. _____的材料强度较高。

A. 密实度大　　　B. 表观密度大　　C. 硬度大　　　　D. 孔隙率大

E. 吸水率大

6. 通常，软化系数为_____时，可认为是耐水材料。

A. 0.70　　　　B. 0.75　　　　C. 0.80　　　　D. 0.86

E. 0.90

7. 材料的耐久性主要是通过_____性能方面体现的。

A. 抗冻　　　　　B. 耐水　　　　　C. 耐风化　　　　　D. 吸水

E. 吸声

8. 下列材料中，_____属于脆性材料。

A. 水泥　　　　　B. 钢材　　　　　C. 铝材　　　　　D. 黏土砖

E. 玻璃

9. 下列性质中，_____性是与水相关的性质。

A. 吸水　　　　　B. 吸声　　　　　C. 耐磨　　　　　D. 耐燃

E. 抗冻

10. 有抗冻要求的材料，应当是_____。

A. 强度高　　　　B. 密实性好　　　C. 吸水率低　　　D. 耐水性好

E. 孔隙连通细小

11. 材料按其化学组成可分为_____。

A. 无机材料　　　B. 金属材料　　　C. 有机材料　　　D. 植物材料

E. 复合材料

三、判断题

1. 材料吸水饱和状态时水占的体积可视为开口孔隙体积。　　　　　　　　（　　）

2. 在空气中吸收水分的性质称为材料的吸水性。　　　　　　　　　　　　（　　）

3. 材料的软化系数愈大，材料的耐水性愈好。　　　　　　　　　　　　　（　　）

4. 材料的渗透系数愈大，其抗渗性能愈好。　　　　　　　　　　　　　　（　　）

5. 材料密度的大小取决于材料的孔隙率。　　　　　　　　　　　　　　　（　　）

6. 材料的孔隙率越大，其抗渗性就越差。　　　　　　　　　　　　　　　（　　）

7. 耐久性好的材料，其强度必定高。　　　　　　　　　　　　　　　　　（　　）

8. 凡是含孔材料，其表观密度均比其密度小。　　　　　　　　　　　　　（　　）

9. 承受冲击与振动荷载作用的结构需选择脆性材料。　　　　　　　　　　（　　）

10. 软化系数越大，说明材料的抗渗性越好。　　　　　　　　　　　　　（　　）

11. 材料的抗渗性主要决定于材料的密实度和孔隙特征。　　　　　　　　（　　）

12. 新建的房屋由于含水率高，保温效果差，感觉会冷些。　　　　　　　（　　）

13. 塑料的刚度小，因此不宜作结构材料使用。　　　　　　　　　　　　（　　）

14. 比强度是材料轻质高强的指标。　　　　　　　　　　　　　　　　　（　　）

四、简答题

1. 什么是材料的强度？影响材料强度的因素有哪些？

2. 材料的耐久性都包括哪些内容？

3. 材料的耐水性、抗渗性、抗冻性的含义各是什么？各用什么指标表示？

4. 生产材料时，在组成一定的情况下，可采取什么措施来提高材料的耐久性？

五、计算题

1. 收到含水率为5％的砂子500t，实为干砂多少吨？若需干砂500t，则应进含水率为5％的砂子多少吨？（保留2位小数）

2. 一块普通烧结砖，其尺寸符合标准尺寸（240mm×115mm×53mm），烘干恒定质量为 2500g，吸水饱和质量为 3000g，再将该砖磨细，过筛烘干后取 50g，用李氏瓶测得其体积为 20cm³。试求该砖的质量吸水率、密度、表观密度、密实度。（保留 2 位小数）

3. 某材料的密度为 2.65g/cm³，干表观密度为 1920kg/m³。现将一重 850g 的该材料浸入水中，吸水饱和后取出称重为 920g，求该材料的孔隙率、质量吸水率、开口孔隙率及闭口孔隙率。（保留 2 位小数）

项目 **2**

Chapter 02

石材

学习目标

了解天然岩石的地质成因及分类，了解建筑中常用人造石材的分类，熟悉建筑中常用天然石材的品种，并掌握其技术性能、适用范围及选用原则。能正确、经济地选用石材。

思政目标

提高合理取材和用材意识，形成勤俭节约观念，树立科学发展观。

建筑石材分为天然石材和人造石材。

天然石材是由天然岩石开采的，经过或不经过加工而制得的材料。天然石材资源丰富，使用历史悠久，是古老的建筑材料之一。国内外许多著名的古建筑是由天然石材建造而成，如意大利的比萨斜塔、罗马斗兽场、古埃及的金字塔、美国纽约的自由女神像、我国河北的赵州桥等。由于脆性大、抗拉强度低、质量重和开采加工较困难等原因，石材作为结构材料已很大程度上被钢筋混凝土、钢材所取代。但由于天然石材具有抗压强度高，特有的色泽和纹理，耐久性、耐磨性和装饰性好等优点，其在建筑工程中的使用仍然相当普遍，较多地用作建筑装饰材料、基础和墙身等砌筑材料以及混凝土的骨料。

人造石材是用无机或有机胶结料、矿物质原料及各种外加剂配置而成的，如人造大理石、人造花岗岩、各类混凝土等。由于人造石材可以人为地控制其性能、形状、花纹图案等，因此其作为装饰材料得到了广泛的应用。

任务 2.1　建筑中常用的天然岩石

岩石是由各种不同地质作用所形成的天然固态矿物的集合体。由单一矿物组成的岩石叫单矿岩，如石灰岩主要是由方解石组成的单矿岩。由两种或多种矿物组成的岩石叫多矿岩，如花岗岩是由长石、石英、云母等矿物组成的多矿岩。造岩矿物在不同的地质条件下形成不同的天然岩石，通常分为岩浆岩、沉积岩和变质岩三大类。

2.1.1　岩浆岩

2.1.1.1　岩浆岩的形成和种类

岩浆岩又称火成岩，是由地壳深处的熔融岩浆上升到地表附近或喷出地表冷凝而形成的岩石。根据岩浆冷凝情况不同，岩浆岩又可分为深成岩、喷出岩和火山岩三种。

1. 深成岩

深成岩是地壳深处的岩浆，在上部覆盖层压力的作用下缓慢且较均匀地冷凝而形成的岩石。其特点是矿物结晶完整，晶粒粗大，结构致密，呈块状构造；具有抗压强度高，吸水率小，表观密度大，抗冻性、耐磨性、耐水性良好等性质。建筑上常用的深成岩有花岗岩、正长岩、橄榄岩、闪长岩和辉长岩等。

2. 喷出岩

喷出岩是岩浆喷出地表时，在压力降低和冷却较快的条件下而形成的岩石。其特点是大部分结晶不完全，多呈细小结晶（隐晶质）或玻璃质（解晶质）。当喷出的岩浆形成较厚的岩层时，其结构与性质与深成岩相似；当形成较薄的岩层时，由于冷却速度快，且岩浆中气压降低而膨胀，形成多孔结构的岩石，其性质近于火山岩。建筑上常用的喷出岩有玄武岩、辉绿岩和安山岩等。

3. 火山岩

火山岩是火山爆发时，岩浆被喷到空中而急速冷却后形成的岩石。其特点是呈多孔玻璃质结构，表观密度小。建筑上常用的火山岩有火山灰、浮石、火山渣和火山凝灰岩等。

2.1.1.2 建筑中常用的岩浆岩

1. 花岗岩

花岗岩是岩浆岩中分布较广的一种岩石，主要由长石、石英和少量云母（或角闪石等）组成，有时也称为麻石，岩质坚硬密实，属于硬石材。

微课：花岗岩

花岗岩的特点如下：

（1）花岗岩经加工后的板材呈现出各种斑点状花纹，具有良好的装饰性。

（2）坚硬密实，表观密度大，抗压强度高，耐磨性好。

（3）孔隙率小，吸水率低，耐风化和耐久性好。

（4）具有高耐酸耐腐蚀性。

（5）耐火性差。当温度超过800℃时，花岗岩内的石英晶态转变造成体积膨胀，从而导致石材爆裂，失去强度。

（6）花岗岩的硬度大，开采加工较困难。

（7）某些花岗岩含有放射性元素，对人体有害。这类花岗岩应进行放射性元素含量的检验，若超过标准，应避免用于室内。

对花岗岩的质检包括尺寸偏差、平整度和角度偏差、磨光板材的光泽度及外观缺陷、表观密度、吸水率、干燥抗压强度、抗弯强度等。

花岗岩石材常用于重要的大型建筑物的基础、勒脚、柱子、栏杆、踏步等部位以及桥梁、堤坝等工程中，是建造永久性工程、纪念性建筑的良好材料。经磨切等加工而成的各类花岗岩建筑板材，质感坚实，华丽庄重，是室内外高级装修装饰板材。

图片：花岗岩

目前，我国花岗岩的产地主要有：山东泰山、崂山，北京西山，江苏金山，安徽黄山，陕西华山，湖南衡山，浙江莫干山，广西岭溪县，河南太行山，四川峨眉山以及云南、贵州山区等，其中著名产品有"济南青"、"泉州黑"等，近年又开发出山东"樱花红"、广西"岭溪红"、山西"贵妃红"等高档品种。

2. 玄武岩、辉绿岩

玄武岩是喷出岩中最普遍的一种，颜色一般为黑色或棕黑色，常呈玻璃质或隐晶质结构，有时也呈多孔状或斑状构造。玄武岩硬度高，脆性大，抗风化能力强，表观密度为$2900\sim3500kg/m^3$，抗压强度为$100\sim500MPa$。常用作高强混凝土的骨料，也用来铺筑道路路面等。

辉绿岩主要由铁、铝硅酸盐组成。它具有较高的耐酸性，可用作耐酸混凝土的骨料。其熔点为$1400\sim1500℃$，可作为铸石的原料，所制得的铸石结构均匀致密且耐酸性好，因此是化工设备耐酸衬里的良好材料。

3. 火山灰、浮石、凝灰岩

火山灰颗粒粒径小于2mm，具有火山灰活性，磨细后在常温和有水的情况下，可与石灰（CaO）反应生成具有水硬性胶凝能力的水化物。因此，可作水泥的混合材料及混凝土的掺合料。

浮石是粒径大于5mm并具有多孔构造（海绵状或泡沫状火山玻璃）的火山碎屑岩，其表观密度小，一般为$300\sim600kg/m^3$，可作轻质混凝土的骨料。

凝灰岩是凝聚并胶结成大块的火山碎屑岩，具有多孔构造，表观密度小，抗压强度为5～20MPa，可作砌墙材料和轻质混凝土的骨料。

2.1.2　沉积岩

2.1.2.1　沉积岩的形成和种类

沉积岩又称水成岩，是地表的各种岩石经自然风化、风力搬迁和流水冲移等作用后，用沉积而形成的岩石。主要存在于地表及离地表不太深的地下。其特征是层状构造，外观多层理（各层的成分、结构、颜色和层厚等均不相同），表观密度小，孔隙率和吸水率较大，强度较低，耐久性较差。根据沉积岩的生成条件，可分为机械沉积岩、化学沉积岩和生物沉积岩 3 种。

1. 机械沉积岩

由自然风化而逐渐破碎松散的岩石及砂等，经风、雨、冰川、沉积等机械力的作用而重新压实或胶结而成的岩石，主要有砂岩、页岩、砾岩和角砾岩等。

2. 化学沉积岩

由溶解于水中的矿物质经聚积、反应、重结晶等并沉积而形成的岩石，主要有石膏、白云岩、菱镁矿等。

3. 生物沉积岩

由海生动植物的遗骸经分解、分选、沉积而成的岩石，主要有石灰岩、硅藻土等。

2.1.2.2　建筑中常用的沉积岩

1. 石灰岩

石灰岩俗称灰石或青石，主要化学成分是 $CaCO_3$，主要矿物成分为方解石，但常含有白云石、菱镁矿、石英、蛋白石、铁矿物及黏土等。因此，石灰岩的化学成分、矿物组成、致密程度以及物理性质等差异甚大。石灰岩通常为灰白色、浅灰色，常因含有杂质而呈现深灰、灰黑和浅红等颜色，表观密度为 2600～2800kg/m³，抗压强度为 20～160MPa，吸水率为 2%～10%。如果岩石中黏土含量不超过 3%～4%，其耐水性

图片：青石

和抗冻性较好。石灰岩来源广，硬度低，易劈裂，便于开采，具有一定的强度和耐久性，因而广泛用于建筑工程中。其块石可作为基础、墙身、阶石及路面等，其碎石是常用的混凝土骨料。

由石灰岩加工而成的"青石板"造价不高，表面能保持劈裂后的自然形状，加之多种色彩的搭配，作为墙面装饰板材，具有独特的自然风格。

此外，它也是生成水泥和石灰的主要原料。

微课：青石

小贴士

青石板经常出现在一些古镇中（见图 2-1），如中国四大古镇：广东的佛山镇、江西的景德镇、湖北的汉口镇和河南的朱仙镇。随着中国美丽乡村的建设，我们身边也越来越多仿古小镇和仿古建筑，这些地方都能看到青石板路，这些都是国家大力提倡

文化复兴和中国梦的背景下实现的，中国梦也是文化复兴之梦，而要实现文化复兴，必须继承和发扬中国传统文化。中华民族的伟大复兴不仅是中国共产党的历史使命，更是全国人民需要共同努力完成的一项重大工程。

图 2-1　古镇青石板

2. 砂岩

砂岩主要是由石英砂或石灰岩等细小碎屑经沉积并重新胶结而成的岩石。它的性质决定于胶结物的种类及胶结的致密程度。砂岩主要有：以氧化硅胶结而成的称硅质砂岩；以碳酸钙胶结而成的称钙质砂岩；还有铁质砂岩和黏土质砂岩。致密的硅质砂岩其性能接近于花岗岩，可用于纪念性建筑及耐酸工程等；钙质砂岩的性质类似于石灰岩，抗压强度为60～80MPa，易于加工，应用较广，可作基础、踏步、人行道等，但耐酸性差；铁质砂岩的性能比钙质砂岩差，其中密实者可用于一般建筑工程；黏土质砂岩浸水易软化，建筑工程中一般不用。纯白色砂岩俗称白玉石，可作雕刻及装饰材料。

2.1.3　变质岩

2.1.3.1　变质岩的形成及种类

变质岩是由地壳中原有的岩浆岩或沉积岩，由于地壳变动和岩浆活动产生的温度和压力，使其在固体状态下发生再结晶，矿物成分、结构构造以至化学成分部分或全部改变而形成的岩石。通常岩浆岩变质后，结构不如原岩石坚实，性能变差；而沉积岩变质后，结构较原岩石致密，性能变好。

2.1.3.2　建筑中常用的变质岩

1. 大理岩

大理岩是由石灰岩或白云岩变质而成，主要的造岩矿物是方解石或白云石，建筑上又称大理石，主要化学成分为碳酸钙和碳酸镁。

大理石是由于生产在我国云南省的大理县而得名的。质地纯正的大理石为白色，俗称汉白玉，是大理石中的珍品。如果在变质过程中混入了其他杂质，就会出现各种色彩或斑纹,从而产生了众多大理石品种。

大理石的特点如下:

(1)结构致密,抗压强度高。

(2)颜色绚丽、纹理多姿。

(3)硬度中等,易于加工,耐磨性次于花岗岩。

(4)耐酸性差,酸性介质会使大理石表面受到腐蚀。

(5)易于打磨抛光。

微课:大理石

(6)耐久性次于花岗岩。

对大理石的选用主要以外观质量(板材的尺寸、平整度和角度的允许偏差,磨光板材的光泽度和外观缺陷等)及颜色花纹为主要评价和选择指标。

天然大理石板材为高级饰面材料,主要用于纪念性建筑、大型公共建筑的室内墙面、柱面、地面及楼梯踏步等。天然大理石板材易被酸雨侵蚀,而且抗风化能力差,所以不宜用作室外装饰。通常只有白色大理石(汉白玉)等少数致密、质纯的品种可用于室外。

图片:大理石

目前,国内大理石生产厂家较多,主要分布在云南大理,北京房山,湖北大冶、黄石,河北曲阳,山东平度、莱阳,广东云浮,安徽灵璧、怀宁,广西桂林,浙江杭州等地。

2. 石英岩

石英石是由硅质砂岩变质而成的晶体结构。结构均匀致密,抗压强度高(250～400MPa),耐久性好,但硬度大,加工困难。常用作重要建筑物的贴面石,耐磨耐酸的贴面材料,其碎块可用于道路或作混凝土的骨料。

3. 片麻岩

片麻岩是由花岗岩变质而成,其矿物成分与花岗岩相似,呈片状构造,因而各个方向的物理力学性质不同。在垂直于解理(片层)方向有较高的抗压强度,可达120～200MPa;沿解理方向易于开采加工,但在冻融循环过程中易剥落分离成片状,故抗冻性差,易于风化。常用作碎石、块石及人行道石板等。

4. 蛇纹岩

蛇纹岩是由岩浆岩变质而成的岩石,呈绿色、暗灰绿色、黄色等颜色,结构致密,硬度不大,易于加工,有树脂或蜡状光泽。岩脉中呈纤维状者称蛇纹石棉或温石棉,是常用的绝热材料。

5. 板岩

板岩是由页岩或凝灰岩变质而成。板岩构造细密呈片状,易于剥落成坚硬的薄片状。其强度、耐水性、抗冻性均高,是一种天然的屋面材料,可用于园林建筑。

任务2.2 天然石材的技术性质

天然石材的技术性质包括物理性质、力学性质和工艺性质,决定于其组成矿物的种类、特征以及结合状态。天然石材因生成条件各异,常含有不同种类的杂质,矿物组成有所变化,所以即使是同一类岩石,其性质也可能有很大差别。因此,使用前都必须进行检验和鉴定。

2.2.1 物理性质

2.2.1.1 表观密度

天然石材根据其表观密度的大小可分为轻质石材（表观密度≤1800 kg/m³）和重质石材（表观密度＞1800kg/m³）。石材表观密度与其矿物组成和孔隙率有关，它能间接反映石材的致密程度与孔隙多少，在通常情况下，同种石材的表观密度越大，则抗压强度越高，吸水率越小，耐久性越好，导热性越好。

2.2.1.2 吸水性

吸水率低于1.5％的岩石称为低吸水性岩石；吸水率介于1.5％～3.0％的岩石称为中吸水性岩石；吸水率高于3.0％的岩石称为高吸水性岩石。花岗岩的吸水率通常小于0.5％，致密的石灰岩吸水率可小于1％，而多孔贝壳石灰岩吸水率可高达15％。

石材的吸水性对其强度与耐水性有着很大的影响。石材吸水后，会降低颗粒之间的黏结力，从而使强度降低。有些岩石还容易被水溶蚀，因此，吸水性强与易溶的岩石，其耐水性较差。

2.2.1.3 耐水性

石材的耐水性用软化系数表示。当岩石中含有较多的黏土或易溶物质时，软化系数较小，耐水性较差。根据软化系数大小，可将石材的耐水性分为高、中、低3个等级。软化系数大于0.9为高耐水性石材，软化系数在0.75～0.9之间为中耐水性石材，软化系数在0.6～0.75之间为低耐水性石材。一般软化系数低于0.6的石材不允许应用于重要建筑。

2.2.1.4 抗冻性

石材的抗冻性用冻融循环次数来表示，也就是石材在水饱和状态下能经受规定条件下数次冻融循环，而强度降低值不超过25％，重量损失不超过5％时，则认为抗冻性合格。石材的抗冻等级分为F5、F10、F15、F25、F50、F100和F200等。石材的抗冻性与其矿物组成、晶粒大小及分布均匀性、胶结物的胶结性质等有关。一般室外工程饰面石材的抗冻次数应大于25次。

2.2.1.5 耐热性

石材的耐热性与其化学成分及矿物组成有关。石材经高温后，由于热胀冷缩、体积变化而产生内应力或因组成矿物发生分解和变异等导致结构破坏。例如，含有石膏的石材，在100℃以上时就开始破坏；含有碳酸镁的石材，温度高于725℃会发生破坏；含有碳酸钙的石材，温度达827℃时开始破坏。由石英和其他矿物所组成的结晶石材，如花岗岩等，当温度达到700℃以上时，由于石英受热发生膨胀，强度迅速下降。

2.2.1.6 导热性

石材的导热性主要与其表观密度和结构状态有关。重质石材的导热系数可达2.91～3.49W/(m·K)，轻质石材的导热系数则在0.23～0.70W/(m·K)。相同成分的石材，玻璃态比结晶态的导热系数小，闭口孔隙的导热性差。

2.2.1.7 光泽度

高级天然石材大都经研磨抛光后进行装修，加工后的平整度光滑程度越好，光泽度越高。材料的光泽度是利用光电的原理进行测定的，要采用光电光泽计或性能类似的仪器测定。反射光线是物体表面的一种物理现象，物体的表面越平滑光亮，反射的光量越大；反之，若表面粗糙不平，入射光则产生漫反射，反射的光量就小，如图 2-2 所示。

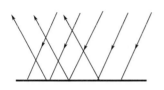

(a) 平整光滑表面的反射面

(b) 粗糙表面的漫反射

图 2-2　天然石材表面的反射情况

2.2.1.8　放射性元素含量

建筑石材同其他装饰材料一样，也可能存在影响人体健康的成分，主要是放射性核元素镭-226、钍-232、钾-40 等，其标准可依据《建筑材料放射性核素限量》GB 6566—2010 中的放射性核素比活度确定，使用范围可分为 A、B、C 三类。A 类材料使用范围不受限制，可用于任何场所；B 类不可用于住宅、托儿所、医院和学校等建筑，可用于商场、体育馆和办公楼等公共场所；C 类只可用于建筑物外饰面及室外其他场所。

> **◆ 小贴士**
>
> 广州某单位在搬进他们新装修的用花岗岩铺就的办公室后，在不长时间里有 2 名中年人先后死于白血病，该单位职工和患者及其家属都自然联想到建筑材料放射性。有关部门对办公室建筑材料进行鉴定，结果证实该建筑物真有超标准的放射性。
>
> 无独有偶，四川报道一家三口先后在 1 月内都患上了再生障碍性贫血，医生觉得奇怪，多方面查找病因。最后，对其住房进行放射性检测才发现，这家人使用了一种印度红的花岗石装饰地面，放射性水平太高，损伤了其造血功能。
>
> 由于建筑材料的放射性会危及人们的身体健康，世界上很多国家都对建筑装饰材料的放射性进行控制并制定了相应标准，我国也不例外。1986 年以后，国家和有关部门相继颁布了《建筑材料放射卫生防护标准》《建筑材料用工业废渣放射性物质限制标准》《掺工业废渣建筑材料产品放射性物质控制标准》《天然石材产品放射防护分类控制标准》。这些标准在当时都发挥了积极的作用，从各地当时的检测情况看，通体砖超过《建筑材料放射卫生防护标准》控制指标也有相当比例。
>
> 我们应学好专业知识，秉承"以人民为中心，以健康为根本"的初衷，用当代中国最鲜活的马克思主义武装自己头脑，守护好广大人民的健康。

2.2.2　力学性质

2.2.2.1　抗压强度

石材的抗压强度以 3 个边长为 70mm 的立方体试块的抗压破坏强度平均值来表示。根据抗压强度值的大小，石材共分 9 个强度等级：MU100、MU80、MU60、MU50、MU40、MU30、MU20、MU15 和 MU10。不同边长抗压试件的换算系数见表 2-1。

石材强度等级的换算系数   表 2-1

立方体边长（mm）	200	150	100	70	50
换算系数	1.43	1.28	1.14	1	0.86

2.2.2.2 冲击韧性

石材的抗拉强度比抗压强度小得多，约为抗压强度的 $1/20 \sim 1/10$，是典型的脆性材料。石材的冲击韧性取决于矿物组成与构造。如石英岩和硅质砂岩脆性较大；含暗色矿物较多的辉长岩、辉绿岩等具有较高的韧性。通常，晶体结构的岩石较非晶体结构的岩石具有较高的韧性。

2.2.2.3 硬度

石材的硬度指抵抗刻划的能力，以莫氏或肖氏硬度表示。它取决于矿物的硬度与构造。石材的硬度与抗压强度具有良好的相关性，一般抗压强度越高，其硬度也越高。硬度越高，其耐磨性和抗刻划性越好，但表面加工越困难。

莫氏硬度：它采用常见矿物来刻划石材表面，从而判断出相应的莫氏硬度。莫氏硬度从 $1 \sim 10$ 的矿物分别是滑石、石膏、方解石、萤石、磷灰石、长石、石英、黄玉、刚玉和金刚石。装修石材的莫氏硬度一般在 $5 \sim 7$ 之间。莫氏硬度的测定在某种条件下虽然简便，但各等级不成比例，相差悬殊。

肖氏硬度：由英国肖尔提出，它用一定重量的金刚石冲头，从一定的高度落到磨光石材试件的表面，根据回跳的高度来确定其硬度。

2.2.2.4 耐磨性

耐磨性是指石材在使用条件下抵抗摩擦、边缘剪切以及冲击等复杂作用的能力。石材的耐磨性包括耐磨损与耐磨耗两个方面。凡是用于可能遭受磨损作用的场所（如台阶、人行道、地面、楼梯踏步等）和可能遭受磨耗作用的场所（如道路路面的碎石等），应采用具有高耐磨性的石材。

2.2.3 工艺性质

2.2.3.1 加工性

石材的加工性主要是指岩石开采、锯解、切割、凿琢、磨光和抛光等加工工艺的难易程度。凡强度、硬度、韧性较高的石材，不易加工；质脆而粗糙，有颗粒交错结构，含有层状或片状构造，以及已风化的岩石，都难以满足加工要求。

2.2.3.2 磨光性

磨光性是指石材能否磨光成平整光滑表面的性质。致密、均匀、细粒的岩石一般都有良好的磨光性，可以磨成光滑亮洁的表面。疏松多孔、有鳞片状构造的岩石磨光性不好。

2.2.3.3 抗钻性

抗钻性是指对石材钻孔时的难易程度。影响抗钻性的因素很复杂，一般石材的强度越高、硬度越高，越不容易钻孔。

由于用途和使用条件不同，对石材的性质及其所要求的指标均有所不同。工程中用于基础、桥梁、隧道以及石砌工程的石材，一般规定其抗压强度、抗冻性与耐水性必须达到一定指标。

建筑工程中常用天然石材的技术性能及用途见表 2-2。

建筑工程中常用天然石材的技术性能及用途　　　　　　表 2-2

名称	主要性能指标		指标	主要用途
	项目			
花岗岩	表观密度(kg/m³)		2500～2700	基础、桥墩、堤坝、拱石、阶石、路面、海港结构、基座、勒脚、窗台、装饰石材等
	强度(MPa)	抗压	120～250	
		抗折	8.5～15.0	
		抗剪	13～19	
	吸水率(%)		<1	
	膨胀系数(10⁻⁶/℃)		5.6～7.34	
	平均韧性(cm)		8	
	平均质量磨耗率(%)		11	
	耐用年限(年)		75～200	
石灰岩	表观密度(kg/m³)		1000～2600	墙身、桥墩、基础、阶石、桥面、石灰及粉刷材料的原料等
	强度(MPa)	抗压	22.0～140.0	
		抗折	1.8～20	
		抗剪	7.0～14.0	
	吸水率(%)		2～6	
	膨胀系数(10⁻⁶/℃)		6.75～6.77	
	平均韧性(cm)		7	
	平均质量磨耗率(%)		8	
	耐用年限(年)		20～40	
砂岩	表观密度(kg/m³)		2200～2500	基础、墙身、衬面、阶石、人行道、纪念碑及其他装饰石材等
	强度(MPa)	抗压	47～140	
		抗折	3.5～14	
		抗剪	8.5～18	
	吸水率(%)		<10	
	膨胀系数(10⁻⁶/℃)		9.02～11.2	
	平均韧性(cm)		10	
	平均质量磨耗率(%)		12	
	耐用年限(年)		20～200	
大理岩	表观密度(kg/m³)		2500～2700	装饰材料、踏步、地面、墙面、柱面、柜台、栏杆、电气绝缘板等
	强度(MPa)	抗压	47～140	
		抗折	2.5～16	
		抗剪	8～12	
	吸水率(%)		<1	
	膨胀系数(10⁻⁶/℃)		6.5～11.2	
	平均韧性(cm)		10	
	平均质量磨耗率(%)		12	
	耐用年限(年)		30～100	

任务 2.3　石材的加工类型与选用原则

2.3.1　石材的加工类型

建筑上使用的天然石材常加工成散粒状、块状，形状规则的石块、石板，形状特殊的石制品等。

2.3.1.1　砌筑用石材

砌筑用石材分为毛石、料石两类。

1. 毛石

毛石（又称片石或块石）是在采石场爆破后直接得到的形状不规则的石块。按其表面的平整程度分为乱毛石和平毛石两类：乱毛石是形状不规则的毛石；平毛石是乱毛石略经加工后，形状较整齐，大致有两个平行面的毛石。建筑用毛石，一般要求石块中部厚度不小于150mm，长度为300～400mm，质量为20～30kg，其强度不宜小于10MPa，软化系数不应小于0.75。毛石常用于砌筑基础、勒脚、墙身、堤坝、挡土墙，也可配制片石混凝土等。

2. 料石

料石（又称条石）是用毛料加工成较为规则的，具有一定规格的六面体石材。按料石表面加工的平整程度可分为以下四种：

（1）毛料石。一般不加工或稍加修整的料石。其厚度不应小于200mm，长度常为厚度的1.5～3倍，叠砌面凹凸深度不应大于25mm。

（2）粗料石。外形较方正，截面的宽度、高度不应小于200mm，而且不小于长度的1/4，叠砌面凹凸深度不应大于20mm。

（3）半细料石。外形方正，规格尺寸同粗料石，但叠砌面凹凸深度不应大于15mm。

（4）细料石。经过细加工，外形规则，规格尺寸同粗料石，其叠砌面凹凸深度不应大于10mm。制作为长方形的称作条石，长、宽、高大致相等的称为方料石，楔形的称为拱石。

料石常用致密的砂岩、石灰岩、花岗岩等开凿而成，常用于砌筑墙身、地坪、踏步、柱、拱和纪念碑等；形状复杂的料石制品也可用于柱头、柱基、窗台板、栏杆和其他装饰品等。

2.3.1.2　板材

板材是用结构致密的岩石经凿平或锯解而成的，厚度一般为20mm的板状石材。饰面用的板材，常用大理石或花岗石加工制成。饰面板材要求耐久、耐磨、色泽美观、无裂缝。根据用途和加工方法不同，板材分为剁斧板材（表面粗糙，具有规则的条形斧纹）、机刨板材（表面平整，具有互相平行的刨纹）、粗磨板材（表面平整光滑，但无光泽）、磨光板材（表面光亮平整，有镜面感）。

1. 花岗石板材

它是由火成岩（岩浆石）中的花岗岩、闪长岩、辉长岩、辉绿岩等荒料加工而成的石板。该类板材的品种、质地、花色繁多。按形状可分为毛光板（MG）、普型板（PX）、圆弧板（HM）和异型板（YX）；按表面加工程度分为亚光板（YG）（表面平整光滑，能使光线产生漫反射现象）、镜面板（JM）（表面平整，具有镜面光泽）、粗面板（CM）（表面粗糙规则有序，端面锯切整齐）。产品质量分为优等品（A）、一等品（B）及合格品（C）三个等级。各等级的技术要求可见《天然花岗石建筑板材》GB/T 18601—2009 的规定。

天然花岗石板材的常用尺寸为 300mm×300mm、305mm×305mm、400mm×400mm、600mm×300mm、600mm×600mm、610mm×305mm、610mm×610mm、900mm×600mm、915mm×610mm、1067mm×762mm、1070mm×750mm，厚度为 20mm。

2. 大理石板材

它是用大理石荒料经锯切、研磨、抛光等加工后的石板。根据形状可分为普型板（PX）、圆弧板（HM）和异型板（YX），按产品质量分为优等品（A）、一等品（B）和合格品（C）三个等级。各等级质量要求可见《天然大理石建筑板材》GB/T 19766—2016 的规定。

天然大理石板材的常用尺寸为 300mm×150mm、300mm×300mm、400mm×200mm、400mm×400mm、600mm×300mm、600mm×600mm、900mm×600mm、1070mm×750mm、1200mm×600mm、1200mm×900mm、305mm×152mm、305mm×305mm、610mm×305mm、610mm×610mm、915mm×610mm、1067mm×762mm、1220mm×915mm，厚度为 20mm。

我国主要花岗石及大理石等天然石材品种的命名及产地等可参阅国家标准《天然石材统一编号》GB/T 17670—2008。

2.3.1.3　颗粒状石料

1. 碎石

天然岩石经人工或机械破碎而成的粒径大于 5mm 的颗粒状石料称为碎石。其性质取决于母岩的品质。主要用于配制混凝土或作道路、基础等的垫层。

2. 卵石

母岩经自然条件风化、磨蚀、冲刷等作用而形成的表面较光滑的颗粒状石料称为卵石。其用途同碎石，还可作为装饰混凝土（如粗露石混凝土等）的骨料和园林庭院地面的铺砌材料等。

根据国家标准《建设用卵石、碎石》GB/T 14685—2022 的规定，将卵石和碎石等粗骨料按技术要求分为Ⅰ、Ⅱ和Ⅲ类，见表 2-3。

碎石和卵石技术要求（GB/T 14685—2022）　　　　　　　　　　表 2-3

技术指标	技术要求		
	Ⅰ类	Ⅱ类	Ⅲ类
碎石压碎指标(%)，≤	10	20	30
卵石压碎指标(%)，≤	12	14	16
针片状颗粒含量(%)，≤	5	8	15
卵石含泥量(%)，≤	0.5	1.0	1.5
碎石含泥量(%)，≤	0.5	1.5	2.0
泥块含量(%)，≤	0.1	0.2	0.7

技术指标	技术要求		
	Ⅰ类	Ⅱ类	Ⅲ类
有机物含量	合格	合格	合格
硫化物及硫酸盐含量(按 SO_3 质量计)(%),≤	0.5	1.0	1.0
坚固性(质量损失率)(%),≤	5	8	12
连续级配松散堆积空隙率(%),≤	43	45	47
吸水率(%),≤	1.0	2.0	2.5
岩石抗压强度(MPa)	在饱水状态下,碎石所用母岩抗压强度中,岩浆岩应不小于80;变质岩应不小于60;沉积岩应不小于45		
密度	表观密度不小于 $2600kg/m^3$		
碱骨料反应	当需方提出要求,应出示膨胀率实测值级碱活性评定结果		

3. 石渣

石渣是用天然大理石或花岗石等的残碎料加工而成,具有多种颜色和装饰效果,可作为人造大理石、水磨石、斩假石、水刷石等的骨料,还可用于制作黏石制品。

2.3.2 石材的选用原则

建筑工程选用天然石料时,应根据建筑物的类型、使用要求和环境条件等,综合考虑适用、经济和安全等方面的要求。

2.3.2.1 适用性

选定主要技术性质能满足要求的石材。如承重用石材,主要应考虑强度、耐水性、抗冻性等技术性能;地面用石材应考虑硬度和耐磨性;饰面用石材,主要考虑表面平整度、光泽度、色彩与环境的协调、尺寸公差、外观缺陷及加工性等技术要求。根据建筑物使用环境和重要性,还要考虑耐久性良好的问题。

2.3.2.2 经济性

由于天然石材表观密度大,不宜长途运输,应综合考虑地方资源,尽可能做到就地取材,降低成本。天然岩石一般质地坚硬,雕琢加工困难,加工费工耗时,成本高。一些名贵石材,价格昂贵。因此,选择石材时必须予以慎重考虑。

小贴士

2022年8月3日商务部发布:暂停天然砂对台湾地区出口。天然砂是在自然条件下所形成的物质,主要是指岩石风化、水流冲击等自然作用下,形成的一类颗粒直径在5mm以下的岩石颗粒,是一种自然矿产资源。由于天然砂不存在人工干预,所以其形成需要十分漫长的过程,而河流的长度越长,落差越大,就越容易形成天然砂。根据开采产地不同,天然砂可分为河砂、山砂、湖砂、海砂等等。随着中国大陆经济的飞速发展,使用自然资源不断增多,自然资源更加短缺。我们更应该崇尚节俭,尽量就地取材、节约成本,这是中华民族的传统美德。

2.3.2.3 安全性

由于天然石材是构成地壳的基本物质,因此可能存在放射性物质。石材中的放射性物质主要是指镭、钍等元素,在衰变中会产生对人体有害的物质。

任务 2.4 人造石材

人造石材是以大理石、花岗石碎料、石英砂、石渣等作为骨料,以树脂或水泥等作为胶结料,经拌和、成型、聚合或养护后,研磨抛光、切割而成的。常用的人造石材有人造花岗岩、人造大理石和水磨石等。它们具有天然石材的花纹、质感和装饰效果,而且具有多样的花色、品种、形状等,并具有质量轻、强度高、耐腐蚀、耐污染、施工方便等优点。目前常用的人造石材有水泥型、聚酯型、复合型和烧结型 4 类。

微课:人造石材

2.4.1 水泥型人造石材

水泥型人造石材是以白色、彩色水泥或硅酸盐、铝酸盐水泥为胶结料,砂为细骨料,碎大理石、花岗石或工业废渣等为粗骨料,必要时再加入适量的耐碱颜料,经配料、搅拌、成型和养护硬化后,再进行磨平抛光而制成的。例如,各种水磨石制品。该类产品的规格、色泽、性能等均可根据使用要求来制作。

图片:人造石材

2.4.2 聚酯型人造石材

聚酯型人造石材是以不饱和聚酯为胶结料,加入石英砂、大理石渣、方解石粉等无机填料和颜料,经配制、混合搅拌、浇筑成型、固化、烘干、抛光等工序制作而成的。

目前,国内外人造大理石、花岗石以聚酯型为多。该类产品光泽好、颜色浅,可调配成各种鲜明的花色图案。由于不饱和聚酯的黏度低,易于成型,且在常温下固化较快,因此便于制作形状复杂的制品。与天然大理石相比,聚酯型人造石材虽然具有强度高、密度小、厚度薄、耐酸碱腐蚀及美观等优点,但其耐老化性能不及天然花岗石,故多用于室内装饰。

2.4.3 复合型人造石材

复合型人造石材是由无机胶结料和有机胶结料共同组合而成。例如,可在廉价的水泥型基板上复合聚酯型薄层,组成复合型板材,以获得最佳的装饰效果和经济指标;也可将水泥型人造石材浸渍于具有聚合性能的有机单体中并加以聚合,以提高制品的性能和档次。有机单体可用苯乙烯、甲基丙烯酸甲酯、醋酸乙烯、丙烯氰、二氯乙烯、丁二烯等。

2.4.4 烧结型人造石材

烧结型人造石材是把斜长石、石英、辉石石粉和赤铁矿及高岭土等混合成矿粉,配以40%黏土混合制成泥浆,经制坯、成型和艺术加工后,再经 1000℃ 左右高温焙烧而成的。例如,仿花岗石瓷砖、仿大理石陶瓷艺术板等。

小贴士

　　新型土木工程材料不断研发能有效助力中国基建事业，但中国土木工程材料研究发展仍是任重道远。在16世纪中期以前，中国一直处于世界科技舞台的中心，近代由于"闭关锁国""鸦片战争"等多重历史原因，导致中国科技近乎停滞，逐渐退出世界舞台，直到中国共产党的出现，才让中国的科技得以重新焕发生机。中国共产党对科学技术事业一直高度重视，早在抗日战争时期，便成立了"延安自然科学研究院"，也是现今"中国科学院"的前身。解放战争期间，中国共产党积极团结、保护科学家，为新中国的科技发展奠定了基础。

　　新中国成立初期，是中国"科技事业的新起点"，中国共产党通过组建新中国科技队伍、吸引海外留学生归国建设、积极向苏联学习等方式，取得了新中国初期的科技成就，为新中国科技事业发展奠定重要的人才基础和组织基础。

　　随后在长达10年的"文化大革命"期间，科技管理陷入瘫痪，研究机构被肢解，广大科学技术工作者被迫停止科研工作，中国的科学技术几乎停滞不前。尽管如此，在中国共产党的领导下，中国科学技术工作者还是在"重创中艰难发展"，在极为困难的条件下取得了一系列的重要成就，原子弹的爆炸、东方红卫星的升空，让中国人民从此挺起了脊梁。

　　自改革开放后，邓小平"科学技术是第一生产力"的论断，把马克思主义对科技的认识推向了前所未有的高度，中国也迎来了"科学的春天"：由衰到兴、科教兴国、创新发展，几代国家领导人的科技发展部署，让中国的科技进入了飞速发展的时期。

　　进入新时代以来，在以习近平同志为核心的党中央领导下，中国的科技发展进入了腾飞阶段。习近平总书记指出：科技创新是核心，抓住了科技创新就抓住了牵动我国发展全局的"牛鼻子"。党中央把创新摆在国家发展全局的核心位置，高度重视科技创新，实施创新驱动发展战略，力争新中国成立100年时使我国成为科技强国。

巩固练习题

一、单项选择题

1. 建筑上常用的天然花岗岩属于_____。

A. 岩浆岩　　　　　B. 沉积岩　　　　　C. 变质岩　　　　　D. 风化岩

2. 建筑上常用的天然大理石属于_____。

A. 岩浆岩　　　　　B. 沉积岩　　　　　C. 变质岩　　　　　D. 风化岩

3. 建筑上常用的青石属于_____。

A. 岩浆岩　　　　　B. 沉积岩　　　　　C. 变质岩　　　　　D. 风化岩

4. 下面四种岩石中，耐火性最差的是_____。

A. 石灰岩　　　　　B. 大理岩　　　　　C. 玄武岩　　　　　D. 花岗岩

5. 大理石贴面板宜使用在_____。

A. 室内墙、地面　　　　　　　　　B. 室外墙、地面

C. 屋面　　　　　　　　　　　　　　D. 各建筑部位皆可

6._____具有独特的装饰效果，外观常呈整体均匀粒状结构，具有色泽和深浅不同的斑点状花纹。

A. 花岗岩　　　　B. 大理石　　　　C. 人造石材　　　　D. 白云石

7. 下列属于天然装饰材料的是_____。

A. 人造板、石材　　　　　　　　　　B. 天然石材、木材

C. 动物皮毛、陶瓷　　　　　　　　　D. 人造石材、棉麻织物

8. 装饰石材中主要应用的两大种类为_____。

A. 大理石、花岗岩　　　　　　　　　B. 人造石、岩浆岩

C. 石灰岩、火成岩　　　　　　　　　D. 沉积岩、变质岩

二、多项选择题

1. 根据造岩矿物在不同的地质条件下形成不同的天然岩石，通常将岩石分为_____。

A. 岩浆岩　　　　B. 沉积岩　　　　C. 变质岩　　　　D. 火山岩

E. 石灰岩

2. 我国著称于世的石材有_____。

A. 汉白玉　　　　B. 大理石　　　　C. 进口黑金沙　　　　D. 丹东绿

E. 花岗岩

3. 天然花岗岩是由_____等矿物质组成的天然岩石。

A. 白云岩　　　　B. 长石　　　　C. 石英石　　　　D. 云母

E. 变质岩

三、判断题

1. 天然石材通常分为岩浆岩、沉积岩、变质岩。　　　　　　　　　　（　　）

2. 大理石的装饰性能良好，所以一般用于室外装饰工程。　　　　　　（　　）

3. 大理石的装饰性能良好，所以一般用于室内装饰工程。　　　　　　（　　）

4. 花岗石板材既可用于室内装饰又可用于室外装饰。　　　　　　　　（　　）

5. 岩浆岩是地壳内的熔融岩在地下或喷出地面后冷凝而成的岩石。　　（　　）

6. 变质岩是由沉积物固结而成的岩石。　　　　　　　　　　　　　　（　　）

四、简答题

1. 人造石材有哪些类型？它们之间有何区别？

2. 选择天然石头应遵循哪些原则？为什么？

3. 花岗岩、大理岩各有何特性及用途？

项目 3

Chapter **03**

气硬性胶凝材料

学习目标

了解胶凝材料的分类，了解石灰、石膏、水玻璃和菱苦土的原料及生产，熟悉石灰、石膏、水玻璃的水化、凝结硬化原理及储运、使用中的注意问题，掌握各类气硬性胶凝材料的技术性质及应用。

思政目标

树立廉洁正直、诚实守信、遵纪守法的职业精神。

凡能够通过自身的物理化学作用，从浆体变成坚硬的固体，并能把散粒材料（如砂、石）或块状材料（如砖和石块）胶结成具有一定强度的整体的材料称为胶凝材料。胶凝材料根据化学成分分为无机胶凝材料和有机胶凝材料两大类。

（1）无机胶凝材料。无机胶凝材料是指以无机氧化物或矿物为主要组成的一类胶凝材料。最常用的有石灰、石膏、水玻璃、菱苦土和各类水泥。有时也包括硅灰、沸石粉、粉煤灰、矿渣、火山灰等活性混合材料。

（2）有机胶凝材料。有机胶凝材料是指以天然或人工合成高分子化合物为基本组成的一类胶凝材料。最常用的有沥青、树脂和橡胶等。

根据凝结硬化条件和使用特性，无机胶凝材料通常又分为气硬性胶凝材料和水硬性胶凝材料。

气硬性胶凝材料只能在空气中凝结硬化、保持并发展强度，如石灰、石膏、水玻璃和菱苦土等。这类材料在水中不凝结，硬化后不耐水，在有水或潮湿环境中强度很低，通常不宜使用。

水硬性胶凝材料不仅能在空气中，而且能更好地在水中凝结硬化、保持并发展强度，如各类水泥和某些复合材料。这类材料需要与水反应才能凝结硬化，在空气中使用时，凝结硬化初期要尽可能浇水或保持潮湿养护。

本项目主要介绍气硬性胶凝材料，土木工程中常用的气硬性胶凝材料有石灰、建筑石膏、水玻璃和菱苦土。

任务 3.1　石灰

石灰是建筑上使用时间较长，应用较广泛的一种气硬性胶凝材料。由于生产石灰的原料分布广，生产工艺简单，使用方便，成本低廉，并且具有良好的建筑性能，所以目前仍广泛用于建筑与装饰工程中。

小贴士

石灰是人类最早应用的胶凝材料，在土木工程中应用范围很广，且价格低廉。在我国古代流传下许多以石灰为题材的诗词，千古吟颂，特别是明朝名臣、民族英雄于谦的《石灰吟》，广为传颂。

案例：石灰吟

据说，于谦在 12 岁的某一天，路过石灰窑，观看师傅煅烧石灰，只见一堆堆青黑色的山石，经过烈火焚烧之后，都变成了白色的石灰。于谦深有感受，便写下《石灰吟》，借描述石灰的煅烧过程，表现了于谦不畏艰险，勇于献身，以保持忠诚清白品格的可贵精神。

我们同学要成才，也要像石灰一样，需要经历艰辛和努力，不断地学习文化知识，磨炼自己的意志，提升自己的精神情操，才能成为对国家、对社会有用的栋梁之材。此外，同学更是要树立远大的理想和政治抱负，培养自己正确的人生观、价值观、世界观。

3.1.1 石灰的生产

3.1.1.1 原材料

石灰最主要的原材料石灰石、白云石和白垩，主要成分是碳酸钙（$CaCO_3$）和碳酸镁（$MgCO_3$）。原材料的品种和产地对石灰性质的影响较大，一般要求原材料中黏土杂质的含量小于8%。

3.1.1.2 生产过程

石灰的生产，就是将主要成分为碳酸钙和碳酸镁的岩石经高温煅烧（加热至900℃以上），逸出二氧化碳气体，得到的白色或灰白色的块状材料即为生石灰，其主要化学成分为氧化钙和氧化镁。反应式如下：

微课：石灰

$$CaCO_3 \xrightarrow{900\sim1200℃} CaO + CO_2 \uparrow$$

$$MgCO_3 \xrightarrow{700℃} MgO + CO_2 \uparrow$$

在上述反应过程中，$CaCO_3$、CaO、CO_2 的质量比为 100：56：44，即质量减少44%，而在正常煅烧过程中，体积只减少约15%，所以生石灰具有多孔结构。石灰的生产过程中，对质量有影响的因素有：煅烧的温度和时间、石灰岩中碳酸镁的含量及黏土杂质含量。

3.1.1.3 钙质石灰与镁质石灰

在石灰的原料中，除主要成分碳酸钙外，常含有碳酸镁。煅烧过程中碳酸镁分解出氧化镁，存在于石灰中。根据石灰中氧化镁含量多少，将石灰分为钙质生石灰（$MgO \leqslant 5\%$）和镁质生石灰（$MgO > 5\%$）。钙质生石灰熟化较快，硬化后强度比镁质石灰稍低。镁质石灰熟化较慢，但硬化后强度稍高。同等级的钙质生石灰的质量优于镁质生石灰。用于建筑工程中的多为钙质石灰。

3.1.1.4 欠火石灰与过火石灰

碳酸钙在900℃时开始分解，但速度较慢，所以，煅烧温度宜控制在1000~1100℃左右。温度较低、煅烧时间不足、石灰岩原料尺寸过大、装料过多等因素，会产生欠火石灰。欠火石灰中碳酸钙尚未完全分解，未分解的碳酸钙，没有活性，从而降低了石灰的有效成分含量。温度过高或煅烧时间过长时，则会产生过火石灰。因为随煅烧温度的提高和时间的延长，已分解的氧化钙体积收缩，毛体积密度增大，质地致密，熟化速度慢。若原料中含有较多的黏土杂质，则会在表面形成熔融的玻璃物质，从而使石灰与水反应的速度变得更慢（需数天或数月）。过火石灰如用于工程上，其细小颗粒会在已经硬化的浆体中吸收水分，发生水化反应而体积膨胀，引起局部鼓泡或脱落，影响工程质量。由于过火石灰在生产中是很难避免的，因此石灰膏在使用前必须经过"陈伏"。

3.1.2 石灰的熟化与硬化

3.1.2.1 石灰的熟化

1. 熟化过程

块状生石灰在使用前都要加水消解，这一过程称为"消解"或"熟化"，也可称之为"淋灰"，经消解后的石灰称为"消石灰"或"熟石灰"，其化学反应式如下：

$$CaO + H_2O \rightarrow Ca(OH)_2 + 64.88J$$

生石灰在熟化过程中有两个显著的特点：一是体积膨胀大（约1~2.5倍）；二是放热

量大，放热速度快。煅烧良好、氧化钙含量高、杂质含量小的生石灰，其熟化速度快，放热量和体积增大也多。此外，熟化速度还取决于熟化池中的温度，温度高，熟化速度快。

2. 熟化方法

（1）经过筛与陈伏后制成石灰膏

石灰中不可避免含有未分解的碳酸钙及过火的石灰颗粒。为消除这类杂质的危害，石灰膏在使用前应进行过筛和陈伏。即在化灰池或熟化池中加水，拌制石灰浆，熟化的氢氧化钙经筛网过滤（除渣）流入储灰池，在储灰池中沉淀陈伏成膏状材料，即石灰膏。为保证石灰充分熟化，必须在储灰池中储存 2 周以上再使用，这一过程称为陈伏。陈伏期间，石灰膏表面应保留一层水，或用其他材料覆盖，避免石灰膏与空气接触而导致碳化。一般情况下，1kg 的生石灰约可化成 1.5～3L 的石灰膏。石灰膏可用来拌制砌筑砂浆、抹面砂浆，也可以掺入较多的水制成石灰乳液用于粉刷。

（2）制成消石灰粉

将生石灰淋以适当的水，消解成氢氧化钙，再经磨细、筛分而得干粉，称为消石灰粉或熟石灰粉。

消石灰粉也需放置一段时间，待进一步熟化后使用。由于其熟化未必充分，不宜用于拌制砂浆、灰浆。消石灰粉常用于拌制石灰土、三合土。

3.1.2.2 石灰的凝结硬化

石灰浆在空气中的凝结硬化是物理变化过程——干燥结晶，和化学反应过程——碳化硬化两个同时进行的过程。

1. 干燥结晶过程

石灰膏中的游离水分一部分蒸发掉，一部分被砌体吸收。氢氧化钙从过饱和溶液中结晶析出，晶相颗粒逐渐靠拢结合成固体，强度随之提高。

2. 碳化硬化过程

氢氧化钙与空气中的二氧化碳反应生成不溶于水、强度和硬度较高的碳酸钙，析出的水分逐渐蒸发，其化学反应式如下：

$$Ca(OH)_2 + CO_2 + nH_2O \rightarrow CaCO_3 + (n+1)H_2O$$

这个反应实际是二氧化碳与水结合形成碳酸，再与氢氧化钙作用生成碳酸钙。如果没有水，这个反应就不能进行。碳化过程是由表及里，但表层生成的碳酸钙结晶阻碍了二氧化碳的深入，也影响了内部水分的蒸发，所以碳化过程长时间只限于表面。氢氧化钙的结晶作用则主要发生在内部。石灰凝结硬化过程中的两个主要特点：一是硬化速度慢；二是体积收缩大。

从以上的石灰凝结硬化过程可以看出，石灰的凝结硬化只能在空气中进行，也只能在空气中才能继续发展提高其强度，所以石灰只能用于干燥环境的地面上建筑物、构筑物，而不能用于水中或潮湿环境中。

3.1.3 建筑石灰的技术要求

3.1.3.1 建筑生石灰的技术要求

根据《建筑生石灰》JC/T 479—2013 规定，生石灰按加工情况分为建筑生石灰和建筑生石灰粉；建筑生石灰按生石灰的化学成分分为钙质石灰和镁质石灰两类。根据化学成分的含量分为各个等级，见表 3-1。

建筑生石灰的分类　　　　表 3-1

类　别	名　称	代　号
钙质石灰	钙质石灰 90	CL 90
	钙质石灰 85	CL 85
	钙质石灰 75	CL 75
镁质石灰	镁质石灰 85	ML 85
	镁质石灰 80	ML 80

根据《建筑生石灰》JC/T 479—2013 规定，建筑生石灰粉的化学成分与建筑生石灰一致，建筑生石灰的化学成分应符合表 3-2 的要求，建筑生石灰的物理性质应符合表 3-3 的要求。

建筑生石灰的化学成分（%）　　　　表 3-2

名　称	氧化钙+氧化镁 $(CaO+MgO)$	氧化镁 (MgO)	二氧化碳 (CO_2)	三氧化硫 (SO_3)
CL 90-Q CL 90-QP	≥90	≤5	≤4	≤2
CL 85-Q CL 85-QP	≥85	≤5	≤7	≤2
CL 75-Q CL 75-QP	≥75	≤5	≤12	≤2
ML 85-Q ML 85-QP	≥85	>5	≤7	≤2
ML 80-Q ML 80-QP	≥80	>5	≤7	≤2

建筑生石灰的物理性质　　　　表 3-3

名　称	产浆量 $(dm^3/10kg)$	细度	
		0.2mm 筛余量（%）	90μm 筛余量（%）
CL 90-Q CL 90-QP	≥26 —	— ≤2	— ≤7
CL 85-Q CL 85-QP	≥26 —	— ≤2	— ≤7
CL 75-Q CL 75-QP	≥26 —	— ≤2	— ≤7
ML 85-Q ML 85-QP	— —	— ≤2	— ≤7
ML 80-Q ML 80-QP	— —	— ≤7	— ≤2

3.1.3.2　建筑消石灰的技术要求

根据《建筑消石灰》JC/T 481—2013 规定，建筑消石灰按扣除游离水和结合水质 (CaO+MgO) 的百分含量加以分类，见表 3-4。

建筑消石灰的化学成分应符合表 3-5 的要求，建筑消石灰的物理性质应符合表 3-6 的要求。

建筑消石灰的分类　　　　　　　　　　　　　表 3-4

类　别	名　称	代　号
钙质消石灰	钙质消石灰 90	HCL 90
	钙质消石灰 85	HCL 85
	钙质消石灰 75	HCL 75
镁质消石灰	镁质消石灰 85	HML 85
	镁质消石灰 80	HML 80

建筑消石灰的化学成分（%）　　　　　　　　表 3-5

名　称	氧化钙+氧化镁（CaO+MgO）	氧化镁（MgO）	三氧化硫（SO₃）
HCL 90	≥90		
HCL 85	≥85	≤5	≤2
HCL 75	≥75		
HML 85	≥85	>5	≤2
HML 80	≥80		

注：表中数值以试样扣除游离水和化学结合水后的干基为基准。

建筑消石灰的物理性质　　　　　　　　　　表 3-6

名　称	游离水(%)	细度		安定性
		0.2mm 筛余量(%)	90μm 筛余量(%)	
HCL 90				
HCL 85				
HCL 75	≤2	≤2	≤7	合格
HML 85				
HML 80				

3.1.4　建筑石灰的特性

3.1.4.1　保水性与可塑性好

生石灰熟化为石灰浆时，能自动形成颗粒极细的呈胶体分散状态的氢氧化钙，表面吸附一层厚的水膜，因而保水性能好，且水膜层也大大降低了颗粒间的摩擦力。因此，用石灰膏制成的石灰砂浆具有良好的保水性和可塑性。在水泥砂浆中掺入石灰膏，可使砂浆的保水性和可塑性显著提高。因此，它在建筑工程中常用来改善水泥砂浆保水性和塑性差的缺陷。

3.1.4.2　凝结硬化慢、强度低

石灰浆体硬化过程的特点之一就是硬化速度慢。原因是空气中的二氧化碳浓度低，且

碳化是由表及里，在表面形成较致密的壳，使外部的二氧化碳较难进入其内部，同时内部的水分也不易蒸发，所以硬化缓慢，硬化后的强度也不高，如 1:3 石灰砂浆 28d 的抗压强度通常只有 0.2～0.5MPa。但是通过人工碳化，可使其强度大幅度提高，如碳化石灰板及其制品的强度可达 3MPa 以上。

3.1.4.3 体积收缩大

体积收缩大是石灰在硬化过程中的另一特点，一方面是由于蒸发大量的游离水而引起显著的收缩；另一方面碳化也会产生收缩。所以石灰除调成石灰乳液作薄层涂刷外，不宜单独使用，常掺入砂、麻刀、纸筋等以减少收缩、限制裂缝的扩展。

3.1.4.4 耐水性差

石灰浆体在硬化过程中的较长时间内，主要成分仍是氢氧化钙（表层是碳酸钙），由于氢氧化钙易溶于水，所以石灰的耐水性较差。硬化中的石灰若长期受到水的作用，会导致强度降低，甚至会溃散。但固化后的石灰制品经人工碳化处理后，耐水性会大大提高。

3.1.4.5 吸湿性强

生石灰极易吸收空气中的水分熟化成熟石灰粉，所以生石灰长期存放应在密闭条件下，并应防潮、防水。

3.1.5 建筑石灰的应用

3.1.5.1 拌制灰浆、砂浆

如麻刀灰、纸筋灰，石灰砂浆、水泥石灰混合砂浆等，用于砌筑工程、抹面工程。

3.1.5.2 拌制灰土、三合土

利用石灰与黏性土可拌制成灰土；利用石灰、黏土与砂石或碎砖、炉渣等填料可拌制成三合土或碎砖三合土；利用石灰与粉煤灰、黏性土可拌制成粉煤灰石灰土；利用石灰与粉煤灰、砂、碎石可拌制成粉煤灰碎石土等，大量应用于建筑物基础、地面、道路等的垫层，地基的换土处理等。为方便石灰与黏土等的拌合，宜用磨细的生石灰或消石灰粉，磨细的生石灰还可使灰土和三合土有较高的紧密度，较高的强度和耐水性。

3.1.5.3 建筑生石灰粉

将生石灰磨成细粉，即建筑生石灰粉。建筑生石灰粉加入适量的水拌成的石灰浆可以直接使用，主要是因为粉状石灰熟化速度较快，熟化放出的热促使硬化进一步加快。硬化后的强度要比石灰膏硬化后的强度高。

3.1.5.4 制作碳化石灰板材

碳化石灰板材是将磨细的生石灰掺 30%～40% 的短玻璃纤维或轻质骨料加水搅拌，振动成形，然后利用石灰窑的废气碳化 12～24h 而成的一种轻质板材。它能锯、能钉，适宜用作非承重内隔墙板、天花板等。

3.1.5.5 生产硅酸盐制品

将磨细的生石灰或消石灰粉与天然砂或粒化高炉矿渣、炉渣、粉煤灰等硅质材料配合均匀，加水搅拌，再经陈伏（使生石灰充分熟化）、加压成形和压蒸处理可制成蒸压灰砂砖。灰砂砖呈灰白色，如果掺入耐碱颜料，可制成各种颜色。它的尺寸与普通黏土砖相同，也可制成其他形状的砌块，主要用作墙体材料。

3.1.6　石灰的储运

建筑生石灰粉、建筑消石灰粉一般采用袋装，可以采用符合标准规定的牛皮纸袋、复合纸袋或塑料编织袋包装，袋上应标明厂名、产品名称、商标、净重、批量编号。运输、储存时不得受潮或混入杂物。

保管时应分类、分等级存放在干燥的仓库内，不宜长期存储。运输过程中要采取防水措施。由于生石灰遇水发生反应放出大量的热，所以生石灰不宜与易燃易爆物品共存、储运，以免酿成火灾。

存放时，可制成石灰膏密封或在上面覆盖砂土等与空气隔绝，防止硬化。

包装重量：建筑生石灰粉有每袋净重 40kg、50kg 两种，每袋重量偏差值不大于 1kg；建筑消石灰粉有每袋净重 20kg、40kg 两种，每袋重量偏差值不大于 0.5kg、1kg。

任务 3.2　建筑石膏

石膏在建筑工程中的应用也有较长的历史。由于石膏及其制品具有许多良好的性能，如轻质、保温、隔热、吸声、不燃、防火、形体饱满、线条清晰、表面光滑而细腻、装饰性好等特点，因而是建筑室内工程常用的装饰材料之一，也是一种理想的高效节能材料。再则，我国石膏矿藏储量居世界首位（有南京石膏矿、大波口石膏矿、平邑石膏矿等），所以石膏的应用前景十分广阔。

3.2.1　建筑石膏的生产

3.2.1.1　石膏的原材料

石膏的原材料主要有天然二水石膏（$CaSO_4 \cdot 2H_2O$）、化工石膏和天然无水石膏（$CaSO_4$）。天然二水石膏是生产建筑石膏最主要的原料。化工石膏是指含有 $CaSO_4 \cdot 2H_2O$ 及 $CaSO_4$ 混合物的化学副产品。天然无水石膏不含结晶水，与二水石膏差别较大，通常用于生产建筑石膏制品或添加剂。

> **小贴士**
>
> 脱硫石膏又称排烟脱硫石膏、硫石膏或 FGD 石膏，主要成分和天然石膏一样，为二水硫酸钙，含量≥93%。脱硫石膏是燃煤或油的工业企业在治理烟气中的二氧化硫后而得到的工业副产石膏，其在土木工程材料中的资源化利用意义非常重大。它不仅有力地促进了国家环保循环经济的进一步发展，而且还大大降低了矿石膏的开采量，保护了资源。在土木工程材料等专业课学习过程中，我们应该形成中国特色社会主义绿色发展观。

3.2.1.2　建筑石膏的生产过程

石膏胶凝材料通常是把二水石膏在一定的温度和压力下，经过煅烧、脱水，再经磨细而成。在不同的煅烧温度下，得到的产品是不同的。具体过程如下所示：

微课：建筑石膏

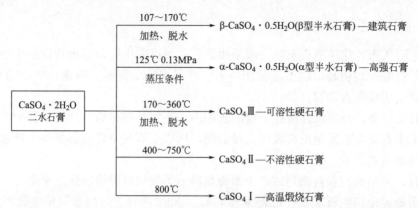

将二水石膏在107~170℃条件下煅烧脱去部分结晶水，得到β型半水石膏（β-CaSO$_4$·0.5H$_2$O），即建筑石膏，也是最常用的建筑石膏。建筑石膏（β型半水石膏）呈白色粉末状，密度为2.60~2.75g/cm^3，堆积密度为800~1000kg/m^3。β型半水石膏中杂质少、色白的，可作为模型石膏，用于建筑装饰及陶瓷的制坯工艺。

若将二水石膏置于蒸压釜中，在0.13MPa的水蒸气中（125℃）脱水，得到的是晶粒较β型半水石膏粗大、使用时拌合用水量少的半水石膏，称为α型半水石膏。将此熟石膏磨细得到的白色粉末称为高强石膏。由于高强石膏拌合用水量少（石膏用量的35%~45%），硬化后有较高的密实度，所以强度较高，7d可达15~40MPa。

当加热温度为170~360℃时，石膏继续脱水，成为可溶性硬石膏（CaSO$_4$Ⅲ），与水调和后仍能很快凝结硬化；当加热温度升高到200~250℃时，石膏中残留很少的水，凝结硬化非常缓慢；当加热温度继续升高到400~1000℃，石膏完全失去水分成为不溶性硬石膏（CaSO$_4$Ⅱ），失去凝结硬化能力，成为死烧石膏；当温度高于800℃时，部分石膏分解出的氧化钙起催化作用，所得产品又重新具有凝结硬化性能。当温度高于1600℃时，CaSO$_4$全部分解为石灰。

3.2.2 建筑石膏凝结硬化

建筑石膏遇水将重新水化成二水石膏，其化学反应式如下：

$$CaSO_4 \cdot 0.5H_2O + 1.5 H_2O \rightarrow CaSO_4 \cdot 2H_2O$$

建筑石膏与适量的水混合成可塑的浆体，但很快就失去塑性、产生强度，并发展成为坚硬的固体。石膏的凝结硬化是一个连续的溶解、水化、胶化、结晶的过程。

半水石膏极易溶于水，加水后很快达到饱和溶液而分解出溶解度低的二水石膏胶体。由于二水石膏的析出，溶液中的半水石膏转变为非饱和状态，这样，又有新的半水石膏溶解，接着继续重复水化、胶化的过程，随着析出的二水石膏胶体晶体不断增多，彼此互相黏结，使石膏具有了强度。同时溶液中的游离水分不断蒸发减少，结晶体之间的摩擦力、黏结力逐渐增大，石膏强度也随之增加，至完全干燥，强度停止发展，最后成为坚硬的固体。

浆体的凝结硬化是一个连续进行的过程。从加水开始拌合到浆体开始失去可塑性的过程称为浆体的初凝，对应的这段时间称为初凝时间；从加水开始拌合到浆体完全失去可塑性，并开始产生强度的过程称为浆体的终凝，对应的时间称为浆体的终凝时间。建筑石膏凝结硬化过程具有两个最显著的特点：一是凝结硬化速度较快，一般初凝不早于6min，终凝不迟于 30min；二是体积微膨胀，建筑石膏在凝结硬化过程中产生约 1％的体积膨胀，这是其他胶凝材料所不具有的特性。

3.2.3　建筑石膏的技术标准和性质

3.2.3.1　建筑石膏的技术标准

根据规定，建筑石膏按其凝结时间、细度、强度指标分为三级，即优等品、一等品、合格品。各项技术指标见表 3-7。

建筑石膏的技术指标　　　　　　　　　　　　　　表 3-7

指标		优等品	一等品	合格品
细度（％）（孔径 0.2mm 筛的筛余量≤）		5.0	10.0	15.0
抗折强度（MPa）（烘干至质量恒定后≥）		2.5	2.1	1.8
抗压强度（MPa）（烘干至质量恒定后≥）		4.9	3.9	2.9
凝结时间（min）	初凝时间	不早于 6		
	终凝时间	不迟于 30		

注：指标中有一项不符合者，应予降级或报废。

3.2.3.2　建筑石膏的性质

1. 孔隙率大、强度较低

为使石膏具有必要的可塑性，通常加水量比理论需水量多得多（加水量为石膏用量的 60％～80％，而理论用水量只为石膏用量的 18.6％），硬化后由于多余水分的蒸发，内部的孔隙率很大，因而强度较低。

2. 硬化后体积微膨胀

石膏在凝结过程中体积产生微膨胀，其膨胀率约 1％。这一特性使石膏制品在硬化过程中不会产生裂缝，造型棱角清晰饱满，适宜浇铸模型，制作建筑艺术配件及建筑装饰件等。

3. 防火性好，但耐火性差

由于硬化的石膏中结晶水含量较多，遇火时，这些结晶水吸收热量蒸发，形成蒸汽幕，阻止火势蔓延，同时表面生成的无水物为良好的绝缘体，起到防火作用。但二水石膏脱水后强度下降，故耐火性差。

4. 凝结硬化快

建筑石膏在 10min 内即可初凝，30min 可终凝。因初凝时间较短，为满足施工要求，常掺入缓凝剂，以延长凝结时间。可掺入石膏用量 0.1％～0.2％的动物胶，或掺入 1％的亚硫酸盐酒精废液，也可以掺入硼砂或柠檬酸。掺缓凝剂后，石膏制品的强度有所下降。若需加速凝固可掺入少量磨细的未经煅烧的石膏。

5. 保温性和吸声性好

建筑石膏孔隙率大，且孔隙多呈微细的毛细孔，所以导热系数小，保温、隔热性能好。同时，大量开口的毛细孔隙对吸声有一定的作用，因此建筑石膏具有良好的吸声性能。

6. 具有一定的调温、调湿性

由于建筑石膏热容量大，且多孔而产生的呼吸功能使吸湿性增强，可起到调节室内温度、湿度的作用，创造舒适的工作和生活环境。

7. 耐水性差

由于硬化后建筑石膏的孔隙率较大，二水石膏又微溶于水，具有很强的吸湿性和吸水性，如果处在潮湿环境中，晶体间的黏结力削弱，强度显著降低，遇水则晶体溶解而引起破坏。所以石膏及制品的耐水性较差，不能用于潮湿环境中，但经过加工处理可做成耐水纸面石膏板。

8. 可装饰性强

石膏呈白色，可以装饰干燥环境的室内墙面或顶棚，但如果受潮后颜色变黄会失去装饰性。

3.2.4　建筑石膏的应用

3.2.4.1　室内抹灰及粉刷

建筑石膏常被用于室内抹灰和粉刷。建筑石膏加砂、缓凝剂和水拌合成石膏砂浆，用于室内抹灰，其表面光滑、细腻、洁白、美观。石膏砂浆也可作为腻子用作油漆等的打底层。建筑石膏加缓凝剂和水拌合成石膏浆体，可作为室内粉刷的涂料。

3.2.4.2　建筑装饰制品

建筑石膏具有凝结快、体积稳定、装饰性强、不老化、无污染等特点，常用于制造建筑雕塑、建筑装饰制品。

3.2.4.3　石膏板

石膏板具有质轻、保温、防火、吸声、能调节室内温度湿度及制作方便等性能，应用较为广泛。常见石膏板有：普通纸面石膏板、装饰石膏板、石膏空心条板、吸声用穿孔石膏板、耐水纸面石膏板、耐火纸面石膏板、石膏蔗渣板等。此外，各种新型的石膏板材仍在不断出现。

3.2.5　建筑石膏的储运

建筑石膏一般采用袋装，可用具有防潮及不易破损的纸袋或其他复合袋包装；包装袋上应清楚标明产品标记、制造厂名、生产批号和出厂日期、质量等级、商标、防潮标志；运输、储存时不得受潮和混入杂物，不同等级的应分别储运，不得混杂；石膏的储存期为三个月（自生产日起算）。超过三个月的石膏应重新进行质量检验，以确定等级。

任务3.3　水玻璃

水玻璃俗称"泡花碱"，是由碱金属氧化物和二氧化硅（SiO_2）结合而成的能溶于水的一种金属硅酸盐物质。根据碱金属氧化物种类的不同，分为硅酸钠水玻璃和硅酸钾水玻璃，工程中以硅酸钠水玻璃（$Na_2O \cdot nSiO_2$）最为常用。

3.3.1　水玻璃的生产

微课：水玻璃

硅酸钠水玻璃的主要原料是石英砂、纯碱。将原料磨细，按比例配合，在玻璃熔炉内熔融而生成硅酸钠，冷却后得固态水玻璃，然后在水中加热溶解而成液体水玻璃。其化学反应式如下：

$$nSiO_2 + Na_2CO_3 \xrightarrow{1300 \sim 1400℃} Na_2O \cdot nSiO_2 + CO_2 \uparrow$$

式中，n 为水玻璃模数，即二氧化硅与氧化钠的摩尔数比。其值的大小决定水玻璃的性质。n 值越大，水玻璃的黏度越大，黏结能力愈强，易分解、硬化，但也难溶解，体积收缩也大。建筑工程中常用水玻璃的 n 值，一般在 2.5～2.8 之间。

液体水玻璃常含杂质而呈青灰色、绿色或微黄色，以无色透明的液体水玻璃为最好。液体水玻璃可以与水按任意比例混合，使用时仍可加水稀释。在液体水玻璃中加入尿素，在不改变其黏度下可提高黏结力。

3.3.2　水玻璃的硬化

水玻璃在空气中与二氧化碳作用，析出二氧化硅凝胶，凝胶因干燥而逐渐硬化，其化学反应式如下：

$$Na_2O \cdot nSiO_2 + CO_2 + mH_2O \rightarrow nSiO_2 \cdot mH_2O + Na_2CO_3$$

上述硬化过程很慢，为加速硬化，可掺入适量的固化剂，如氟硅酸钠（Na_2SiF_6）或氯化钙（$CaCl_2$），其化学反应式如下：

$$2Na_2O \cdot nSiO_2 + Na_2SiF_6 + mH_2O \rightarrow (2n+1)SiO_2 \cdot mH_2O + 6NaF$$

氟硅酸钠的适宜掺量为水玻璃质量的 12%～15%。如果用量太少，不但硬化速度缓慢，强度降低，而且未经反应的水玻璃易溶于水，因而耐水性差。但如果用量过多，又会引起凝结过速，使施工困难，而且渗透性大，强度也低。加入氟硅酸钠后，水玻璃的初凝时间可缩短到 30～60min，终凝时间可缩短到 240～360min，7d 基本达到最高强度。

3.3.3　水玻璃的性质

3.3.3.1　黏结强度较高

水玻璃有良好的黏结能力，硬化时析出的硅酸凝胶呈空间网络结构，具有较高的胶凝能力，因而黏结强度高。此外，硅酸凝胶还有堵塞毛细孔隙而防止水渗透的作用。

3.3.3.2　耐热性好

水玻璃不燃烧，在高温下硅酸凝胶干燥得更加强烈，强度并不降低，甚至有所增加。故水玻璃常用于配制耐热混凝土、耐热砂浆、耐热胶泥等。

3.3.3.3　耐酸性强

水玻璃能经受除氢氟酸、过热（300℃以上）磷酸、高级脂肪酸或油酸以外的几乎所有的无机酸和有机酸的作用，常用于配制水玻璃耐酸混凝土、耐酸砂浆、耐酸胶泥等。

3.3.3.4　耐碱性和耐水性较差

水玻璃在加入氟硅酸钠后仍不能完全硬化，仍有一定量的水玻璃。由于水玻璃可溶于碱，且溶于水，硬化后的产物碳酸钠及氟化钠均可溶于水，所以以水玻璃硬化后不耐碱、不耐水。为提高耐水性，可采用中等浓度的酸对已硬化的水玻璃进行酸洗处理。

3.3.4　水玻璃的应用

3.3.4.1　配制快凝防水剂

以水玻璃为基料，加入二种、三种或四种矾配制而成二矾、三矾或四矾快凝防水剂。

这种防水剂凝结迅速，一般不超过 1min，工程上利用它的速凝作用和粘附性，掺入水泥浆、砂浆或混凝土中，作修补、堵漏、抢修、表面处理用。因为凝结迅速，不宜配制水泥防水砂浆，但可用作屋面或地面的刚性防水层。

3.3.4.2　配制耐热砂浆、耐热混凝土或耐酸砂浆、耐酸混凝土

以水玻璃为胶凝材料，氟硅酸钠做促凝剂，耐热或耐酸粗细骨料按一定比例配制而成。水玻璃耐热混凝土的极限使用温度在 1200℃ 以下。水玻璃耐酸混凝土一般用于储酸槽、酸洗槽、耐酸地坪及耐酸器材等。

3.3.4.3　涂刷建筑材料表面，可提高材料的抗掺和抗风化能力

用浸渍法处理多孔材料时，可使其密实度和强度提高。对黏土砖、硅酸盐制品、水泥混凝土等均有良好的效果。但不能用以涂刷或浸渍石膏制品，因为硅酸钠与硫酸钙会发生化学反应生成硫酸钠，在制品孔隙中结晶，体积显著膨胀，从而导致制品的破坏。用液体水玻璃涂刷或浸渍含有石灰的材料，如水泥混凝土和硅酸盐制品等时，水玻璃与石灰之间起反应生成的硅酸钙胶体填实制品孔隙，使制品的密实度有所提高。

3.3.4.4　加固地基，提高地基的承载力和不透水性

将液体水玻璃和氯化钙溶液轮流交替压入地基，反应生成的硅酸凝胶将土壤颗粒包裹并填实其空隙。硅酸胶体为一种吸水膨胀的冻状凝胶，因吸收地下水而经常处于膨胀状态，阻止水分的渗透而使土壤固结。

另外，水玻璃还可用作多种建筑涂料的原料。将液体水玻璃与耐火填料等调成糊状的防火漆，涂于木材表面，可抵抗瞬间火焰。

> **小贴士**
>
> 　　河北某萤石矿中萤石与石英嵌布粒度细，共生关系复杂并含有高岭土，品位低、氧化程度高。生产中采用常规的高碱度水玻璃进行石英抑制，生产技术指标较差，严重影响企业的生存与发展。由于浮选尾矿碱度高，水玻璃等分散剂 SS 含量高达 5000～7000mg/L，回用时又会导致生产指标的恶化。针对上述问题，技术人员采用两段磨矿，中矿集中返回再磨的流程，精矿浮选流程中抑制剂改用改性水玻璃，有效抑制了细粒石英、长石等细粒脉石矿物。同时，在改性水玻璃的综合作用下，实现了尾矿水 SS 的快速沉淀，尾矿水可有效返回利用，不会对选矿指标造成影响，最终获得了 CaF_2 品位为 97.27%、SiO_2 含量为 1.5%、CaF_2 回收率为 77.68% 的萤石精矿产品，提高了精矿质量，为该选厂的实际生产提供了技术支持。
>
> 　　创新是一个民族进步的灵魂，同样作为社会中的个体，社会中的任何一个行业，都要有勇于创新的精神，时刻与时代接轨，更好地适应社会发展。

任务3.4　菱苦土

菱苦土又称镁质胶凝材料或氯氧镁水泥，主要成分是氧化镁（MgO），是一种白色或浅黄色粉末。由于该胶凝材料的制品易发生返卤、变形等，近十几年，人们一直在不断对其进行改性，并取得了良好效果。

3.4.1 菱苦土的生产

天然菱镁矿（$MgCO_3$）、蛇纹石（$3MgO \cdot 2SiO_2 \cdot 2H_2O$）或白云石（$MgCO_3 \cdot CaCO_3$）均可作为生产菱苦土的原材料，将其煅烧（$750 \sim 850℃$）、磨细即为菱苦土。主要化学反应式如下：

$$MgCO_3 \rightarrow MgO + CO_2 \uparrow$$

3.4.2 菱苦土的水化硬化

菱苦土与水拌合后迅速水化并放出大量的热，化学反应式如下：

$$MgO + H_2O \rightarrow Mg(OH)_2$$

生成的氢氧化镁疏松，胶凝性能差。故通常用氯化镁的水溶液（也称卤水）来拌合，氯化镁的用量为 $55\% \sim 60\%$（以 $MgCl_2 \cdot 6H_2O$ 计），其反应的主要产物为 $xMgO \cdot yMgCl_2 \cdot zH_2O$，化学反应式如下：

$$xMgO + yMgCl_2 + zH_2O \rightarrow xMgO \cdot yMgCl_2 \cdot zH_2O$$

氯化镁可大大加速菱苦土的硬化，且硬化后的强度很高。加氯化镁后，初凝时间可缩短到 $30 \sim 60min$，1d 的强度可达最高强度的 $60\% \sim 80\%$，7d 达最高强度（$40 \sim 70MPa$）。硬化后的体积密度为 $1000 \sim 1100kg/m^3$，属于轻质高强材料。

3.4.3 菱苦土的性质及应用

菱苦土具有碱性较低、胶凝性能好、强度较高和对植物类纤维不腐蚀的优点，但菱苦土硬化后，吸湿性大、耐水性差，且遇水或吸湿后易产生翘曲变形，表面泛霜，强度大大降低。因此菱苦土制品不宜用于潮湿环境。

建筑上常用菱苦土与木屑（$1:1.5 \sim 3$）及氯化镁溶液（密度为 $1.2 \sim 1.25g/cm^3$）制作菱苦土木屑地面。为了提高地面强度和耐磨性，可掺入适量滑石粉、石英砂、石屑等。这种地面具有保温、防火、防爆（碰撞时不发火星）特性及一定的弹性。表面刷漆后光洁且不易产生噪声与尘土，常应用于纺织车间、教室、办公室、影剧院等。

菱苦土中掺入适量的粉煤灰、沸石粉等改性材料并经过防水处理，可制得平瓦、波瓦和脊瓦，用于非受冻地区的一般仓库及临时建筑的屋面防水。

将刨花、亚麻或其他木质纤维与菱苦土混合后，可压制成平板，主要用于墙体的复合板、隔板、屋面板等。

菱苦土在存放时须防潮、防水和避光，且储存期不宜超过 3 个月。

巩固练习题

一、单项选择题

1. 石灰熟化过程中"陈伏"是为了_____。

A. 有利于结晶 B. 蒸发多余水分

C. 降低放热量 D. 消除过火石灰危害

2. _____浆体在凝结硬化过程中，体积发生微小膨胀。

A. 石灰 B. 石膏 C. 水玻璃 D. 水泥

3. 由于石灰浆体硬化时_____，以及硬化强度低等缺点，所以不宜单独使用。

A. 吸水性大　　　　B. 需水量大　　　　C. 体积收缩大　　　　D. 体积膨胀大

4. 建筑石膏在使用时，通常掺入一定量的动物胶，其目的是为了_____。

A. 缓凝　　　　　　B. 提高强度　　　　C. 促凝　　　　　　D. 提高耐久性

5. 建筑石膏的主要化学成分是_____。

A. $CaSO_4 \cdot 2H_2O$　　　　　　　　B. $CaSO_4$

C. $CaSO_4 \cdot 0.5H_2O$　　　　　　　D. $Ca(OH)_2$

6. 生石灰的主要成分为_____。

A. $CaCO_3$　　　　B. CaO　　　　C. $Ca(OH)_2$　　　　D. $CaSO_4$

7. 熟石灰的主要成分为_____。

A. $CaCO_3$　　　　B. CaO　　　　C. $Ca(OH)_2$　　　　D. $CaSO_4$

8. 潮湿房间或地下建筑，宜选择_____。

A. 水泥砂浆　　　　B. 混合砂浆　　　　C. 石灰砂浆　　　　D. 石膏砂浆

9. 加固地基使用的气硬性胶凝材料是_____。

A. 石灰　　　　　　B. 石膏　　　　　　C. 菱苦土　　　　　D. 水泥

10. 最常见的胶凝材料中属于水硬性胶凝材料的是_____。

A. 石灰　　　　　　B. 石膏　　　　　　C. 水泥　　　　　　D. 水玻璃

11. 试分析下列工程，不适于选用石膏和石膏制品的是_____。

A. 吊顶材料　　　　　　　　　　　B. 影剧院穿孔贴面板

C. 冷库内的墙贴面　　　　　　　　D. 非承重隔墙板

12. 为了加速水玻璃的硬化，应加入_____作促硬剂。

A. 氢氧化钠　　　　B. 氟化钠　　　　C. 氟硅酸钠　　　　D. 氢氧化钙

13. 石灰浆体在空气中逐渐硬化，主要是由_____作用来完成的。

A. 碳化和熟化　　　　　　　　　　B. 结晶和陈伏

C. 熟化和陈伏　　　　　　　　　　D. 结晶和碳化

14. 水玻璃模数越大，则水玻璃的黏度越_____，黏结性、强度、耐酸性也越_____，但是也越难溶于水。

A. 大，大　　　　　B. 大，小　　　　C. 小，小　　　　D. 小，大

15. 墙面上的水泥石灰砂浆在施工结束 6 个月后，个别部位出现了明显的隆起开裂，其原因是_____。

A. 水泥体积安定性不合格　　　　　B. 砂浆中石灰用量过多

C. 砂浆中含有欠火石灰块　　　　　D. 砂浆中含有过火石灰块

16. 镁质生石灰是指石灰中氧化镁的含量_____。

A. 大于 5%　　　B. 大于等于 5%　　　C. 小于 5%　　　D. 小于等于 5%

17. 钙质生石灰是指石灰中氧化镁的含量_____。

A. 大于 5%　　　B. 大于等于 5%　　　C. 小于 5%　　　D. 小于等于 5%

18. 石灰熟化时体积_____。

A. 膨胀大　　　　　B. 收缩大　　　　C. 无变化　　　　　D. 微量膨胀

19. 硬化后的石灰结构主要是_____。

A. 晶体　　　　　B. 凝胶体　　　　　C. 玻璃体　　　　　D. 混合体

20. 建筑石膏硬化后强度不高，其原因是_____。

A. $CaSO_4$ 强度低　　　　　　　　　B. β 晶型强度低

C. 结构中孔隙率大　　　　　　　　　D. 杂质含量高

21. 建筑石膏成型性好是因为其硬化时_____。

A. 体积不变　　B. 体积微胀　　C. 体积收缩　　D. 体积膨胀

22. 建筑石膏的优点是_____。

A. 强度高　　B. 耐水性好　　C. 保温、隔热性好　D. 结构密实

23. 石灰硬化时理想的条件是_____环境。

A. 自然　　　　B. 干燥　　　　C. 潮湿　　　　D. 水中

24. 建筑石膏制品的主要缺点是_____。

A. 保水性差　　B. 耐水性差　　C. 防火性差　　D. 自重大

25. 有耐酸性能要求的环境，应选用下列胶凝材料中的_____。

A. 石灰　　　　B. 石膏　　　　C. 水玻璃　　　D. 普通水泥

二、多项选择题

1. 下列属于气硬性胶凝材料的是_____。

A. 水泥　　　　B. 石灰　　　　C. 石膏　　　　D. 水玻璃

E. 菱苦粉

2. 建筑石膏的优点是_____。

A. 强度高　　　B. 耐水性好　　C. 耐火性好　　D. 质轻

E. 硬化快

3. 建筑石膏主要用于_____。

A. 室内粉刷　　B. 石膏装饰件　　C. 顶面吸声板　　D. 过梁

E. 墙体

4. 石灰的技术特性是_____。

A. 塑性好　　　B. 强度高　　　C. 吸湿性强　　D. 耐水性差

E. 硬化慢

5. 水玻璃的性质特点是_____。

A. 耐水性好　　B. 耐酸性好　　C. 耐热性好　　D. 硬化快

E. 吸湿性强

三、判断题

1. 气硬性胶凝材料只能在空气中硬化，而水硬性胶凝材料只能在水中硬化。　（　　）

2. 欠火石灰与过火石灰对工程质量产生的后果是一样的。　　　　　　　（　　）

3. 菱苦土的主要成分是 $Mg(OH)_2$。　　　　　　　　　　　　　　　（　　）

4. 生石灰的主要成分为 CaO。　　　　　　　　　　　　　　　　　（　　）

5. 建筑石膏的主要化学成分是 $CaSO_4 \cdot 2H_2O$。　　　　　　　　　（　　）

6. 为了消除过火石灰的危害，保证石灰完全熟化，石灰必须在坑中保存一周以上，这个过程称为"陈伏"。　　　　　　　　　　　　　　　　　　　　　　（　　）

7. 石灰熟化的过程又称为石灰的消解。　　　　　　　　　　　　　　　（　　）

8. 石灰为气硬性胶凝材料。 （   ）

9. 水玻璃为水硬性胶凝材料。 （   ）

四、简答题

1. 简述气硬性胶凝材料和水硬性胶凝材料的区别。

2. 生石灰在熟化时为什么需要陈伏两周以上？为什么在陈伏时需在熟石灰表面保留一层水？

3. 水玻璃有何用途？

项目4

水泥

Chapter 04

学习目标

了解水泥的生产原料、生产过程，了解其他品种水泥的特点，掌握硅酸盐水泥熟料的矿物组成、特点、技术性质及应用，掌握其他通用水泥的特点（与硅酸盐水泥相比较）、工程中的应用。通过本项目学习，能根据实际工程要求合理地选用水泥品种。

思政目标

提高创新创业意识，形成中国特色社会主义的绿色发展观。

水泥是一种加水拌合形成塑性浆体，能胶结砂、石等适当材料，并能在空气和水中硬化的粉状无机水硬性胶凝材料。

水泥在胶凝材料中占有极其重要的地位，是土木工程建设中最重要的材料之一。它不但大量应用于工业与民用建筑工程中，还广泛地应用于农业、水利、公路、铁路、海港和国防等工程中，常被用来制造各种形式的钢筋混凝土、预应力混凝土构件和建筑物、构筑物，也常用于配制砂浆，以及用作灌浆材料等。

微课：水泥概述

水泥的种类繁多，按化学组成可分为硅酸盐系水泥、铝酸盐系水泥、硫铝酸盐系水泥、铁铝酸盐系水泥、磷酸盐系水泥和氟铝酸盐系水泥等系列。

水泥按用途与性能可分为通用水泥、专用水泥及特性水泥三大类，见表4-1。

水泥按用途与性能的分类　　　　　　　　　　　　　　　　　　表4-1

类别	性能与用途	主要品种
通用水泥	一般土木工程采用的水泥，此类水泥的用量大，适用范围广	硅酸盐水泥、普通硅酸盐水泥、矿渣硅酸盐水泥、火山灰质硅酸盐水泥、粉煤灰硅酸盐水泥和复合硅酸盐水泥六大硅酸盐系水泥
专用水泥	具有专门用途的水泥	道路水泥、砌筑水泥和油井水泥等
特性水泥	某种性能比较突出的水泥	快硬硅酸盐水泥、白色硅酸盐水泥、抗硫酸盐硅酸盐水泥、低热硅酸盐水泥和膨胀水泥等

虽然水泥品种繁多，分类方法各异，但我国水泥产量的90%左右是以硅酸盐为主要水硬性矿物的硅酸盐水泥。按我国的国家标准，硅酸盐水泥是一种不掺（或掺很少量）混合材料的水泥，因此，本项目在讨论水泥的性质和应用时，以硅酸盐水泥为基础。

案例：水泥玻璃行业产能置换实施办法（修订稿）

小贴士

我国水泥行业存在产能过剩的问题，国家近年来积极推进行业供给侧改革，限制新增产能，推动行业产能置换，并实施错峰生产措施。

熟料生产是水泥整个生产流程中最主要的能耗环节和污染物排放环节。数据显示，水泥生产总能耗中，熟料生产约占70%～80%；另外水泥行业治理难度最大的氮氧化物也产生于熟料烧成环节。简而言之，减少熟料用量就意味着降低资源、能源消耗以及减少污染物排放。同学们应该意识到，在当前全社会还没有找到任何一种材料用以完全替代水泥的情况下，减少熟料消耗应该是水泥行业践行生态文明建设，实现绿色发展的重要组成部分。

2021年7月，国家基于2017年《水泥玻璃行业产能置换实施办法》修订行业产能置换实施办法，发布最新《水泥玻璃行业产能置换实施办法（修订稿）》，该办法针对水泥行业现状在产能置换要求、置换比例的确定和置换比例的例外情形方面增加了新的规定。

任务 4.1　硅酸盐水泥

根据国家标准《通用硅酸盐水泥》GB 175—2007 规定，凡由硅酸盐水泥熟料，加入占水泥成品质量 0～5％的石灰石或粒化高炉矿渣、适量石膏，磨细制成的水硬性胶凝材料，称为硅酸盐水泥（国外通称波特兰水泥）。硅酸盐水泥分为两类：不掺混合材料的，称Ⅰ型硅酸盐水泥，代号 P·Ⅰ；掺加混合材料的，称Ⅱ型硅酸盐水泥，代号 P·Ⅱ。

4.1.1　硅酸盐水泥的生产与矿物组成

4.1.1.1　硅酸盐水泥的生产

1. 生料的配制

硅酸盐水泥的原料主要由三部分组成：石灰质原料、黏土质原料、校正原料。其中，石灰质原料主要提供 CaO，常采用石灰石、白垩、石灰质凝灰岩等；黏土质原料主要提供 SiO_2、Al_2O_3 及 Fe_2O_3，常采用黏土、黏土质页岩、黄土等。当两种原料的化学成分不能满足要求时，还需加入少量校正原料来调整，常采用黄铁矿渣等。将石灰质、黏土质和校正原料按适当的比例配合，并将这些原料磨制到规定的细度，使其均匀混合，这个过程称为生料配制。生料的配制有干法和湿法两种。

微课：硅酸盐水泥的生产

2. 水泥熟料的煅烧

将配制好的生料在窑内进行煅烧。水泥窑型主要有立窑和回转窑。一般立窑适合小型水泥厂，回转窑适合大型水泥厂。煅烧的主要过程包括：干燥→预热→分解→烧成→冷却 5 个过程。

3. 水泥熟料的粉磨

将生产出来的水泥熟料配以适量的石膏，或根据水泥品种的要求掺入一定量的混合材料，进入磨机磨至适当的细度，即制成硅酸盐水泥。

硅酸盐水泥的生产工艺概括起来就是"两磨一烧"，如图 4-1 所示。

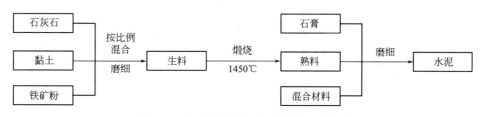

图 4-1　硅酸盐水泥生产工艺流程示意图

小贴士

水泥在"两磨一烧"生产工艺时，高温煅烧和两次粉磨能耗高，原材料主要是黏土等土地资源，生产 1t 水泥排放约 0.7t 二氧化碳、2016—2020 年每年水泥产量约 23 亿 t、每年生产水泥排放约 16 亿 t 二氧化碳，可见，水泥是一个能源消耗型、资源消耗型、环境负荷大的产品，但目前在工程中又不可缺，没有替代产品。

如果谁发明或发现水泥替代产品，将在建筑发展史上、在社会发展史上作出巨大贡献，希望同学们具有创新创业意识，同时指明方法及途径，如碱矿渣水泥、地聚合物水泥、石膏特别是工业副产石膏替代水泥等，同学们应该形成中国特色社会主义的绿色发展观。

4.1.1.2 硅酸盐水泥的主要矿物组成

1. 硅酸盐水泥熟料

硅酸盐水泥熟料是在高温下形成的，其矿物主要有硅酸三钙、硅酸二钙、铝酸三钙、铁铝酸四钙，另外还有少量的游离氧化钙（f-CaO）、游离氧化镁（f-MgO）以及杂质。游离氧化钙、游离氧化镁是水泥中的有害成分，含量高时会引起水泥安定性不良。

微课：硅酸盐水泥的矿物组成

水泥熟料矿物经过磨细后均能与水发生水化反应，表现较强的水硬性。硅酸盐水泥熟料的主要矿物组成及其特性见表4-2。

硅酸盐水泥熟料的主要矿物组成及其特性　　　　　　　表 4-2

矿物名称		硅酸三钙	硅酸二钙	铝酸三钙	铁铝酸四钙
化学分子式		$3CaO \cdot SiO_2$	$2CaO \cdot SiO_2$	$3CaO \cdot Al_2O_3$	$4CaO \cdot Al_2O_3 \cdot Fe_2O_3$
缩写		C_3S	C_2S	C_3A	C_4AF
含量（%）		50～60	15～37	7～15	10～18
凝结硬化速度		快	慢	最快	快
水化时放热量		多	少	最多	中
强度	高低	最大	大	小	小
	发展	快	慢	最快	较快
抗化学侵蚀性		较小	最大	小	大
干燥收缩		中	中	大	小

2. 石膏

石膏是硅酸盐水泥中必不可少的组成材料，其主要作用是调节水泥的凝结时间，常采用天然的或合成的二水石膏（$CaSO_4 \cdot 2H_2O$）。

4.1.2　硅酸盐水泥的水化和凝结硬化

水泥加水拌合后，最初形成具有可塑性的浆体（称为水泥浆），然后逐渐变稠失去塑性，这一过程称为初凝，开始具有强度时称为终凝，从初凝到终凝的过程为凝结。终凝后强度逐渐提高，并变成坚固的水泥石，这一过程为硬化。可见，水化是水泥产生凝结硬化的前提，而凝结硬化则是水泥水化的必然结果。

微课：硅酸盐水泥的凝结硬化

4.1.2.1 硅酸盐水泥的水化

水泥与水调和后，其几种主要矿物即发生化学反应，生成水化物。

某些水化物之间还会再次发生反应，形成新的水化物。

四种矿物的水化反应及主要水化物如下：

硅酸三钙水化反应较快，生成水化硅酸钙及氢氧化钙：

$$2（3CaO \cdot SiO_2）+6H_2O=3CaO \cdot 2SiO_2 \cdot 3H_2O+3Ca（OH）_2$$

由于氢氧化钙的生成，使溶液迅速饱和，此后各矿物的水化都是在这种石灰饱和溶液中进行的。

硅酸二钙水化反应较慢，生成水化硅酸钙和氢氧化钙：

$$2（2CaO \cdot SiO_2）+4H_2O=3CaO \cdot 2SiO_2 \cdot 3H_2O+Ca（OH）_2$$

铝酸三钙水化反应最快，生成水化铝酸钙：

$$3CaO \cdot Al_2O_3+6H_2O=3CaO \cdot Al_2O_3 \cdot 6H_2O$$

铁铝酸四钙加水后，较快地生成水化铝酸钙及水化铁酸钙：

$$4CaO \cdot Al_2O_3 \cdot Fe_2O_3+7H_2O=3CaO \cdot Al_2O_3 \cdot 6H_2O+CaO \cdot Fe_2O_3 \cdot H_2O$$

另外，掺入的石膏与部分水化铝酸钙反应，生成难溶的水化硫铝酸钙以针状结晶析出，这些水化硫铝酸钙的存在，延缓了水泥的凝结时间，其化学反应式如下：

$$3CaO \cdot Al_2O_3 \cdot 6H_2O+3（CaSO_4 \cdot 2H_2O）+19H_2O=3CaO \cdot Al_2O_3 \cdot 3CaSO_4 \cdot 31H_2O$$

综上所述，硅酸盐水泥经水化反应后生成了以下五种主要的水化物：水化硅酸钙、水化铝酸钙、氢氧化钙、水化铁酸钙和水化硫铝酸钙。

4.1.2.2 硅酸盐水泥的凝结硬化

水泥的凝结硬化是个非常复杂的物理化学过程，可分为以下几个阶段：

水泥颗粒与水接触后，首先是最表层的水泥与水发生水化反应，生成水化产物，组成水泥—水—水化产物混合体系。反应初期，水化速度很快，不断形成新的水化产物扩散到水中，使混合体系很快成为水化产物的饱和溶液。此后，水泥继续水化所生成的产物不再溶解，而是以分散状态的颗粒析出，附在水泥粒子表面，形成凝胶膜包裹层，使水泥在一段时间内反应缓慢，水泥浆的可塑性基本上保持不变。

由于水化产物不断增加，凝胶膜逐渐增厚而破裂并继续扩展。水泥粒子又在一段时间内加速水化，这一过程可重复多次。由水化产物组成的水泥凝胶在水泥颗粒之间形成了网状结构。水泥浆逐渐变稠，并失去塑性而出现凝结现象。此后，由于水泥水化反应的继续进行，水泥凝胶不断扩展而填充颗粒之间的孔隙，使毛细孔愈来愈少，水泥石就具有愈来愈高的强度和胶结能力。

综上所述，水泥的凝结硬化是一个由表及里、由快到慢的过程。水泥石强度发展的一般规律是3～7d内强度增长最快，28d内强度增长较快，超过28d后强度将继续发展但增长较慢。较粗颗粒的内部很难完全水化。因此，硬化后的水泥石是由水泥水化产物凝胶体（内含凝胶孔）及结晶体、未完全水化的水泥颗粒、毛细孔（含毛细孔水）等组成的不匀质结构体。

4.1.2.3 影响硅酸盐水泥凝结硬化的主要因素

水泥的凝结硬化过程，也就是水泥强度发展的过程，受到许多因素的影响，有内部的和外界的，其主要影响因素分析如下：

1. 矿物组成

矿物组成是影响水泥凝结硬化的主要内因，如前所述，不同的熟料矿物成分单独与水作用时，水化反应的速度、强度发展的规律、水化放热是不同的，因此改变水泥的矿物组成，其凝结硬化将产生明显的变化。

2. 水泥细度

水泥颗粒的粗细程度直接影响水泥的水化、凝结硬化、强度、干缩及水化热等。水泥的颗粒粒径一般在 $7 \sim 200 \mu m$ 之间，颗粒越细，与水接触的比表面积越大，水化速度较快且较充分，水泥的早期强度和后期强度都很高。但水泥颗粒过细，在生产过程中消耗的能量越多，机械损耗也越大，生产成本增加，且水泥颗粒越细，水化放热速度也快，在硬化时收缩也增大，因而水泥的细度应适中。

3. 石膏掺量

石膏掺入水泥中的目的是为了延缓水泥的凝结、硬化速度，调节水泥的凝结时间。需注意的是石膏的掺入要适量，掺量过少，不足以抑制 C_3A 的水化速度；过多掺入石膏，其本身会生成一种促凝物质，反而使水泥快凝；如果石膏掺量超过规定的限量，则在水泥硬化过程中仍有一部分石膏与 C_3A 及 C_4AF 的水化产物 $3CaO \cdot Al_2O_3 \cdot 6H_2O$ 会继续反应生成水化硫铝酸钙针状晶体，体积膨胀，使水泥石强度降低，严重时还会导致水泥体积安定性不良。适宜的石膏掺量主要取决于水泥中 C_3A 的含量和石膏的品种及质量，同时与水泥细度及熟料中 SO_3 的含量有关，一般生产水泥时石膏掺量占水泥质量的 $3\% \sim 5\%$。

4. 水灰比

拌合水泥浆时，水与水泥的质量比称为水灰比（W/C）。从理论上讲，水泥完全水化所需的 W/C 为 0.22 左右。但拌合水泥浆时，为使浆体具有一定塑性和流动性，所加入的水量通常要大大超过水泥充分水化时所需用水量，多余的水在硬化的水泥石内形成毛细孔。因此拌合水越多，硬化水泥石中的毛细孔就越多，当 W/C 为 0.4 时，完全水化后水泥石的总孔隙率为 29.6%，而 W/C 为 0.7 时，水泥石的孔隙率高达 50.3%。水泥石的强度随其孔隙增加而降低。因此，在不影响施工的条件下，W/C 小，则水泥浆稠，易于形成胶体网状结构，水泥的凝结硬化速度快，同时水泥石整体结构内毛细孔少，强度也高。

5. 温度、湿度

温度对水泥的凝结硬化影响很大，提高温度，可加速水泥的水化速度，有利于水泥早期强度的形成。就硅酸盐水泥而言，提高温度可加速其水化，使早期强度能较快发展，但对后期强度可能会产生一定的影响，因而，硅酸盐水泥不适宜用于蒸汽养护、压蒸养护的混凝土工程。而在较低温度下进行水化，虽然凝结硬化慢，但水化产物较致密，可获得较高的最终强度。但当温度低于 0℃时，强度不仅不增长，而且还会因水的结冰而导致水泥石被冻坏。

湿度是保证水泥水化的一个必备条件，水泥的凝结硬化实质是水泥的水化过程。因此，在干燥环境中，水化浆体中的水分蒸发，导致水泥不能充分水化，同时硬化也将停止，并会因干缩而产生裂缝。

在工程中，保持环境的温度、湿度，使水泥石强度不断增长的措施称为养护，水泥混凝土在浇筑后的一段时间里应十分注意控制温、湿度的养护。

6. 龄期

龄期指水泥在正常养护条件下所经历的时间。水泥的凝结、硬化是随龄期的增长而渐进的过程，在适宜的温、湿度环境中，随着水泥颗粒内各熟料矿物水化程度的提高，凝胶体不断增加，毛细孔相应减少，水泥的强度增长可持续若干年。在水泥水化作用的最初几天内强度增长最为迅速，如水化 7d 的强度可达到 28d 强度的 70% 左右，28d 以后的强度增长明显减缓，如图 4-2 所示。

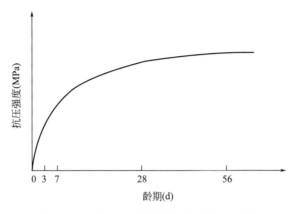

图 4-2　硅酸盐水泥强度发展与龄期的关系

水泥的凝结、硬化除上述主要因素之外，还与水泥的存放时间、受潮程度及掺入的外加剂种类等因素影响有关。

4.1.3　硅酸盐水泥的技术性质

硅酸盐水泥的密度一般为 $3.05 \sim 3.20 \mathrm{g/cm^3}$，堆积密度一般为 $1000 \sim 1600 \mathrm{kg/m^3}$。根据国家标准《通用硅酸盐水泥》GB 175—2007 的规定，硅酸盐水泥的技术要求主要有化学指标、碱含量和物理指标。

4.1.3.1　化学指标

硅酸盐水泥的化学指标主要包括不溶物、烧失量、三氧化硫、氧化镁和氯离子含量。化学指标应满足表 4-3 要求，其中单位表示质量分数。

硅酸盐水泥的化学指标（GB 175—2007）　　　　　　　　　　　　　　　表 4-3

品种	代号	不溶物(%)	烧失量(%)	三氧化硫(%)	氧化镁(%)	氯离子(%)
硅酸盐水泥	P·Ⅰ	≤0.75	≤3.0	≤3.5	≤5.0①	≤0.06②
	P·Ⅱ	≤1.50	≤3.5			

注：① 如果水泥压蒸试验合格,则水泥中氧化镁的含量(质量分数)允许放宽至 5.0%。
　　② 当有更低要求时,氯离子指标由买卖双方协商确定。

4.1.3.2　碱含量（选择性指标）

水泥碱含量，特指水泥中氧化钠（Na_2O）和氧化钾（K_2O）的总量，这是因为这两种化合物在水泥中起类似的作用，即当水泥碱含量较高时，如果混凝土骨料是活性的（即含较多的活性氧化硅），则容易发生有害的碱骨料反应，生成膨胀性的碱硅酸盐凝胶，导致混凝土开裂破坏。碱含量用氧化钠的等效质量分数表示，具体表示为 $Na_2O + 0.658K_2O$。若混凝土工程使用活性骨料，则所选用的水泥应为低碱水性水泥，其碱含量小于熟料质量的 0.6%。碱含量大于熟料质量 0.6% 的水泥称为高碱水泥，其使用不利于避免碱骨料反应的发生。

4.1.3.3 物理指标

物理指标包括细度、凝结时间、体积安定性和强度四项，其中细度为选择性指标。

1. 细度

水泥的细度是指水泥的粗细程度。水泥颗粒越细，与水起反应的比表面积越大，因而水泥颗粒细，水化迅速且完全，早期强度及后期强度均较高，但在空气中的硬化收缩较大，成本也较高。若水泥颗粒过粗，则不利于水泥活性的发挥。通常，粒径小于 $40\mu m$ 的水泥颗粒具备较高的水化活性。国家标准规定，硅酸盐水泥的细度用比表面积表示，其比表面积不小于 $300m^2/kg$。

2. 凝结时间

水泥的凝结时间有初凝时间与终凝时间。自加水时起至水泥浆开始失去可塑性所需的时间，称为初凝时间。自加水起至水泥浆完全失去可塑性，随后开始产生强度的时间，称为终凝时间。

水泥的凝结时间为用凝结时间测定仪测定的标准稠度的水泥净浆凝结所需的时间。所谓标准稠度的净浆，是指在标准稠度测定仪上，试杆下沉深度为（6±1）mm 范围内的净浆。要配置标准稠度的水泥净浆，需测出达到标准稠度时所需的拌合用水量，以占水泥质量的百分率表示标准稠度用水量。硅酸盐水泥的标准稠度用水量一般为 24%～30%。未使用标准稠度进行凝结时间测试，测试结果将受到影响。国家标准规定，硅酸盐水泥的初凝时间不小于 45min，终凝时间不大于 390min。

3. 体积安定性

水泥的体积安定性是反映水泥加水硬化后体积变化均匀性的物理指标。体积安定性不良，是指水泥硬化后产生不均匀的体积变化。使用体积安定性不良的水泥，会使构件产生膨胀开裂，降低建（构）筑物的质量，甚至引起严重事故。因此，在工程中严禁使用体积安定性不良的水泥。

引起水泥体积安定性不良的主要原因有：

（1）水泥熟料中含有过多的游离氧化钙或游离氧化镁。国家标准规定，由游离氧化钙引起的水泥安定性不良，可用沸煮法检验。沸煮法又分试饼法和雷氏法，当两者发生争议时以雷氏法为准。游离氧化镁引起的水泥体积安定性不良，用压蒸法才能检验出来。由于游离氧化镁造成的安定性不良不便于快速检验，因此，国家标准规定，水泥中的游离氧化镁的含量不得超过 5.0%。

（2）石膏掺量过多。当水泥中掺有过量的石膏时，石膏除了适量的那一部分发挥缓凝作用，在水化初期与水化铝酸钙反应形成钙矾石以外，剩余的一部分则在逐渐硬化的水泥石中继续与水化铝酸钙反应，仍然形成钙矾石，体积比反应物膨胀 2.5 倍，将在硬化水泥浆中引起局部膨胀乃至开裂。国家标准规定，在生产水泥时，控制水泥中 SO_3 的含量不得超过 3.5%。

4. 强度

强度是水泥力学性质的一项重要指标，是确定水泥强度等级的依据。国家标准规定，采用水泥胶砂法测定水泥强度，即采用水泥与标准砂和水以 1：3：0.5 比例拌合，按规定的方法制成 40mm×40mm×160mm 的胶砂试件，在标准温度 20±2℃ 的水中养护，分别测定其 3d 和 28d 的抗压强度和抗折强度。根据测定结果，将硅酸盐水泥分为 42.5、42.5R、

52.5、52.5R、62.5、62.5R 六个强度等级。为提高水泥的早期强度，现行标准将水泥分为普通型和早强型（用 R 表示）。各等级、各龄期的强度值不得低于表 4-4 中数值。

硅酸盐水泥的强度要求（GB 175—2007）　　　　表 4-4

品种	强度等级	抗压强度（MPa）		抗折强度（MPa）	
		3d	28d	3d	28d
硅酸盐水泥	42.5	17.0	42.5	3.5	6.5
	42.5R	22.0	42.5	4.0	6.5
	52.5	23.0	52.5	4.0	7.0
	52.5R	27.0	52.5	5.0	7.0
	62.5	28.0	62.5	5.0	8.0
	62.5R	32.0	62.5	5.5	8.0

由于水泥的强度随着放置时间的延长而降低，所以为了保证水泥在工程中的使用质量，生产厂家在控制出厂水泥 28d 强度时，均留有一定的富余强度。通常富余系数为 1.06～1.18。

港珠澳大桥（见图 4-3）是世界最长的跨海大桥，被评为"世界新七大奇迹"之一。位于珠三角伶仃洋与珠江流域交汇口的港珠澳大桥处在一个洋流、航道、海床、气候等自然条件极其复杂的海域，不仅需重度防腐，还需要满足 120 年的使用寿命，因此对基础钢筋混凝土结构的耐久性有很高的要求。为满足工程建设的要求，港珠澳大桥项目内地段工程使用的是 P·Ⅱ42.5 R、P·O42.5 R、P·Ⅱ52.5 R 等级的高性能硅酸盐水泥。高性能硅酸盐水泥具有以下性能特点：抗氯离子侵蚀能力强，是普通硅酸盐水泥的 2～3 倍；抗硫酸盐侵蚀能力强，明显优于普通硅酸盐水泥；水化热低，可达到中热或低热硅酸盐水泥水平；后期强度高且持续增长，可显著提高混凝土的耐久性。

图 4-3 港珠澳大桥

4.1.4 水泥石的腐蚀与防止

4.1.4.1 水泥石的腐蚀

硅酸盐水泥硬化后，在正常使用条件下，水泥石的强度会不断增长，具有较好的耐久性。但水泥石长期处在侵蚀性介质中（如流动的淡水、酸性或盐类溶液、强碱等），会逐渐受到侵蚀变得疏松，强度下降，甚至破坏，这种现象称为水泥石的腐蚀。水泥石的腐蚀主要有以下四种类型：

1. 软水的侵蚀（溶出性侵蚀）

硅酸盐水泥属于水硬性胶凝材料，对于一般江、河、湖水等具有足够的抵抗能力。但是对于软水如冷凝水、雪水、蒸馏水、碳酸盐含量甚少的河水及湖水，水泥石会遭受腐蚀。其腐蚀原因如下：

当水泥石长期与软水接触时，水泥石中的氢氧化钙会被溶出，在静水及无压水的情况下，氢氧化钙很快处于饱和溶液中，使溶解作用中止，此时溶出仅限于表层，危害不大。但在流动水及压力水的作用下，溶解的氢氧化钙会不断流失，而且水愈纯净，水压愈大，氢氧化钙流失得愈多。其结果是一方面使水泥石变得疏松，另一方面也使水泥石的碱度降低，导致了其他水化产物的分解溶蚀，最终使水泥石破坏。

当环境水中含有重碳酸盐 $Ca(HCO_3)_2$ 时，由于同离子效应的缘故，氢氧化钙的溶解受到抑制，从而减轻了侵蚀作用，重碳酸盐还可以与氢氧化钙起反应，生成几乎不溶于水的碳酸钙。生成的碳酸钙积聚在水泥石的孔隙中，形成了致密的保护层，阻止了外界水的侵入和内部氢氧化钙的扩散析出：

$$Ca(HCO_3)_2 + Ca(OH)_2 \rightarrow 2CaCO_3 + 2H_2O$$

因此，对需与软水接触的混凝土，预先在空气中放置一段时间，使水泥石中的氢氧化钙与空气中的二氧化碳作用形成碳酸钙外壳，则可对溶出性侵蚀起到一定的保护作用。

2. 酸性腐蚀

（1）碳酸水的腐蚀。雨水、泉水及某些工业废水中常溶解有较多的二氧化碳，当含量超过一定浓度时，将会对水泥石产生破坏作用，其反应式如下：

$$Ca(OH)_2 + CO_2 + H_2O \rightarrow CaCO_3 + 2H_2O$$
$$CaCO_3 + CO_2 + H_2O \rightarrow Ca(HCO_3)_2$$

上述第二个反应式是可逆反应，若水中含有较多的碳酸，超过平衡浓度时，上式向右进行，水泥石中的氢氧化钙经过上述两个反应式转变为 $Ca(HCO_3)_2$ 而溶解，进而导致其他水泥水化产物分解和溶解，使水泥石结构破坏；若水中的碳酸含量不高，低于平衡浓度时，则反应进行到第一个反应式为止，对水泥石并不起破坏作用。

（2）一般酸的腐蚀。在工业污水和地下水中常含有无机酸（盐酸、硫酸等）和有机酸（醋酸、蚁酸等），各种酸对水泥都有不同程度的腐蚀作用，它们与水泥石中的氢氧化钙作用后生成的化合物或溶于水或体积膨胀而导致破坏。腐蚀作用最快的是无机酸中的盐酸、氢氟酸、硝酸、硫酸和有机酸中的醋酸、蚁酸和乳酸等。

例如：盐酸与水泥石中的氢氧化钙作用生成极易溶于水的氯化钙，导致溶出性化学侵蚀：

$$2HCl + Ca(OH)_2 \rightarrow CaCl_2 + 2H_2O$$

硫酸与水泥石中的氢氧化钙作用，生成二水石膏：

$$H_2SO_4 + Ca(OH)_2 \rightarrow CaSO_4 \cdot 2H_2O$$

生成的二水石膏在水泥石孔隙中结晶产生体积膨胀。二水石膏也可以再与水泥石中的水化铝酸钙作用，生成高硫型水化硫铝酸钙。生成的高硫型水化硫铝酸钙含有大量的结晶水，体积膨胀1.5倍，破坏作用更大。由于高硫型水化硫铝酸钙呈针状晶体，故俗称"水泥杆菌"。

3. 盐类的腐蚀

（1）镁盐的腐蚀。海水及地下水中常含有氯化镁、硫酸镁等镁盐，它们可与水泥石中的氢氧化钙起置换反应生成易溶于水的氯化钙和松软无胶结能力的氢氧化镁：

$$MgCl_2 + Ca(OH)_2 \rightarrow CaCl_2 + Mg(OH)_2$$

（2）硫酸盐的腐蚀。硫酸钠、硫酸钾等对水泥石的腐蚀同硫酸的腐蚀，而硫酸镁对水泥石的腐蚀包括镁盐和硫酸盐的双重腐蚀作用。

4. 强碱腐蚀

碱类溶液在浓度不大时一般无害。但铝酸盐含量较高的硅酸盐水泥遇到强碱（如氢氧化钠）作用后会被腐蚀破坏。氢氧化钠与水泥熟料中未水化的铝酸盐作用，生成易溶的铝酸钠，出现溶出性侵蚀：

$$3CaO \cdot Al_2O_3 + 6NaOH \rightarrow 3Na_2O \cdot Al_2O_3 + 3Ca(OH)_2$$

另外，当水泥石被氢氧化钠溶液浸透后，又在空气中干燥，与空气中的二氧化碳作用生成碳酸钠，碳酸钠在水泥石毛细孔中结晶沉积，可使水泥石胀裂。

综上所述，水泥石破坏有三种表现形式：一是溶解浸析，主要是水泥石中的氢氧化钙溶解使水泥石中的氢氧化钙浓度降低，进而引起其他水化产物的溶解；二是离子交换反应，侵蚀性介质与水泥石的组分氢氧化钙发生离子交换反应，生成易溶解或是没有胶结能力的产物，破坏水泥石原有的结构；三是膨胀性侵蚀，水泥石中的水化铝酸钙与硫酸盐作用形成膨胀性结晶产物，产生有害的内应力，引起膨胀性破坏。

水泥石腐蚀是内外因并存的。内因是水泥石中存在引起腐蚀的组分氢氧化钙和水化铝酸钙，水泥石本身结构不密实，有渗水的毛细管渗水通道；外因是在水泥石周围有以液相形式存在的侵蚀性介质。

除上述四种腐蚀类型外，对水泥石有腐蚀作用的还有其他一些物质，如糖、酒精、动物脂肪等。水泥石的腐蚀是一个极其复杂的物理化学过程，很少是单一类型的腐蚀，往往是几种类型腐蚀作用同时存在，相互影响，共同作用。

4.1.4.2 水泥石腐蚀的防止

根据水泥石腐蚀的原因，可以采用以下措施防止水泥石腐蚀：

1. 根据侵蚀性介质选择合适的水泥品种

如采用水化产物中氢氧化钙含量少的水泥，可提高对淡水等侵蚀的抵抗能力；采用含水化铝酸钙低的水泥，可提高对硫酸盐腐蚀的抵抗能力；选择混合材料掺量较大的水泥可提高抗各类腐蚀（除抗碳化外）的能力。

2. 提高水泥的密实度，降低孔隙率

硅酸盐水泥水化理论水灰比为0.22左右，而实际施工中水灰比为0.40～0.70，多余的水分在水泥石内部形成连通的孔隙，腐蚀介质就易渗入水泥石内部，从而加速了水泥石的腐蚀。在实际工程中，可通过降低水灰比、仔细选择骨料、掺外加剂、改善施工方法等措施，提高水泥石的密实度，从而提高水泥石的抗腐蚀性能。

3．加保护层

当侵蚀作用较强，上述措施不能奏效时，可用耐腐蚀的材料，如石料、陶瓷、塑料、沥青等覆盖于水泥石的表面，防止侵蚀性介质与水泥石直接接触，达到抗侵蚀的目的。

4.1.5 硅酸盐水泥的特性、应用及储存

4.1.5.1 硅酸盐水泥的性质

（1）快凝快硬高强。与硅酸盐系列的其他品种水泥相比，硅酸盐水泥凝结（终凝）快、早期强度（3d）高、强度等级高（低为 42.5 级，高为 62.5 级）。

（2）抗冻性好。由于硅酸盐水泥未掺或掺很少量的混合材料，故其抗冻性好。

（3）抗腐蚀性差。硅酸盐水泥水化产物中有较多的氢氧化钙和水化铝酸钙，耐软水及耐化学腐蚀能力差。

（4）碱度高，抗碳化能力强。碳化是指水泥石中的氢氧化钙与空气中的二氧化碳反应生成碳酸钙的过程。碳化对水泥石（或混凝土）本身是有利的，但碳化会使水泥石（混凝土）内部碱度降低，从而失去对钢筋的保护作用。

（5）水化热大。硅酸盐水泥中含有大量的 C_3A、C_3S，在水泥水化时，放热速度快且放热量大。

（6）耐热性差。硅酸盐水泥中的一些重要成分在 250℃ 温度时会发生脱水或分解，使水泥石强度下降，当受热 700℃ 以上时，将遭受破坏。

（7）耐磨性好。硅酸盐水泥强度高，耐磨性好。

4.1.5.2 硅酸盐水泥的应用

（1）适用于早期强度要求高的工程及冬期施工的工程。

（2）适用于重要结构的高强混凝土和预应力混凝土工程。

（3）适用于严寒地区，遭受反复冻融的工程及干湿交替的部位。

（4）不能用于大体积混凝土工程。

（5）不能用于高温环境的工程。

（6）不能用于海水和有侵蚀性介质存在的工程。

（7）不适宜蒸汽或蒸压养护的混凝土工程。

4.1.5.3 硅酸盐水泥的储存

水泥在储存和运输过程中，不得受潮和混入杂质，不同品种和等级的水泥应分别储存、运输，不得混杂。散装水泥应有专用运输车，直接卸入现场特制的储仓，分别存放。袋装水泥堆放高度一般不应超过 10 袋。存放期一般不应超过 3 个月，超过 6 个月的水泥必须经过试验后方能使用。

　　响应国家"一带一路"倡议，水泥行业开辟了一条"走出去"的成功之路。国内水泥工业经过百余年的发展，已经从落后逐步走向强大，并在新时代迎来全新的发展篇章。中国工业在世界工业中最具发言权的行业就包括水泥行业，同时水泥行业也是

我国能够向外出口成套装备、输出工艺设计和相关操作标准的行业。在 2013 年国家提出"一带一路"倡议后，中国水泥企业响应国家"走出去"的号召积极发展与沿线国家的经济合作伙伴关系，紧握历史发展机遇，以开放合作的姿态在"一带一路"项目发展上跑出了"加速度"，截至 2020 年底，中国企业累计在 16 个境外国家投资建设了 31 条水泥熟料生产线，已投产水泥产能 5225 万 t，在建水泥产能 5920 万 t，待开工水泥产能 120 万 t，我国水泥企业的足迹遍布印度尼西亚、缅甸、柬埔寨、老挝、塔吉克斯坦、坦桑尼亚、尼泊尔等国家。作为"走出去"的排头兵，中国的水泥行业借助"一带一路"的区域合作平台已经硕果累累，像广大走出国门的企业一样，实现了自身发展，又持续造福了当地人民，推动当地经济振兴和基础建设。

需要注意的是，通往成功的道路往往充满了荆棘与坎坷，中国水泥企业在"走出去"的过程中仍然挑战重重，如中美贸易摩擦带来的不确定性风险、地缘政治冲突风险、合规性风险和市场风险。土木与建筑大类专业是全球范围内大有可为的专业，希望同学能树立专业信心，为使自己成为具有全球视野和具备"走出去"知识能力的复合型人才而不懈努力。

任务 4.2 掺大量混合材料的硅酸盐水泥

国家标准《通用硅酸盐水泥》GB 175—2007 中规定，通用硅酸盐水泥各品种的组分和代号应符合表 4-5 的规定。

通用硅酸盐水泥的组分（GB 175—2007）   表 4-5

品种	代号	组分（%）				
		熟料+石膏	粒化高炉矿渣	火山灰质混合材料	粉煤灰	石灰石
硅酸盐水泥	P·Ⅰ	100	—	—	—	—
	P·Ⅱ	≥95	≤5	—	—	—
		≥95	—	—	—	≤5
普通硅酸盐水泥	P·O	≥80 且<95	>5 且≤20			—
矿渣硅酸盐水泥	P·S·A	≥50 且<80	>20 且≤50	—	—	—
	P·S·B	≥30 且<50	>50 且≤70	—	—	—
火山灰质硅酸盐水泥	P·P	≥60 且<80	—	>20 且≤40	—	—
粉煤灰硅酸盐水泥	P·F	≥60 且<80	—	—	>20 且≤40	—
复合硅酸盐水泥	P·C	≥50 且<80	>20 且≤50			—

从表 4-5 可以看出，除硅酸盐水泥外，其他水泥品种都加了较多的混合材料。在硅酸盐水泥熟料中掺加一定量的混合材料，能改善水泥的性能，增加品种，调节水泥强度等级，提高产量，降低成本且充分利用工业废料，扩大水泥的使用范围。

4.2.1 水泥混合材料

在水泥生产过程中，为改善水泥性能、调节水泥的强度等级而加到水泥中的矿物质材料，称为混合材料。此类材料有活性、非活性之分。

4.2.1.1 活性混合材料

活性混合材料，是指具有火山灰性或潜在水硬性，以及兼有火山灰性和水硬性的矿物质材料。所谓火山灰性，是指单独不具有水硬性，但在常温下与石灰一起和水后，能形成具有水硬性化合物的性能。常用的几种活性混合材料如下：

1. 粒化高炉矿渣

粒化高炉矿渣，是在高炉冶炼生铁时，所得以硅酸钙与铝酸钙为主要成分的熔融物，经淬冷成粒后的产品。

2. 火山灰质混合材料

具有火山灰性的天然或人工的矿物质材料，统称为火山灰质混合材料。

3. 粉煤灰

粉煤灰是从煤粉炉烟道气体中收集的粉末，以二氧化硅和氧化铝为主要成分，含少量氧化钙，具有火山灰性。粉煤灰的活性，主要取决于玻璃体、氧化硅和氧化铝的含量。

4.2.1.2 非活性混合材料

非活性混合材料，是指在水泥中主要起填充作用，而又不损害水泥性能的矿物材料。非活性混合材料掺入水泥中，主要起调节水泥的强度等级、节约熟料及降低水化热等作用。常用的非活性混合材料主要有磨细石英砂、石灰石粉、窑灰、黏土及慢冷矿渣等。

4.2.2 掺混合材料的硅酸盐水泥（通用水泥）

4.2.2.1 普通硅酸盐水泥

凡由硅酸盐水泥熟料、6%～20%混合材料、适量石膏磨细制成的水硬性胶凝材料，称为普通硅酸盐水泥，简称普通水泥，代号 P·O。

生产普通硅酸盐水泥，掺加混合材料的最大量不得超过20%，其中允许用不超过水泥产品质量5%的窑灰或不超过10%的非活性混合材料来代替。掺加非活性混合材料时，其最大掺量不得超过成品质量的10%。

普通硅酸盐水泥分为42.5、42.5R、52.5、52.5R 四个强度等级，各龄期的强度要求见表4-6中的规定。

普通硅酸盐水泥的强度要求 （GB 175—2007） 表4-6

品种	强度等级	抗压强度(MPa)		抗折强度(MPa)	
		3d	28d	3d	28d
普通硅酸盐水泥	42.5	17.0	42.5	3.5	6.5
	42.5R	22.0	42.5	4.0	6.5
	52.5	23.0	52.5	4.0	7.0
	52.5R	27.0	52.5	5.0	7.0

4.2.2.2　矿渣硅酸盐水泥、火山灰质硅酸盐水泥和粉煤灰硅酸盐水泥

1. 矿渣硅酸盐水泥

根据国家标准《通用硅酸盐水泥》GB 175—2007 规定：由硅酸盐水泥熟料、掺量大于 20％但不大于 70％的粒化高炉矿渣及适量的石膏磨细所得的水硬性胶凝材料，称为矿渣硅酸盐水泥，简称矿渣水泥，代号 P·S。

2. 火山灰质硅酸盐水泥

凡由硅酸盐水泥熟料和火山灰质混合材料、适量石膏磨细所得的水硬性胶凝材料称为火山灰质硅酸盐水泥，简称火山灰水泥，代号 P·P。水泥中火山灰质混合材料掺量为大于 20％但不大于 40％。

3. 粉煤灰硅酸盐水泥

凡由硅酸盐水泥熟料和粉煤灰、适量石膏磨细所得的水硬性胶凝材料称为粉煤灰硅酸盐水泥，简称粉煤灰水泥，代号 P·F。水泥中粉煤灰掺量为大于 20％但不大于 40％。

矿渣硅酸盐水泥、火山灰质硅酸盐水泥和粉煤灰硅酸盐水泥分为 32.5、32.5R、42.5、42.5R、52.5、52.5R 六个强度等级，各龄期的强度要求见表 4-7 中的规定。

矿渣水泥、火山灰水泥和粉煤灰水泥的强度要求（GB 175—2007）　　　　　　表 4-7

品种	强度等级	抗压强度（MPa）		抗折强度（MPa）	
		3d	28d	3d	28d
矿渣水泥	32.5	10.0	32.5	2.5	5.5
	32.5R	15.0	32.5	3.5	5.5
火山灰水泥	42.5	15.0	42.5	3.5	6.5
	42.5R	19.0	42.5	4.0	6.5
粉煤灰水泥	52.5	21.0	52.5	4.0	7.0
	52.5R	23.0	52.5	4.5	7.0

4.2.2.3　复合硅酸盐水泥

凡由硅酸盐水泥熟料、两种或两种以上规定的混合材料、适量石膏磨细制成的水硬性胶凝材料称为复合硅酸盐水泥，简称复合水泥，代号 P·C，水泥中混合材料总掺加量按质量百分比计大于 15％但不超过 50％。水泥中允许用不超过 8％的窑灰代替部分混合材料；掺矿渣时混合材料掺量不得与矿渣硅酸盐水泥重复。

复合硅酸盐水泥分为 32.5、32.5R、42.5、42.5R、52.5、52.5R 六个强度等级。各强度等级水泥的各龄期强度值不得低于表 4-8 中的数值。

复合硅酸盐水泥的强度要求（GB 175—2007）　　　　　　表 4-8

品种	强度等级	抗压强度（MPa）		抗折强度（MPa）	
		3d	28d	3d	28d
复合硅酸盐水泥	32.5	11.0	32.5	2.5	5.5
	32.5R	16.0	32.5	3.5	5.5
	42.5	16.0	42.5	3.5	6.5
	42.5R	21.0	42.5	4.0	6.5

续表

品种	强度等级	抗压强度（MPa）		抗折强度（MPa）	
		3d	28d	3d	28d
复合硅酸盐水泥	52.5	22.0	52.5	4.0	7.0
	52.5R	26.0	52.5	5.0	7.0

4.2.3 通用水泥的技术性能与特性

通用水泥是建筑工程中用途最广、用量最大的水泥品种。为了便于查阅和选用，现将其主要技术性能（表4-9）、常用水泥的特性和适用范围（表4-10）列出供参考。

通用水泥的主要技术性能 表 4-9

项目		水泥品种						
		P·Ⅰ	P·Ⅱ	P·O	P·S	P·P	P·F	P·C
细度	比表面积（m²/kg）	＞300			—			
	80μm 筛筛余（%）	—		≤10				
凝结时间	初凝时间	≥45min						
	终凝时间	≤6.5h		≤10h				
安定性		用煮沸法检验必须合格						
氧化镁含量*（%）		水泥中≤5.0				熟料中≤5.0		
三氧化硫含量,水泥中（%）		≤3.5			≤4.0	≤3.5		
不溶物,水泥中（%）		≤0.75	≤1.5	—				
烧失量（%）		≤3.0	≤3.5	≤5.0	—			
含碱量,按 Na₂O＋0.65K₂O 技术值表示		要求低碱水泥时,≤0.6%或协商			协商			
强度		见表4-4、表4-6、表4-7、表4-8						

注：* 若水泥经压蒸安定性试验合格，可放宽至 6.0%。熟料中氧化镁的含量为 5.0%～6.0%时，如 P·S 中混合材料总掺量大于 40%或 P·P 和 P·F 中混合材料总掺量大于 30%时，可不做压蒸试验。

常用水泥的特性和适用范围 表 4-10

特性		硅酸盐水泥	普通水泥	矿渣水泥	火山灰水泥	粉煤灰水泥
特性	1. 硬化	快	较快	慢	慢	慢
	2. 早期强度	高	较高	低	低	低
	3. 水化热	高	高	低	低	低
	4. 抗冻性	好	较好	差	差	差
	5. 耐热性	差	较差	好	较差	较差
	6. 干缩性	较小	较小	较大	较大	较小
	7. 抗渗性	较好	较好	差	较好	较差
	8. 耐蚀性	差	较差	好	好	好

续表

	硅酸盐水泥	普通水泥	矿渣水泥	火山灰水泥	粉煤灰水泥
适用范围	快硬早强的工程,配制高强度等级的混凝土、预应力构件、地下工程的喷射里衬等	一般土建工程中混凝土及预应力钢筋混凝土结构、受反复冰冻作用的结构、拌制高强度混凝土	1. 高温车间、耐热和大体积混凝土结构 2. 蒸汽养护的混凝土结构 3. 地上、地下和水中的一般混凝土结构 4. 有抗硫酸盐侵蚀要求的一般工程	1. 地下、水中大体积和有抗渗要求的混凝土结构 2. 蒸汽养护的混凝土结构 3. 一般缓凝结构 4. 有抗硫酸盐侵蚀要求的一般工程 5. 配制建筑砂浆	1. 地上地下、水中及大体积混凝土结构 2. 蒸汽养护的混凝土结构 3. 有抗硫酸盐侵蚀要求的一般工程 4. 抗裂要求较高的构件 5. 配制建筑砂浆
不适用范围	1. 大体积混凝土工程 2. 受化学侵蚀水及海水侵蚀的工程 3. 受水压作用的工程	1. 大体积混凝土工程 2. 受化学侵蚀水及海水侵蚀的工程 3. 受水压作用的工程	1. 早期强度要求较高的工程 2. 严寒地区,处在水位升降范围内的混凝土较高	1. 处在干燥环境的工程 2. 有耐磨性要求的工程 3. 其他同矿渣水泥	1. 有抗碳化要求的工程 2. 其他同火山灰水泥

小贴士

三峡工程大坝(见图4-4)为混凝土重力坝,最大坝高181m,枢纽工程混凝土浇筑总量达2800万m³,属于典型的大体积混凝土工程。

对于大体积混凝土,如大坝、桥墩等,建设过程中内外温差高达几十摄氏度,使混凝土处于外部收缩而内部膨胀的状态,容易导致开裂破坏。为了减少水化热的影响,主要措施如下:(1)三峡工程使用的水泥为分别由葛洲坝、华兴和湖南等三个特种水泥厂供应的42.5中热水泥,从水泥水化热出发降低大体积混凝土放热量;在建设过程中使用了近500万t的中热硅酸盐水泥,以避免大坝混凝土裂缝的产生。中热硅酸盐水泥是以适当成分的硅酸盐水泥熟料,加入适量石膏,磨细制成的具有中等水化热的水硬性胶凝材料。大量研究表明,使用中热硅酸盐水泥配制的混凝土质量优良,后期强度增长率大,自身体积变形多呈正值,满足三峡大坝的设计要求。(2)三峡工程所用水泥其熟料中MgO含量控制在3.5%~5.0%范围内,利用水泥中方镁石后期水化体积膨胀的特点,以补偿混凝土降温阶段的部分温度收缩。(3)同时结合其他降温措施,取得了良好的技术经济效果。

在工程建设过程中,根据水泥的技术性能与特性,在恶劣环境下我们应该合理选择和正确使用水泥,这样才能较好地使工程质量得到保障,希望同学能增强伦理意识和遵循伦理规范的自觉性,增强社会责任感与使命感,激励同学在未来的工程建设岗位中,谨记工程安全重于泰山,切实做好工程材料的规范使用,让工程更好地造福社会。

图 4-4　三峡工程大坝

任务 4.3　其他品种水泥

4.3.1　铝酸盐水泥

铝酸盐水泥是以铝酸钙为主的铝酸盐水泥熟料，磨细制成的水硬性胶凝材料，代号为 CA，分为 CA-50、CA-60、CA-70 和 CA-80 四类。

铝酸盐水泥的物理性能：细度以比表面积为准，不小于 $300m^2/kg$，或 0.045mm 筛余不大于 20%；凝结时间，对于 CA-50、CA-70 和 CA-80 型水泥，初凝不得早于 30min、终凝不得迟于 6h，对于 CA-60 型水泥，初凝不得早于 60min、终凝不得迟于 18h。

铝酸盐水泥适用于抢修、抢建和冬期施工等特殊需要工程，但不得用于大体积混凝土工程。其具有较高的抗硫酸盐侵蚀能力，又具有较高的耐火性，因此适用于抗硫酸盐侵蚀工程及配制耐火混凝土等。

使用铝酸盐水泥时，不得与硅酸盐水泥、石灰等能析出氢氧化钙的胶凝物质混合，也不得与未硬化的硅酸盐水泥混凝土接触。铝酸盐水泥不宜在较高温度下施工，不得用蒸汽养护。未经试验，铝酸盐水泥中不得加入任何外加物。

4.3.2　快凝快硬硫铝酸盐水泥

以适当成分的生料，经煅烧所得以无水硫铝酸钙和硅酸二钙为主要矿物成分的硫铝酸盐水泥熟料，掺加适量的石灰石、石膏磨细制成，具有凝结快、早期强度发展快的特点，简称双快水泥，代号 QR·SAC。

双快水泥分为 32.5、42.5、52.5 三个强度等级。该水泥的比表面积不小于 $400m^2/kg$，初凝不小于 3min、终凝不大于 12 min，氯离子含量不大于 0.06%。该水泥 1d 自由膨胀率不小于 0.01%，3d 自由膨胀率不小于 0.04%，28 d 自由膨胀率在 0.06%～0.20% 之间。双快水泥的强度指标应符合表 4-11 的规定。

<table>
<caption>双快水泥的强度指标　　　　　　　　　　　　　　　　　　表 4-11</caption>
<tr><td rowspan="2">强度等级</td><td colspan="3">抗压强度（MPa）</td><td colspan="3">抗折强度（MPa）</td></tr>
<tr><td>4h</td><td>1d</td><td>28d</td><td>4h</td><td>1d</td><td>28d</td></tr>
<tr><td>32.5</td><td>≥10</td><td>≥20</td><td>≥32.5</td><td>≥3.0</td><td>≥5.0</td><td>≥6.0</td></tr>
<tr><td>42.5</td><td>≥15</td><td>≥30</td><td>≥42.5</td><td>≥3.5</td><td>≥5.5</td><td>≥6.5</td></tr>
<tr><td>52.5</td><td>≥20</td><td>≥40</td><td>≥52.5</td><td>≥4.0</td><td>≥6.0</td><td>≥7.0</td></tr>
</table>

双快水泥的主要特点是凝结硬化快、小时强度高，具有高抗冻性、耐蚀性、高抗渗性、膨胀性能、低碱性。目前主要应用在冬期施工工程、抢修和抢建工程、配制喷射混凝土、生产水泥制品和混凝土预制构件，补偿收缩混凝土的配制和抗渗工程、生产纤维增强水泥制品等。

4.3.3　白水泥和彩色水泥

4.3.3.1　白色硅酸盐水泥

以适当成分的生料，烧至部分熔融，所得以硅酸钙为主要成分，氧化铁含量少的白色硅酸盐熟料，加入适量石膏，也可加入符合标准规定的混合材料，共同磨细制成的水硬性胶凝材料，称为白色硅酸盐水泥（简称白水泥），代号 P·W。

白色硅酸盐水泥的强度等级，按规定的抗压和抗折强度划分为 32.5、42.5 和 52.5 三级。其白度值不低于 87。

白色硅酸盐水泥主要用于配制白色或彩色灰浆、砂浆及混凝土，来满足装饰装修工程的需要。

4.3.3.2　彩色硅酸盐水泥

用白水泥熟料、适量石膏和碱性颜料共同磨细，可制成彩色硅酸盐水泥。彩色硅酸盐水泥的强度等级分为 27.5、32.5、42.5 三级，彩色水泥主要用于配制彩色混凝土和砂浆，制作水磨石、人造大理石、花阶砖等。

4.3.3.3　其他成分的白水泥和彩色水泥

白色硫酸盐水泥，是以硫酸钙为主要成分的白水泥。这种水泥的水硬性较弱，其性质与白色硅酸盐水泥截然不同，不能直接用于承重结构。

铝酸盐彩色水泥，是在铝酸盐水泥生料中，加入烧后致色的物料，直接烧成的水泥。

上海浦东新区世博会各场馆周边道路，为满足美化环境、诱导交通、改善排水等要求，在道路设计时采用彩色透水混凝土（见图 4-5）进行路面施工。

彩色水泥，主要由水泥、砂子、氧化铁颜料、水、外加剂经搅拌而成为彩色砂浆（或称为彩色混凝土），主要用于现场施工。在发达国家，彩色水泥和彩色混凝土早已替代了价格昂贵的天然石材，也代替了维护成本很高的行道砖和瓷砖，成为一种新的材料。随着城市建设的发展和建筑市场多元化的需求，彩色水泥在城市道路和公路建设中占有一席之地。彩色水泥人行道路面具有以下特点：造价低、使用寿命长、维护费用省、施工方便、可适合不同要求的人行道、绿色环保。

图 4-5　彩色透水混凝土

4.3.4　膨胀水泥

膨胀水泥是在水化过程中能形成大量体积增大的晶体，而产生一定膨胀能的水泥。按所含主要水硬性矿物，可分为硅酸盐系、铝酸盐系和硫铝酸盐系膨胀水泥。按膨胀特性，可分为膨胀类和自应力类；膨胀类中又有中膨胀、微膨胀和无收缩之别。按膨胀源，可分为硫铝酸钙型、氧化钙型、氧化镁型和铁型等。目前应用较多的为硫铝酸钙型。

4.3.4.1　硅酸盐膨胀水泥

以适当成分的硅酸盐水泥熟料、膨胀剂和石膏，按一定比例混合粉磨而制得的水硬性胶凝材料，称为硅酸盐膨胀水泥。

4.3.4.2　石膏矾土膨胀水泥

以适当成分的铝酸盐水泥熟料、二水石膏和少量助磨剂，按一定比例共同粉磨而成的一种具有快硬、早强和膨胀性的水硬性胶凝材料，称为石膏矾土膨胀水泥。

4.3.4.3　硫铝酸盐膨胀水泥

以适当成分生料，经煅烧所得以无水硫铝酸钙和 β 型硅酸二钙为主要矿物成分的熟料，加入适量石膏，磨细制成的具有可调膨胀性能的水硬性胶凝材料。

4.3.4.4　自应力水泥

自应力水泥，属高膨胀性的水泥，是依靠自身水化时产生的膨胀能，使混凝土制品硬化后产生预加的自应力值。

4.3.5　低水化热水泥

目前生产的低水化热水泥都属于硅酸盐系，主要靠降低熟料中水化热高的矿物成分铝酸三钙和硅酸三钙的含量，或同时靠加入混合材料，来实现减少水化热的目的。此类水泥，按对水化热的限值大小，分为中热和低热。

4.3.5.1　中热硅酸盐水泥和低热硅酸盐水泥

中热硅酸盐水泥，是以适当成分的硅酸盐水泥熟料，加入适量石膏，磨细制成的具有中等水化热的水硬性胶凝材料。

低热硅酸盐水泥，是以适当成分的硅酸盐水泥熟料，加入适量石膏，磨细制成的具有低等水化热的水硬性胶凝材料。

中热硅酸盐水泥和低热硅酸盐水泥，除要求一般的物理、化学性指标外，对水化热的限定，必须符合表 4-12 的要求。

四种低水化热水泥的水化热高限 表 4-12

水泥名称	强度等级	水化热(kJ/kg)	
		3d	7d
中热硅酸盐水泥	42.5	251	293
低热硅酸盐水泥	42.5	230	260
低热矿渣硅酸盐水泥	32.5	197	230
低热微膨胀水泥	32.5	170	190
	42.5	185	205

4.3.5.2　低热矿渣硅酸盐水泥

以适当成分的硅酸盐水泥熟料，加入粒化高炉矿渣、适量石膏，磨细制成的具有低等水化热的水硬性胶凝材料，称为低热矿渣硅酸盐水泥。

低热矿渣硅酸盐水泥熟料中，铝酸三钙含量不应超过 8%，游离氧化硅含量不应超过 1.2%。

4.3.5.3　低热微膨胀水泥

低热微膨胀水泥，是以粒化高炉矿渣为主要组分，加入适量硅酸盐水泥熟料和石膏，磨细制成的具有低水化热和微膨胀性能的水硬性胶凝材料。

4.3.6　专用水泥

4.3.6.1　道路硅酸盐水泥

由道路硅酸盐水泥熟料、适量石膏，可加入符合标准规定的混合材料，磨细制成的水硬性胶凝材料，称为道路硅酸盐水泥（简称道路水泥），代号 P·R。

道路硅酸盐水泥的强度等级，分为 32.5、42.5 和 52.5 三级。

道路硅酸盐水泥具有抗折强度较高、耐磨性较好、干缩率较低和初凝时间较长等特性，适用于道路路面及对耐磨、抗干缩等性能要求较高的其他工程。

4.3.6.2　砌筑水泥

有一种或一种以上的水泥混合材料，加入适量硅酸盐水泥熟料和石膏，磨细制成的工作性能较好的水硬性胶凝材料，称为砌筑水泥，代号 M。

砌筑水泥的强度等级，分为 12.5 和 22.5 两级。其强度等级低、保水性好，解决了即使以最低强度等级的通用水泥，所配砂浆的强度虽超高但和易性并不好的问题。

巩固练习题

一、单项选择题

1. 水泥在储存和运输过程中应注意防潮，储存时间一般不超过_____。

A. 一个月　　　　B. 两个月　　　　C. 三个月　　　　D. 四个月

2. 硅酸盐水泥初凝时间不得早于_____。

A. 15min　　　　B. 30min　　　　C. 45min　　　　D. 60 min

3. 下列不属于水泥主要技术性质的是_____。

A. 凝结时间　　　B. 安定性　　　C. 强度　　　　D. 表观密度

4. 下列属于专用水泥的是_____。

A. 普通硅酸盐水泥　　　　　　　　B. 复合硅酸盐水泥

C. 自应力水泥　　　　　　　　　　D. 砌筑水泥

5. 有硫酸盐腐蚀的混凝土工程应优先选择_____水泥。

A. 硅酸盐　　　　B. 普通　　　　C. 矿渣　　　　D. 高铝

6. 有耐热要求的混凝土工程，应优先选择_____水泥。

A. 硅酸盐　　　　B. 矿渣　　　　C. 火山灰质　　　D. 粉煤灰

7. 有抗渗要求的混凝土工程，应优先选择_____水泥。

A. 硅酸盐　　　　B. 矿渣　　　　C. 火山灰质　　　D. 粉煤灰

8. 下列材料中，属于非活性混合材料的是_____。

A. 石灰石粉　　　B. 矿渣　　　　C. 火山灰质　　　D. 粉煤灰

9. 为了延缓水泥的凝结时间，在生产水泥时必须掺入适量_____。

A. 石灰　　　　　B. 石膏　　　　C. 助磨剂　　　　D. 水玻璃

10. 对于通用水泥，下列性能中_____不符合标准规定为废品。

A. 终凝时间　　　　　　　　　　　B. 混合材料掺量

C. 体积安定性　　　　　　　　　　D. 包装标志

11. 通用水泥的储存期不宜过长，一般不超过_____。

A. 一年　　　　　B. 六个月　　　C. 一个月　　　　D. 三个月

12. 对于大体积混凝土工程，应选择_____水泥。

A. 硅酸盐　　　　B. 普通　　　　C. 矿渣　　　　D. 高铝

13. 有抗冻要求的混凝土工程，在下列水泥中应优先选择_____硅酸盐水泥。

A. 矿渣　　　　　B. 火山灰质　　　C. 粉煤灰　　　　D. 普通

14. 五大品种水泥中，_____抗冻性最好。

A. 硅酸盐水泥　　　　　　　　　　B. 普通硅酸盐水泥

C. 矿渣硅酸盐水泥　　　　　　　　D. 粉煤灰硅酸盐水泥

15. 石膏对硅酸盐水泥的腐蚀是一种_____腐蚀。

A. 溶解型　　　　B. 溶出型　　　C. 膨胀性　　　　D. 松散无胶结型

16. 沸煮法安定性试验时检测水泥中_____含量是否过多。

A. f-CaO　　　　B. f-MgO　　　C. SO_3　　　　D. f-CaO 和 f-MgO

17. 掺混合材料的水泥最适于_____。

A. 自然养护　　　B. 水中养护　　　C. 蒸汽养护　　　D. 标准养护

18. 矿渣硅酸盐水泥的代号是_____。

A. P·I　　　　　B. P·F　　　　C. P·O　　　　D. P·S

19. 硅酸盐水泥适用于_____混凝土工程。

A. 有早强要求的　　　　　　　　　B. 有海水侵蚀的

C. 耐热的　　　　　　　　　　　　D. 大体积的

20. 硅酸盐水泥在磨细时,一定要加入适量石膏,为了对水泥起_____作用。

A. 缓凝   B. 促凝   C. 助磨   D. 增加细度

21. 同强度等级的硅酸盐水泥与普通水泥的不同点是_____。

A. 强度高   B. 硬化快   C. 价格低   D. 安定性好

22. 水泥试验用水必须是_____。

A. 河水   B. 地下水   C. 海水   D. 洁净的淡水

23. 下列水泥品种中,需水量大,干缩大,抗冻性差,抗渗性好的是_____水泥。

A. 矿渣   B. 火山灰质   C. 粉煤灰   D. 普通

24. 下列水泥品种中,可掺入混合材料最多的是_____水泥。

A. 矿渣   B. 火山灰质   C. 硅酸盐   D. 普通

25. 下列水泥品种中,可掺入混合材料最少的是_____水泥。

A. 矿渣   B. 火山灰质   C. 硅酸盐   D. 普通

26. 冬期施工的现浇混凝土工程,最好选用_____水泥。

A. 矿渣   B. 火山灰质   C. 硅酸盐   D. 普通

27. 要求耐腐蚀性、干缩性小、抗裂性好的混凝土,应选用_____水泥。

A. 矿渣   B. 火山灰质   C. 粉煤灰   D. 普通

28. 硅酸盐水泥的强度等级分为_____等级。

A. 三个   B. 四个   C. 五个   D. 六个

29. 硅酸盐水泥终凝时间不得迟于_____min。

A. 300   B. 360   C. 390   D. 600

30. 不同品种不同强度等级的通用硅酸盐水泥,其3d、28d的_____强度应符合规定。

A. 抗压、抗拉   B. 抗压、抗折

C. 抗拉、抗折   D. 抗压、抗弯

31. 硅酸盐水泥和普通硅酸盐水泥以比表面积表示,不小于_____。

A. $100m^2/kg$ B. $200m^2/kg$ C. $300m^2/kg$ D. $400m^2/kg$

32. 硅酸盐系水泥组成水泥的基本物质,熟料的主要成分是_____。

A. 氧化钙   B. 硫酸钙   C. 硅酸钙   D. 硅酸钠

33. 火山灰质硅酸盐水泥的代号是_____。

A. P·I   B. P·F   C. P·P   D. P·S

34. 粉煤灰硅酸盐水泥的代号是_____。

A. P·I   B. P·F   C. P·O   D. P·S

35. 普通硅酸盐水泥的代号是_____。

A. P·I   B. P·F   C. P·O   D. P·S

36. I型硅酸盐水泥的代号是_____。

A. P·I   B. P·F   C. P·O   D. P·S

37. 为了调节硅酸盐水泥的凝结时间,常掺入适量的_____。

A. 石灰   B. 石膏   C. 粉煤灰   D. MgO

38. 生产水泥时,若掺入过多石膏,可能获得的结果是_____。

A. 水泥不凝结   B. 水泥的强度降低

C. 水泥的体积安定性不良   D. 水泥迅速凝结

39. _____属于非活性混合材料。

A. 磨细石英砂   B. 粒化高炉矿渣

C. 烧黏土粉   D. 粉煤灰

二、多项选择题

1. 矿渣水泥适用于_____混凝土工程。

A. 早强   B. 耐热   C. 海港   D. 冬期施工

E. 大体积

2. 硅酸盐水泥中具有的强度等级是_____。

A. 32.5   B. 32.5R   C. 42.5   D. 42.5R

E. 52.5R

3. 硅酸盐水泥的代号是_____。

A. P·I   B. P·S·A   C. P·O   D. P·S·B

E. P·Ⅱ

4. 水泥按组成水泥的基本物质——熟料的矿物成分划分，一般可分为_____。

A. 通用水泥   B. 硅酸盐系水泥   C. 铝酸盐系水泥

D. 专用水泥   E. 特性水泥

5. 水泥按水泥的特性和用途划分，一般可分为_____。

A. 通用水泥   B. 硅酸盐系水泥   C. 铝酸盐系水泥

D. 专用水泥   E. 特性水泥

6. 硅酸盐系水泥一般由_____组成。

A. 硅酸盐水泥熟料   B. 石灰   C. 石膏

D. 水玻璃   E. 混合材料

7. 常温下能与石灰、石膏或硅酸盐水泥一起，加水拌合后能发生水化反应，生成水硬性的水化产物的混合材料称为活性混合材料。常用的活性混合材料有_____。

A. 粒化高炉矿渣   B. 石灰石

C. 石英砂   D. 粉煤灰

E. 火山灰质混合材料

8. 凡常温下与石灰、石膏或硅酸盐水泥一起，加水拌合后不能发生水化反应或反应甚微，不能生成水硬性产物的混合材料称为非活性材料，常用的非活性材料有_____。

A. 粒化高炉矿渣   B. 石灰石

C. 石英砂   D. 粉煤灰

E. 火山灰质混合材料

9. 以下是矿渣硅酸盐水泥特性的是_____。

A. 抗渗好   B. 抗渗差   C. 干缩大   D. 耐热好

E. 耐热差

10. 以下是火山灰质硅酸盐水泥的特性的是_____。

A. 抗渗好   B. 抗渗差   C. 干缩大   D. 保水性好

E. 保水性差

11. 粉煤灰硅酸盐水泥_____。

A. 抗渗好　　　　　B. 抗渗差　　　　　C. 干缩小　　　　　D. 干缩大

E. 保水性差

12. 以下属于矿渣硅酸盐水泥、火山灰质硅酸盐水泥和粉煤灰硅酸盐水泥共同特性的是_____。

A. 早期强度低、后期强度发展高　　　　B. 对温度敏感，适合高温养护

C. 耐腐蚀性好　　　　　　　　　　　　D. 水化热小

E. 抗冻性差

13. 硅酸盐凝结硬化的过程可分为_____过程。

A. 反应期　　　　B. 潜伏期　　　　C. 凝结期　　　　D. 结晶期

E. 硬化期

14. 生产硅酸盐水泥的主要原料有_____。

A. 白云石　　　　B. 黏土质　　　　C. 铁矿粉　　　　D. 矾土

E. 石灰质

三、判断题

1. 水泥磨细过程中加入适量石膏主要起到膨胀作用。　　　　　　　　（　　）

2. 储存水泥的用房必须干燥，且必须遵照"先入库后用，后入库先用"的使用原则。

（　　）

3. 水泥是水硬性胶凝材料，属于无机胶凝材料。　　　　　　　　　　（　　）

4. 水泥按组成水泥的基本物质——熟料的矿物成分划分，一般可分为硅酸盐系水泥和铝酸盐系水泥。　　　　　　　　　　　　　　　　　　　　　　　　（　　）

5. 水泥按水泥的特性和用途划分，一般可分为通用水泥、专用水泥和特性水泥。

（　　）

6. 生产硅酸盐系水泥的原料主要是石灰质和黏土质两类。　　　　　　（　　）

7. 火山灰质硅酸盐水泥的代号是 P·F。　　　　　　　　　　　　　　（　　）

8. 粉煤灰硅酸盐水泥的代号是 P·F。　　　　　　　　　　　　　　　（　　）

9. 不掺石灰石和粒化高炉矿渣的硅酸盐水泥称为Ⅱ型硅酸盐水泥。　（　　）

10. 生产硅酸盐水泥时掺入石膏的目的是为了提高水泥的强度。　　　（　　）

11. 水泥安定性不合格可以降级使用。　　　　　　　　　　　　　　　（　　）

12. 硅酸盐水泥中含氧化钙、氧化镁和过多的硫酸盐，都会造成水泥体积安定性不良。　　　　　　　　　　　　　　　　　　　　　　　　　　　　　　　（　　）

13. 由于火山灰的耐热性差，所以不宜用于蒸汽养护。　　　　　　　　（　　）

14. 配制高强混凝土应优先选用火山灰水泥。　　　　　　　　　　　　（　　）

15. 水泥是水硬性胶凝材料，因此只能在水中凝结硬化产生强度。　　　（　　）

16. 抗渗要求高的工程，可以选用普通水泥或矿渣水泥。　　　　　　　（　　）

17. 由于矿渣水泥比硅酸盐水泥抗软水侵蚀性能差，所在在我国北方气候严寒地区，修建水利工程一般不用矿渣水泥。　　　　　　　　　　　　　　　　　（　　）

18. 因为水泥是水硬性胶凝材料，故运输和储存时不怕受潮和雨淋。　（　　）

19. 用沸煮法可以检验硅酸盐水泥的体积安定性是否良好。 （ ）

20. 硅酸盐水泥的细度越细越好。 （ ）

21. 水泥和熟石灰混合使用会引起体积安定性不良。 （ ）

22. 硅酸盐水泥的水化热大、抗冻性好，因此其特别适用于冬期施工。 （ ）

23. 水泥强度等级是依据水泥试件 28d 的抗压及抗折强度来确定的。 （ ）

24. 活性混合材料之所以具有水硬性，是因其主要化学成分为活性氧化钙和活性氧化硅。 （ ）

四、简答题

1. 影响硅酸盐水泥凝结硬化（或凝结时间）的因素有哪些？

2. 水泥的凝结时间为何对水泥混凝土和砂浆的施工有着重要的意义？

项目 5

混凝土

 学习目标

了解混凝土的变形性质，新型、特种混凝土的特点及使用范围；熟悉混凝土组成材料的作用，常用混凝土外加剂及其适用范围和使用方法；掌握混凝土各组成材料的各项性质要求、测定方法及对混凝土性能的影响；掌握混凝土拌合物的技术性质、测定方法及其影响因素；掌握普通混凝土的配合比设计方法。

思政目标

践行"绿水青山就是金山银山"的发展理念，树立可持续发展观。

混凝土，是指由胶凝材料将骨料胶结成整体的工程复合材料的统称。通常讲的混凝土一词是指用水泥作胶凝材料，砂、石作骨料，与水（可含外加剂和掺合料）按一定比例配合，经搅拌而得的水泥混凝土，也称普通混凝土。它广泛应用于土木工程，是当今世界上用途最广、用量最大的人造土木工程材料，而且是重要的结构材料。

现代意义的混凝土，是在 1842 年英国人发明了波特兰水泥之后才出现的。100 多年来混凝土技术经历了许多重大的变革。如法国人 1850 年前后发明的钢筋混凝土和 1928 年创造的预应力钢筋混凝土技术，1937 年美国人发明的外加剂等。20 世纪 70 年代以来，混凝土科学技术更是取得了十分显著的发展，如混凝土外加剂和掺合料的开发应用，使混凝土的高强化和高性能化大大向前迈进了一步，混凝土的工作性、耐久性、体积稳定性也得到了很大提高和改善。这些技术成就为 21 世纪混凝土科学技术和混凝土的发展奠定了基础。

混凝土是经济发展和社会进步的重要基础原材料之一，在我国的需求量为材料之最。目前，我国每年建造房屋约 20 亿 m²，高速公路约 5000km，还有大量的铁路、桥梁、港口等基础建设，仅混凝土一项就需要 40 亿 m³/年。水泥产量及折合成混凝土产量已连续十几年位居世界第一。而在一般建筑中混凝土造价占建筑总造价的 15％～20％。

专家指出，混凝土作为现代社会的基础，在工程领域正发挥着其他材料无法替代的作用，在未来的 100～200 年，混凝土将一直是最主要的土木工程材料。

小贴士

罗伯特·马亚尔（Robert Maillart，1872 年 2 月 6 日—1940 年 4 月 5 日），毕业于苏黎世联邦理工学院，是钢筋混凝土结构的伟大先驱。在现代混凝土刚刚开始兴起的年代，马亚尔赋予了混凝土结构灵性和活力。根据混凝土独特的力学性能，他发明了无梁楼盖和与之配套的蘑菇柱帽。更为突出的成就是他的混凝土桥梁设计，尤其是混凝土拱桥，堪称力与美的完美结合。马亚尔的旷世之作索尔吉纳托贝尔桥被国际桥协评为 20 世纪最优美的桥

案例：结构大师——
罗伯特·马亚尔

梁，被美国土木工程师协会列入世界土木工程历史遗产，这座跨度 90m 的空腹箱形混凝土三铰拱桥，横跨郁郁葱葱的山谷之上，结构之美动人心魄。除此之外，马亚尔对图解分析的娴熟应用也给了现在的工程师启发和创意。

国内外建筑史上的历史名人是广大青年应当学习的重要内容，他们的个人经历、对社会作出的贡献以及坚持不懈、自主创新的精神是值得我们学习的。

任务 5.1 概述

5.1.1 基本概念与分类

"混凝土"（Concrete）一词源于拉丁文术语"Concretus"，是共同生长的意思。从广义上讲，由胶凝材料、骨料和水（或不加水）按适当比例配合，拌合制成混合物，经一定时间后硬化而成的人造石材称为混凝土。目前工程中最常用的是以水泥为胶凝材料、水和

砂、石（粗细骨料）为基本材料组成的混凝土，称为水泥混凝土。

混凝土的种类有很多，通常有以下几种分类方法。

5.1.1.1　按胶凝材料分类

按照所用胶凝材料的种类，混凝土可分为水泥混凝土、硅酸盐混凝土、树脂混凝土、沥青混凝土、聚合物水泥混凝上、聚合物浸渍混凝土、石膏混凝土及水玻璃混凝土等。

微课：混凝土概述

5.1.1.2　按表观密度分类

按照表观密度的大小，混凝土可分为重混凝土、普通混凝土和轻质混凝土。这三种混凝土的不同之处就是骨料的不同。

重混凝土表观密度大于 $2800kg/m^3$，通常用特别密实且特别重的骨料制备。常采用重晶石、铁矿石、钢屑等作骨料和锶水泥、钡水泥共同配置防辐射混凝土，它们具有不透 X 射线和 γ 射线的性能，主要作为核工程的屏蔽结构材料。

普通混凝土即我们在建筑中常用的混凝土，表观密度为 $1950\sim2800kg/m^3$，主要以砂、石子为主要骨料配制而成，是土木工程中最常用的混凝土品种。

轻质混凝土是表观密度小于 $1950kg/m^3$ 的混凝土。它又可以分为三类：

1. 轻骨料混凝土，其表观密度为 $800\sim1950kg/m^3$，轻骨料包括浮石、火山渣、陶粒、膨胀珍珠岩、膨胀矿渣、矿渣等。

2. 多孔混凝土（泡沫混凝土、加气混凝土），其表观密度为 $300\sim1000kg/m^3$。泡沫混凝土是由水泥浆或水泥砂浆与稳定的泡沫制成的。加气混凝土是由水泥、水与发气剂制成的。

小贴士

中国国家博物馆（如图 5-1 所示）在 2007—2010 年的改扩建工程中，采用 HT 泡沫混凝土做垫层兼保温层，不仅取得了轻质、高强和保温隔热的效果，而且极大地缩短了工期，降低了成本。泡沫混凝土是一种轻质、保温、隔热耐火、隔声和抗冻的混凝土材料，广泛应用于节能墙体材料之中。我国现今的泡沫混凝土（如图 5-2 所示）更多地应用在屋面泡沫混凝土保温层现浇、泡沫混凝土轻质墙板、泡沫混凝土补偿地基。

图 5-1　中国国家博物馆

图 5-2　泡沫混凝土

3. 大孔混凝土（普通大孔混凝土、轻骨料大孔混凝土），其组成中无细骨料。普通大孔混凝土的表观密度范围为 1500～1900kg/m³，是用碎石、软石、重矿渣作骨料配制的。轻骨料大孔混凝土的表观密度为 500～1500kg/m³，是用陶粒、浮石、碎砖、矿渣等作为骨料配制的。

5.1.1.3 按用途分类

按照在工程中的用途或使用部位，混凝土可分为结构混凝土、保温混凝土、装饰混凝土、防水混凝土、耐火混凝土、大体积混凝土、膨胀混凝土、水工混凝土、海工混凝土、道路混凝土、防辐射混凝土等。

5.1.1.4 按强度等级分类

混凝土按抗压强度可分为：低强混凝土（抗压强度小于 30MPa）、中强度混凝土（抗压强度为 30～60MPa）、高强度混凝土（抗压强度为 60～100MPa）、超高强混凝土（抗压强度在 100MPa 以上）。

5.1.1.5 按生产和施工工艺分类

按照搅拌（生产）方式，混凝土可分为预拌混凝土（也叫商品混凝土）和现场搅拌混凝土。预拌混凝土是在搅拌站集中搅拌，用专门的混凝土运输车运送到工地进行浇筑的混凝土，由于混凝土搅拌站从原材料到产品生产过程都有严格的控制管理、计量准确、检验手段完备，使混凝土的质量得到充分保证。现场搅拌混凝土是将原材料直接运送到施工现场，在施工现场搅拌后直接浇筑，工地搅拌的混凝土受技术设备限制，混凝土质量不够均匀。

按照施工方法可分为泵送混凝土、喷射混凝土、碾压混凝土、挤压混凝土、离心混凝土、压力灌浆混凝土、真空混凝土等。

5.1.1.6 按配筋情况分类

按照配筋方式，混凝土可分为素（即无筋）混凝土、钢筋混凝土、钢丝网水泥、纤维混凝土、预应力混凝土等。

5.1.2 混凝土的特点

5.1.2.1 优点

1. 符合就地取材和经济原则。混凝土中约 80％以上的材料是砂石料，属地方性材料，来源丰富，价格低廉。

2. 易于加工成型。混凝土拌合物具有良好的流动性和可塑性，可根据工程需要浇筑成各种形状尺寸的构件及构筑物。

3. 匹配性好。各种材料有良好的匹配性，混凝土和钢筋有牢固的黏结力，且一般不会锈蚀钢筋。钢筋混凝土结构或构件能充分发挥混凝土的抗压性能和钢筋的抗拉性能。

4. 可调整性强。可根据不同的工程要求配置不同性能的混凝土。通过调整各组成材料的品种和数量，特别是掺入不同外加剂和掺合料，可获得不同施工和易性、强度、耐久性或具有特殊性能的混凝土，满足工程上的不同要求。

5. 抗压强度高，耐久性、耐火性好，维修费用少，生产能耗低。

5.1.2.2 缺点

1. 自重大，比强度较低（混凝土与建筑钢材、木材的相关数据比较见表 5-1），致使在建筑工程中形成肥梁、胖柱、厚基础，对高层、大跨度建筑不利。

混凝土与建筑钢材、木材的比强度 表 5-1

材料	强度（MPa）	密度（kg/m³）	比强度
建筑钢材（普通低碳钢）	400	7850	0.051
混凝土（抗压）	40	2400	0.017
木材（松木顺纹抗压）	100	500	0.200

2. 抗拉强度低，抗裂性差。混凝土的抗拉强度一般只有抗压强度的 $1/20 \sim 1/10$，且与钢材相比，体积不稳定，容易开裂。

3. 容易脆断。混凝土属于脆性材料，抗冲击能力差，在冲击荷载作用下容易产生脆断。

4. 保温隔热性能差。普通混凝土的导热系数为 1.8W/（m·K），大约为普通烧结砖的 3 倍，所以保温隔热性能差。

5.1.3 混凝土的发展趋势

在 21 世纪，随着混凝土科学技术的不断向前发展，混凝土的研究与应用将向以下几个方面发展：

1. 高强化

混凝土高强化的重要意义在于减轻工程建筑的自重和减少混凝土的用量。如美国混凝土协会"ACI2000 委员会"曾设想，在未来美国常用混凝土的强度将为 135 MPa，如果需要，在技术上可以使混凝土强度达到 400 MPa。目前，在我国的高强混凝土应用中 C50 以上的高强及 C100 以上超高强高性能混凝土仅在经济发达的城市或地区的推广应用较为普及，其中最高混凝土强度等级在实际工程中达到了 C130。

在配制高强混凝土的研究中，应致力于提高混凝土的延性、抗裂性与抗拉强度。

2. 高性能化

高性能混凝土不仅具有良好的耐久性、流动性与体积稳定性，并且在配制的组分材料中利用了大量的工业废渣，显著地减少了生产时严重污染环境的水泥用量。因此，在 21 世纪，高性能混凝土作为可持久发展的绿色建筑材料将得到快速发展和应用。

3. 多功能化和智能化

在 21 世纪，储存太阳能的蓄热混凝土、夜间导向的发光混凝土，监测建筑物安全性的智能混凝土，光致变色混凝土、温度变色混凝土、导电混凝土、灭菌混凝土、透水混凝土、植被混凝土等一批功能性混凝土将得到广泛应用。

4. 艺术化

随着人类对环境美化要求的日益提高，混凝土将发挥越来越重要的作用。如用玻纤增强混凝土等制作人造石、雕像、园林小品、仿生建筑和仿古建筑。在装点自然、美化城市、改善人居环境等方面，混凝土将占有更大的艺术空间。质朴的、粗犷的、更贴近人类回归自然心理要求的人造石文化时代必将出现。

另外，混凝土在轻质化、体积稳定性的改善方面也将进行更多的研究和探索。

> **小贴士**
>
> 　　竹模清水混凝土是一种以竹为模具的轻质混凝土墙板,选用特殊调制的混凝土原料与骨料,经浇筑成型、模具压制后制作而成。由纤维钢筋混凝土与超轻复合材料核心构成,表面还会喷涂一层保护膜,节省养护成本。制作而成后竹子的自然特质变得显而易见,竹纹的质感能降低混凝土墙体的沉重,让建筑与自然紧密关联。
>
> 　　像竹模清水混凝土这样对混凝土的创新应用还有很多。创新精神是一个国家和民族发展的不竭动力,也是广大青年应该具备的一种素质。

任务5.2　普通混凝土的组成材料

　　普通混凝土的组成材料是水泥、天然砂、石、水、掺合剂和外加剂。其组成过程:水泥+水→水泥浆+砂→水泥砂浆+石子→混凝土拌合物→硬化混凝土。混凝土组织结构如图 5-3 所示。

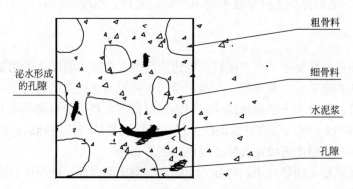

图 5-3　混凝土组织结构

　　各成分的作用:(1)水泥浆能充填砂的空隙,起润滑作用,使混凝土拌合物具有良好的和易性;(2)水泥浆在混凝土硬化后起胶结作用,将砂石胶结成整体,使其具有良好的强度及耐久性。(3)砂石在混凝土中起骨架作用,并可抑制混凝土的收缩。

5.2.1　水泥

　　水泥的品种多样,在水泥的选择使用时既要严格执行国家的相关标准规定,同时还要按照设计要求和针对不同的工程实际情况进行选择。

　　1. 水泥的品种

　　配置建筑用混凝土通常采用硅酸盐水泥、普通硅酸盐水泥、矿渣硅酸盐水泥和粉煤灰硅酸盐水泥等。其中普通硅酸盐水泥使用最多,被广泛用于混凝土和钢筋混凝土工程。有时在水泥的选择上还会根据工程的实际情况进行,如在进行大体积混凝土施工时为了避免由于水泥水化热引起的混凝土内外过大温度差对质量的影响,通常会考虑使用低水化热的水泥,如粉煤灰硅酸盐水泥。

2. 水泥的强度等级

水泥的强度等级应与混凝土的设计强度等级相适应。原则上配置高强度等级的混凝土选用高强度等级的水泥；配置低强度等级的混凝土选用低强度等级的水泥。

如用高强度等级的水泥配制低强度等级的混凝土，会使水泥的用量偏少，影响混凝土的和易性和密实度，应掺入一定量的掺合料；如用低强度等级的水泥配置高强度等级的混凝土，水泥用量会过多，不但不经济，还会影响混凝土的流动性等技术性质。

5.2.2 细骨料

细骨料是指粒径为 0.15～4.75mm 的岩石颗粒，俗称砂。通常细、粗骨料的总体积占混凝土总体积的 70%～80%。

微课：混凝土组成之细骨料

5.2.2.1 种类及特征

1. 按产源分类

根据国家标准《建设用砂》GB/T 14684—2022 的规定，砂按产源分为天然砂、机制砂、混合砂三类。

（1）天然砂

天然砂是指在自然条件作用下岩石产生破碎、风化、分选、运移、堆/沉积，形成的粒径小于 4.75mm 的岩石颗粒。天然砂包括河砂、湖砂、山砂、净化处理的海砂，但不包括软质、风化的颗粒。其中河砂：洁净、质地坚硬，为配制混凝土的理想材料；海砂：质地坚硬，但夹有贝壳碎片及可溶性盐类；山砂：含有黏土及有机杂质，坚固性差。

（2）机制砂

机制砂是指以岩石、卵石、矿山废石和尾矿等为原料，经除土处理，由机械破碎、整形、筛分、粉控等工艺制成的，级配、粒形和石粉含量满足要求且粒径小于 4.75mm 的颗粒。机制砂不包括软质、风化的颗粒。

（3）混合砂

混合砂是由机制砂和天然砂按一定比例混合而成的砂。

2. 按细度模数分类

砂按细度模数分为粗、中、细、特细四种规格。

3. 按技术要求分类

砂按技术要求分为Ⅰ类、Ⅱ类和Ⅲ类。

Ⅰ类细骨料宜用于大于 C60 的高强混凝土，Ⅱ类细骨料宜用于 C30～C60 的混凝土，Ⅲ类细骨料宜用于小于 C30 的混凝土。有抗渗、抗冻、抗盐冻、抗腐蚀及其他耐久性要求或特殊要求的混凝土应使用Ⅰ类、Ⅱ类细骨料。高速公路、一级公路、二级公路及有抗冻、抗盐冻要求的三级、四级公路的混凝土路面应使用不低于Ⅱ类的细骨料，无抗冻、抗盐冻要求的三级、四级公路的混凝土路面、碾压混凝土及贫混凝土基层可使用Ⅲ类细骨料。

5.2.2.2 混凝土用砂的质量要求

混凝土用砂的一般要求是质地坚实、清洁、有害杂质含量少。

1. 天然砂的含泥量、机制砂的亚甲蓝值与石粉含量

含泥量指天然砂中粒径小于 $75\mu m$ 的颗粒含量；泥块含量指砂中原粒径大于 1.18mm，经水浸洗，手捏后小于 $600\mu m$ 的颗粒含量；亚甲蓝（MB）值是用于判定机制砂吸附性能的指标；石粉含量指机制砂中粒径小于 $75\mu m$ 的颗粒含量。根据国家标准《建设用砂》GB/T 14684—2022 的规定，天然砂的含泥量、机制砂的亚甲蓝值与石粉含量和泥块含量应分别符合表 5-2～表 5-4 的规定。

天然砂的含泥量　　　　　　　　　　　　表 5-2

类别	Ⅰ类	Ⅱ类	Ⅲ类
含泥量(按质量计)(%)	≤1.0	≤3.0	≤5.0

机制砂的亚甲蓝值和石粉含量　　　　　　　　　表 5-3

类别	亚甲蓝值(MB)	石粉含量(质量分数)(%)
Ⅰ类	MB≤0.5	≤15.0
	0.5<MB≤1.0	≤10.0
	1.0<MB≤1.4 或快速试验合格	≤5.0
	MB>1.4 或快速试验不合格	≤1.0[a]
Ⅱ类	MB≤1.0	≤15.0
	1.0<MB≤1.4 或快速试验合格	≤10.0
	MB>1.4 或快速法不合格	≤3.0[a]
Ⅲ类	MB≤1.4 或快速试验合格	≤15.0
	MB>1.4 或快速法不合格	≤5.0[a]

注：砂浆用砂的石粉含量不做限制。

[a]　根据使用环境和用途，经试验验证，由供需双方协商确定，Ⅰ类砂石粉含量可放宽至不大于 3.0%，Ⅱ类砂石粉含量可放宽至不大于 5.0%，Ⅲ类砂石粉含量可放宽至不大于 7.0%。

泥块含量　　　　　　　　　　　　　表 5-4

类别	Ⅰ类	Ⅱ类	Ⅲ类
泥块含量(质量分数)(%)	≤0.2	≤1.0	≤2.0

2. 有害物质含量

砂中不应混有草根、树叶、树枝、塑料等杂物，如含有云母、轻物质、有机物、硫化物及硫酸盐、氯化物、贝壳等，其含量应符合表 5-5 的规定。

有害物质含量（GB/T 14684—2022）　　　　　表 5-5

类别	Ⅰ类	Ⅱ类	Ⅲ类
云母(质量分数)(%)	≤1.0	≤2.0	
轻物质(质量分数)[a](%)	≤1.0		
有机物	合格		
硫化物及硫酸盐(按 SO_3 质量计)(%)	≤0.5		

续表

类别	Ⅰ类	Ⅱ类	Ⅲ类
氯化物(以氯离子质量计)(%)	≤0.01	≤0.02	≤0.06[b]
贝壳(按质量计)[c](%)	≤3.0	≤5.0	≤8.0

a　天然砂中如含有浮石、火山渣等天然轻骨料时,经试验验证后,该指标可不做要求。

b　对于钢筋混凝土用净化处理的海砂,其氯化物含量应小于或等于0.02%。

c　该指标仅适用于净化处理的海砂,其他砂种不做要求。

有害物质产生危害的原因:

(1) 泥块阻碍水泥浆与砂粒结合,使强度降低;含泥量过大,会增加混凝土用水量,从而增大混凝土收缩。

(2) 云母表面光滑,为层状、片状物质,与水泥浆黏结力差,易风化,影响混凝土强度及耐久性。

(3) 泥块阻碍水泥浆和砂粒结合,使强度降低。

(4) 硫化物及硫酸盐对水泥起腐蚀作用,降低混凝土的耐久性。

(5) 有机物可腐蚀水泥,影响水泥的水化和硬化。氯盐会腐蚀钢筋。

3. 砂的粗细程度（M_x）及颗粒级配

砂的粗细程度是指不同粒径的颗粒混在一起时的平均粗细程度,常用细度模数表示。通常分为粗砂、中砂、细砂等几种。在相同砂用量的条件下,由于粗砂的总表面积比细砂小,所需要包裹砂粒表面的水泥浆少,因此,用粗砂配制混凝土比用细砂所用的水泥量要省。

砂的颗粒级配是指不同粒径砂颗粒的分布情况。在混凝土中砂粒之间的空隙是由水泥浆填充的,为了节省水泥和提高混凝土的强度,应尽量减少砂粒之间的空隙。要减少砂粒之间的空隙,就必须有大小不同的颗粒进行合理搭配,如图5-4所示。

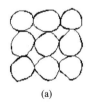 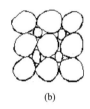 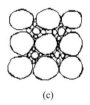

(a)　　　　　　　(b)　　　　　　　(c)

图 5-4　骨料的颗粒级配

砂的粗细程度及颗粒级配常用筛分析的方法进行测定。砂的粗细程度常用细度模数来表示,颗粒级配用级配区来表示。

筛分析是指用一套方孔孔径为 9.50mm、4.75mm、2.36mm、1.18mm、0.6mm、0.3mm、0.15mm 的 7 个标准筛,将 500g 干试样由粗到细依次过筛,然后称量余留在各筛上的砂量,并计算出各筛上的分计筛余百分率（各筛上的筛余量占砂子总量的百分率）a_1、a_2、a_3、a_4、a_5、a_6 及累计筛余百分率（该筛上的分级筛余百分率与大于该筛的各筛上的所有分计筛余百分率之和）A_1、A_2、A_3、A_4、A_5、A_6 的方法。分计筛余百分率与累计筛余百分率的关系见表5-6。

分计筛余百分率与累计筛余百分率   表 5-6

筛孔尺寸(mm)	分计筛余(%)	累计筛余(%)
4.75	a_1	$A_1 = a_1$
2.36	a_2	$A_2 = a_1 + a_2$
1.18	a_3	$A_3 = a_1 + a_2 + a_3$
0.6	a_4	$A_4 = a_1 + a_2 + a_3 + a_4$
0.3	a_5	$A_5 = a_1 + a_2 + a_3 + a_4 + a_5$
0.15	a_6	$A_6 = a_1 + a_2 + a_3 + a_4 + a_5 + a_6$

其中 0.6mm 为控制粒径，它使任一砂样只能处于某一级配区内，不会同时属于 2 个级配区。

（1）砂的粗细程度

砂的粗细程度用细度模数（M_x）来表示。细度模数（M_x）通过累计筛余百分率计算而得。

$$M_x = \frac{(A_2 + A_3 + A_4 + A_5 + A_6) - 5A_1}{100 - A_1} \quad (5\text{-}1)$$

细度模数越大，表示砂越粗。按 M_x 将砂分为如下几种：粗砂，$M_x = 3.7 \sim 3.1$；中砂，$M_x = 3.0 \sim 2.3$；细砂，$M_x = 2.2 \sim 1.6$；特细砂，$M_x = 1.5 \sim 0.7$。

普通混凝土用砂的细度模数 $M_x = 3.7 \sim 1.6$。

（2）砂的颗粒级配

骨料各级粒径颗粒的分布情况，以级配区或筛分曲线判定砂级配的合格性。

1）级配区。除特细砂外，Ⅰ类砂的累计筛余和分计筛余应符合表5-7的规定；Ⅱ类和Ⅲ类砂的累计筛余应符合表5-7的规定。砂的实际颗粒级配除 4.75mm 和 0.60mm 筛挡外，可以超出，但各级累计筛余超出值总和不应大于 5%。

砂的颗粒级配区   表 5-7

砂的分类	累计筛余					
	天然砂			机制砂、混合砂		
级配区	1 区	2 区	3 区	1 区	2 区	3 区
方筛孔尺寸(mm)	累计筛余(%)					
4.75	10～0	10～0	10～0	5～0	5～0	5～0
2.36	35～5	25～0	15～0	35～5	25～0	15～0
1.18	65～35	50～10	25～0	65～35	50～10	25～0
0.60	85～71	70～41	40～16	85～71	70～41	40～16
0.30	95～80	92～70	85～55	95～80	92～70	85～55
0.15	100～90	100～90	100～90	97～85	94～80	94～75

分计筛余							
方筛孔尺寸（mm）	4.75[a]	2.36	1.18	0.60	0.30	0.15[b]	筛底[c]
分计筛余（%）	0～10	10～15	10～25	20～31	20～30	5～15	0～20

[a]　对于机制砂，4.75mm 筛的分计筛余不应大于 5%。

[b]　对于 MB＞1.4 的机制砂，0.15mm 筛和筛底的分计筛余之和不应大于 25%。

[c]　对于天然砂，筛底的分计筛余不应大于 10%。

2）筛分曲线。以累计筛余百分率为纵坐标，以筛孔尺寸为横坐标，绘制的天然砂筛分曲线如图 5-5 所示。观察所计算砂的筛分曲线是否完全落在 3 个级配区的任一个区内，即可判断该砂级配的合格性。

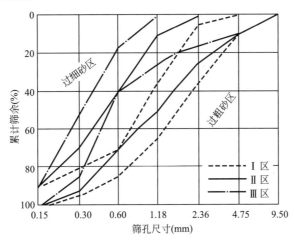

图 5-5　天然砂筛分曲线

5.2.2.3　砂的选用原则

配制混凝土时宜优先选用 2 区砂（见表 5-8）。当采用 1 区砂时应提高砂率，并保持足够的水泥用量，以满足混凝土的和易性要求；当采用 3 区砂时，宜适当降低砂率，保证强度。若某一地区砂料过细，可采用人工级配。

级配类别　　　　　　　　　　　　　　　　　　　　　表 5-8

类别	Ⅰ	Ⅱ	Ⅲ
级配区	2 区	1、2、3 区	

近年来，我国严控河砂的开采（见图 5-6）。河砂无序开采会对水生态环境带来很大的影响，弱化了湿地调节功能，打破了水生生态系统平衡，导致湿生植被随其生境面积减少或丧失，减弱水域生态系统的自我净化和富集污染物质的能力。不但影响了航道运输的正常功能发挥，还给航运安全造成了极大的危险，甚至公路、铁路交通受到严重危害。因此，我们要自觉保护环境，践行"绿水青山就是金山银山"的理念。

图 5-6　河砂的开采

5.2.3　粗骨料

粗骨料为粒径大于 4.75mm 的岩石颗粒。

5.2.3.1　种类及特征

建设用石一般分为卵石和碎石两类。其中，卵石（砾石）包括河卵石、海卵石和山卵石，其中河卵石应用最多；碎石大多由天然岩石经破碎、筛分而成。

卵石：光滑少棱角，孔隙率及总表面积小，工作性好，水泥用量少，但黏结力较差，强度低。

碎石：多棱角，孔隙率及总表面积大，工作性差，水泥用量多，但黏结力强，强度高。在相同条件下，碎石混凝土比卵石混凝土的强度约高 10%。

微课：混凝土组成之粗骨料

碎石和卵石按技术要求分为Ⅰ类、Ⅱ类、Ⅲ类 3 种类型。其中，Ⅰ类宜用于强度等级大于 C60 的混凝土；Ⅱ类宜用于强度等级为 C30～C60 及有抗冻、抗渗或其他要求的混凝土；Ⅲ类宜用于强度等级小于 C30 的混凝土。

5.2.3.2　质量及技术要求

1. 含泥量及泥块含量

根据国家标准《建设用卵石、碎石》GB/T 14685—2022 的规定，卵石、碎石的含泥量及泥块含量应符合表 5-9 的规定。

卵石、碎石含泥量和泥块含量　　　　　　　　　　　　　　　　表 5-9

类别	Ⅰ类	Ⅱ类	Ⅲ类
卵石含泥量（质量分数）（%）	≤0.5	≤1.0	≤1.5
碎石泥粉含量（质量分数）（%）	≤0.5	≤1.5	≤2.0
泥块含量（质量分数）（%）	≤0.1	≤0.2	≤0.7

2. 针、片状颗粒含量

卵石、碎石颗粒的最大一维尺寸大于该颗粒所属粒级的平均粒径2.4倍者为针状颗粒；最小一维尺寸小于该颗粒所属粒级的平均粒径0.4倍者为片状颗粒。针片状颗粒不仅本身容易折断，而且会增加骨料的空隙率，使拌合物和易性变差，强度降低。卵石、碎石的针、片状颗粒含量应符合表5 10的规定。

针、片状颗粒含量　　　　　　　　　　　　　　　　　表5-10

类别	Ⅰ类	Ⅱ类	Ⅲ类
针、片状颗粒含量(质量分数)(%)	≤5	≤8	≤15

3. 有害物质含量

卵石、碎石的有害物质含量应符合表5-11的规定。

有害物质含量　　　　　　　　　　　　　　　　　　表5-11

类别	Ⅰ类	Ⅱ类	Ⅲ类
有机物含量	合格	合格	合格
硫化物及硫酸盐(以SO_3质量计)(%)	≤0.5	≤1.0	≤1.0

4. 强度

碎石强度采用岩石立方体抗压强度和碎石的压碎指标两种方法来检验。

（1）岩石立方体抗压强度检验是将碎石的母岩制成直径和高均为50mm的圆柱体或边长为50mm的立方体，在水饱和状态下测定其极限抗压强度值。一般要求碎石母岩岩石的抗压强度不小于混凝土抗压强度的1.5倍，还要考虑母岩的风化程度。

（2）压碎指标是指将一定质量风干状态下9.50～19.0mm的颗粒装入标准圆模内，在压力机上按1kN/s速度均匀加荷至200kN并稳定，卸荷后用2.36mm的筛筛除被压碎的细粉，称出筛余量。最后运用压碎指标公式计算出碎石的压碎指标。压碎指标表示石子抵抗压碎的能力，以间接的推测其相应的强度。

5. 颗粒级配

为减少空隙率，改善混凝土拌合物和易性及提高混凝土的强度，粗骨料也要求有良好的颗粒级配。

粗骨料的颗粒级配有连续级配与间断级配两种。

（1）连续级配。石子颗粒尺寸由小到大连续分级，每级骨料都占一定的比例，如天然卵石。通常工程中多采用连续级配的石子。

单粒级配是预先分级筛分的粗骨料，用来改善骨料级配或配成较大粒度的连续级配。

（2）间断级配。认为剔除某些中间粒级颗粒，用小颗粒的粒级直接和大颗粒的粒级相配，颗粒级差大，空隙率的降低比连续级配快得多，可最大限度地发挥骨料的骨架作用，减少水泥用量。但由于混凝土拌合物易产生离析现象，因此在工程中应用较少。

6. 最大粒径

粗骨料公称粒径的上限称为该粒级的最大粒径。

当骨料粒径增大时，其总表面积随之减小，包裹它表面所需的水泥浆数量相对减少，可节约水泥。所以，在条件许可的情况下，应尽量选用较大粒径的骨料。但对于结构中常用的混凝土，粒径大于 40mm 并无好处。骨料最大粒径还受结构、施工、经济的制约。

从结构上考虑：根据规定，混凝土用粗骨料的最大粒径不得超过结构截面最小尺寸的 1/4，且不得超过钢筋最小净间距的 3/4；对混凝土实心板，不宜超过板厚的 1/3，且不得超过 40mm。

从施工上考虑：对泵送混凝土，粗骨料最大粒径与输送管内径之比，碎石不宜大于 1∶3，卵石不宜大于 1∶2.5，高层建筑宜在 1∶4～1∶3，超高层建筑宜在 1∶5～1∶4。

从经济上考虑：当最大粒径小于 80mm 时，水泥用量随最大粒径减小而增加，当大于 150mm 后，节约水泥的效果却不明显。

5.2.4 拌合及养护用水

混凝土用水的基本质量要求是：不影响混凝土的和易性和凝结硬化，无损于混凝土强度发展及耐久性，不加快钢筋锈蚀，不引起预应力钢筋脆断，不污染混凝土表面。

混凝土拌合用水按水源可分为饮用水、地表水、地下水、海水以及经适当处理或处置后的工业废水。根据标准《混凝土用水标准》JGJ 63—2006 规定：符合国家标准的生活饮用水，可拌制混凝土；地表水和地下水首次使用前，应按标准规定进行检验；海水可用于拌制素混凝土，但不得用于拌制钢筋混凝土和预应力混凝土；有饰面要求的混凝土不应用海水拌制；混凝土生产厂及商品混凝土厂设备的洗刷水，可用作拌合混凝土的部分用水，但要注意洗刷水所含水泥和外加剂品种对所拌合混凝土的影响，且最终拌合水中氯化物、硫酸盐及硫化物的含量应满足要求；工业废水经检验合格后可用于拌制混凝土，否则必须予以处理，合格后方能使用。

5.2.5 外加剂

混凝土外加剂是混凝土中除胶凝材料、骨料、水和纤维组成以外，在混凝土拌制过程中加入的，用以改善新拌混凝土和（或）硬化混凝土性能，对人、生物及环境安全无有害影响的材料。混凝土外加剂的掺量一般不大于水泥质量的 5％（特殊情况除外）。外加剂的掺量虽小，但其技术经济效果显著。因此，外加剂已成为混凝土的重要组成部分。

5.2.5.1 外加剂的分类

根据《混凝土外加剂术语》GB/T 8075—2017 的规定，混凝土外加剂按其主要使用功能分为四类：

（1）改善混凝土拌合物流变性能的外加剂，如各种减水剂和泵送剂等。

（2）调节混凝土凝结时间、硬化过程的外加剂，如缓凝剂、早强剂、促凝剂和速凝剂等。

（3）改善混凝土耐久性的外加剂，如引气剂、防水剂和阻锈剂等。

（4）改善混凝土其他性能的外加剂，如膨胀剂、防冻剂、着色剂等。

5.2.5.2 常用外加剂

1. 减水剂

减水剂是一种在维持混凝土坍落度不变的条件下，能减少拌合用水量的混凝土外加剂。加入混凝土拌合物后对水泥颗粒有分散作用，能改善其工作性，减少单位用水量，使混凝土强度增加并改善耐久性；或减少单位水泥用量，节约水泥。

作用机理：水泥的絮凝结构在减水剂的作用下，分散开来，增加流动性，并使水泥表面有层稳定的薄膜层，起润滑作用。

作用效果：

（1）在原配合比不变的条件下，即用水量和水胶比不变时，可以增大混凝土拌合物的坍落度（100～200mm），且不影响混凝土的强度。

（2）在保持流动性和水泥用量不变时，可显著减少拌合用水量（10%～20%），从而降低水胶比，使混凝土的强度得到提高（提高15%～20%），早期强度提高约30%～50%。

（3）保持混凝土强度和流动性不变，可节约水泥用量10%～15%。

（4）提高了混凝土的耐久性。由于减水剂的掺入，显著地改善了混凝土的孔结构，使混凝土的密实度提高，透水性可降低40%～80%，从而提高了混凝土的抗渗、抗冻、抗化学腐蚀等能力。

（5）掺入减水剂后，还可以改善混凝土拌合物的泌水、离析现象，减慢水泥水化放热速度，延缓混凝土拌合物的凝结时间。

适用范围：适用于强度等级为C15～C60及以上的泵送或常态混凝土工程。特别适用于配制高耐久、高流态、高保坍、高强以及对外观质量要求高的混凝土工程。对于配制高流动性混凝土、自密实混凝土、清水饰面混凝土极为有利。普通减水剂宜用于日最低气温5℃以上施工的混凝土。高效减水剂宜用于日最低气温0℃以上施工的混凝土，并适用于制备大流动性混凝土、高强混凝土以及蒸养混凝土。

2. 早强剂

早强剂是指能提高混凝土早期强度，并对后期强度无显著影响的外加剂。早强剂能加速水泥的水化和硬化，缩短养护周期，使混凝土在短期内即能达到拆模强度，从而提高模板和场地的周转率，加快施工进度。早强剂常用于混凝土的快速低温施工，特别适用于冬期施工或紧急抢修工程。

常用的早强剂有：氯化物系（氯化钙、氯化钢）、硫酸盐系（如硫酸钠等）。但掺了氯化钙的早强剂，会加速钢筋的锈蚀，为此氯化钙的掺合量应加以限制，通常对于钢筋混凝土不得超过1%；无筋混凝土掺量亦不宜超过3%。为了防止氯化钙对于钢筋的锈蚀，氯化钙一般与阻锈剂（亚硝酸钠）复合使用。

3. 引气剂

引气剂是指能通过物理作用引入均匀分布、稳定而封闭的微小气泡，且能将气泡保留在硬化混凝土中的外加剂。引气剂在每立方米混凝土中可生成500～3000个直径为50～1250nm（大多在200μm以下）的独立气泡。

作用效果：由于大量微小、封闭并均匀分布的气泡存在，使混凝土的以下性能得到明显的改善或改变。

（1）改善混凝土拌合物的和易性。大量微小封闭的球状气泡在混凝土拌合物内形成，如同滚珠一样，减少了颗粒间的摩擦阻力，减少了泌水和离析，改善了混凝土拌合物的保水性、黏聚性。

（2）显著提高混凝土的抗渗性、抗冻性。大量均匀分布的封闭气泡切断了混凝土中的毛细管渗水通道，改变了混凝土的孔结构，使混凝土抗渗性显著提高。

（3）降低混凝土强度。由于大量气泡的存在，减少了混凝土的有效受力面积，使混凝土强度有所降低。一般情况下，混凝土的含气量每增加 1%，其抗压强度将降低 4%～6%，抗折强度降低 2%～3%。

适用范围：引气剂可用于抗渗混凝土、抗冻混凝土、抗硫酸盐侵蚀混凝土、泌水严重的混凝土、贫混凝土、轻混凝土，以及对饰面有要求的混凝土等，但引气剂不宜用于蒸养混凝土及预应力混凝土。

4. 缓凝剂

缓凝剂是指能延长混凝土凝结时间，并对混凝土后期强度发展无不利影响的外加剂。

缓凝剂的缓凝作用是由于在水泥颗粒表面形成了不溶性物质，使水泥悬浮体的稳定程度提高并抑制水泥颗粒凝聚，因而延缓了水泥的水化和凝聚。

作用效果：缓凝剂具有缓凝、减水、降低水化热和增强混凝土后期抗压强度的作用，对钢筋也无锈蚀作用。

适用范围：缓凝剂主要适用于大体积混凝土、炎热气候下施工的混凝土、分层施工的混凝土、需长时间停放或长距离运输的混凝土。缓凝剂不宜用在日最低气温 5℃ 以下施工的混凝土，也不宜单独用于有早强要求的混凝土及蒸养混凝土。

5. 防冻剂

防冻剂是能使混凝土在负温下硬化，并在规定养护条件下达到预期性能的外加剂。它是一种能在低温下防止物料中水分结冰的物质。

常用防冻剂由多组分复合而成，其主要组分有防冻组分、减水组分、引气组分和早强组分等。防冻组分可分为氯盐类（如氯化钙、氯化纳）、氯盐阻锈类（氯盐与阻锈剂复合，阻锈剂有亚硝酸钠、铬酸盐、磷酸盐等）、无氯盐类（硝酸盐、亚硝酸盐、碳酸盐、尿素、乙酸盐等）三类。

防冻剂中各组分对混凝土所起的作用：防冻组分可改变混凝土液相浓度，降低冰点，保证混凝土在负温下有液相存在，使水泥仍能继续水化；减水组分可减少混凝土拌合用水量，从而减少了混凝土中的成冰量，并使冰晶粒度细小且均匀分散，减小对混凝土的破坏应力；引气组分是引入一定量的微小封闭气泡，减缓冻胀应力；早强组分是能提高混凝土早期强度，增强混凝土抵抗冰冻的破坏能力。因此，防冻剂的综合效果是能显著提高混凝土的抗冻性。

适用范围：防冻剂适用于 −15～0℃ 的气温，当在更低气温下施工时，应增加其他混凝土冬期施工措施。

6. 速凝剂

速凝剂是能使混凝土迅速凝结硬化的外加剂，为粉状固体。其掺用量仅占混凝土中水泥用量的 2%～3%，却能使混凝土在 5min 内初凝，10min 内终凝，以达到抢修或井巷中混凝土快速凝结的目的。

作用效果：速凝剂掺入混凝土后，能使混凝土在 5min 内初凝，1h 就可产生强度，1d 强度可提高 2～3 倍，但后期强度会下降，28d 强度约为不掺时的 80%～90%。

适用范围：速凝剂主要用于矿山井巷、铁路隧道、饮水涵洞、地下工程及喷锚支护时的喷射混凝土或喷射砂浆工程中。

5.2.5.3 外加剂的选用和使用

在混凝土中掺用外加剂时，若选择和使用不当，会造成质量事故。因此，在选用时应注意以下几点：

（1）外加剂品种的选择。选择外加剂时，应根据工程需要、现场的材料条件，参考有关资料，通过试验确定。

（2）外加剂用量的确定。混凝土外加剂均有适宜掺量，掺量过小，往往达不到预期效果；掺量过大，则会影响混凝土质量，甚至造成质量事故。因此，应通过试验试配，确定最佳掺量。

（3）外加剂的掺加方法：因为外加剂的掺量很少，所以必须保证其均匀分散，一般不能直接加入混凝土搅拌机内。对于可溶于水的外加剂，应先将其配成一定浓度的溶液，然后随水加入搅拌机内。对于不溶于水的外加剂，应先与适量水泥或砂混合均匀后，再加入搅拌机内。另外，根据外加剂的掺入时间，减水剂有同掺法、后掺法和分掺法三种方式。实践证明，后掺法最好，能充分发挥减水剂的功能。

任务5.3 混凝土拌合物的和易性

5.3.1 和易性的概念

和易性是指混凝土拌合物能保持其组成成分均匀，不发生分层离析、泌水等现象，适于运输、浇筑、捣实成型等施工作业，并能获得质量均匀、密实的混凝土的性能。

和易性是一项综合的技术性质，它与施工工艺密切相关。通常包括流动性、保水性和黏聚性三个方面。

微课：混凝土和易性

5.3.1.1 流动性

流动性是指新拌混凝土在自重或机械振捣的作用下，能产生流动，并均匀密实地填满模板的性能。流动性反映出拌合物的稀稠程度：

（1）若混凝土拌合物太干稠，则流动性差，难以振捣密实，易造成内部孔隙。

（2）若拌合物过稀，则流动性好，但容易出现分层离析现象，影响因素是混凝土的均匀性。

5.3.1.2 保水性

保水性是指在新拌混凝土具有一定的保水能力，在施工过程中，不致产生严重泌水现象的性能。保水性反映混凝土拌合物的稳定性。保水性差的混凝土内部易形成透水通道，影响混凝土的密实性，并降低混凝土的强度和耐久性。

5.3.1.3 黏聚性

黏聚性是指新拌混凝土的组成材料之间有一定的黏聚力，在施工过程中，不致发生分层和离析现象的性能。黏聚性反映混凝土拌合物的均匀性。若混凝土拌合物黏聚性不好，则混凝土中骨料与水泥浆容易分离，造成混凝土不均匀，振捣后会出现蜂窝和空洞等现象。

这三个方面既相互关联，又相互矛盾，如：流动性很大时，往往黏聚性和保水性差。

反之亦然。黏聚性好,一般保水性较好。因此,所谓的拌合物和易性良好,就是使这三方面的性能,在某种具体条件下得到统一,达到均为良好的状态。

5.3.1.4 混凝土拌合物和易性的评定

混凝土拌合物的和易性内涵比较复杂,难以用一种简单的测定方法和指标来全面恰当地表达。根据我国现行标准《普通混凝土拌合物性能试验方法标准》GB/T 50080—2016的规定,用坍落度和维勃稠度法来测定混凝土拌合物的流动性,并辅以直观经验来评定黏聚性和保水性。

1. 坍落度试验

该方法适用于骨料最大粒径不大于 40 mm、坍落度不小于 10 mm 的混凝土拌合物稠度测定。

坍落度试验是用标准坍落圆锥筒进行(如图 5-7 所示),该筒由钢皮制成,高度 $h=300mm$,上口直径 $d=100mm$,下口直径 $D=200mm$,试验时,将圆锥置于平台上,然后将混凝土拌合物分 3 层均匀地装入筒内,每层用捣棒插捣 25 次。插捣沿螺旋方向由外向中心进行,各次插捣应在截面上均匀分布。多余试样用镘刀刮平,然后垂直提起圆锥筒,将圆锥筒与混合料排放于平板上,测量筒高与坍落后混凝土试样最高点之间的高差,即为新拌混凝土的坍落度,以毫米为单位(精确至 5mm)。如图 5-8 所示。

图 5-7　坍落圆锥筒

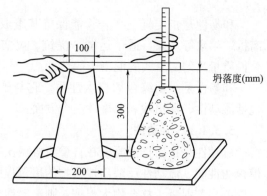

图 5-8　坍落度试验

坍落度越大,流动性越好。根据混凝土拌合物坍落度 S 的大小,可将混凝土进行如下分级:T_1 低塑性混凝土,$S=10\sim40mm$;T_2 塑性混凝土,$S=50\sim90mm$;T_3 流动性混凝土,$S=100\sim150mm$;T_4 大流动性混凝土,$S\geqslant160mm$。若 $S\leqslant10mm$,则为干硬性混凝土。

测定坍落度后,可观察拌合物的下述性质。

(1)黏聚性。用捣棒在已坍落的拌合物锥体侧面轻轻敲打,如果锥体逐步下沉,则表示黏聚性良好;如果突然倒塌、部分崩裂或出现离析现象,则表示黏聚性不好。

(2)保水性。当提起坍落圆锥筒后如有较多的稀浆从底部析出,锥体部分的拌合物因失浆而骨料外露,则表明保水性不好。如无这种现象,则表明保水性良好。

2. 维勃稠度试验

该方法适用于粗骨料最大粒径不大于 40mm,坍落度小于 10mm,维勃稠度在 5~30s

之间的干硬性混凝土。

维勃稠度试验方法是将坍落圆锥筒放在直径为 40mm、高度为 200mm 圆筒中,圆筒安装在专用的振动台上。按坍落度试验的方法将新拌混凝土装入坍落圆锥筒内后再拔去坍落圆锥筒,并在新拌混凝土顶上置一透明圆盘,开动振动台并记录时间,从开始振动至透明圆盘底面被水泥浆布满瞬间所经历的时间(以秒计<精确至 1s>),即为新拌混凝土的维勃稠度。

根据混凝土拌合物维勃稠度 t 值的大小,可将混凝土进行如下分级:V_0 超干硬性混凝土,$t \geqslant 31s$;V_1 特干硬性混凝土,$t = 30 \sim 21s$;V_2 干硬性混凝土,$t = 20 \sim 11s$;V_3 半干硬性混凝土,$t = 10 \sim 5s$。

5.3.1.5 混凝土流动性的选择

当设计图纸上标明有和易性指标(稠度)的要求时,可按所要求的坍落度值选择混凝土。当设计图纸上没有坍落度的要求时,根据结构物的类型和施工条件选择合理的坍落度值。具体根据结构构件类型及截面尺寸、配筋疏密、输送方式及施工捣实方法来确定。当构件截面尺寸较小或钢筋较密,或采用人工振捣时,可选择坍落度较大的混凝土。

值得注意的是,正确选择混凝土拌合物的坍落度对保证混凝土的施工质量和节约水泥具有重大意义。在选择坍落度时,原则上应该在不妨碍施工操作并能保证混凝土振捣密实的条件下尽可能采用较小的坍落度,以节约水泥并获得质量较高的混凝土。

坍落度应根据《混凝土结构工程施工质量及验收规范》GB 50204—2015 规定进行选用,混凝土浇筑时的坍落度应满足表 5-12 的要求。

表 5-12

混凝土浇筑时的坍落度

项目	结构种类	坍落度(mm)	
		振动器捣实	人工捣实
1	基础或地面等的垫层	10~30	20~40
	无配筋的大体积结构(挡土墙、基础、厚大块体等)或配筋稀疏的结构	10~30	35~50
2	板、梁和大型及中型截面的柱子等	35~50	55~70
3	配筋密列的结构(薄壁、斗仓、筒仓、细柱等)	55~70	75~90
4	配筋特密的结构	75~90	90~120

其他情况的工作性指标,可按下列说明选定:

(1)用干硬性混凝土时采用的工作度,应根据结构种类和振捣设备通过试验后确定。

(2)需要配制大坍落度混凝土时,应掺用外加剂。

(3)浇筑在曲面或斜面的混凝土坍落度,应根据实际情况试验选定,避免流淌。

(4)轻骨料混凝土的坍落度,可相应减少 10~20mm。

5.3.2 影响新拌混凝土和易性的因素

5.3.2.1 水泥浆用量的影响

水泥浆的作用为填充骨料空隙,包裹骨料形成润滑层,增加流动性。混凝土拌合物在保持水灰比不变的情况下，水泥浆用量越多，流动性越大，反之越小。但水泥浆用量过多，黏聚性及保水性变差，对强度及耐久性产生不利影响。水泥浆用量过小，黏聚性差。因此，水泥浆不能用量太少，但也不能太多，应以满足拌合物流动性、黏聚性、保水性要求为宜。

5.3.2.2 水泥浆稠度的影响

当水泥浆用量一定时，水泥浆的稠度决定于水灰比（W/C）大小，水灰比为用水量与水泥质量之比。当 W/C 过小时，水泥浆干稠，拌合物流动性过低，给施工造成困难。当 W/C 过大，水泥浆较稀，使拌合物的黏聚性和保水性变差，产生流浆及离析现象，并严重影响混凝土的强度。故水灰比大小应根据混凝土强度和耐久性要求合理选用，取值范围为 0.40～0.75 之间。

5.3.2.3 砂率的影响

砂率是指混凝土中砂的质量占砂、石总质量的百分率。砂率过大，孔隙率及总表面积大，拌合物干稠，流动性小；砂率过小，砂浆数量不足，流动性降低，且影响黏聚性和保水性。因此砂率大小影响拌合物的工作性及水泥用量。

合理砂率是指在用水量及水泥用量一定的情况下，能使混凝土拌合物获得最大的流动性，且能保持黏聚性及保水性良好时的砂率值。

5.3.2.4 组成材料性质的影响

（1）水泥品种的影响

水泥对和易性的影响主要表现在水泥的需水性上。使用不同水泥拌制的混凝土其和易性由好至坏：粉煤灰水泥—普通水泥、硅酸盐水泥—矿渣水泥（流动性大，但黏聚性差）、火山灰水泥（流动性差，但黏聚性和保水性好）。

（2）骨料性质的影响

最大粒径：粒径越大，总比表面积越小，拌合物流动性大。

品种：卵石拌制的混凝土拌合物优于碎石。

级配：具有优良级配的混凝土拌合物具有较好的和易性和保水性。

5.3.2.5 外加剂的影响

外加剂（如减水剂、引气剂等）对混凝土的和易性有很大的影响。少量的外加剂能使混凝土拌合物在不增加水泥用量的条件下，获得良好的和易性。不仅流动性显著增加，而且还有效地改善拌合物的黏聚性和保水性。

5.3.2.6 拌合物存放时间及环境温度的影响

（1）温度：环境温度升高，水分蒸发及水化反应加快，相应坍落度下降。

（2）时间：时间延长，水分蒸发，坍落度下降。

5.3.2.7 施工工艺的影响

同样的配合比设计，机械拌合时的坍落度大于人工拌合时的坍落度，且搅拌时间越长，坍落度越大。

5.3.3 改善新拌混凝土和易性的措施

1. 调节混凝土的材料组成：

（1）采用合理砂率，并尽可能使用较低的砂率。

（2）改善砂、石的级配。

（3）在可能的条件下，尽量采用较粗的砂、石。

（4）当拌合物坍落度太小时，保持水灰比不变，增加适量的水泥浆；当拌合物坍落度太大时，保持砂率不变，增加适量的砂石。

2. 掺加各种外加剂，如减水剂、引气剂等。

3. 提高振捣机械的效能。

小贴士

　　混凝土的和易性是混凝土组成材料间的和谐相处而来的，我们的社会也像混凝土的和易性一样，只有人与人之间和谐相处，才会是理想的社会。2006年10月，党的十六届六中全会审议通过《中共中央关于构建社会主义和谐社会若干重大问题的决定》，提出了2020年构建社会主义和谐社会的美好目标，对当前和今后一个时期构建社会主义和谐社会作出全面部署。

　　构建社会主义和谐社会，应该是民主法治、公平正义、诚信友爱、充满活力、安定有序、人与自然和谐相处的社会。构建社会主义和谐社会，要遵循以下原则：必须坚持以人为本，必须坚持科学发展，必须坚持改革开放，必须坚持民主法治，必须坚持正确处理改革发展稳定的关系，必须坚持在党的领导下全社会共同建设。

任务5.4　混凝土的强度

　　混凝土的抗压强度是指其标准试件在压力作用下直到破坏时单位面积所能承受的最大应力。其常作为评定混凝土质量的指标，并作为确定强度等级的依据。

5.4.1　混凝土的立方体抗压强度（f_{cu}）

　　按照标准的制作方法制成边长为150mm的标准正立方体试件，在标准养护条件（温度为$20\pm2℃$，相对湿度在95％以上）下，养护至28d龄期，按照标准的测定方法测定其抗压强度值，称为"混凝土立方体试件抗压强度"（简称"立方体抗压强度"，以f_{cu}表示），以MPa计。

微课：混凝土试块的制作与养护

　　当采用非标准试件时，须乘以换算系数，见表5-13。

换算系数 表5-13

试件种类	试件尺寸(mm)	粗骨料最大粒径(mm)	换算系数
标准试件	150×150×150	40	1.0
非标准试件	100×100×100	30	0.95
	200×200×200	60	1.05

5.4.2　混凝土的立方体抗压强度标准值（$f_{cu,k}$）

　　立方体抗压强度标准值是指按照标准方法制作和养护的边长为150mm的立方体试件，在28d龄期，用标准试验测定的抗压强度总体分布中的一个值，强度低于该值的百分率不超过 5％（即具有 95％保证率的抗压强度），用 $f_{cu,k}$ 表示，以 MPa 计。

5.4.3 强度等级

5.4.3.1 概念

混凝土强度等级是根据立方体抗压强度标准值来确定的。它的表示方法是用"C"和"立方体抗压强度标准值"两项内容表示，如："C30"即表示混凝土立方体抗压强度标准值 $f_{cu,k}=30\text{MPa}$。

微课：混凝土强度评定

根据国家标准《混凝土结构设计规范》GB 50010—2010（2015 年版）的规定，普通混凝土按立方体抗压强度标准值划分为 14 个等级，即：C15、C20、C25、C30、C35、C40、C45、C50、C55、C60、C65、C70、C75、C80。

5.4.3.2 实用意义

素混凝土结构的混凝土强度等级不应低于 C15；钢筋混凝土结构的混凝土强度等级不应低于 C20；采用强度等级 400MPa 及以上的钢筋时，混凝土强度等级不应低于 C25。预应力混凝土结构的混凝土强度等级不宜低于 C40，且不应低于 C30。承受重复荷载的钢筋混凝土构件，混凝土强度等级不应低于 C30。

5.4.4 混凝土的轴心抗压强度（f_{cp}）

轴心抗压强度采用 150mm×150mm×300mm 的棱柱体作为标准试件，如有必要，也可采用非标准尺寸的棱柱体试件，但其高宽比应在 2～3 的范围。在钢筋混凝土结构计算中，计算轴心受压构件时，都采用混凝土的轴心抗压强度 f_{cp} 作为设计依据。f_{cp} 比同截面的 f_{cu} 小，且高宽比越大，f_{cp} 越小。在立方体抗压强度为 10～55MPa 范围内时，f_{cp} ≈（0.70～0.80）f_{cu}。

5.4.5 混凝土的抗拉强度

混凝土抗拉强度，通常指混凝土轴心抗拉强度，是指试件受拉力后断裂时所承受的最大负荷载除以截面积所得的应力值，用 f_{tk} 来表示，单位为 MPa。因为混凝土的抗拉强度只有抗压强度的 1/20～1/10，故在结构设计中，不必考虑混凝土所承受的拉力，而是在混凝土中配以钢筋，由钢筋来承受拉力。但确定抗裂度时，必须要考虑抗拉强度，因为它是结构设计中心确定混凝土抗裂度的主要指标。

试验方法采用劈裂法，测出的强度为劈裂强度 f_{ts}。

劈裂试验是用立方体试件进行，在试件上下支承面与压力机压板之间加一条垫条，使试件上下形成对应的条形加载，造成试件沿立方体中心或圆柱体直径切面的劈裂破坏，将劈裂时的力值进行换算即可得到混凝土的轴心抗拉强度。

5.4.6 混凝土与钢筋的黏结强度

在钢筋混凝土结构中，混凝土利用钢筋来增强，为使钢筋混凝土这类复合材料能有效工作，混凝土与钢筋之间必须有适当的黏结强度。这种黏结强度主要来源于混凝土与钢筋间的摩擦力、钢筋与水泥石间的黏结力和变形钢筋的表面机械咬合力。

影响混凝土与钢筋黏结的因素有混凝土质量（强度）、钢筋尺寸及种类、钢筋在混凝土中的位置、加载类型、干湿变化和温度变化。

5.4.7　影响混凝土强度的因素

5.4.7.1　水泥强度和水灰比

水泥的强度和水灰比是决定混凝土强度的最主要因素。水泥是混凝土中的胶结组分，其强度的大小直接影响混凝土的强度。在配合比相同的条件下，水泥的强度越高，混凝土强度也越高。当采用同一水泥（品种和强度相同）时，混凝土的强度主要决定于水灰比；在混凝土能充分密实的情况下，水灰比愈大，水泥石中的孔隙愈多，强度愈低，与骨料黏结力也愈小，混凝土的强度就愈低。反之，水灰比愈小，混凝土的强度愈高。

5.4.7.2　骨料的影响

骨料的表面状况影响水泥石与骨料的黏结，从而影响混凝土的强度。碎石表面粗糙，黏结力较大；卵石表面光滑，黏结力较小。因此，在配合比相同的条件下，碎石混凝土的强度比卵石混凝土的强度高。骨料的最大粒径对混凝土的强度也有影响，骨料的最大粒径愈大，混凝土的强度愈小。

5.4.7.3　外加剂和掺合料

在混凝土中掺入外加剂，可使混凝土获得早强和高强性能，混凝土中掺入早强剂，可显著提高早期强度；掺入减水剂可大幅度减少拌合用水量，在较低的水灰比下，混凝土仍能较好地成型密实，获得很高的 28d 强度。

在混凝土中加入掺合料，可提高水泥石的密实度，改善水泥石与骨料的界面黏结强度，提高混凝土的长期强度。因此，在混凝土中掺入高效减水剂和掺合料是制备高强和高性能混凝土必需的技术措施。

5.4.7.4　养护条件

1. 养护温度。养护温度对水泥的水化速度有显著的影响，养护温度高，水泥的初期水化速度快，混凝土早期强度高，强度的发展也快；反之，在低温下混凝土发展迟缓。当温度降到冰点以下时，水泥将停止水化，强度停止发展，而且易使硬化的混凝土结构遭到破坏。因此在冬期施工时，对混凝土应特别注意保温养护，防止其早期因受冻破坏。

2. 湿度。水是水泥水化的必要条件。如果湿度不够，则水泥水化反应不能正常进行，甚至停止水化，会严重降低混凝土强度。因此，在混凝土浇筑完毕后，应在 12h 内进行覆盖；在夏季施工混凝土，要特别注意浇水保湿。

5.4.7.5　龄期

龄期是指混凝土在正常养护条件下所经历的时间。在正常的养护条件下，混凝土的抗压强度随龄期的增加而不断发展，在 7~14d 内强度发展较快，以后逐渐减慢，28d 后强度发展更慢。由于水泥水化的原因，混凝土的强度发展可持续数十年。当采用普通水泥拌制的、中等强度等级的混凝土，在标准养护条件下，混凝土的抗压强度与其龄期的对数成正比。

5.4.8　提高混凝土强度的措施

提高混凝土强度的措施有以下几种：

（1）采用高强度等级水泥。

（2）采用单位用水量较小、水灰比较小的干硬性混凝土。

（3）采用合理砂率，以及级配合格、强度较高、质量良好的碎石。

（4）改进施工工艺，加强搅拌和振捣。

（5）采用加速硬化措施，提高混凝土的早期强度。

（6）在混凝土拌合时掺入减水剂或早强剂。

小贴士

混凝土强度是保证结构可靠性要求的关键因素，混凝土强度不达标，会造成严重后果，主要有以下几方面：结构承载能力下降，使用年限降低，耐久性下降等，近年来，由于混凝土强度没达到设计强度的原因，造成很多工程事故案例，造成巨大的经济损失，因此应以事故案例为鉴，必须引起重视。

2017年3月，原天津市建委质安总队对其所管辖项目进行开复工抽查，某工程10号楼混凝土未达到设计要求，设计强度等级为C25，而检测混凝土强度等级仅为C15，导致结构承载力严重不足，后经全面检测，18栋楼需拆除重建，造成甲方经济损失约5亿，施工方建设成本约2亿，被认定为重大工程质量事故。

安全无小事，责任靠大家，我们大学生进入社会前，进入建筑行业前一定要树立正确安全责任观。

任务 5.5 混凝土的耐久性

5.5.1 耐久性指标

混凝土抵抗环境介质作用并长期保持其良好的使用性能和外观完整性，从而维持混凝土结构的安全、正常使用的能力称为耐久性。耐久性是一个综合性的指标，包括抗渗性、抗冻性、抗侵蚀性、抗碳化性、抗碱骨料反应及混凝土中的钢筋耐锈蚀等性能。

5.5.1.1 抗渗性

抗渗性是指混凝土抵抗水、油等液体在压力作用下渗透的性能。它直接影响混凝土的抗冻性和抗侵蚀性。混凝土本质上是一种多孔性材料，混凝土的抗渗性主要与其密度及内部孔隙的大小和构造有关。混凝土内部的互相连通的孔隙和毛细管通路，以及由于在混凝土施工成型时，振捣不实产生的蜂窝、孔洞都会造成混凝土渗水。

混凝土的抗渗性一般采用抗渗等级表示，抗渗等级是按标准试验方法进行试验，用每组6个试件中4个试件未出现渗水时的最大水压力来表示的。如分为P4、P6、P8、P10、P12五个等级，即相应表示能抵抗0.4MPa、0.6MPa、0.8MPa、1.0MPa及1.2MPa的水压力而不渗水。

影响混凝土抗渗性的主要因素是水灰比，水灰比越大，水分越多，蒸发后留下的孔隙越多，其抗渗性越差。

5.5.1.2　抗冻性

混凝土的抗冻性是指混凝土在水饱和状态下，经受多次冻融循环作用，能保持强度和外观完整性的能力。在寒冷地区，特别是在接触水又受冻的环境下的混凝土，要求具有较高的抗冻性能。由于混凝土内部孔隙中的水在负温下结冰后体积膨胀造成的静水压力和因冰水蒸气压的差别推动未冻水向冻结区的迁移所造成的渗透压力。当这两种压力所产生的内应力超过混凝土的抗拉强度，混凝土就会产生裂缝，多次冻融使裂缝不断扩展直至破坏。

抗冻性用抗冻等级表示。抗冻等级是以 28d 龄期的混凝土标准试件，在饱和水状态下，强度损失不超过 25%，且质量损失不超过 5% 时，所能承受的最大冻融循环次数来表示，有 F10、F15、F25、F50、F100、F150、F200、F250 和 F300 九个等级。

混凝土的密实度、孔隙构造和数量、孔隙的充水程度是决定抗冻性的重要因素。因此，当混凝土采用的原材料质量好、水灰比小、具有封闭细小孔隙（如掺入引气剂的混凝土）及掺入减水剂、防冻剂等其抗冻性都较高。

5.5.1.3　抗侵蚀性

当混凝土所处的环境中含有侵蚀性介质时，混凝土便会遭受侵蚀。通常有软水侵蚀、硫酸盐侵蚀、镁盐侵蚀、碳酸侵蚀和强碱侵蚀等。随着混凝土在地下工程、海岸与海洋工程等恶劣环境中的应用，我们对混凝土的抗侵蚀性提出来更高的要求。

混凝土的抗侵蚀性与所用水泥的品种、混凝土的密实程度和孔隙特征有关。密实和孔隙封闭的混凝土，环境水不易侵入，故其抗侵蚀性较强。所以，提高混凝土抗侵蚀性的措施，主要是合理选择水泥品种、降低水灰比、提高混凝土的密实度和改善孔结构。

5.5.1.4　抗碳化性

混凝土的碳化作用是空气中的二氧化碳与水泥石中的氢氧化钙在湿度适宜时发生化学反应，生成碳酸钙和水。

碳化的不利影响是减弱钢筋的保护作用，增强混凝土的收缩，降低混凝土的抗拉、抗折强度及抗渗能力；碳化的有利影响是提高混凝土的密实度，有利于提高抗压强度。

影响碳化的主要因素有二氧化碳的浓度、环境温度、水泥品种和水灰比等。二氧化碳的浓度越高，碳化速度越快；环境温湿度在 50%～70% 之间时，碳化速度最快；湿度小于 25% 或大于 100% 时，碳化作用将停止进行。

5.5.1.5　抗碱骨料反应

碱骨料反应是指硬化混凝土中所含的碱（氧化钠和氧化钾）与骨料中的活性成分发生反应，生成具有吸水膨胀性的产物，在有水的条件下吸水膨胀，导致混凝土开裂的现象。混凝土只有含活性二氧化硅的骨料、有较多的碱（氧化钠和氧化钾）和有充分的水三个条件同时具备时才发生碱骨料反应。

5.5.2　提高混凝土耐久性的措施

提高混凝土耐久性的措施有以下几种：

(1) 合理选用水泥品种。

(2) 适当控制混凝土的水灰比（见表 5-14）和水泥用量（见表 5-15）。

最大水灰比 表 5-14

环境类别	一	二 a	二 b	三 a	三 b
最大水灰比	0.60	0.55	0.50(0.55)	0.45(0.50)	0.40

注:1. 环境类别:

一:室内干燥环境,无侵蚀性静水浸没环境;

二 a:室内潮湿环境,非严寒和严寒地区的露天环境,非严寒和非严寒地区与无侵蚀性的水或土壤直接接触的环境,严寒和严寒地区的冰冻线以下与无侵蚀性的水或土壤直接接触的环境;

二 b:干湿交替环境,水位频繁变动环境,严寒和严寒地区的露天环境,严寒和寒冷地区冰冻线以上与无侵蚀性的水或土壤直接接触的环境;

三 a:严寒和寒冷地区冬季水位变动区环境,受除冰盐影响环境,海风环境;

三 b:盐渍土环境,受除冰盐影响环境,海岸环境。

2. 处于严寒和寒冷地区二 b、三 a 类环境中的混凝土应使用引气剂,并可采用括号中的有关参数。

最小水泥用量 表 5-15

最大水灰比	最小水泥用量(kg/m³)		
	素混凝土	钢筋混凝土	预应力混凝土
0.60	250	280	300
0.55	280	300	300
0.50	320		
≤0.45	330		

（3）选用品种良好、级配合格的骨料。

（4）掺外加剂。

（5）保证混凝土的施工质量。

任务5.6　普通混凝土配合比设计

5.6.1　混凝土配合比的表示方法

混凝土配合比是指混凝土中各组成材料数量之间的比例关系。常用的表示方法有两种：一种是以每立方米混凝土中各材料的质量表示，如每立方米混凝土中水泥 300kg、砂 660kg、石 1240kg、水 180kg；第二种表示方法是以各材料的相互质量比来表示（水泥质量取为1），如将上述配合比换算过来为水泥：砂：石：水＝1：2.2：4.13：0.6，通常将水泥和水的比例单独以水灰比的形式表示，即水泥：砂：石＝1：2.2：4.13，水灰比（W/C）为 0.6。

微课：混凝土
配合比设计

5.6.2　混凝土配合比设计的要求

设计混凝土配合比，就是要根据原材料的技术性能和施工条件，合理选择原材料，并确定出能满足工程所需的技术经济指标的各组成材料用量。具体要求主要有以下几点：

（1）达到混凝土结构设计要求的强度等级；

（2）施工方面要求的混凝土具有良好的和易性；

（3）与使用环境相适应的耐久性；

（4）节约水泥和降低混凝土成本。

5.6.3　配合比设计步骤

混凝土配合比设计主要包括初步配合比设计、基准配合比设计、设计配合比设计和施工配合比设计四项内容。

5.6.3.1　初步配合比设计

1. 确定混凝土配制强度（$f_{cu,o}$）

混凝土配制强度可按下式确定：

$$f_{cu,o} = f_{cu,k} + 1.645\sigma \tag{5-2}$$

式中，$f_{cu,o}$——混凝土的配制强度，MPa；

$\quad\quad f_{cu,k}$——混凝土立方体抗压强度标准值，MPa；

$\quad\quad \sigma$——混凝土强度标准差，MPa。

σ 可按表 5-16 取值。

混凝土 σ 取值　　　　　　　　　　　　　表 5-16

混凝土强度等级	<C20	C20~C35	>C35
σ(MPa)	4.0	5.0	6.0

2. 确定水灰比（W/C）

当混凝土强度等级小于 C60 时，可利用混凝土强度经验公式计算水灰比：

$$W/C = \frac{\alpha_a f_{ce}}{f_{cu,o} + \alpha_a \alpha_b f_{ce}} \tag{5-3}$$

式中，α_a、α_b——回归系数，可按表 5-17 采用；

$\quad\quad f_{ce}$——水泥 28d 抗压强度实测值，MPa。

回归系数 α_a 和 α_b 选用表　　　　　　　　表 5-17

骨料品种	碎石	卵石
α_a	0.53	0.49
α_b	0.20	0.13

为保证混凝土的耐久性，水灰比还不得大于表 5-14 中规定的最大水灰比，如计算所得的水灰比大于规定的最大水灰比值时，应取规定的最大水灰比值。

3. 确定单位用水量（m_w）

（1）混凝土水灰比在 0.4~0.8 范围时，可按表 5-18 和表 5-19 选取。

干硬性混凝土的用水量（单位：kg/m³）　　　　　表 5-18

拌合物稠度		卵石最大粒径(mm)			碎石最大粒径(mm)		
项目	指标	10.0	20.0	40.0	16.0	20.0	40.0
维勃稠度（s）	16～20	175	160	145	180	170	155
	11～15	180	165	150	185	175	160
	5～10	185	170	155	190	180	165

塑性混凝土的用水量（单位：kg/m³）　　　　　表 5-19

拌合物稠度		卵石最大粒径(mm)				碎石最大粒径(mm)			
项目	指标	10.0	20.0	31.5	40.0	16.0	20.0	31.5	40.0
坍落度（mm）	10～30	190	170	160	150	200	185	175	165
	35～50	200	180	170	160	210	195	185	175
	55～70	210	190	180	170	220	205	195	185
	75～90	215	195	185	175	230	215	205	195

（2）混凝土水灰比小于 0.4 时，可通过试验确定。

（3）掺外加剂时混凝土的单位用水量可按下式计算：

$$m_w = m'_w(1-\beta) \tag{5-4}$$

式中，m_w——掺外加剂时混凝土的单位用水量，kg；

　　　m'_w——未掺外加剂时混凝土的单位用水量，kg；

　　　β——外加剂的减水率，应经试验确定。

4. 确定单位水泥用量（m_c）

利用下式可以计算混凝土中水泥用量：

$$m_c = \frac{m_w}{W/C} \tag{5-5}$$

为保证混凝土的耐久性，由式（5-5）计算求得的 m_c 还应满足表 5-15 规定的最小水泥用量，如计算所得的水泥用量小于规定的最小水泥用量时，应取规定的最小水泥用量值。

5. 确定砂率（β_s）

当缺乏砂率的历史资料时，混凝土砂率的确定应符合下列规定：

（1）坍落度小于 10mm 的混凝土，砂率应经试验确定。

（2）坍落度为 10～60mm 的混凝土，其砂率可根据粗骨料品种、最大公称粒径及水灰比按表 5-20 选取。

混凝土的砂率（单位：%）　　　　　表 5-20

水灰比	卵石最大粒径(mm)			碎石最大粒径(mm)		
	10.0	20.0	40.0	16.0	20.0	40.0
0.40	26～32	25～31	24～30	30～35	29～34	27～32
0.50	30～35	29～34	28～33	33～38	32～37	30～35
0.60	33～38	32～37	31～36	36～41	35～40	33～38

水灰比	卵石最大粒径(mm)			碎石最大粒径(mm)		
	10.0	20.0	40.0	16.0	20.0	40.0
0.70	36～41	35～40	34～39	39～44	38～43	36～41

（3）坍落度大于 60mm 的混凝土，其砂率可经试验确定，也可在表 5-20 的基础上，按坍落度每增大 20mm，砂率增大 1%的幅度予以调整。

6. 确定单位砂、石用量（m_s、m_g）

确定砂、石用量可采用质量法或体积法：

（1）质量法

$$m_c + m_w + m_s + m_g = m_{cp} \tag{5-6}$$

$$\beta_s = \frac{m_s}{m_s + m_g} \times 100\%$$

式中，m_{cp}——每立方米混凝土拌合物的假定质量（kg），可取 2350～2400kg/m³。

（2）体积法

$$\frac{m_c}{\rho_c} + \frac{m_w}{\rho_w} + \frac{m_s}{\rho_s} + \frac{m_g}{\rho_g} + 0.01\alpha = 1 \tag{5-7}$$

$$\beta_s = \frac{m_s}{m_s + m_g} \times 100\%$$

式中，ρ_c——水泥的密度，kg/m³，可取 2900～3100kg/m³；

ρ_s、ρ_g——砂、石的表观密度，kg/m³；

ρ_w——水的密度，kg/m³，可取 1000kg/m³；

α——混凝土的含气百分数，在不使用引气剂或引气型外加剂时，α 可取 1。

通过上述过程可将混凝土拌合物中的水泥、砂、石和水的用量求出，得到初步配合比。

5.6.3.2　基准配合比设计

利用上述过程求出的各材料的用量，是借助于经验公式或经验数据得到的，因而不一定能符合实际情况，还必须要通过混凝土的试拌和调整，直到混凝土拌合物的和易性符合要求为止，这时的混凝土配合比即为基准配合比，用于检验混凝土强度。

5.6.3.3　设计配合比设计

对满足和易性要求的基准配合比再次进行试拌和调整，还要考虑混凝土的强度、耐久性等方面的要求，直至满足要求，这时的配合比即为设计配合比。

5.6.3.4　施工配合比设计

设计配合比的确定，都是以干燥的砂、石为基准的，而施工现场存放的砂、石通常是含有一定水分的，所以还应该根据现场砂、石的含水情况对设计配合比进行调整修正，修正后的配合比称为施工配合比，也即最终用来指导施工的混凝土配合比。

【例 5-1】某工程中的现浇钢筋混凝土楼板，混凝土的强度等级为 C30，采用机械搅拌、机械振捣方式浇捣，根据工程的实际情况确定混凝土的坍落度要求为 30～50mm，该工程为异地施工，无相关混凝土强度统计资料，使用原材料如下：水泥为普通硅酸盐水泥

42.5 级，其 28d 实测抗压强度为 48.0MPa，密度 $\rho_c=3.0\text{g/cm}^3$；砂为中砂，颗粒级配合格，表观密度 $\rho_s=2.6\text{g/cm}^3$；石为碎石，最大粒径 40mm，颗粒级配合格，表观密度 $\rho_g=2.65\text{g/cm}^3$；水为生活饮用水。试确定混凝土的初步配合比。

解：

（1）确定混凝土配制强度（$f_{cu,o}$）

查表 5-16 确定 σ 取值为 5.0，则得

$$f_{cu,o}=f_{cu,k}+1.645\sigma=30+1.645\times5.0=38.23\text{MPa}$$

（2）确定水灰比（W/C）

水泥的 28d 实测强度 $f_{ce}=48.0\text{MPa}$

查表 5-17 确定 α_a、α_b 取值为 0.53、0.20，则

$$\text{W/C}=\frac{\alpha_a f_{ce}}{f_{cu,o}+\alpha_a\alpha_b f_{ce}}=\frac{0.53\times48.0}{38.23+0.53\times0.20\times48.0}=0.59$$

同时查表 5-14 得干燥环境中最大水灰比 0.60，故取 W/C=0.59

（3）确定单位用水量（m_w）

查表 5-19 确定单位用水量 $m_w=175\text{kg}$

（4）确定单位水泥用量（m_c）

$$m_c=\frac{m_w}{\text{W/C}}=\frac{175}{0.59}=296.6\text{kg}$$

查表 5-15 得最小水泥用量 280kg/m^3，故 $m_c=296.6\text{kg}$

（5）确定砂率（β_s）

查表 5-20 确定 $\beta_s=35\%$

（6）确定单位砂、石用量（m_s、m_g）

1）质量法

假定混凝土拌合物的表观密度为 2400kg/m^3，则

$$m_c+m_w+m_s+m_g=m_{cp}\Rightarrow296.6+175+m_s+m_g=2400$$

$$\beta_s=\frac{m_s}{m_s+m_g}\times100\%\Rightarrow35\%=\frac{m_s}{m_s+m_g}\times100\%$$

解得：$m_s=674.9\text{kg}$，$m_g=1253.5\text{kg}$

即混凝土的初步配合比为：$m_c=296.6\text{kg}$，$m_w=175\text{kg}$，$m_s=674.9\text{kg}$，$m_g=1253.5\text{kg}$

$$(m_c:m_s:m_g=1:2.27:4.23;\text{ W/C}=0.59)$$

2）体积法

$$\frac{m_c}{\rho_c}+\frac{m_w}{\rho_w}+\frac{m_s}{\rho_s}+\frac{m_g}{\rho_g}+0.01\alpha=1\Rightarrow\frac{296.6}{3000}+\frac{175}{1000}+\frac{m_s}{2600}+\frac{m_g}{2650}+0.01\times1=1$$

$$\beta_s=\frac{m_s}{m_s+m_g}\times100\%\Rightarrow35\%=\frac{m_s}{m_s+m_g}\times100\%$$

解得：$m_s=659\text{kg}$，$m_g=1225.7\text{kg}$

即混凝土的初步配合比为：$m_c=296.6\text{kg}$，$m_w=175\text{kg}$，$m_s=659\text{kg}$，$m_g=1225.7\text{kg}$

$$(m_c:m_s:m_g=1:2.22:4.13;\text{ W/C}=0.59)$$

图片：混凝土图片集

巩固练习题

一、单项选择题

1. 混凝土强度等级共分 14 个强度等级，下列属于其强度等级的是_____。

A. C30 　　　　　B. C18 　　　　　C. C33 　　　　　D. C68

2. 混凝土配合比设计中，水灰比的值是根据混凝土的_____要求来确定的。

A. 强度及耐久性 　　B. 强度 　　　　C. 耐久性 　　　　D. 和易性与强度

3. 混凝土的_____强度最大。

A. 抗拉 　　　　　B. 抗压 　　　　　C. 抗弯 　　　　　D. 抗剪

4. 防止混凝土中钢筋腐蚀的主要措施有_____。

A. 提高混凝土的密实度 　　　　　　B. 钢筋表面刷漆

C. 钢筋表面用碱处理 　　　　　　　D. 混凝土中加阻锈剂

5. 选择混凝土骨料时，应使其_____。

A. 总表面积大，空隙率大 　　　　　B. 总表面积小，空隙率大

C. 总表面积小，空隙率小 　　　　　D. 总表面积大，空隙率小

6. 在原材料质量不变的情况下，决定混凝土强度的主要因素是_____。

A. 水泥用量 　　　B. 砂率 　　　　　C. 单位用水量 　　D. 水灰比

7. 厚大体积混凝土工程适宜选用_____。

A. 高铝水泥 　　　　　　　　　　　B. 矿渣水泥

C. 硅酸盐水泥 　　　　　　　　　　D. 普通硅酸盐水泥

8. 配制混凝土用砂的要求是尽量采用_____的砂。

A. 空隙率小 　　　　　　　　　　　B. 总表面积小

C. 总表面积大 　　　　　　　　　　D. 空隙率和总表面积均较小

9. 设计混凝土配合比时，选择水灰比的原则是_____。

A. 混凝土强度的要求 　　　　　　　B. 小于最大水灰比

C. 大于最大水灰比 　　　　　　　　D. 混凝土强度的要求与最大水灰比的规定

10. 掺用引气剂后混凝土的_____显著提高。

A. 强度 　　　　　B. 抗冲击性 　　　C. 弹性模量 　　　D. 抗冻性

11. 对混凝土拌合物流动性起决定性作用的是_____。

A. 水泥用量 　　　B. 用水量 　　　　C. 水灰比 　　　　D. 水泥浆数量

12. 混凝土配比设计时，最佳砂率是依据_____确定的。

A. 坍落度和石子种类 　　　　　　　B. 水灰比和石子的种类

C. 坍落度、石子种类和最大粒径 　　D. 水灰比、石子种类和最大粒径

13. 配制混凝土时，与坍落度的选择无关的因素是_____。

A. 混凝土的强度 　　　　　　　　　B. 浇筑截面的大小

C. 结构的配筋情况 　　　　　　　　D. 混凝土的振捣方式

14. 为保证混凝土的耐久性，混凝土配比设计时有_____两方面的限制。

A. 最大水灰比和最大水泥用量 　　　B. 最小水灰比和最大水泥用量

C. 最小水灰比和最大水泥用量 D. 最大水灰比和最小水泥用量

15. 水泥浆在混凝土凝结硬化前后所起的作用是_____。

A. 胶结 B. 润滑与胶结 C. 胶结与填充 D. 润滑与填充

16. 两种砂子，以下说法正确的是_____。

A. 细度模数相同则级配相同

B. 细度模数相同但级配不一定相同

C. 细度模数不同但级配一定相同

D. 级配相同则细度模数不一定相同

17. 配 $1m^3$ 混凝土，需水泥 300kg，水 180kg，现场配制时加水量为 150kg，混凝土的水灰比为_____。

A. 0.60 B. 0.55 C. 0.50 D. 0.40

18. 压碎指标是_____的强度指标。

A. 混凝土 B. 黏土砖 C. 石子 D. 细骨料

19. 砂的细度模数越大，表明砂的颗粒_____。

A. 越粗 B. 越细 C. 级配越好 D. 级配越差

20. 当混凝土流动性过小时，宜采取的调整方法是_____。

A. 增加用水量 B. 降低砂率

C. 增加水泥用量 D. 水灰比不变增加水泥浆用量

21. 要保证混凝土强度不降低，在水泥用量不变的条件下，提高混凝土流动性的有效措施是_____。

A. 减少砂率 B. 增大砂率 C. 增加石子粒径 D. 掺减水剂

22. 普通混凝土强度等级是以标准试验法_____边长的立方体抗压强度标准值来确定的。

A. 150mm B. 100mm C. 70.7mm D. 50mm

23. 普通混凝土强度等级是以标准试验法_____d 的抗压强度标准值来确定的。

A. 2、28 B. 7、28 C. 3、28 D. 28

24. 为保证混凝土的耐久性，配合比设计中不但要严格控制水灰比，还应控制_____。

A. 用水量 B. 骨料级配 C. 砂率 D. 水泥用量

25. 粗骨料的级配有_____两种级配。

A. 单粒和间断 B. 连续和单粒 C. 连续和间断 D. 碎石和软石

26. 能提高混凝土抗冻性的外加剂是_____。

A. 减水剂 B. 早强剂 C. 引气剂 D. 速凝剂

27. 以下不是混凝土优点的是_____。

A. 可塑性良好 B. 可调整性强

C. 与钢筋黏结力好 D. 易开裂

28. 混凝土中砂石所起的作用是_____。

A. 润滑 B. 骨架

C. 胶结 D. 赋予流动性

29. 混凝土中水泥的选用原则是_____。

A. 高强高配　　　　B. 高强低配　　　　C. 低强高配　　　　D. 随便配

30. 下列不属于砂中有害物质的是_____。

A. 云母　　　　　　B. 草根　　　　　　C. 树叶　　　　　　D. 人工砂

31. 砂的粗细程度用_____表示。

A. 颗粒级配　　　　B. 细度模数　　　　C. 细度　　　　　　D. 粗度

32. 混凝土拌合宜采用_____。

A. 海水　　　　　　B. 生活污水　　　　C. 饮用水　　　　　D. 地下水

33. 坍落度试验时，混凝土拌合物分层装入标准圆锥筒内，每层用弹头棒均匀的捣插_____次。

A. 20　　　　　　　B. 25　　　　　　　C. 30　　　　　　　D. 35

34. 我国现行《混凝土结构设计规范》GB 50010—2010（2015 年版）规定，普通混凝土按立方体抗压强度标准值划分为_____个等级。

A. 6　　　　　　　　B. 10　　　　　　　C. 14　　　　　　　D. 20

35. 用于垫层的混凝土强度等级一般为_____。

A. C15　　　　　　 B. C20　　　　　　 C. C30　　　　　　 D. C40

36. 用于预应力混凝土结构的混凝土强度等级一般为_____。

A. C10　　　　　　 B. C20　　　　　　 C. C30　　　　　　 D. C40

37. 混凝土轴心抗压强度采用_____的棱柱体作为标准试件。

A. 150mm×150mm×150mm　　　　　 B. 100mm×100mm×150mm

C. 150mm×150mm×300mm　　　　　 D. 100mm×100mm×200mm

38. 相同混凝土试件的尺寸越小，测得的混凝土强度就越_____。

A. 高　　　　　　　B. 低　　　　　　　C. 不变　　　　　　D. 不一定

39. 混凝土坍落度基本相同的条件下，加入_____后能显著减少混凝土拌合用水量。

A. 早强剂　　　　　B. 减水剂　　　　　C. 引气剂　　　　　D. 速凝剂

40. _____是加速混凝土早期强度发展，并对后期强度无显著影响的外加剂。

A. 早强剂　　　　　B. 减水剂　　　　　C. 引气剂　　　　　D. 速凝剂

41. 一般把强度等级为 C50 及其以上的混凝土称为_____。

A. 高强混凝土　　　　　　　　　　　B. 轻骨料混凝土

C. 防水混凝土　　　　　　　　　　　D. 纤维混凝土

二、多项选择题

1. 在混凝土拌合物中，如果水灰比过大，会造成_____。

A. 拌合物的黏聚性和保水性不良　　　B. 产生流浆

C. 有离析现象　　　　　　　　　　　D. 严重影响混凝土的强度

E. 易腐蚀

2. 以下属于混凝土耐久性的有_____。

A. 抗冻性　　　　　B. 抗渗性　　　　　C. 和易性　　　　　D. 抗腐蚀性

E. 流动性

3. 混凝土中水泥的品种是根据_____来选择的。

A. 施工要求的和易性   B. 粗骨料的种类

C. 工程的特点   D. 工程所处的环境

E. 细骨料的种类

4. 影响混凝土和易性的主要因素有_____。

A. 水泥浆的数量   B. 骨料的种类和性质

C. 砂率   D. 水灰比

E. 水的质量

5. 在混凝土中加入引气剂，可以提高混凝土的_____。

A. 抗冻性   B. 耐水性   C. 抗渗性   D. 抗化学侵蚀性

E. 耐热性

6. 大体积混凝土施工时，常用的外加剂是_____。

A. 减水剂   B. 早强剂   C. 引气剂   D. 缓凝剂

E. 速凝剂

7. 混凝土配合比设计中，水灰比的值是根据混凝土的_____要求来确定的。

A. 强度   B. 坍落度   C. 耐久性   D. 和易性

D. 水泥用量

8. 下列属于轻骨料混凝土特点的有_____。

A. 密度小   B. 保温性能好   C. 抗震性好   D. 耐火性好

E. 变形小

9. 混凝土用中砂进行配制时，应选细度模数_____。

A. 2.0   B. 2.8   C. 3.0   D. 3.2

E. 3.8

10. 原材料一定时，影响混凝土拌合物和易性的主要因素是_____。

A. 单位用水量   B. 水泥强度

C. 砂率   D. 水泥浆用量

E. 水泥浆稠度

11. 决定混凝土强度的主要因素是_____。

A. 砂率   B. 骨料的性质   C. 水灰比   D. 外加剂

E. 水泥强度等级

12. 混凝土经碳化作用后，性能变化有_____。

A. 可能产生微细裂缝   B. 抗压强度提高

C. 弹性模量增大   D. 可能导致钢筋锈蚀

E. 抗拉强度降低

13. 粗骨料的质量要求包括_____。

A. 最大粒径及级配   B. 颗粒形状及表面特征

C. 有害杂质   D. 强度

E. 耐水性

14. 混凝土的耐久性通常包括_____。

A. 抗冻性　　　　　B. 抗渗性　　　　　C. 抗老化性　　　　D. 抗侵蚀性

E. 抗碳化性

15. 混凝土按表观密度分可分为_____三类。

A. 重混凝土　　　B. 普通混凝土　　　C. 高强混凝土　　　D. 轻混凝土

E. 石膏混凝土

16. 混凝土按强度等级分可分为_____四类。

A. 重混凝土　　　B. 低强度混凝土　　C. 高强度混凝土　　D. 中强度混凝土

E. 超高强度混凝土

17. 以下是混凝土优点的是_____。

A. 可塑性良好　　B. 可调整性强　　　C. 与钢筋黏结力好　D. 易开裂

E. 耐久性良好

18. 以下是混凝土缺点的是_____。

A. 自重大　　　　B. 比强度小　　　　C. 变形能力差　　　D. 抗压强度高

E. 导热系数大

19. 以下是混凝土发展趋势的是_____。

A. 高性能混凝土　　　　　　　　　　B. 耐酸混凝土

C. 耐腐蚀混凝土　　　　　　　　　　D. 绿色混凝土

D. 其他新技术混凝土

20. 普通混凝土的组成材料是_____。

A. 水泥　　　　　B. 砂　　　　　　　C. 石　　　　　　　D. 水

E. 外加剂

21. 混凝土中水泥浆所起的作用是_____。

A. 骨架　　　　　B. 润滑　　　　　　C. 胶结　　　　　　D. 赋予流动性

E. 没作用

22. 粗骨料的颗粒级配有_____两种。

A. 连续　　　　　B. 间断　　　　　　C. 单粒　　　　　　D. 碎石

E. 卵石

23. 和易性是一项综合技术性能，包括_____三个方面。

A. 坍落度　　　　B. 流动性　　　　　C. 黏聚性　　　　　D. 保水性

E. 水泥浆稠度

24. 影响和易性的因素有_____。

A. 水泥浆用量　　B. 水泥浆稠度　　　C. 砂率　　　　　　D. 外加剂

E. 施工工艺

25. 下列哪些试验条件对混凝土有影响_____。

A. 试件尺寸　　　B. 试件形状　　　　C. 表面状态　　　　D. 加荷速度

E. 施工方法

26. 下列属于混凝土外加剂的是_____。

A. 减水剂　　　　B. 早强剂　　　　　C. 引气剂　　　　　D. 缓凝剂

E. 速凝剂

27. 根据_____可以确定砂率。

A. 水泥质量　　　　B. 骨料种类　　　　C. 最大粒径　　　　D. 水灰比

E. 水的质量

28. 以下是提高混凝土强度措施的是_____。

A. 采用高强水泥　　　　　　　　B. 掺加混凝土外加剂

C. 增加粗骨料用量　　　　　　　D. 采用机械搅拌

E. 采用湿热处理——蒸汽养护

三、判断题

1. 混凝土是由胶结料、石子、水、外加剂，经混合、硬化而成的人造石材。　（　　）

2. 在拌制混凝土中砂越细越好。　（　　）

3. 在混凝土拌合物中，水泥浆越多和易性就越好。　（　　）

4. 混凝土中掺入引气剂后，会引起强度降低。　（　　）

5. 级配好的骨料空隙率小，其总表面积也小。　（　　）

6. 混凝土强度随水灰比的增大而降低，呈直线关系。　（　　）

7. 用高强度等级水泥配制混凝土时，混凝土的强度能得到保证，但混凝土的和易性不好。　（　　）

8. 混凝土强度试验，试件尺寸愈大，强度愈低。　（　　）

9. 当采用合理砂率时，能使混凝土获得所要求的流动性，良好的黏聚性和保水性，而水泥用量最大。　（　　）

10. 分层度愈小，砂浆的保水性愈差。　（　　）

11. 砂浆的和易性内容与混凝土的完全相同。　（　　）

12. 混合砂浆的强度比水泥砂浆的强度大。　（　　）

13. 防水砂浆属于刚性防水。　（　　）

14. 两种砂子的细度模数相同，它们的级配也一定相同。　（　　）

15. 在结构尺寸及施工条件允许下，尽可能选择较大粒径的粗骨料，这样可以节约水泥。　（　　）

16. 影响混凝土拌合物流动性的主要因素归根结底是总用水量的多少，主要采用多加水的办法。　（　　）

17. 混凝土制品采用蒸汽养护的目的，在于使其早期和后期强度都得到提高。　（　　）

18. 混凝土拌合物中若掺入加气剂，则使混凝土密实度降低，使混凝土的抗冻性变差。　（　　）

19. 流动性大的混凝土比流动性小的混凝土强度低。　（　　）

20. 在其他原材料相同的情况下，混凝土中的水泥用量愈多混凝土的密实度和强度愈高。　（　　）

21. 在常用水灰比范围内，水灰比越小，混凝土强度越高，质量越好。　（　　）

22. 在混凝土中掺入适量减水剂，不减少用水量，则可增加混凝土拌合物的和易性，显著提高混凝土的强度，并可节约水泥的用量。　（　　）

23. 普通混凝土的强度与水灰比呈线性关系。　（　　）

24. 级配良好的卵石骨料，其空隙小，表面积大。　（　　）

25. 表观密度相同的骨料，级配好的比级配差的堆积密度小。 （ ）

26. 混凝土用砂的细度模数越大，则该砂的级配越好。 （ ）

27. 级配好的骨料，其空隙率小，表面积大。 （ ）

28. 在混凝土拌合物中，保持 W/C 不变增加水泥浆量，可增大拌合物流动性。

（ ）

29. 当混凝土的水灰比较小时，其所采用的合理砂率值较小。 （ ）

30. 同种骨料，级配良好者配制的混凝土强度高。 （ ）

31. 流动性大的混凝土比流动性小的混凝土强度低。 （ ）

32. 水灰比很小的混凝土，其强度不一定很高。 （ ）

33. 影响混凝土强度的最主要因素是水灰比和骨料的种类。 （ ）

34. 混凝土中掺加入活性矿物外加剂，由于有效促进了水泥的水化反应，因此，混凝土的后期强度获得提高。 （ ）

35. 原则上不影响混凝土的正常凝结硬化和混凝土耐久性的水都可用于拌制混凝土。

（ ）

36. 混凝土现场配制时，若不考虑骨料的含水率，实际上会降低混凝土的强度。

（ ）

37. 重混凝土主要用于需要高强混凝土的结构。 （ ）

38. 轻骨料混凝土比普通混凝土具有更大的变形能力。 （ ）

39. 影响新拌混凝土和易性的最基本因素是水泥浆的体积和稠度。 （ ）

40. 混凝土的徐变特性对预应力混凝土是不利的。 （ ）

41. 所有混凝土受力破坏时，都是沿石子和水泥石的黏结界面破坏的。 （ ）

42. 用低强度等级水泥配制高强度等级混凝土时，应掺加减水剂。 （ ）

43. 木质素系减水剂不适用于蒸养混凝土。 （ ）

44. 混凝土中掺加减水剂必然会增大其坍落度，提高强度并节省水泥。 （ ）

45. 混凝土配合比设计时，水灰比是依据水泥的强度等级和石子的种类确定的。

（ ）

46. 由于表观密度小，轻骨料混凝土只能用于承重结构。 （ ）

47. 没有低水化热水泥，就不能进行大体积混凝土的施工。 （ ）

四、简答题

1. 试述混凝土的特点。

2. 试述普通混凝土四种组成材料的作用。

3. 什么是混凝土的和易性，其影响因素有哪些？

4. 提高混凝土耐久性的措施有哪些？

五、计算题

1. 某教学楼现浇钢筋混凝土梁，该梁位于室内，不受雨雪影响。设计要求混凝土强度等级为 C20，坍落度为 30～50mm，采用机械拌合、机械振捣方式浇捣。根据施工单位历史统计资料，混凝土强度标准差为 4.5MPa，采用的原材料如下：普通硅酸盐水泥 32.5级，实测强度为 35.6MPa，密度为 3000kg/m³；中砂，表观密度为 2660kg/m³；碎石，公称直径为 5～20mm，表观密度为 2700kg/m³；自来水。试设计混凝土配合比。

2. 某高层框架结构用混凝土，混凝土设计强度等级为 C30，施工坍落度要求为 50mm，采用机械搅拌和振捣，根据施工单位近期同一品种混凝土资料，强度标准差 $\sigma = 4.8$ MPa。可供应以下原材料：

水泥：P·O42.5 普通硅酸盐水泥，实测强度为 46.8MPa，水泥密度为 $\rho_c = 3000$ kg/m³；

中砂：级配合格，砂子表观密度 $\rho = 2.65$ g/cm³；

石子：5～31.5mm 碎石，级配合格，石子表观密度 2700kg/m³。

试设计混凝土配合比。

项目6

砂浆

 学习目标

熟悉砂浆的定义及分类；掌握建筑砂浆的组成材料、基本技术性质和基本施工工艺；了解各种砂浆的应用。

思政目标

学习"新技术、新工艺、新材料、新设备"，树立终身学习、全面发展的理念。

砂浆是由胶凝材料、细骨料、掺合料和水组成，有时加入外加剂按适当比例配制，经凝结硬化而成的建筑工程材料，实为无粗骨料的混凝土。在土木工程中起粘结、衬垫、传递应力、装饰等作用，是土木工程中一项用量大、用途广泛的材料。在砌体结构中，砂浆可以把砖、石块、砌块胶结成砌体。墙面、地面及钢筋混凝土梁、柱等结构表面需要用砂浆抹面，起到保护结构和装饰作用。镶贴大理石、水磨石、陶瓷面砖、马赛克以及制作钢丝网水泥制品等都要使用砂浆。

砂浆按用途分为砌筑砂浆、抹面砂浆、绝热砂浆和防水砂浆等；根据胶结料不同，砂浆还可分为：

（1）水泥砂浆。由水泥、砂和水按一定配比制成，一般用于潮湿环境或水中的砌体、墙面或地面等。

（2）石灰砂浆。由石灰膏、砂和水按一定配比制成，一般用于强度要求不高、不受潮湿的砌体和抹灰层。

（3）聚合物砂浆。由水泥、骨料和可以分散在水中的有机聚合物搅拌而成的。聚合物可以是由一种单体聚合而成的均聚物，也可以是由两种或更多的单聚体聚合而成的共聚物。聚合物必须在环境条件下成膜覆盖在水泥颗粒子上，并使水泥机体与骨料形成强有力的粘结。

（4）混合砂浆。在水泥或石灰砂浆中掺加适当掺合料如粉煤灰、硅藻土等制成，以节约水泥或石灰用量，并改善砂浆的和易性。常用的混合砂浆有水泥石灰砂浆、水泥黏土砂浆和石灰黏土砂浆等。

◆ 小 贴 士

北京工人体育场（如图 6-1 所示）改建工程是本着节约办奥运的原则对既有场馆进行改扩建的项目之一。其采用的高强钢绞线网-聚合物砂浆复合面层加固技术是一种新型的加固技术，具有高强、防火、聚合力强、无污染等特点，有效解决了传统加固方法存在的技术缺陷，可同时满足对加固效果、建筑外观保护、结构防火性能及环境保护等多方面的综合要求。

高强钢绞线网-聚合物砂浆复合面层加固技术（如图 6-2 所示）是指将被加固构件进行界面处理后，将钢绞线网敷设于被加固构件的受拉区，再在其表面涂抹聚合物砂浆。其中钢绞线是受力的主体，在加固结构中发挥高于普通钢筋的抗拉强度；聚合物砂浆有良好的渗透性，对氯化物和一般化工品的抗阻性好，粘结强度和密实程度很高，它一方面起到了有效保护钢绞线网和原有钢筋的作用，防止其内混凝土进一步碳化，另一方面将钢绞线网良好地粘结于原结构上，形成整体，使钢绞线网与原结构变形协调、共同作用，有效提高结构构件的刚度和承载能力，而且其耐久性、耐腐蚀性和防火性能均有优异表现。

图 6-1　北京工人体育场　　　　图 6-2　高强钢绞线网-聚合物砂浆复合面层加固

任务 6.1　砂浆基本组成与性质

6.1.1　砂浆的组成材料

6.1.1.1　胶凝材料

胶凝材料在砂浆中起着胶结的作用，它是影响砂浆流动性、凝聚性和强度等技术性质的主要组分。砂浆常用的胶凝材料有水泥、石灰、石膏、黏土等。胶凝材料的选用应根据砂浆的用途及使用环境决定，对于干燥环境中使用的砂浆，可选用气硬性胶凝材料；对处于潮湿环境或水中的砂浆，则必须用水硬性胶凝材料。

微课：建筑砂浆的组成材料

1. 水泥

水泥是砂浆的主要胶凝材料。通用水泥均可以用来配制砂浆，水泥品种的选择与混凝土相同，应根据其用途及使用环境决定。水泥的强度等级应根据砂浆强度等级进行选择。为合理利用资源，节约材料，配制砂浆时尽量选用低强度等级水泥。水泥强度等级的选择应为砂浆强度等级的 4～5 倍。水泥砂浆采用的水泥，强度等级不宜大于 42.5；水泥混合砂浆不宜采用强度等级大于 52.5 的水泥。用高强度等级水泥配制低强度等级砂浆时，为了保证砂浆的和易性，可掺加适量的掺合料。不同品种的水泥，不得混合使用。严禁使用过期水泥。

2. 石灰

为了改善砂浆的和易性和节约水泥，常在砂浆中掺入适量的石灰。为了保证砂浆的质量，经常将生石灰先熟化成石灰膏，然后用孔径不大于 3mm×3mm 的网过滤，且熟化时间不得少于 7d；如用磨细生石灰粉制成，其熟化时间不得少于 2d。沉淀池中储存的石灰膏，应采取防止干燥、冻结和污染的措施。严禁使用脱水硬化的石灰膏。消石灰粉不得直接使用于砂浆中。

有时还采用石膏、黏土或粉煤灰等材料作为胶结料，但必须经过砂浆的技术性质检验，在不影响砂浆质量的前提下才能够使用。

6.1.1.2 细骨料

配制砂浆的细骨料最常用的是天然砂。砂应符合混凝土用砂的技术性质要求。砂的粗细程度对砂浆的水泥用量、和易性、强度及收缩性能等影响很大。由于砂浆层较薄，砂的最大粒径应有所限制，理论上不应超过砂浆层厚度的 1/5～1/4。例如，砖砌体用砂浆宜选用中砂，最大粒径以不大于 2.5mm 为宜；石砌体用砂浆宜选用粗砂，最大粒径以不大于 4.75mm 为宜；光滑的抹面及勾缝的砂浆宜采用细砂，最大粒径以不大于 1.2mm 为宜。

砂中含泥对砂浆的和易性、强度、变形性和耐久性均有不利影响。为保证砂浆质量，尤其在配制高强度砂浆时，应选用洁净的砂。因此对砂的含泥量应予以限制：水泥砂浆、混合砂浆的强度等级≥M5 时，含泥量应≤5％；强度等级＜M5 时，含泥量应≤10％。如使用细砂配制砂浆时，砂中的含泥量应通过试验来确定。

当细骨料采用机制砂、混合砂、细炉渣、细矿渣等时，应根据经验并经试验确定其技术指标要求。如用煤渣作骨料，应选用燃烧完全且有害杂质含量少的，否则将影响砂浆质量。

6.1.1.3 水

砂浆拌合用水与混凝土拌合用水的要求相同，应采用饮用水，未经试验鉴定的非洁净水、生活污水、工业废水都不能用来拌制及养护砂浆。

6.1.1.4 外加剂

为改善新拌及硬化后砂浆的各种性能或赋予砂浆某些特殊性能，常在砂浆中掺入适量外加剂。例如为改善砂浆和易性，提高砂浆的抗裂性、抗冻性及保温性，可掺入微沫剂、减水剂等外加剂；为增强砂浆的防水性和抗渗性，可掺入防水剂等；为增强砂浆的保温隔热性能，除选用轻质细骨料外，还可掺入引气剂提高砂浆的孔隙率。混凝土中使用的外加剂，对砂浆也具有相应的作用。但外加剂应符合国家现行有关标准的规定，引气型外加剂还应有完整的试验检验报告。

6.1.1.5 掺合料

在施工现场为改善砂浆的和易性、节约胶凝材料用量、降低砂浆成本，在配制砂浆时可掺入磨细生石灰、石灰膏、石膏、粉煤灰、黏土膏、电石膏等物质作为掺合料。

6.1.2 砂浆的主要技术性质

6.1.2.1 砂浆的和易性

新拌砂浆的和易性是指在搅拌运输和施工过程中不易产生分层、析水现象，并且易于在粗糙的砖、石等表面上铺成均匀的薄层的综合性能。通常用流动性和保水性两项指标表示。

1. 流动性（稠度）

流动性指砂浆在自重或外力作用下是否易于流动的性能。砂浆流动性实质上反映了砂浆的稠度。流动性的大小以砂浆稠度测定仪的圆锥体沉入砂浆中深度的毫米数来表示，称为稠度（沉入度）。沉入度越大表明砂浆的流动性越好。如图 6-3、图 6-4 所示。

微课：建筑砂浆的主要技术性质

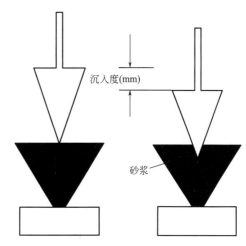

图 6-3　砂浆稠度仪　　　　　　　　图 6-4　沉入度测试示意图

砂浆流动性的选择与基底材料种类、施工条件以及天气情况等有关。对于多孔吸水的砌体材料和干热的天气，要求砂浆的流动性大一些；相反，对于密实不吸水的砌体材料和湿冷的天气，则要求砂浆的流动性小一些。

影响砂浆流动性的主要因素有：

（1）胶凝材料及掺合料的品种和用量；

（2）砂的粗细程度、形状及级配；

（3）用水量；

（4）外加剂品种与掺量；

（5）搅拌时间等。

2. 保水性

砂浆的保水性指新拌砂浆保存水分的能力，也表示砂浆中各组成材料是否易分离的性能。新拌砂浆在存放、运输和使用过程中，都必须保持其水分不致很快流失，才能便于施工操作且保证工程质量。如果砂浆保水性不好，在施工过程中很容易泌水、分层、离析或水分易被基面所吸收，使砂浆变得干稠，致使施工困难，同时影响胶凝材料的正常水化硬化，降低砂浆本身强度以及与基层的粘结强度。因此，砂浆要具有良好的保水性。一般来说，砂浆内胶凝材料充足，尤其是掺入了石灰膏和黏土膏等掺合料后，砂浆的保水性均较好，砂浆中掺入加气剂、微沫剂、塑化剂等也能改善砂浆的保水性和流动性。

但是砌筑砂浆的保水性并非越高越好，对于不吸水基层的砌筑砂浆，保水性太高会使得砂浆内部水分早期无法蒸发释放，从而不利于砂浆强度的增长并且增大了砂浆的干缩裂缝，降低了整个砌体的整体性。

砂浆的保水性可用分层度或保水率评定。考虑到我国目前砂浆品种日益增多，有些新品种砂浆用分层度试验来衡量砂浆各组分的稳定性或保持水分的能力已不太适宜，而且在砌筑砂浆实际试验应用中与保水率试验相比，分层度试验难操作、可复检性差且准确性低，所以在《砌筑砂浆配合比设计规程》JGJ/T 98—2010 中取消了分层度指标，规定用保水率衡量砌筑砂浆的保水性。砂浆保水率就是用规定稠度的新拌砂浆，按规定的方法进行吸水处理，吸水处理后砂浆中保留的水的质量，并用原始水量的质量百分数来表示。砌筑砂浆的保水率要求见表 6-1。

砌筑砂浆的保水率
表 6-1

砌筑砂浆品种	水泥砂浆	水泥混合砂浆	预拌砌筑砂浆
保水率(%)	≥80	≥84	≥88

6.1.2.2 抗压强度和强度等级

砂浆强度等级是以 70.7mm×70.7mm×70.7mm 的 6 个立方体试块，按标准条件养护至 28d 的抗压强度代表值确定。根据《砌筑砂浆配合比设计规程》JGJ/T 98—2010 的规定，水泥砂浆强度等级分为 M5、M7.5、M10、M15、M20、M25 和 M30 七个等级；水泥混合砂浆的强度等级可分为 M5、M7.5、M10 和 M15 四个等级。砂浆的实际强度除了与水泥的强度和用量有关外，还与基底材料的吸水性有关，因此其强度可分为下列两种情况：

（1）用于砌筑不吸水基底的砂浆：影响砂浆强度的因素与混凝土基本相同，主要取决于水泥强度和水灰比，即砂浆的强度与水泥强度和水灰比成正比关系。

（2）用于砌筑多孔吸水性基底的砂浆：砂浆强度主要取决于水泥强度和水泥用量，而与水灰比无关。

6.1.2.3 粘结力

由于砖、石、砌块等材料是靠砂浆粘结成一个坚固整体并传递荷载的，因此，要求砂浆与基材之间应有一定的粘结强度。两者粘结得越牢，则整个砌体的整体性、强度、耐久性及抗震性等越好。

一般砂浆抗压强度越高，则其与基材的粘结强度越高。此外，砂浆的粘结强度与基层材料的表面状态、清洁程度、湿润状况以及施工养护等条件有很大关系。同时还与砂浆的胶凝材料种类有很大关系，加入聚合物可使砂浆的粘结性大为提高。

实际上，针对砌体这个整体来说，砂浆的粘结性较砂浆的抗压强度更为重要。但是，考虑到我国的实际情况，以及抗压强度相对来说容易测定，因此，将砂浆抗压强度作为必检项目和配合比设计的依据。

6.1.2.4 变形性

砌筑砂浆在承受荷载，以及温度和湿度发生变化时，均会产生变形。如果变形过大或不均匀容易使砌体的整体性下降，产生沉陷或裂缝，影响到整个砌体的质量。抹面砂浆在空气中也容易产生收缩等变形，变形过大也会使面层产生裂纹或剥离等质量问题。因此要求砂浆具有较小的变形性。

砂浆变形性的影响因素很多，如胶凝材料的种类和用量、用水量、细骨料的种类、级配和质量以及外部环境条件等。

6.1.2.5 耐久性

硬化后的砂浆要与砌体一起经受周围介质的物理化学作用，因而砂浆应具有一定的耐久性。试验证明，砂浆的耐久性随抗压强度的增大而提高，即它们之间存在一定的相关性。防水砂浆或直接受水和受冻融作用的砌体，对砂浆还应有抗渗和抗冻性要求。在砂浆配制中，除控制水胶比外，常加入外加剂来改善抗渗和抗冻性能，如掺入减水剂、引气剂及防水剂等，并通过改进施工工艺，填塞砂浆的微孔和毛细孔，增加砂浆的密实度。砌筑砂浆的抗冻性要求详见表6-2。

砌筑砂浆的抗冻性要求　　　　　　　　　　　　　　　　　表6-2

使用条件	抗冻指标	质量损失率(%)	强度损失率(%)
夏热冬暖地区	F15		
夏热冬冷地区	F25	≤5	≤25
寒冷地区	F35		
严寒地区	F50		

任务6.2　常用的建筑砂浆

6.2.1　砌筑砂浆

砌筑砂浆是用来砌筑砖、石、砌块等材料的砂浆，起着传递荷载的作用，有时还起到保温等其他作用。

微课：砌筑砂浆与
抹面砂浆

土木工程中，要求砌筑砂浆具有如下性质：

1. 新拌砂浆应具有良好的和易性。新拌砂浆应容易在砖、石及砌体表面上铺砌成均匀的薄层，以利于砌筑施工和砌筑材料的粘结。砌筑砂浆的施工稠度详见表6-3。

砌筑砂浆的施工稠度　　　　　　　　　　　　　　　　　表6-3

砌体种类	施工稠度(mm)
烧结普通砖砌体 粉煤灰砖砌体	70～90
混凝土砖砌体 普通混凝土小型空心砌块砌体 灰砂砖砌体	50～70
烧结多孔砖砌体 烧结空心砖砌体 轻骨料混凝土小型空心砌块砌体 蒸压加气混凝土砌块砌体	60～80
石砌体	30～50

2. 硬化砂浆应具有一定的强度、良好的粘结力等力学性质。一定的强度可保证砌体强度等结构性能。良好的粘结力有利于砌块与砂浆之间的粘结。

在土木工程中，所用砂浆的种类及强度等级应根据工程类别、砌筑部位、使用条件等合理地进行选择。通常，办公楼、教学楼、多层商店、食堂、仓库、锅炉房、变电所、地下室、工业厂房及烟囱等工程多采用M5～M10砂浆；检查井、化粪池、雨水井等工程多采用 M5 砂浆。M10 及其以下的砂浆宜采用水泥混合砂浆。

6.2.2 抹面砂浆

凡涂抹在基底材料的表面，兼有保护基层和增加美观作用的砂浆，可统称为抹面砂浆。根据抹面砂浆功能不同，一般可将抹面砂浆分为普通抹面砂浆、防水砂浆、装饰砂浆和特种砂浆（如绝热、吸声、耐酸、防射线砂浆）等。与砌筑砂浆相比，抹面砂浆的特点和技术要求有：

（1）抹面层不承受荷载；

（2）抹面砂浆应具有良好的和易性，容易抹成均匀平整的薄层，便于施工；

（3）抹面层与基底层要有足够的粘结强度，使其在施工中或长期自重和环境作用下不脱落、不开裂；

（4）抹面层多为薄层，并分层涂抹，面层要求平整、光洁、细致、美观；

（5）多用于干燥环境，大面积暴露在空气中。

抹面砂浆的组成材料与砌筑砂浆基本上是相同的。但为了防止砂浆层的收缩开裂，有时需要加入一些纤维材料，或者为了使其具有某些特殊功能需要选用特殊骨料或掺合料。

与砌筑砂浆不同，抹面砂浆的主要技术性质不是抗压强度，而是和易性以及与基底材料的粘结强度。

6.2.2.1 普通抹面砂浆

普通抹面砂浆对建筑物和墙体起到保护作用。它可以抵抗风、雨、雪等自然环境对建筑物的侵蚀，并提高建筑物的耐久性，同时经过抹面的建筑物表面或墙面又可以达到平整、光洁、美观的效果。

常用的普通抹面砂浆有水泥砂浆、石灰砂浆、水泥混合砂浆、麻刀石灰砂浆（简称麻刀灰）、纸筋石灰砂浆（简称纸筋灰）等。

普通抹面砂浆通常分为两层或三层进行施工。底层抹灰的作用是使砂浆与基底能牢固地粘结，因此要求底层砂浆具有良好的和易性、保水性和较好的粘结强度。中层抹灰主要是找平，有时可省略。面层抹灰是为了获得平整、光洁的表面效果。各层抹灰面的作用和要求不同，因此每层所选用的砂浆也不一样。同时不同的基底材料和工程部位，对砂浆技术性能要求也不同，这也是选择砂浆种类的主要依据。

水泥砂浆宜用于潮湿或强度要求较高的部位；混合砂浆多用于室内底层或中层或面层抹灰；石灰砂浆、麻刀灰、纸筋灰多用于室内中层或面层抹灰。水泥砂浆不得涂抹在石灰砂浆层上。

普通抹面砂浆的组成材料及配合比，可根据使用部位及基底材料的特性确定，一般情况下参考有关资料和手册选用。

小贴士

墙面抹灰机是一种装修使用的机器，墙面抹灰机不仅让墙面抹灰施工工艺变得简单，还可以加快整个装修的速度和进程。目前，自动内墙抹灰机运用于装修房屋内墙，具有省时、省力、省材料等特点，其施工效率可以达到人工施工的 10 倍左右。

　　类似墙面抹灰机的新技术、新工艺、新材料、新设备在不断发展和应用，作为新时代大学生，要树立终身学习的理念，不仅要把教材知识学习好，也要不断学习新技术、新工艺、新材料、新设备的相关知识，才能响应国家倡导形成全民学习、终身学习的学习型社会，促进人的全面发展的理念，才能紧跟时代发展的步伐，为国家发展贡献自己的力量。

6.2.2.2　装饰砂浆

　　装饰砂浆是指涂抹在建筑物内外墙表面，具有美观装饰效果的抹面砂浆。装饰砂浆的底层和中层抹灰与普通抹面砂浆基本相同，但是其面层要选用具有一定颜色的胶凝材料和骨料或者经各种加工处理，使得建筑物表面呈现各种不同的色彩、线条和花纹等装饰效果。

　　1. 装饰砂浆的组成材料

　　(1) 胶凝材料。装饰砂浆所用胶凝材料与普通抹面砂浆基本相同，只是灰浆类饰面更多地采用白色水泥或彩色水泥。

　　(2) 骨料。装饰砂浆所用骨料，除普通天然砂外，石碴类饰面常使用石英砂、彩釉砂、着色砂、彩色石碴等。

　　(3) 颜料。装饰砂浆中的颜料，应采用耐碱和耐光晒的矿物颜料。

　　2. 装饰砂浆主要饰面方式

　　装饰砂浆饰面方式可分为灰浆类饰面和石碴类饰面两大类。

　　灰浆类饰面主要通过水泥砂浆的着色或对水泥砂浆表面进行艺术加工，从而获得具有特殊色彩、线条、纹理等质感的饰面。其主要优点是材料来源广泛，施工操作简便，造价比较低廉，而且通过不同的工艺加工，可以创造不同的装饰效果。

　　常用的灰浆类饰面有以下几种：

　　(1) 拉毛灰。拉毛灰是用铁抹子或木蟹，将罩面灰浆轻压后顺势拉起，形成一种凹凸质感很强的饰面层。拉细毛时用棕刷粘着灰浆拉成细的凹凸花纹。

　　(2) 甩毛灰。甩毛灰是用竹丝刷等工具将罩面灰浆甩涂在基面上，形成大小不一而又有规律的云朵状毛面饰面层。

　　(3) 仿面砖。仿面砖是在采用掺入氧化铁系颜料（红、黄）的水泥砂浆抹面上，用特制的铁钩和靠尺，按设计要求的尺寸进行分格划块，沟纹清晰，表面平整，酷似贴面砖饰面。

　　(4) 拉条。拉条是在面层砂浆抹好后，用一凹凸状轴辊作模具，在砂浆表面上滚压出立体感强、线条挺拔的条纹。条纹分半圆形、波纹形、梯形等多种，条纹可粗可细，间距可大可小。

　　(5) 喷涂。喷涂是用挤压式砂浆泵或喷斗，将掺入聚合物的水泥砂浆喷涂在基面上，形成波浪、颗粒或花点质感的饰面层。最后在表面再喷一层甲基硅醇钠或甲基硅树脂疏水剂，可提高饰面层的耐久性和耐污染性。

　　(6) 弹涂。弹涂是用电动弹力器，将掺入 107 胶的 2～3 种水泥色浆，分别弹涂到基面上，形成 1～3mm 圆状色点，获得不同色点相互交错、相互衬托、色彩协调的饰面层。

最后刷一道树脂罩面层，起防护作用。

石碴是天然的大理石、花岗石以及其他天然石材经破碎而成，俗称米石。常用的规格有大八厘（粒径为8mm）、中八厘（粒径为6mm）、小八厘（粒径为4mm）。石碴类饰面是用水泥（普通水泥、白水泥或彩色水泥）、石碴、水拌成石碴浆，同时采用不同的加工手段除去表面水泥浆皮，使石碴呈现不同的外露形式以及水泥浆与石碴的色泽对比，构成不同的装饰效果。石碴类饰面比灰浆类饰面色泽较明亮，质感相对丰富，不易褪色，耐光性和耐污染性也较好。

常用的石碴类饰面有以下几种：

（1）水刷石。将水泥石碴浆涂抹在基面上，待水泥浆初凝后，以毛刷蘸水刷洗或用喷枪以一定水压冲刷表层水泥浆皮，使石碴半露出来，达到装饰效果。

（2）干粘石。干粘石又称甩石子，是在水泥浆或掺入107胶的水泥砂浆粘结层上，把石碴、彩色石子等粘在其上，再拍平压实而成的饰面。石粒的2/3应压入粘结层内，要求石子粘牢，不掉粒并且不露浆。

（3）斩假石。斩假石又称剁假石，是以水泥石碴（掺30％石屑）浆做成面层抹灰，待具有一定强度时，用钝斧或凿子等工具，在面层上剁斩出纹理，而获得类似天然石材经雕琢后的纹理质感。

（4）水磨石。水磨石是由水泥、彩色石碴或白色大理石碎粒及水按一定比例配制，需要时掺入适量颜料，经搅拌均匀，浇筑捣实、养护，待硬化后将表面磨光而成的饰面。常常将磨光表面用草酸冲洗、干燥后上蜡。

水刷石、干粘石、斩假石和水磨石等装饰效果各具特色。在质感方面：水刷石最为粗犷，干粘石粗中带细，斩假石典雅庄重，水磨石润滑细腻。在颜色花纹方面：水磨石色泽华丽、花纹美观，斩假石的颜色与斩凿的灰色花岗石相似，水刷石的颜色有青灰色、奶黄色等，干粘石的色彩取决于石碴的颜色。

6.2.2.3 防水砂浆

防水砂浆是构成某些建筑物地下工程、水池、地下管道、沟渠等要求不透水性的防水层的基本材料。防水砂浆的配制有如下两种方法：

（1）普通防水砂浆：普通防水砂浆一般采用32.5级以上的普通水泥、级配良好的中砂，按1：（2～3）的比例，并控制水灰比在0.5～0.55范围内，即可适用于一般防水工程。

（2）掺防水剂的防水砂浆：这种防水砂浆通常在水泥砂浆中掺入防水剂而成。常用的防水剂有氯化物金属盐类防水剂（主要由氯化钙和氯化铝组成）、水玻璃类防水剂（一水玻璃为基料加两种或四种矾所组成）和金属皂类减水剂等。防水剂掺入砂浆中，能促使砂浆结构密实或者能堵塞砂浆中的毛细孔隙。

防水砂浆的防水效果在很大程度上取决于施工质量。涂抹时一般分五层，每层约5mm，每层在初凝前要用抹子压实，最后一层要压光，才能取得良好的防水效果。

6.2.2.4 特种砂浆

1. 绝热砂浆

采用水泥等胶凝材料以及膨胀珍珠岩、膨胀蛭石、陶粒砂等轻质

微课：保温砂浆与
抗裂砂浆

多孔骨料，按照一定比例配制的砂浆。其具有质量轻、保温隔热性能好［导热系数一般为 $0.07\sim0.10W/(m\cdot K)$］等特点，主要用于屋面、墙体绝热层和热水、空调管道的绝热层。

2. 吸声砂浆

一般采用轻质多孔骨料拌制而成的绝热砂浆，由于其骨料内部孔隙率大，因此吸声性能也十分优良。吸声砂浆还可以在砂浆中掺入锯末、玻璃纤维、矿物棉等材料拌制而成。主要用于室内吸声墙面和顶面。

3. 耐酸砂浆

一般采用水玻璃作为胶凝材料拌制而成，常常掺入氟硅酸纳作为促硬剂。耐酸砂浆主要作为衬砌材料、耐酸地面或内壁防护层等。

4. 防辐射砂浆

可采用重水泥（钡水泥、锶水泥）或重质骨料（黄铁矿、重晶石、硼砂等）拌制而成，可防止各类辐射的砂浆，主要用于射线防护工程。

图片：砂浆
图片集

小贴士

黄河三盛公水利枢纽工程（如图6-5所示）位于内蒙古自治区巴彦淖尔市磴口县巴彦高勒镇东南的黄河干流上。该枢纽是目前黄河干流上唯一的大型闸坝工程，工程规模属于大（1）型工程，工程等级为Ⅰ等。三盛公水利枢纽工程投入运行 40 余年来，枢纽工程混凝土表面冻融、剥蚀、碳化严重，对此，采用表面喷涂 SPC 聚合物砂浆抹面的方式对混凝土表面进行防碳化加固处理。

SPC 聚合物砂浆（如图6-6所示）不仅具有防止混凝土进一步碳化的能力，还可以防止混凝土的表面冻融、剥蚀等病害的发生。经过 SPC 聚合物砂浆修补，枢纽工程混凝土表面碳化侵蚀明显得到控制，钢筋锈蚀减缓，为今后枢纽工程继续安全运行、发挥经济效益与社会效益提供了有力的保障。

图 6-5　黄河三盛公水利枢纽工程

图 6-6　SPC 聚合物砂浆修补

巩固练习题

一、单项选择题

1. 测定砂浆强度用的标准试件尺寸（mm）是_____。

A. 70.7×70.7×70.7   B. 100×100×100

C. 150×150×150   D. 200×200×200

2. 砂浆的保水性用_____来表示。

A. 坍落度   B. 分层度   C. 针入度   D. 工作度

3. 在抹面砂浆中掺入纤维材料可以改变砂浆的_____。

A. 抗压强度   B. 抗拉强度   C. 保水性   D. 分层度

4. 砌筑砂浆的流动性指标用_____表示。

A. 坍落度   B. 维勃稠度   C. 沉入度   D. 分层度

5. 抹面砂浆的配合比一般采用_____来表示。

A. 质量   B. 体积   C. 质量比   D. 体积比

6. 配制砌筑砂浆时，砂的粒径应不超过砂浆厚度的_____。

A. 1/2   B. 1/3～1/2   C. 1/4～1/3   D. 1/5～1/4

7. 砂浆流动性的大小可以通过_____测定。

A. 坍落度   B. 砂浆稠度仪   C. 砂浆分层仪   D. 维勃稠度

8. 砂浆的分层度越大，说明砂浆的保水性_____。

A. 越好   B. 越差   C. 无关   D. 以上都不正确

9. 凡涂在建筑物或构件表面的砂浆可通称为_____。

A. 砌筑砂浆   B. 抹面砂浆   C. 混合砂浆   D. 防水砂浆

10. 砂浆抗压强度分_____个等级。

A. 4   B. 5   C. 7   D. 10

11. 一般砂浆的抗压强度越高，则其与基材的粘结强度越_____。

A. 高   B. 低   C. 完全无关   D. 不一定

12. 以下常用作砌筑砂浆的是_____。

A. 抹灰砂浆   B. 防水砂浆   C. 水泥砂浆   D. 装饰砂浆

13. 以下属于砂浆强度等级的是_____。

A. MU20   B. M10   C. C30   D. 42.5R

14. 将砖、石及砌块粘结成为砌体的砂浆称为_____。

A. 砌筑砂浆   B. 抹面砂浆   C. 混合砂浆   D. 防水砂浆

15. 潮湿或强度要求较高的部位抹面，宜用_____砂浆。

A. 抹灰砂浆   B. 防水砂浆   C. 水泥砂浆   D. 装饰砂浆

二、多项选择题

1. 新拌砂浆应具备的技术性质是_____。

A. 流动性   B. 保水性   C. 变形性   D. 强度

E. 粘结力

2. 砌筑砂浆为改善其和易性和节约水泥用量，常掺入_____。

A. 石灰膏　　　　　B. 麻刀　　　　　C. 石膏　　　　　D. 黏土膏

E. 水泥

3. 用于砌筑砖砌体的砂浆强度主要取决于_____。

A. 水泥用量　　　　B. 砂子用量　　　C. 水灰比　　　　D. 水泥强度等级

E. 水的用量

4. 用于石砌体的砂浆强度主要决定于_____。

A. 水泥用量　　　　B. 砂子用量　　　C. 水灰比　　　　D. 水泥强度等级

E. 水的用量

5. 砂浆是由_____配制而成的建筑工程材料的总称。

A. 胶凝材料　　　　B. 细骨料　　　　C. 掺合料　　　　D. 粗骨料

E. 水

6. 砂浆的和易性通常用_____表示。

A. 黏聚性　　　　　B. 保水性　　　　C. 流动性　　　　D. 强度

E. 变形性

7. 以下是特种砂浆的是_____。

A. 绝热砂浆　　　　B. 吸声砂浆　　　C. 耐酸砂浆　　　D. 防辐射砂浆

E. 防水砂浆

三、判断题

1. 分层度愈小，砂浆的保水性愈差。　　　　　　　　　　　　　　　　（　　）

2. 砂浆的和易性内容与混凝土的完全相同。　　　　　　　　　　　　　（　　）

3. 混合砂浆的强度比水泥砂浆的强度大。　　　　　　　　　　　　　　（　　）

4. 防水砂浆属于刚性防水。　　　　　　　　　　　　　　　　　　　　（　　）

5. 砂浆的分层度越大，说明砂浆的流动性越好。　　　　　　　　　　　（　　）

6. 砌筑砂浆的强度，无论其底面是否吸水，砂浆的强度主要取决于水泥强度及水灰比。　　　　　　　　　　　　　　　　　　　　　　　　　　　　　　　（　　）

7. 砂浆的和易性包括流动性、黏聚性、保水性三方面的内容。　　　　　（　　）

8. 砂浆的强度是以边长为 70.7mm 的立方体试件标准养护 28d 的抗压强度表示。

　　　　　　　　　　　　　　　　　　　　　　　　　　　　　　　（　　）

9. 配制砌筑砂浆和抹面砂浆，应选用中砂，不宜用粗砂。　　　　　　　（　　）

10. 砌筑砂浆流动性的因素，主要是用水量、水泥的用量、级配及粒形等，而与砂子的粗细程度无关。　　　　　　　　　　　　　　　　　　　　　　　　（　　）

11. 砂浆的稠度越大，分层度越小，则表明其和易性越好。　　　　　　（　　）

12. 砂浆配合比设计时，其所用砂是以干燥状态为基准的。　　　　　　（　　）

13. 砂浆保水性主要取决于砂中细颗粒的含量，这种颗粒越多，保水性越好。（　　）

14. 抹面砂浆的抗裂性能比强度更为重要。　　　　　　　　　　　　　（　　）

15. 拌制抹面砂浆时，为保证足够的粘结性，应尽量增大水泥用量。　　（　　）

16. 干燥收缩对抹面砂浆的使用效果和耐久性影响最大。　　　　　　　（　　）

17. 重要建筑物和地下结构，可选用石灰砌筑砂浆，但砂浆的强度必须满足一定

要求。 （　　）

18. 砌筑砂浆的作用是将砌体材料粘结起来，因此，它的主要性能指标是粘结抗拉强度。 （　　）

四、简答题

砂浆强度试件与混凝土强度试件有何不同？

项目7

墙体及屋面材料

Chapter 07

 学习目标

熟悉常用墙体材料和屋面材料的种类、优缺点及应用；掌握烧结普通砖和烧结空心砖的基本技术性质；了解新型墙体材料和屋面材料的发展。

思政目标

培养创新精神，发展环保新材料，坚持绿色发展理念。

墙体在建筑中起承重、围护、隔断、防水、保温、隔声等作用。屋面为建筑物的最上层，起围护作用。它们与建筑物的功能、自重、成本、工期以及建筑能耗等均有着直接的关系。我国传统的墙体材料和屋面材料是用黏土烧制的砖和瓦，统称为烧土制品，它历史悠久，素有"秦砖汉瓦"之称。但是随着现代建筑的发展，这些传统材料已无法满足要求，而且砖瓦自重大、体积小、生产能耗高，又需耗用大量的农田，影响农业生产和生态环境。因此，大力利用地方性资源和工业废料开发生产轻质、高强、大尺寸、耐久、多功能、节土、节能的新型墙体材料和屋面材料显得十分重要。

建筑工程对这些围护材料的主要要求为：具有一定的强度，较好或很高的隔热保温性、隔声性、抗冻性、耐候性，有时还要求具有一定的抗渗性、耐水性、防火性、耐火性、装饰性、抗裂性、透光性或不透光性、透视性或不透视性等。

目前我国用于墙体的材料品种很多，总体可归为三类：砖、砌块、板材。用于屋面的材料为各种材质的瓦以及一些板材。

任务 7.1 砌墙砖

砌墙砖按孔洞率的大小可分为：实心砖、多孔砖、空心砖。实心砖又称普通砖，孔洞率<25%；多孔砖孔洞率≥25%，孔的尺寸小而数量多；空心砖孔洞率≥40%，孔的尺寸大而数量少。

按制造工艺分为：烧结砖、蒸压（养）砖、免烧（蒸）砖。

按原材料分：黏土砖、页岩砖、灰砂砖、粉煤灰砖、煤矸石砖、煤渣砖等。

7.1.1 烧结砖

凡通过高温焙烧而制得的砖统称为烧结砖。

7.1.1.1 烧结普通砖

凡以黏土、页岩、煤矸石、粉煤灰、建筑渣土、淤泥（江河湖淤泥）、污泥等为主要原料，经焙烧而成的实心或孔洞率不大于15%的砖，称为烧结普通砖。

按主要原料分为黏土砖、页岩砖、煤矸石砖和粉煤灰砖。

微课：烧结砖

1. 生产工艺简介

以黏土、页岩、煤矸石和粉煤灰等为原料烧制普通砖时，其生产工艺基本相同。生产工艺过程如下：采土→调制→制坯→干燥→焙烧→成品。

焙烧是生产烧结普通砖的重要环节。一般是将焙烧温度控制在900～1100℃之间，使砖坯烧至部分熔融而烧结。如果焙烧温度过高或时间过长，则易产生过火砖。过火砖的特点为砖色深、敲击时声音清脆、吸水率低、强度高、耐久性好，但有弯曲变形且保温隔热效果不理想。如果焙烧温度过低或时间不足，则易产生欠火砖。欠火砖的特点为砖色浅、敲击声发哑、吸水率大、强度低、耐久性差等。

当砖窑中焙烧时为氧化气氛，因生成三氧化二铁（Fe_2O_3）而使砖呈红色，称为红砖。若在氧化气氛中烧成后，再在还原气氛中闷窑，红色 Fe_2O_3 还原成青灰色氧化亚铁（FeO），称为青砖。青砖一般较红砖致密、耐碱、耐久性好，但由于价格高，目前生产应用较少。此外，生产中可将煤渣、含碳量高的粉煤灰等工业废料掺入制坯的土中制作内燃砖。当砖焙烧到一定温度时，废渣中的碳也在干坯体内燃烧，因此可以节省大量的燃料和 5%~10% 的黏土原料。内燃砖燃烧均匀，表观密度小，导热系数低，且强度可提高约 20%。

2. 烧结普通砖的技术要求

根据国家标准《烧结普通砖》GB/T 5101—2017 的规定，普通砖的技术要求包括尺寸偏差、外观质量、强度等级和抗风化性能、泛霜、石灰爆裂等方面。按技术指标分为合格与不合格来判定产品质量。

（1）尺寸偏差：尺寸偏差应符合表 7-1 规定。

尺寸偏差（单位：mm）　　　　　　　　　　　　　　　表 7-1

公称尺寸	指标	
	样本平均偏差	样本极差≤
240	±2.0	6.0
115	±1.5	5.0
53	±1.5	4.0

普通黏土砖为长方体，其标准尺寸为 240mm×115mm×53mm，加上砌筑用灰缝的厚度，则 4 块砖长、8 块砖宽、16 块砖厚分别恰好为 1m，故每 1m³ 砖砌体需用砖 512 块。如图 7-1 所示。

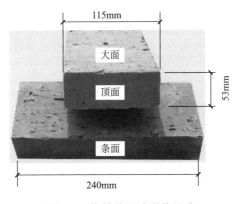

图 7-1　烧结普通砖形状尺寸

（2）外观质量：普通砖的外观质量应符合表 7-2 的规定。

外观质量（单位：mm）　　　　　　　　　　　　　　　表 7-2

项　目		指　标
两条面高度差	≤	2
弯曲	≤	2
杂质凸出高度	≤	2

续表

项　目		指　标
缺棱掉角的三个破坏尺寸	不得同时大于	5
裂纹长度	≤	
a. 大面上宽度方向及其延伸至条面的长度		30
b. 大面上长度方向及其延伸至顶面的长度或条顶面上水平裂纹的长度		50
完整面[a]	不得少于	一条面和一顶面

注：为砌筑挂浆而施加的凹凸纹、槽、压花等不算作缺陷。

[a] 凡有下列缺陷之一者，不得称为完整面：

- -缺损在条面或顶面上造成的破坏面尺寸同时大于 10mm×10mm。
- -条面或顶面上裂纹宽度大于 1mm，其长度超过 30mm。
- -压陷、粘底、焦花在条面或顶面上的凹陷或凸出超过 2mm，区域尺寸同时大于 10mm×10mm。

（3）强度等级：烧结普通砖根据 10 块砖的抗压强度平均值及强度标准值分为五个强度等级。强度等级应符合表 7-3 规定。

强度等级（单位：MPa） 表 7-3

强度等级	抗压强度平均值 $\overline{f}$ ≥	强度标准值 f_k ≥
MU30	30.0	22.0
MU25	25.0	18.0
MU20	20.0	14.0
MU15	15.0	10.0
MU10	10.0	6.5

（4）抗风化性能。抗风化能力是指在干湿变化、温度变化、冻融变化等物理因素作用下，材料不被破坏并长期保持其原有性质的能力。

抗风化性能是普通黏土砖重要的耐久性指标之一，对砖的抗风化性能要求应根据各地区的风化程度而定（风化程度的地区划分详见《烧结普通砖》GB/T 5101—2017）。砖的抗风化性能通常用抗冻性、吸水率及饱和系数三项指标划分。抗冻性是指经 15 次冻融循环后不产生裂纹、分层、掉皮、缺棱、掉角等冻坏现象；且重量损失率小于 2%，强度损失率小于规定值。吸水率是指常温泡水 24h 的重量吸水率。饱和系数是指常温 24h 吸水率与 5h 沸煮吸水率之比。严重风化区中的 1、2、3、4、5 五个地区所用的普通砖，其冻融试验必须合格，其他地区可不做冻融试验。

（5）泛霜。泛霜是指黏土原料中的可溶性盐类（如硫酸钠等），随着砖内水分蒸发而在砖表面产生的盐析现象，一般为白色粉末，常在砖表面形成絮团状斑点，严重的会起粉、掉角或蜕皮。可溶性盐较高的烧结黏土砖的寿命较短。泛霜不仅影响建筑物的外观，还会造成砖表面出现粉化与脱落。标准规定：每块砖不允许出现严重泛霜。

（6）石灰爆裂：原料中若夹带石灰或内燃料（粉煤灰、炉渣）中带入氧化钙，在高温熔烧过程中生成过火石灰。过火石灰在砖体内吸水膨胀，导致砖体膨胀破坏，这种现象称为石灰爆裂。根据《烧结普通砖》GB/T 5101—2017 的规定，普通砖的石灰爆裂应符合下列规定：①破坏尺寸大于 2mm 且小于或等于 15mm 的爆裂区域，每组砖不得多于 15 处。其中大于 10mm 的不得多于 7 处。②不准许出现最大破坏尺寸大于 15mm 的爆裂区域。③试验后抗压强度损失不得大于 5MPa。

3. 烧结普通砖的特点及应用

烧结普通砖既有一定的强度，又有较好的隔热、隔声性能，冬季室内墙面不会出现结露现象，而且价格低廉。但同时也存在生产能耗高、破坏生态环境、自重大、抗震性能差、尺寸小、施工效率低等缺点。

小贴士

2019 年 4 月 28 日习近平总书记在 2019 年中国北京世界园艺博览会开幕式上讲话：绿水青山就是金山银山，改善生态环境就是发展生产力。良好生态本身蕴含着无穷的经济价值，能够源源不断创造综合效益，实现经济社会可持续发展。绿水青山就是金山银山，这句富含哲理的话如今已广为人知、深入人心，更在生动实践中开花结果、惠及民生。"绿水青山"指的是生态环境，"金山银山"说的是经济发展。两者间存在一定关系：生态环境是人类生存发展的根基，保护好生态环境，走绿色发展之路，人类社会发展才能高效、永续。也就是说，新时代中国发展追求的是人与自然和谐共生。

烧结黏土砖，会破坏耕地，因此为了保护耕地、保护环境，我们国家在逐渐限制和淘汰烧结黏土转，希望同学们要树立"绿水青山就是金山银山"的绿色发展观，树立环保意识和可持续发展理念，同时要具有敢为人先的创新精神去不断发展环保新材料。

烧结普通砖可用于建筑围护结构，砌筑柱、拱、烟囱、窑身、沟道及基础等。可与轻骨料混凝土、加气混凝土、岩棉等隔热材料配套使用，砌成两面为砖、中间填以轻质材料的轻体墙。可在砌体中配置适当的钢筋或钢筋网成为配筋砌筑体，代替钢筋混凝土柱、过梁等。

7.1.1.2 烧结多孔砖、空心砖

烧结普通砖有自重大、尺寸小、生产能耗高、施工效率低等缺点，用烧结多孔砖和烧结空心砖代替烧结普通砖，可使建筑物自重减轻 30％左右，节约黏土 20％～30％，节省燃料 10％～20％，墙体施工功效提高 40％，并改善砖的隔热隔声性能。通常在相同的热工性能要求下，用空心砖砌筑的墙体比用实心砖砌筑的墙体减薄半砖左右，所以推广使用多孔砖和空心砖是加快我国墙体材料改革，促进墙体材料工业技术进步的重要措施之一。

烧结多孔砖和烧结空心砖的生产工艺与烧结普通砖相同，但由于坯体有孔洞，增加了成型的难度，因而对原料的可塑性要求很高。

1. 烧结多孔砖

烧结多孔砖（简称多孔砖）是以黏土、页岩、煤矸石、粉煤灰、淤泥及其他固体废弃

物等为主要原料烧制而成的,孔洞率超过 33%,孔尺寸小而数量多,主要用于承重部位。多孔砖主要用于六层以下建筑物的承重墙体或框架结构的填充墙。

多孔砖的技术性能应满足国家规范《烧结多孔砖和多孔砌块》GB/T 13544—2011 的要求,包括:尺寸允许偏差、外观质量、密度等级、强度等级、孔型孔结构及孔洞率、泛霜、石灰爆裂、抗风化性能等方面的技术要求。多孔砖的长度、宽度、高度规格尺寸应符合要求(mm):290、240、190、180、140、115、90。多孔砖如图 7-2 所示。

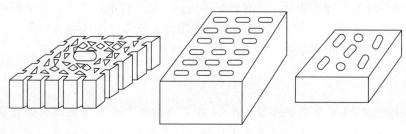

图 7-2　烧结多孔砖

多孔砖根据抗压强度分为 MU30、MU25、MU20、MU15、MU10 五个强度等级。

2. 烧结空心砖

烧结空心砖(简称空心砖)是以黏土、页岩、煤矸石、粉煤灰、淤泥(江、河、湖等淤泥)、建筑渣土及其他固体废弃物等为主要原料烧制而成的,孔洞率大于 40%,孔尺寸大而数量少,主要用于非承重部位。

空心砖的长度、宽度、高度尺寸应符合要求:长度规格尺寸(mm):390、290、240、190、180(175)、140;宽度规格尺寸(mm):190、180(175)、140、115;高度规格尺寸(mm):180(175)、140、115、90。

空心砖的外型为直角六面体,如图 7-3 所示。

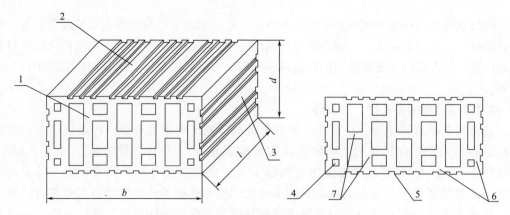

图 7-3　烧结空心砖

l—长度;b—宽度;d—高度;

1—顶面;2—大面;3—条面;4—壁孔;5—粉刷槽;6—外壁;7—肋

空心砖的技术性能应满足国家规范《烧结空心砖和空心砌块》GB/T 13545—2014 的要求,包括尺寸允许偏差、外观质量、强度等级、密度等级、孔洞排列及其结构、泛霜、石灰爆裂、抗风化性能等方面的技术要求。空心砖根据抗压强度可分为 MU10、MU7.5、MU5.0、MU3.5 四个强度等级，同时按密度（kg/m³）分为 800、900、1000、1100 四个密度级别。

7.1.2　蒸压（养）砖

微课：蒸压（养）砖

蒸压（养）砖称非烧结砖，又称免烧砖，是不经过焙烧而制得的砖。这类砖的强度是通过在制砖时掺入一定量胶凝材料或在生产过程中形成一定的胶凝物质而得到的。目前应用较多的有蒸压灰砂砖、蒸压粉煤灰砖和炉渣砖。

7.1.2.1　蒸压灰砂砖

蒸压灰砂砖（简称灰砂砖）是以石灰和砂为主要原料，经磨细、混合搅拌、陈伏、压制成型和蒸压养护制成的。一般石灰占 10%～20%，砂占 80%～90%。如图 7-4 所示。灰砂砖的组织均匀密实、尺寸准确、外形光洁、平整、色泽大方，外形尺寸与烧结普通砖相同，多为浅灰色。

图 7-4　蒸压灰砂砖

蒸压灰砂砖的规格与普通黏土砖相同，标准尺寸为 240mm×115mm×53mm。根据国家标准《蒸压灰砂实心砖和实心砌块》GB/T 11945—2019 的规定，按抗压强度分为 MU10、MU15、MU20、MU25、MU30 五个强度等级。

灰砂砖具有强度较高、大气稳定性好、干缩小、尺寸偏差小且外形光滑平整等特点。其主要用于工业与民用建筑中，MU25、MU20、MU15 的灰砂砖可用于基础及其他建筑，MU10 砖仅可用于砌筑防潮层以上的墙体。由于灰砂砖在长期高温作用下会发生破坏，故灰砂砖不得用于长期受 200℃ 以上或受急冷急热和有酸性介质侵蚀的建筑部位，如不能砌筑炉衬或烟囱等。

7.1.2.2　蒸压粉煤灰砖

蒸压粉煤灰砖（简称粉煤灰砖）以粉煤灰和生石灰为主要原料，可掺加适量石膏等外加剂和其他骨料，经坯料制备、压制成型、高压蒸汽养护而制成，产品代号为 AFB。其尺寸规格与普通黏土砖相同，砖的公称尺寸为：长度 240mm，宽度 115mm，高度 53mm。如图 7-5 所示。

图 7-5　蒸压粉煤灰砖

粉煤灰砖的技术性能应满足建材行业标准《蒸压粉煤灰砖》JC/T 239—2014 的要求，包括外观质量、尺寸偏差、强度等级、抗冻性、线性干燥收缩值、碳化系数、吸水率、放射性核素限量等方面的技术要求。粉煤灰砖按技术指标分为合格品和不合格品两个等级，按强度分为 MU10、MU15、MU20、MU25、MU30 五个等级。其强度等级和抗冻性指标要求见表 7-4、表 7-5。

强度等级（单位：MPa）　　　　　　　　　　　　　　表 7-4

强度等级	抗压强度		抗折强度	
	平均值	单块最小值	平均值	单块最小值
MU10	≥10.0	≥8.0	≥2.5	≥2.0
MU15	≥15.0	≥12.0	≥3.7	≥3.0
MU20	≥20.0	≥16.0	≥4.0	≥3.2
MU25	≥25.0	≥20.0	≥4.5	≥3.6
MU30	≥30.0	≥24.0	≥4.8	≥3.8

抗冻性　　　　　　　　　　　　　　　　表 7-5

使用地区	抗冻指标	质量损失率	抗压强度损失率
夏热冬暖地区	D15		
夏热冬冷地区	D25		
寒冷地区	D35	≤5%	≤25%
严寒地区	D50		

粉煤灰砖可用于工业与民用建筑的墙体和基础。但用于基础或用于易受冻融和干湿交替作用的建筑部位时，必须使用 MU15 及以上强度等级的砖。不得用于长期受热（200℃以上）、受急冷急热和有酸性介质侵蚀的建筑部位。为提高粉煤灰砖砌体的耐久性，有冻

融作用的部位应选择抗冻性合格的砖，并用水泥砂浆在砌体上抹面或采取其他防护措施。用粉煤灰砖砌筑的建筑物，应适当增设圈梁及伸缩缝或其他措施，以避免或减少收缩裂缝。

7.1.2.3　炉渣砖

炉渣砖是以煤燃烧后的残渣为主要原料，配以一定数量的石灰和少量石膏，加水搅拌、陈化、轮辗、成型、蒸养或蒸压养护而制得的实心砌墙砖。其颜色呈灰黑色，规格与普通黏土砖相同。如图 7-6 所示。

图 7-6　炉渣砖

炉渣砖的抗压强度为 $10\sim25\text{MPa}$，表观密度 $1500\sim2000\text{kg/m}^3$。炉渣砖可以用于建筑物的墙体和基础，但是用于基础或易受冻融和干湿循环的部位必须采用强度等级 MU15 以上的砖。防潮层以下建筑部位也应采用强度等级 MU15 以上的炉渣砖。

图片：砌墙砖

任务 7.2　墙用砌块

建筑砌块是一种节能、节土、利废并且能满足建筑需要的墙体材料。目前的一些公用建筑和住宅建设施工中，砌块已经基本上替代了实心黏土砖这样的传统材料，建筑砌块已经逐步成了新型墙体材料的主导产品并积极加以推广使用。砌块与传统的实心黏土砖相比，具有生产简单、轻质高强、施工快捷、自重轻、造价相对较低、可增加使用面积，同时还可缩短工期、在施工过程中还可节省砂浆用量等特点。因此，普及推广应用节土、节能、环保、利废的新型墙体材料，就显得尤为重要。

从目前使用的状况来看，建筑砌块主要有：混凝土小型空心砌块、轻骨料混凝土小型空心砌块、蒸压加气混凝土砌块、粉煤灰砌块、石膏砌块、烧结空心砌块等，而其中最常用的主要为混凝土小型空心砌块、蒸压加气混凝土砌块、粉煤灰砌块等。

7.2.1　混凝土砌块

7.2.1.1　混凝土小型空心砌块

混凝土小型空心砌块是以水泥为胶凝材料，添加砂石等粗细为骨料，经计量配料、加水搅拌，振动加压成型，经养护制成的具有一定空心率的砌块材料，如图 7-7 所示。混凝土小型空心砌块适用于抗震设防烈度为 8 度及 8 度以下地区的各种建筑墙体，包括高层与大跨度的建筑，也可以用于围墙、挡土墙、桥梁和花坛等市政设施，应用范围十分广泛。

图 7-7 混凝土小型空心砌块

混凝土小型空心砌块主规格尺寸为 390mm×190mm×190mm，其他规格尺寸可由供需双方协商。

强度等级：按抗压强度分为 MU3.5、MU5、MU7.5、MU10、MU15、MU20 六个强度等级。

使用注意事项：

（1）采用自然养护时，必须养护 28d 后方可使用；

（2）出厂时砌块的相对含水率必须严格控制在标准规定范围内；

（3）砌块在施工现场堆放时，必须采用防雨措施；

（4）砌筑前，砌块不允许浇水预湿。

优点：自重轻，热工性能好，抗震性能好，砌筑方便，墙面平整度好，施工效率高等。不仅可以用于非承重墙，较高强度等级的砌块也可用于多层建筑的承重墙。可充分利用我国各种丰富的天然轻骨料资源和一些工业废渣为原料，降低砌块生产成本，减少环境污染，具有良好的社会和经济双重效益。

缺点：块体相对较重、易产生收缩变形、易破损、不便砍削加工等，若处理不当，砌体易出现开裂、漏水、人工性能降低等质量问题。

7.2.1.2 轻骨料混凝土小型空心砌块

轻骨料混凝土小型空心砌块是以陶粒、膨胀珍珠岩、浮石、火山渣、煤渣、自燃煤矸石等各种轻粗细骨料和水泥按一定比例配制，经搅拌、成型、养护而成的空心率大于 25%、体积密度小于 1400kg/m³ 的轻质混凝土小砌块。

轻骨料混凝土小型空心砌块的主规格尺寸为 390mm×190mm×190mm，其他规格尺寸可由供需双方商定。按砌块强度分为 MU1.5、MU2.5、MU3.5、MU5.0、MU7.5、MU10.0 六个强度等级，按砌块密度（kg/m³）分为 500、600、700、800、900、1000、1200、1400 八个密度等级。

轻骨料混凝土小型空心砌块是一种轻质高强、能取代普通黏土砖的很有发展前景的墙体材料，由于其具有质量轻、保温性能好、装饰贴面粘结强度高、设计灵活、施工方便等优点，因此得到了迅速发展，其不仅可用于承重墙，还可以用于既承重又保温或专门保温的墙体，更适合于高层建筑的填充墙和内隔墙。

7.2.2　蒸压加气混凝土砌块

微课：加气
混凝土砌块

　　蒸压加气混凝土砌块是在钙质材料（如水泥、石灰）和硅质材料（如砂、粉煤灰、矿渣）的配料中加入铝粉作为加气剂，经加水搅拌、浇筑成型、发气膨胀、预养切割，再经高压蒸汽养护而制成的多孔墙体材料。如图 7-8 所示。

　　蒸压加气混凝土砌块的规格尺寸：长度一般为 600mm，宽度（mm）有 100、125、150、200、250、300 及 120、180、240 等九种规格，高度（mm）有 200、250、300 三种规格。但在实际应用中，尺寸可根据需要进行生产。以平均抗压强度划分为 A1.0、A2.0、A2.5、A3.5、A5.0、A7.5、A10.0 七个等级。

　　蒸压加气混凝土砌块具有质量轻，保温、隔热、隔声性能好，抗震性强，导热率低，传热速度慢，耐火性好，易于加工，施工方便等特点，是应用较多的轻质墙体材料之一，适用于低层建筑的承重墙、多层建筑的间隔墙和高层框架结构的填充墙，作为保温隔热材料也可用于复合墙板和屋面结构中。在无可靠的防护措施时，该类砌块不得用于处于水中、高湿度、有碱化学物质侵蚀等环境中，也不得用于建筑物的基础和温度长期高于 80℃ 的建筑部位。

7.2.3　粉煤灰砌块

　　粉煤灰砌块又称为粉煤灰硅酸盐砌块，是以粉煤灰、石灰、石膏和骨料，经加水搅拌、振动成型、蒸汽养护而制成的实心砌块。

　　粉煤灰砌块的主规格尺寸为 880mm×380mm×240mm、880mm×430mm×240mm，其外观形状见图 7-9。

图 7-8　蒸压加气混凝土砌块　　　　　　　图 7-9　粉煤灰砌块

　　粉煤灰砌块可用于一般工业和民用建筑的墙体和基础，但不宜用于有酸性介质侵蚀的建筑部位，也不宜用于经常处于高温影响下的建筑物。常温施工时，砌块应提前浇水湿润；冬期施工时砌块不得浇水湿润。粉煤灰砌块墙体的内外表面宜作粉刷或其他饰面，以改善隔热、隔声性能并防止外墙渗漏，提高耐久性。

任务 7.3 墙用板材

以板材为围护墙体的建筑体系具有轻质、节能、施工方便快捷、使用面积大、开间布置灵活等特点，应用前景比较广阔。我国目前常用的墙用板材分为水泥类板材、石膏类板材和复合墙板。

微课：墙用板材

7.3.1 水泥类板材

水泥类墙用板材具有较好的力学性能和耐久性，生产技术成熟，产品质量可靠。但水泥类板材的抗拉强度较低、表观密度较大。可用于承重墙、外墙和复合墙板的外层面。

7.3.1.1 GRC 轻质多孔条板

GRC 轻质多孔条板是以低碱度水泥为胶结材料，高强度抗碱玻璃纤维布为抗拉件，膨胀珍珠岩为骨料，并配以发泡剂和防水剂等，经配料、搅拌、成型、养护而制成的一种轻质隔墙板。其主要规格尺寸：长度为 2500～3000mm，宽度为 600mm，厚度为 60mm、90mm、120mm。如图 7-10 所示。

图 7-10 GRC 轻质多孔条板

GRC 轻质多孔条板具有质量轻，强度高，不燃，可锯、钉、钻以及施工效率高等特点，可用于工业和民用建筑的内隔墙。

7.3.1.2 蒸压加气混凝土板

蒸压加气混凝土板是以钙质材料（水泥、石灰等）、硅质材料（砂、粉煤灰、粒化高炉矿渣等）和水按一定比例配合，加入少量发气剂，经搅拌、浇筑、成型、蒸压养护等工序制成的轻质板材。按照使用部位的不同分为屋面板、隔墙板和外墙板 3 种。如图 7-11 所示。

蒸压加气混凝土板质量轻，且具有良好的耐火、防火、隔声、隔热、保温等性能。蒸压加气混凝土板可用于一般建筑物的内外墙和屋面，但对于处于高湿环境的墙体，则不宜采用蒸压加气混凝土板。

7.3.1.3   纤维增强硅酸钙复合实心轻质隔墙条板

纤维增强硅酸钙复合实心轻质隔墙条板（简称硅酸钙复合实心墙板）是采用两块增强硅酸钙薄板作为面板材料，夹水泥聚苯乙烯颗粒轻质混合料芯体，通过对芯体各种原材料的优化组合，利用水泥的胶结性能和面板的亲和力将面板与芯体牢固结合而制成的板材。如图 7-12 所示。

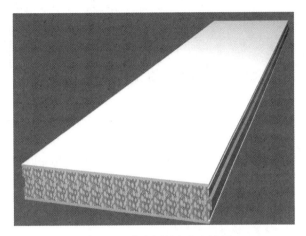

图 7-11   蒸压加气混凝土板   图 7-12   硅酸钙复合实心墙板

硅酸钙复合实心墙板具有密度低、比强度高、湿胀率小、抗冲击性能好、强度高、吊挂力大、防火、防水、隔声、隔热、容易切割、可任意开槽和干法作业等优点。建筑用硅酸钙板可作为公用民用建筑的隔墙与吊顶，经表面防水处理后也可用作建筑物的外墙面板。

7.3.2   石膏类板材

石膏制品有许多优点，石膏板的装饰性比较好，其表面平整、光滑，能够调节室内的温度和湿度，应用广泛。石膏类板材在轻质墙体材料中占有很大比例，主要有纸面石膏板、无面纸的石膏纤维板、石膏空心条板和石膏刨花板等。

7.3.2.1   纸面石膏板

纸面石膏板是以建筑石膏为主要原料，掺入适量添加剂与纤维做板芯，以特制的板纸为护面，经加工制成的板材。按其用途可分为普通纸面石膏板、耐水纸面石膏板、耐火纸面石膏板。常用的规格尺寸：长度（mm）为 1800、2100、2400、2700、3000 和 3600；宽度（mm）为 900 和 1200；厚度（mm）为 9、12、15、18、21 和 25。如图 7-13 所示。

纸面石膏板具有轻质、防火、隔声、保温、隔热、加工性能良好（可刨、可钉、可锯）、施工方便、可拆装性能好、增大使用面积等优点，因此被广泛用于各种工业建筑、民用建筑，尤其是在高层建筑中作为内墙材料和装饰装修材料。

7.3.2.2   石膏纤维板

石膏纤维板是以建筑石膏为主要原料，以玻璃纤维或纸筋等为增强材料，经铺浆、脱水、成型、烘干等工序加工而成。其常用的规格尺寸基本同纸面石膏板。如图 7-14 所示。

石膏纤维板具有较好的尺寸稳定性和防火、防潮、隔声性能，可钉、可锯。石膏纤维板主要用于工业与民用建筑的吊顶、隔墙。

图 7-13　纸面石膏板

图 7-14　石膏纤维板

7.3.2.3　石膏空心条板

石膏空心条板是以熟石膏为胶凝材料，适量加入各种轻质骨料（如膨胀珍珠岩、膨胀蛭石等）和改性材料（如矿渣、粉煤灰、石灰、外加剂等），经搅拌、振动成型、抽芯模、

图 7-15　石膏空心条板

干燥而成的。其长度为 2500～3000mm，宽度为 500～600mm，厚度为 60～90mm。改板生产时不用纸和胶，安装墙体时不用龙骨，设备简单，较易投产。如图 7-15 所示。

石膏空心条板具有轻质、比强度高、隔热、隔声、防火、可加工性好等优点，且安装方便。其适用于各类建筑的非承重内隔墙，但若用于相对湿度大于 75% 的环境中，则板材表面应作防水等相应处理。

7.3.3　复合墙板

以单一材料制成的板材，常因材料本身的有限性而使其在应用中受到限制。如：质量较轻、隔热、隔声效果较好的石膏板、加气混凝土板、稻草板等，因其耐水性差或强度低，就只能用于非承重的内隔墙。而水泥混凝土类的板材虽有足够的强度和耐久性，但其自重大、隔声、保温性能差。为了克服上面的缺点，常用不同的材料组合多功能的复合墙板以达到要求。

常用的复合墙板主要由结构层、保温层及面层组成，其优点是承重材料和轻保温材料的功能得到合理利用，实现了物尽其用，拓宽了材料的来源。

> ◆◆ 小贴士
>
> 　　2020 年湖北武汉疫情肆虐、急需专门医院救治新冠肺炎患者的紧急时刻，10 天建成武汉火神山医院、12 天建成雷神山医院。在被称为"中国速度""世界奇迹"的背后，凝聚着"听党召唤、不畏艰险、团结奋斗、使命必达"的"火雷精神"。

武汉火神山医院为装配式模块化箱式房屋，又称盒子建筑、集装箱房，是一种把单个房间作为预制单元，每个单元的外墙板和内部装修均在工厂完成后运到现场进行安装的建筑结构形式。其中，火神山医院病房的框架构造采用了复合轻钢板材板房建造，这种活动板房可以迅速进行组装与拆卸，墙体材料为50mm厚的岩棉板，防火性能和保温性能好，还能隔热吸声。火神山和雷神山医院的建设反映了中国工程建设力量之强大，离不开土木工程材料的快速发展，希望同学能努力学好专业知识，将来回报国家和社会。

7.3.3.1 泰柏板

泰柏板是一种新型建筑材料，是目前取代轻质墙体最理想的材料，是以阻燃聚苯泡沫板，或岩棉板为板芯，两侧配以冷拔钢丝网片、钢丝网目、腹丝斜插过芯板焊接而成。

泰柏板的标准尺寸为 $1.22m \times 2.44m = 3m^2$ ，标准厚度为 100mm，平均自重为 $90kg/m^2$ ，导热系数小（其热损失比一砖半的砖墙小 50%）。由于所用的钢丝网架构造及夹芯层材料、厚度的差别等，该类板材有多种名称，如 GY 板（夹芯为岩棉）、三维板、3D 板、钢丝网节能板等，但它们的性能和基本结构相似。泰柏板具有节能、重量轻、强度高、防火、抗震、隔热、隔声、抗风化、耐腐蚀的优良性能，并有组合性强、易于搬运、适用面广、施工简便等特点。如图 7-16 所示。

它广泛用于建筑业、装饰业内隔墙、围护墙、保温复合外墙和双轻体系（轻板、轻框架）

图 7-16 泰柏板

的承重墙，用于楼面、屋面、吊顶和新旧楼房加层、卫生间隔墙，并且可作任何贴面装修等。

7.3.3.2 PU 夹芯板

PU（聚氨酯）夹芯板，内、外两面为玻璃钢板，夹芯层为硬质聚氨酯泡沫，经真空技术高压复合而成。夹芯板表面光洁，污物能够轻易除掉，整个面板色彩鲜艳，具有极佳的保光性。如图 7-17 所示。

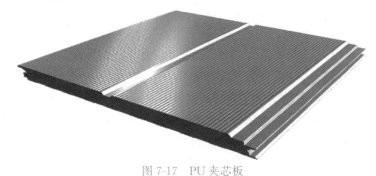

图 7-17 PU 夹芯板

163

玻璃钢板表面有一层性能优异的胶衣，对大气、水和一般浓度的酸、碱、盐等介质有着良好的化学稳定性；表面光洁度高，保光性极佳，不变色、耐腐蚀、防光晒、抗老化。

它主要适用于保温冷藏干货车厢、大跨度结构屋面、墙面、保温隔热（或防火）厂房、净化厂房、高中档组合房屋、冷库、集装箱房等地方。

7.3.3.3 金属面夹芯板

金属面夹芯板是指上下两层为金属薄板，芯材为有一定刚度的保温材料，如岩棉、硬质泡沫塑料等，在专用的自动化生产线上复合而成的具有承载力的结构板材，也称为"三明治"板。如图7-18所示。

图 7-18 金属面夹芯板

它大致可这样分类：

1. 按面层材料分为：镀锌钢板夹芯板、热镀锌彩钢夹芯板、电镀锌彩钢夹芯板、镀铝锌彩钢夹芯板和各种合金铝夹芯板等。

2. 按芯材材质分为：

（1）金属泡沫塑料夹芯板：如金属聚氨酯夹芯板（PUR）、金属聚苯夹芯板（EPS）。

（2）金属无机纤维夹芯板：如金属岩棉夹芯板、金属矿棉夹芯板、金属玻璃棉夹芯板等。

图片：墙用板材

3. 按建筑物的使用部位分为：屋面板、墙板、隔墙板、吊顶板等。

 小贴士

　　镇江体育会展中心位于江苏省镇江市，建筑面积19万 m²，由体育场（30000座）、体育会展馆（其中体育馆6000座、会展600个展位）及综合训练馆三大建筑组成。此工程在建设过程中使用了一种新型的墙体材料——砂加气混凝土板材。

　　轻质砂加气混凝土产品以磨细石英砂、石灰、水泥和石膏为主要生产原材料，以铝粉为发气剂，经配料、搅拌、预养、切割、养护制成。其具有轻质、保温、隔声的特性，广泛用于轻质隔墙及节能建筑工程。砂加气混凝土板材在镇江体育会展中心墙体工程中的使用，不仅能满足普通内外墙的要求，还能方便灵活地用于大跨度、大高度、斜墙等墙体工程。尽管砂加气混凝土板材的材料成本较高，为传统砌体材料的2～4倍，但其安装效率高，工期约为普通墙体工程的1/5，且板材表面平整，可在不予抹灰的情况下直接进行饰面施工。因此，综合考虑材料成本、安装成本、装饰处理成本等因素，该产品的总体经济成本相对可以接受，从长远看，更符合绿色建筑、节能环保的理念。

任务 7.4　屋面材料

屋面材料主要为各类瓦制品，按成分分为黏土瓦、琉璃瓦、石棉水泥瓦、钢丝网水泥大波瓦等；按生产工艺分为压制瓦、挤制瓦和手工光彩脊瓦；按形状分有平瓦、波形瓦、脊瓦。新型屋面材料主要有轻钢彩色屋面板、铝塑复合板等。

微课：屋面材料

7.4.1　黏土瓦

黏土瓦是以黏土为主要原料，加适量的水搅拌均匀后，经模压挤出成型，再经干燥、焙烧而成。制瓦的黏土要求杂质少、塑性高。生产中瓦坯干燥需要瓦托。按烧成后的颜色分为青瓦和红瓦，按形状分为平瓦和脊瓦。如图 7-19 所示。

图 7-19　黏土瓦

根据建材行业标准《烧结瓦》JC 709—1998 的规定，平瓦的标准尺寸为 400mm×240mm、380mm×225mm、360mm×220mm。15 张平瓦的覆盖面积约为 1m^2。黏土瓦按尺寸允许偏差、外观质量和物理性能等分为优等品、一等品和合格品 3 个等级。

黏土瓦用于建筑物具有较大坡度的屋面，屋脊处铺脊瓦。黏土瓦自重大、质脆、易破裂，因此在贮运时应轻放，横立堆垛，且垛高不超过五层。

7.4.2　琉璃瓦

琉璃瓦是素烧的瓦坯表面涂以琉璃釉料后再经烧制而成的制品。这种瓦表面光滑、质地坚密、色彩美丽、耐久性好，但成本较高，一般多用于古建筑修复，仿古建筑及园林建筑中的亭、台、楼阁。如图 7-20 所示。

微课：瓦

7.4.3　石棉水泥瓦

石棉水泥瓦是以石棉纤维与水泥为原料，经加水搅拌、压滤成型、蒸养、烘干而成的轻型屋面材料。该瓦的形状尺寸分为大波瓦、小波瓦及脊瓦三种。石棉水泥瓦具有防火、防腐、耐热、耐寒、绝缘等性能，大量应用于工业建筑，如厂房、库房、堆货棚等，农村中的住房也常有应用。如图 7-21 所示。

图 7-20　琉璃瓦

图 7-21　石棉水泥瓦

石棉水泥瓦受潮和遇水后，强度会有所下降。石棉纤维对人体健康有害，很多国家已禁止使用。石棉水泥瓦根据抗折力、吸水率、外观质量等分为优等品、一等品和合格品三个等级。

7.4.4　钢丝网水泥波瓦

钢丝网水泥波瓦是普通水泥瓦中间设置一层低碳冷拔钢丝网，成型后再经养护而成的大波波形瓦。规格有两种，一种长 1700mm，宽 830mm，厚 14mm，重约 50kg；另一种长 1700mm，宽 830mm，厚 12mm，重约 39～49kg。脊瓦每块约 15～16kg。脊瓦要求瓦的初裂荷载每块不小于 2200N。在 100mm 的静水压力下，24h 后瓦背无严重印水现象。如图 7-22 所示。

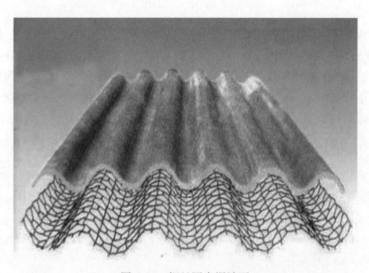

图 7-22　钢丝网水泥波瓦

钢丝网水泥大波瓦适用于工厂散热车间、仓库及临时性建筑的屋面，有时也可用作这些建筑的围护结构。

7.4.5 玻璃钢波形瓦

玻璃钢波形瓦是以不饱和树脂和无捻玻璃纤维布为原料制成的。其尺寸为长1800mm，宽740mm，厚0.8～2mm。这种瓦质量轻、强度大、耐冲击、耐高温、透光、有色泽，适用于建筑遮阳板及车站月台、集贸市场等简易建筑的屋面，但不能用于与明火接触的场合。当用于有防火要求的建筑物时，应采用难燃树脂。如图7-23所示。

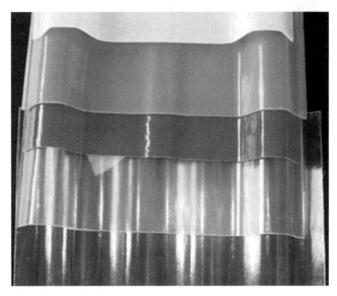

图 7-23 玻璃钢波形瓦

7.4.6 聚氯乙烯波纹瓦

聚氯乙烯波纹瓦，又称塑料瓦楞板，它以聚氯乙烯树脂为主体，加入其他助剂，经塑化、压延、压波而制成。它具有轻质、高强、防水、耐腐、透光、色彩鲜艳等优点，适用于凉棚、果棚、遮阳板和简易建筑的屋面。常用规格为1000mm×750mm×（1.5～2）mm。抗拉强度45MPa，静弯强度80MPa，热变形特征为60℃时2h不变形。如图7-24所示。

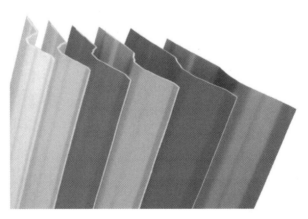

图 7-24 聚氯乙烯波纹瓦

7.4.7 彩色水泥平瓦

彩色水泥平瓦以细石混凝土为基层，面层覆各种颜色的水泥砂浆，经压制而成。具有良好的防水和装饰效果，且强度高、耐久性良好，近年来发展较快。彩色水泥平瓦的规格与黏土瓦相似。如图 7-25 所示。

图 7-25 彩色水泥平瓦

此外，建筑上常用的屋面材料还有沥青瓦、铝合金波纹瓦、陶瓷波形瓦、玻璃曲面瓦等。

图片：屋面材料

巩固练习题

一、单项选择题

1. 若变异系数＞0.21，烧结普通砖的强度等级是按_____来评定的。

A. 抗压强度及抗折荷载　　　　　　　　B. 抗压强度平均值及单块最小值

C. 大面及条面抗压强度　　　　　　　　D. 抗压强度平均值及抗压强度标准值

2. 若变异系数≤0.21，烧结普通砖的强度等级是按_____来评定的。

A. 抗压强度及抗折荷载　　　　　　　　B. 大面及条面抗压强度

C. 抗压强度平均值及单块最小值　　　　D. 抗压强度平均值及抗压强度标准值

3. 下列不属于烧结普通砖抗压强度等级的是_____。

A. MU30　　　　　B. MU15　　　　　C. MU8.5　　　　　D. MU25

4. 对于烧结普通砖中的黏土砖，正确的理解是_____。

A. 限制淘汰，发展新型墙体材料以保护耕地

B. 生产成本低，需着重发展

C. 生产工艺简单，需大力发展

D. 生产成本低，生产工艺简单

5. 鉴别过火砖和欠火砖的常用方法是_____。

A. 根据砖的强度　　　　　　　　　　　B. 根据砖颜色的深淡及打击声音

C. 根据砖的外形尺寸   D. 根据砖的耐久性

6. 砌筑有保温要求的非承重墙时,宜用_____。

A. 烧结普通砖   B. 烧结多孔砖

C. 烧结空心砖   D. 烧结多孔砖和烧结空心砖

7. 下列不是加气混凝土砌块的特点的是_____。

A. 轻质   B. 保温隔热   C. 加工性能好   D. 韧性好

8. 过火砖,即使外观合格,也不宜用于保温墙体中,主要是因为其_____不理想。

A. 强度   B. 耐水性   C. 保温隔热效果   D. 耐火性

9. 黏土砖在砌筑墙体前一定要经过浇水润湿,其目的是为了_____。

A. 把砖冲洗干净   B. 保持砌筑砂浆的稠度

C. 增加砂浆对砖的胶结力   D. 降低砂浆水灰比

10. 进行砖的强度等级检定时,需取_____块砖样进行试验。

A. 3   B. 5   C. 10   D. 15

11. 砌 $1m^3$ 砖砌体,需用普通黏土砖_____。

A. 256 块   B. 512 块   C. 768 块   D. 1024 块

12. 泛霜严重的黏土烧结砖_____。

A. 不能用于住宅建筑   B. 不能用于高层建筑

C. 只能用于一般建筑   D. 不作限制

13. 烧结多孔砖的强度等级是根据_____来划分的。

A. 抗弯强度   B. 抗压强度   C. 抗折强度   D. 抗拉强度

14. 普通烧结砖的尺寸是_____。

A. 240mm×115mm×90mm   B. 240mm×115mm×53mm

C. 390mm×190mm×190mm   D. 240mm×190mm×90mm

15. 普通烧结砖的抗风化能力不是通过_____来判别的。

A. 孔洞率   B. 抗冻性   C. 吸水率   D. 饱和系数

二、多项选择题

1. 强度和抗风化性能合格的烧结普通砖,根据_____等分为合格与不合格两个质量等级。

A. 尺寸偏差   B. 外观质量   C. 泛霜   D. 石灰爆裂

E. 抗冻性

2. 强度和抗风化性能合格的烧结多孔砖,根据_____等分为合格与不合格两个质量等级。

A. 尺寸偏差   B. 外观质量   C. 孔型及孔洞排列   D. 泛霜

E. 石灰爆裂

3. 下面不是加气混凝土砌块的特点的是_____。

A. 轻质   B. 保温隔热   C. 加工性能好   D. 韧性好

E. 耐火性好

4. 利用煤矸石和粉煤灰等工业废渣烧砖,可以_____。

A. 减少环境污染   B. 节约大片良田黏土

C. 节省大量燃料煤
D. 大幅提高产量

E. 提高生产效率

5. 普通黏土砖评定强度等级的依据是_____。

A. 抗压强度的平均值
B. 抗折强度的平均值

C. 抗压强度的单块最小值
D. 抗折强度的单块最小值

E. 抗拉强度的平均值

6. 墙体在房屋建筑中起_____作用。

A. 承重
B. 围护
C. 分隔
D. 保温

E. 隔热

7. 砌墙砖按生产工艺分，可分为_____。

A. 烧结砖
B. 普通砖
C. 空心砖
D. 多孔砖

E. 非烧结砖

8. 砌墙砖按孔洞率的不同，可分为_____。

A. 烧结砖
B. 普通砖
C. 空心砖
D. 多孔砖

E. 非烧结砖

三、判断题

1. 烧结多孔砖比之烧结普通砖，它的实际强度较低，最高强度等级只有 20MPa。

（　　）

2. 制砖时把煤渣等可燃性工业废料掺入制坯原料中，这样烧成的砖叫内燃砖，这种砖的表观密度较小，强度较低。　　（　　）

3. 烧结多孔砖和烧结空心砖都具有自重较小、绝热性较好的优点，故它们均适合用来砌筑建筑物的承重内外墙。　　（　　）

4. 大理石和花岗石都具有抗风化性好、耐久性好的特点，故制成的板材，都适用于室内外的墙面装饰。　　（　　）

5. 石灰爆裂就是生石灰在砖体内吸水消化时产生膨胀，导致砖发生膨胀破坏。（　　）

6. 烧结黏土砖烧制得愈密实，则质量愈好。　　（　　）

7. 竖孔多孔砖的绝热性优于水平孔空心砖。　　（　　）

8. 质量合格的砖都可用来砌筑清水墙。　　（　　）

9. 黏土砖的抗压强度比抗折强度大很多。　　（　　）

10. 烧砖时窑内为氧化气氛制得青砖，还原气氛制得红砖。　　（　　）

11. 建筑石膏具有良好的防火性能、保温隔热性能和装饰性能。　　（　　）

12. 烧结空心砖是指孔洞率不小于 15%，孔的尺寸大而数量少的烧结砖。（　　）

13. 砌块的分类很多，按其高度分类可分为实心砌块和空心砌块。　　（　　）

14. 建筑石膏是水硬性胶凝材料，水泥是气硬性胶凝材料。　　（　　）

15. 欠火砖比过火砖颜色浅。　　（　　）

16. 普通砖的孔洞率小于 15%。　　（　　）

17. 合格品砖不允许出现泛霜现象。　　（　　）

四、简答题

烧结普通砖按焙烧时的火候可分为哪几种？各有何特点？

项目 8

Chapter 08

建筑钢材与铝材

学习目标

了解化学成分对钢材性能的影响，钢和铁的区分，各种型钢、钢板、钢管的类型及应用；掌握钢材的分类，钢材的力学性能，钢材热处理、冷加工的工艺和作用，常用钢材牌号的确定方法和基本性质。能正确地区分、选用钢材。

思政目标

培养节能环保意识，树立绿色可持续发展观。

金属材料具有强度高、塑性韧性好、易于加工和装配等特点，可制成各种铸件和型材，能焊接或铆接，便于装配和机械化施工。因此，金属材料广泛应用于铁路、桥梁、房屋建筑等各种工程中，是重要的建筑结构材料。随着近年来高层和大跨度结构的迅速发展，金属材料在建筑工程中的应用也越来越多。

金属材料可分为黑色金属和有色金属两大类。黑色金属指铁碳合金，主要是铁和钢；黑色金属以外的所有金属及其合金通称为有色金属，如铜、铝及其合金等。所谓合金是指由两种或两种以上元素（至少有一种为金属元素）组成的金属。

任务 8.1 钢的基本知识

建筑钢材是主要的建筑材料之一，它包括钢结构用钢材（如钢板、型钢、钢管等）和钢筋混凝土用钢材（如钢筋、钢丝等）。钢材是在严格的技术控制条件下生产的材料，与非金属材料相比，具有品质均匀稳定、强度高、塑性韧性好、可焊接和铆接等优异性能。钢材的主要缺点是易生锈、维护费用高、耐火性差、生产能耗大。

微课：建筑工程
常用钢材

8.1.1 钢材的冶炼加工

钢是由生铁冶炼而成的。生铁的冶炼过程是将铁矿石、熔剂（石灰石）、燃料（焦炭）置于高炉中，约在 1750℃高温下，石灰石与铁矿石中的硅、锰、磷等经过化学反应，生成铁渣，浮于铁水表面，铁渣和铁水分别从出渣口和出铁口中放出，铁渣排出时用水急冷得水淬矿渣；排出的生铁中含有碳、硫、磷、锰等杂质。生铁又分为炼钢生铁（白口铁）和铸造生铁（灰口铁）。生铁硬而脆，无塑性和韧性，不能焊接、锻造、轧制。

炼钢的过程就是将生铁进行精炼，使碳的含量降低到一定程度，同时把其他杂质的含量也降低到允许的范围内。因此，在理论上凡含碳量在 2%以下的，含有害杂质较少的铁碳合金可称为钢。

根据炼钢设备的不同，常用的炼钢方法有氧气转炉法、平炉法和电炉法。

8.1.1.1 氧气转炉法

氧气转炉法是以熔融铁水为原料，用纯氧代替空气，由炉顶向转炉内吹入高压氧气，能有效地去处磷、硫等杂质，使钢的质量显著提高，而成本却降低。该法常用来炼制优质碳素钢和合金钢。

8.1.1.2 平炉法

以固体或液体生铁、铁矿石或废钢作原料，用煤气或重油作燃料进行冶炼。平炉钢由于熔炼时间长，化学成分可以精确控制，因此钢的杂质含量少，成品质量高；其缺点是能耗大、成本高、冶炼周期长。

8.1.1.3 电炉法

电炉法是以生铁或废钢作原料，利用电能迅速加热，进行高温冶炼。由于其熔炼温度高，而且温度可以自由调节，清除杂质容易，因此，电炉钢的质量最好，但成本较高。该法主要用于冶炼优质碳素钢及特殊合金钢。

8.1.2 钢材的分类

钢材的分类有多种方法，可按化学成分、有害杂质含量、脱氧程度、用途等进行分类。

8.1.2.1 按化学成分分类

（1）碳素钢。根据含碳量分为低碳钢（含碳量小于 0.25%）、中碳钢（含碳量在 0.25%～0.60% 之间）和高碳钢（含碳量大于 0.60%）。

（2）合金钢。按合金元素含量分为低合金钢（合金元素总含量小于 5.0%）、中合金钢（合金元素总含量为 5.0%～10%）和高合金钢（合金元素总含量在 10% 以上）。

8.1.2.2 按有害杂质含量分类

（1）普通钢：含硫量≤0.050%；含磷量≤0.045%。

（2）优质钢：含硫量≤0.035%；含磷量≤0.035%。

（3）高级优质钢：含硫量≤0.025%；含磷量≤0.025%。

（4）特级优质钢：含硫量≤0.015%；含磷量≤0.025%。

8.1.2.3 按冶炼时脱氧程度分类

（1）沸腾钢。脱氧不完全的钢，浇铸后在钢液冷却时有大量的一氧化碳气体外逸，引起钢液剧烈沸腾，故称为沸腾钢。此种钢种的碳和有害杂质（磷、硫等）的偏析较严重，钢的致密程度较低，故冲击韧性和焊接性能较差，特别是低温冲击韧性的降低更为显著。但因为沸腾钢只消耗少量的脱氧剂，成品率较高，故成本低，被广泛应用于建筑结构。其代号为 F。

（2）镇静钢。浇铸时，钢液平静地冷却凝固，是脱氧较完全的钢。它含有较少的有害氧化物杂质，组织致密，气泡少，偏析程度小，各种力学性能比沸腾钢优越，用于承受冲击荷载或其他重要结构。其代号为 Z。

（3）半镇静钢。指脱氧程度和质量介于上述两种之间的钢，其质量较好。其代号为 b。

（4）特殊镇静钢。比镇静钢脱氧程度还要充分彻底的钢，其质量最好，适用于特别重要的结构工程。其代号为 TZ。

8.1.2.4 按用途分类

（1）结构钢。主要用于工程结构及机械零件的钢，一般为低、中碳钢。

（2）工具钢。主要用于各种刀具、量具及模具的钢，一般为高碳钢。

（3）特殊钢。具有特殊物理、化学及力学性能的钢，如不锈钢、耐热钢、耐酸钢、耐磨钢、磁性钢等。

图片：钢材

 小贴士

炼钢有八大基本任务，即"四脱"（脱碳、脱氧、脱磷和脱硫）、"二去"（去气和去夹杂）、"二调整"（调整成分和调整温度），完成了"脱、去、调整"，才能炼出合格的钢。

人的成长也与炼钢的过程极其相似。人的成长过程就是不断地脱、去和调整的过程，脱掉稚嫩，去掉浮躁，调整心态，最终完成蜕变与成长。

"业精于勤，荒于嬉；行成于思，毁于随。""昨天，略去；今天，珍惜；明天，争取。对的，坚持；错的，放弃！"

百炼成钢与意志的塑造。古代以"百炼之钢"来比喻久经锻炼、坚强不屈的优秀人物。在西汉时期我国劳动人民就创造出了炼钢方法，把熟铁放在木炭中加热，一边加热一边进行渗碳，使其碳含量达到一定百分比，然后经过上百次的冶炼和锻打，将磷、硫、气体以及杂质去除，最终就炼成了钢，古代称其为"百炼钢"。

《钢铁是怎样炼成的》是苏联作家尼古拉·奥斯特洛夫斯基所写的一部著名的长篇小说，讲述了保尔·柯察金在革命中艰苦战斗，把自己的追求和祖国人民连在一起，锻炼出了钢铁般的意志，成为钢铁战士。

任务 8.2　建筑钢材的主要技术性能

8.2.1　力学性能

力学性能是指钢材在一定温度条件下承受外力作用时，抵抗变形和断裂的能力。钢材的力学性能有抗拉性能、冲击韧性和耐疲劳性等。

微课：钢筋的
力学性能

8.2.1.1　抗拉性能

钢材的抗拉性能可通过钢材受拉时的应力-应变曲线来说明，如图 8-1 所示。

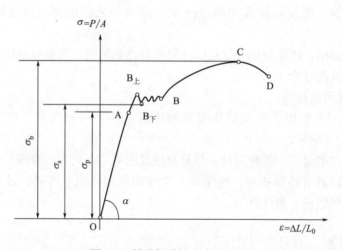

图 8-1　低碳钢受拉应力-应变图

1. 弹性阶段（O-A）

从开始加载到 A 点以前，钢筋处于弹性阶段，应力和应变保持直线关系，若卸去外力，变形能完全恢复。在弹性范围内，应力和应变成正比，比例系数为弹性模量 E。弹性模量是衡量材料刚度的重要指标，表征材料抵抗弹性变形的能力，其值越大，则在相同应力下产生的弹性变形就越小。

2. 屈服阶段（A-B）

达到 A 点后钢材进入屈服阶段，应力和应变不再成正比，应力基本不变，但变形增加较快，开始出现塑性变形。曲线呈现摆动，曲线上 $B_上$ 点和 $B_下$ 点对应的最大应力和最小应力分别称为屈服上限和屈服下限。由于屈服下限数值较为稳定，因此将其定义为材料屈服点或屈服强度，用 σ_s 表示。中、高碳钢没有明显的屈服点，通常以残余变形为 0.2% 的对应应力作为屈服强度，用 $\sigma_{0.2}$ 表示，如图 8-2 所示。

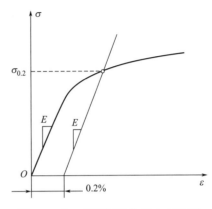

图 8-2 中、高碳钢受拉应力-应变图

由于钢材受力大于屈服点后，会出现较大的塑性变形，已不能满足使用要求，因此屈服强度是设计中钢材强度取值的依据，是工程结构计算中非常重要的参数之一。

3. 强化阶段（B-C）

超过 B 点后，应力应变关系重新表现为上升的曲线，当荷载卸到零时，试件不能恢复到原长，产生了塑性变形，钢材抵抗塑性变形的能力重新得到提高，该阶段称为强化阶段，钢材受拉力时所能承受的最大应力，即 C 点对应的应力值称为抗拉强度，用 σ_b 表示。

屈服强度和抗拉强度之比称为屈强比，屈强比是反映钢材利用率大小和结构安全可靠程度的重要指标。屈强比越小，其构造安全可靠程度越高，但屈强比过小，则说明钢材强度的利用率偏低，会造成钢材的浪费。通常情况下，屈强比在 0.60～0.75 范围内比较合适。

4. 颈缩阶段（C-D）

到达应力最高点 C 点后钢筋进入颈缩阶段，应力开始下降，到 D 点钢筋被拉断。钢材常用的塑性指标有伸长率和断面收缩率。

伸长率是试件被拉断后标距的伸长量与原始标距长度之比，用 δ 表示，按公式（8-1）进行计算。断面收缩率是指试件被拉断后，紧缩处横截面积的缩减量占原横截面积的百分率，用 ψ 表示，按公式（8-2）进行计算，即

$$\delta = \frac{L_1 - L_0}{L_0} \times 100\% \tag{8-1}$$

$$\psi = \frac{A_0 - A_1}{A_0} \times 100\% \tag{8-2}$$

式中，L_1——试件拉断后标距部分的长度，mm；

L_0——试件的原标距长度，mm；

A_0——试件原横截面积，mm^2；

A_1——试件拉伸后横截面积，mm^2。

8.2.1.2 冲击韧性

冲击韧性是指钢材在冲击荷载作用下抵抗塑性变形和断裂的能力。钢材的冲击韧性指

标以 α_k 表示，α_k 值越大，表明钢材的冲击韧性越好，按公式（8-3）进行计算：

$$\alpha_k = \frac{W}{A} \tag{8-3}$$

式中，α_k——冲击韧性值，J/cm^2；

　　　　W——冲断试件时消耗的功，J；

　　　　A——试件槽口处横截面积，cm^2。

钢材的冲击韧性与钢的化学成分，熔炼与加工有关，一般来说，钢中的磷、硫含量较高，夹杂物及焊接中形成的微裂纹等都会降低冲击韧性。

此外，钢的冲击韧性还受温度和时间的影响。某些钢材在常温下呈韧性断裂，而当温度降低到一定程度时，韧性急剧下降而使钢材呈脆性断裂，这种性质称为钢材的低温冷脆性，发生冷脆性时的温度称为脆性临界温度，这一温度值越低，说明钢材的低温冲击韧性越好。另外，随着时间的延长，钢材的强度会提高，冲击韧性会下降，这种现象称为时效。时效也是影响钢材冲击韧性的重要因素，对于承受动荷载的重要结构，应选用时效敏感性小的钢材。

小贴士

　　港珠澳大桥历时 9 年建设，全长 55km，集桥、岛、隧于一体，隧道全长 6.7km，由 33 个巨型沉管组成，桥梁的主梁钢板用量达到 42 万 t。港珠澳大桥工程囊括了 20 多个不同专业的协同合作、40 多个单体子项的设计。位于大海中央的人工岛，没有市政管网，没有任何基础设施，外海又存在着"高温、高盐、高湿"的施工条件，因此，工程师们在设计港珠澳大桥时要充分考虑结构的重要性、荷载作用、工作环境等因素，充分考虑钢材的冲击韧性，合理选用钢材。

　　作为新时代大学生，我们应该具有民族精神，港珠澳大桥的诞生，展示的不仅是我们国家突飞猛进的基建力量，更展现出我们中华民族不甘沉寂的雄心和图景。

8.2.1.3　耐疲劳性

钢材在承受交变荷载的反复作用时，往往在远低于屈服强度时发生破坏，这种破坏称为疲劳破坏。疲劳破坏的危险应力即疲劳极限，或称为疲劳强度，疲劳强度是试件在交变应力作用下，不发生疲劳破坏的最大应力值。

研究表明，疲劳破坏和裂纹的产生发展有关。在交变应力作用下，材料内部的各种缺陷、成分偏析、构件集中受力处等，都是容易产生微裂纹的地方，在裂纹处形成应力集中，使微裂纹逐渐扩展成肉眼可见的宏观裂纹，宏观裂纹再进一步扩展，直到最后导致突然断裂。

8.2.2　工艺性能

建筑钢材不仅要具有优良的力学性能，还应有良好的工艺性能，以满足一定形式的工艺处理。良好的工艺性能是钢制品或构件的质量保证。钢材的工艺性能主要指冷弯性能和焊接性能。

8.2.2.1　冷弯性能

冷弯性能是指钢材在常温下承受弯曲变形的能力，一般用弯曲角度 α 及弯心直径 d 与钢材厚度或直径 a 的比值来表示。冷弯试验是将钢材按规定进行弯曲，试件的弯曲处不发生裂缝、断裂或起层，即认为冷弯性能合格。弯曲角度 α 越大，弯心直径 d 与钢材厚度或直径 a 的比值越小，说明钢材的冷弯性能越好。如图 8-3 所示。

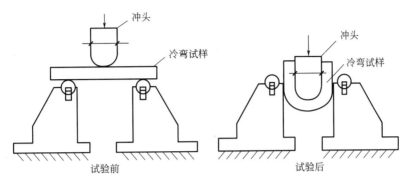

图 8-3　钢材的冷弯试验

钢材的冷弯性能和伸长率一样，都可以用来表明钢材在静荷载下的塑性，冷弯是钢材处于不利变形条件下的塑性，而伸长率则是反映钢材在均匀变形下的塑性。冷弯试验是一种比较严格的检验，能揭示钢材是否存在内部组织不均匀、内应力和夹杂物等缺陷。在通常的拉力试验中，这些缺陷，常因塑性变形导致应力重分布而得不到反映。

8.2.2.2　焊接性能

钢材的焊接性能是指钢材在通常的焊接方法和工艺条件下获得良好的焊接接头的性能。可焊性好的钢材焊接后，焊头牢固，焊缝及其附近热影响区的性能不低于母材性能。

钢材的化学成分及焊接质量会对焊接性能产生重要的影响。一般含碳量越高，可焊性越低，而且钢材中锰、硅、钒等杂质均会降低钢材的可焊性，对焊接结构用钢，宜选用含碳量低，杂质含量少的镇静钢。此外，焊接工艺也会影响钢材的焊接性能。

钢筋在焊接时应注意的问题有：冷拉钢筋的焊接应在冷拉之前进行；钢筋焊接之前，应清除焊接部位的铁锈、熔渣、油污等，应尽量避免不同国家的进口钢筋之间或进口钢筋与国产钢筋之间的焊接。

焊接看似简单，实际上是门非常考验眼力、手力、耐力的技术活，毫厘之差都会对成品质量产生致命影响。从事焊接工作不仅要具备精湛的焊接技术，还要具备扎实的理论知识，因此必须掌握钢材的焊接性能、焊接方法以及焊接工艺等相关知识，当然也离不开工人们不断钻研、不断学习的精神。习近平总书记强调要增强新时代工人阶级的自豪感和使命感，在我们基层存在着许多这样的青年模范人物，他们用自己的经历向我们展示了他们勤奋刻苦、自主创新、坚持不懈、努力拼搏的精神，值得大家学习。

8.2.2.3　冷加工性能及时效处理

1. 冷加工强化处理

将钢材在常温下进行冷加工（如冷拉、冷拔或冷轧），使之产生塑性变形，提高屈服强度，但钢材的塑性、韧性及强度弹性模量有所降低，这个过程称为冷加工强化处理。建筑工程或预制构件厂的常用方法是冷拉和冷拔。

冷拉是将热轧钢筋用冷拉设备加力进行张拉，使之伸长。钢材经冷拉后屈服强度可提高 20%～30%，可节约钢材 10%～20%，钢材经冷拉后屈服阶段会缩短，伸长率会降低，材质会变硬。

冷拔是将光面圆钢筋通过硬质合金拔丝模孔强行拉拔，每次拉拔时的断面缩小应在 10%以下。钢筋在冷拔过程中，不仅受拉，同时还受到挤压作用，因而冷拔的作用比纯冷拉的作用要强烈。进行过一次或多次冷拔后的钢筋，表面光洁度高，屈服强度提高 40%～60%，但塑性会大大降低，具有硬钢的性质。

2. 时效

钢材经过冷加工后，在常温下存放 15～20d，或加热至 100～200℃，保持 2h 左右，其屈服强度、抗拉强度及硬度会进一步提高，而塑性及韧性将继续降低，这种现象称为时效。前者称为自然时效，后者称为人工时效。

钢材经冷加工及时效处理后，其性质变化的规律可明显地在应力-应变图上得到反映，如图 8-4 所示。图中 OBDE 为未经冷拉和时效试件的 σ-ε 曲线，当试件冷拉至超过屈服强度任意一点 K 时，卸去荷载，此时由于试件已产生塑性变形，则曲线沿 KO′下降，KO′大致与 BO 平行。如立即再拉伸，则 σ-ε 曲线将成为 O′KDE（虚线），屈服强度由 B 点提高到 K 点，但如在 K 点卸荷后进行时效处理，然后再拉伸，则 σ-ε 曲线将成为 O′K′D′E′，这表明在冷拉时效以后，屈服强度和抗拉强度均得到提高，但塑性和韧性则相应降低。

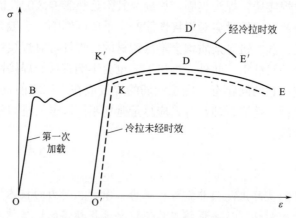

图 8-4　钢筋冷拉时效后应力-应变图的变化

8.2.3　钢的化学成分对钢性能的影响

8.2.3.1　碳

碳是决定钢性质的重要元素，对于含碳量较少的碳素钢，随着含碳量的增加，钢的强度、硬度会提高，而塑性和韧性将降低，建筑工程用钢材含碳量不大于 0.8%。含碳量的增大，也将使钢的焊接性能和抗腐蚀性能下降，当含碳量超过 0.3%时焊接性能显著降低，同时增加了冷脆性和时效倾向。

8.2.3.2　硅

炼钢时为了脱氧而加入的元素，当含硅量较低（小于 1%时），能显著地提高钢的屈服强度和抗拉强度，且对塑性和韧性影响不大，还可以提高抗腐蚀能力，改善钢的质量。硅在普通低合金钢中的作用主要是提高钢材的强度，但可焊接性、冷加工性有所降低。

8.2.3.3　锰

锰是为了脱氧和去硫而加入的，它能消减硫所引起的热脆性，改善钢材的热加工性质，同时能提高钢材的强度和硬度。但当含锰量较高时会明显降低钢的焊接性，因此在普通碳素钢中含锰量在0.9%以下，在合金钢中含锰量多为1%～2%。

8.2.3.4　磷

磷是在炼铁原料中带入的，对钢材起强化作用，可使钢的屈服点和抗拉强度提高，但塑性和韧性显著降低，特别是在低温下的冲击韧性下降得非常显著。虽然磷是钢中的有害杂质，会增大冷脆性和降低焊接性能，但它可以提高钢的耐磨性和耐蚀性，在普通低合金钢中，可配合其他元素作为合金元素使用。

8.2.3.5　硫

硫也是在炼铁原料中带入的，硫在钢中以硫化铁夹杂物的形式存在。由于硫化铁的熔点低，使钢材在加工过程中造成晶粒的分离，引起钢材断裂，形成热脆现象，因此硫将大大降低钢的热加工性和可焊性。硫的存在也会降低钢的冲击韧性、疲劳强度和抗腐蚀性。

8.2.3.6　氧

氧常以氧化亚铁（FeO）的形式存在于钢中，它将降低钢的力学性能，特别是韧性，也会降低钢材强度（包括疲劳强度），增加热脆性，使冷弯性能变坏，焊接性能降低。

8.2.3.7　氮

炼钢时，空气内的氮进入钢水而存留下来，它可以提高钢的屈服点、抗拉强度和硬度，但会造成塑性，特别是韧性的显著下降。氮可以加剧钢材的时效敏感性和冷脆性，降低焊接性能，使冷弯性能变坏。如果在钢中加入少量的铝、钒、锆和铌，使它们变为氮化物，则能细化晶粒，改变性能，此时的氮就不是有害元素了。

8.2.3.8　钛、钒、铌

它们都是炼钢时的强脱氧剂，适量加入钢内能改善钢材的组织，细化晶粒，显著提高强度，改善韧性和可焊性。

> **小贴士**
>
> 碳达峰与碳中和，简称"双碳"。中国承诺在2030年前，二氧化碳的排放不再增长，达到峰值之后再慢慢减下去。2020年9月22日，中国政府在第七十五届联合国大会上提出：中国将提高国家自主贡献力度，采取更加有力的政策和措施，二氧化碳排放力争于2030年前达到峰值，努力争取2060年前实现碳中和。
>
> 钢工业是我国工业全面实现碳减排的关键产业，对我国实现碳中和目标影响重大，钢行业是最重要的建筑原材料之一，也是典型的资源密集型行业。作为世界最大的钢材生产和消费国，提前实现碳达峰、达成碳中和是现在行业不可推卸的历史使命。对钢材企业来说，面对碳达峰、碳中和的挑战，要从技术和管理两个层面着手来应对。作为建筑人的我们，要担起减少碳排放量的使命，为子孙计，为未来计，为地球计。

任务8.3　钢材的标准与选用

建筑工程用钢有钢结构用钢和钢筋混凝土结构用钢两类，前者主要采用型钢和钢板，后者主要采用钢筋和钢丝。

微课：钢筋的验收

8.3.1　钢结构用钢

钢结构用钢主要有碳素结构钢和低合金高强度结构钢两种。

8.3.1.1　碳素结构钢

（1）牌号及其表示方法

碳素结构钢的牌号由4个部分组成：屈服点的字母（Q）、屈服点数值（MPa）、质量等级符号（A、B、C、D）和脱氧程度符号（F、b、Z、TZ）。碳素结构钢的质量等级是按钢中硫、磷含量由多至少划分的，按A、B、C、D的顺序质量等级逐级提高。当为镇静钢或特殊镇静钢时，用牌号表示时Z与TZ符号可予以省略。

按标准规定，我国碳素结构钢分4个牌号，即Q195、Q215、Q235和Q275。例如，Q235-AF，它表示屈服点为235MPa的A级沸腾碳素钢。

（2）技术要求

根据国家标准《碳素结构钢》GB/T 700—2006规定，各种牌号的碳素结构钢化学成分、力学性能、冷弯试验指标应分别符合表8-1～表8-3的要求。

碳素结构钢的化学成分　　　　　　　　　　　　　表8-1

牌号	统一数字代号[a]	等级	厚度（或直径）(mm)	脱氧方法	化学成分（质量分数）(%),不大于				
					C	Si	Mn	P	S
Q195	U11952	—	—	F、Z	0.12	0.30	0.50	0.035	0.04
Q215	U12152	A	—	F、Z	0.15	0.35	1.20	0.045	0.05
	U12155	B							0.045
Q235	U12352	A		F、Z	0.22	0.35	1.40	0.045	0.050
	U12355	B			0.20[b]				0.045
	U12358	C		Z	0.17			0.040	0.040
	U12359	D		TZ				0.035	0.035
Q275	U12752	A		F、Z	0.24	0.35	1.50	0.045	0.050
	U12755	B	≤40	Z	0.21			0.045	0.045
			>40		0.22				
	U12758	C		Z	0.20			0.040	0.040
	U12759	D	—	TZ				0.035	0.035

注：[a]　表中为镇静钢、特殊镇静钢牌号的统一数字，沸腾钢牌号的统一数字代号如下：

Q195F——U11950；

Q215AF——U12150，Q215BF——U12153；

Q235AF——U12350，Q235BF——U12353；

Q275AF——U12750。

[b]　经需方同意，Q235B的含碳量可不大于0.22%。

碳素结构钢的力学性能　　　　　　表 8-2

牌号	等级	拉伸试验												冲击试验(V形缺口)	
		屈服强度[a] R_{eH}(N/mm²),不小于						抗拉强度[b] R_m(N/mm²)	断后伸长率 A(%),不小于					温度(℃)	冲击吸收功(纵向)(J),不小于
		钢材厚度(或直径)(mm)							钢材厚度(或直径)(mm)						
		≤16	>16~40	>40~60	>60~100	>100~150	>150~200		≤40	>40~60	>60~100	>100~150	>150~200		
Q195	—	195	185	—	—	—	—	315~430	33	—	—	—	—	—	—
Q215	A	215	205	195	185	175	165	335~450	31	30	29	27	26	—	—
	B													+20	27
Q235	A	235	225	215	215	195	185	370~500	26	25	24	22	21	—	—
	B													+20	27[c]
	C													0	
	D													−20	
Q275	A	275	265	255	245	225	215	410~540	22	21	20	18	17	—	—
	B													+20	27
	C													0	
	D													−20	

注：[a]　Q195 的屈服强度值仅供参考，不作交货条件。

　　[b]　厚度大于 100mm 的钢材，抗拉强度下限允许降低 20N/mm²。宽带钢（包括剪切钢板）抗拉强度上限不作交货条件。

　　[c]　厚度小于 25mm 的 Q235B 级钢材，如供方能保证冲击吸收功值合格，经需方同意，可不做检验。

碳素结构钢的冷弯试验指标　　　　　　表 8-3

牌号	试样方向	冷弯试验180° $B=2a$[a]	
		钢材厚度(或直径)[b](mm)	
		≤60	>60~100
		弯心直径 d	
Q195	纵	0	—
	横	0.5a	—
Q215	纵	0.5a	1.5a
	横	a	2a
Q235	纵	a	2a
	横	1.5a	2.5a
Q275	纵	1.5a	2.5a
	横	2a	3a

注：[a]　B 为试样宽度，a 为试样厚度（或直径）。

　　[b]　钢材厚度（或直径）大于 100mm 时，弯曲试验由双方协商确定。

（3）碳素结构钢各类牌号的特征与用途

建筑工程中常用的碳素结构钢牌号为 Q235，由于该牌号钢既具有较高的强度，又具有较好的塑性和韧性，可焊接性也好，故能较好地满足一般钢结构和钢筋混凝土结构的用钢要求。Q195 和 Q215 号钢，虽塑性很好，但强度太低；而 Q275 号钢，其强度很高，但塑性较差，可焊性亦差。

Q235 号钢冶炼方便，成本较低，故在建筑中应用广泛。由于其塑性好，在结构中能保证在超载、冲击、焊接、温度应力等不利条件下的安全，并适于各种加工，大量被用作轧制各种型钢、钢板及钢筋；其力学性能稳定，对轧制、加热、急剧冷却时的敏感性较小。其中 Q235-A 级钢，一般仅适用于承受静荷载作用的结构，Q235-C 和 Q235-D 级钢可用于重要焊接的结构。另外，由于 Q235-D 级钢含有足够的形成细晶粒结构的元素，同时对硫、磷有害元素控制严格，故其冲击韧性很好，具有较强的抗冲击、振动荷载的能力，尤其适宜在较低温度下使用。

Q195 和 Q215 号钢常用作生产一般使用的钢钉、铆钉、螺栓及铁丝等；Q275 号钢多用于生产机械零件和工具等。

8.3.1.2 低合金高强度结构钢

低合金高强度结构钢是在碳素钢结构的基础上，添加少量的一种或多种合金元素（总含量小于 5%）的一种结构钢。其目的是提高钢的屈服强度、抗拉强度、耐磨性、耐蚀性与耐低温性等。因而它是综合性较为理想的建筑钢材，在大跨度、承重动荷载和冲击荷载的结构中非常适用。此外，与使用碳素钢相比，可以节约钢材 20%～30%，而成本并不是很高。

（1）牌号及其表示方法

根据国家标准《低合金高强度结构钢》GB/T 1591—2018 的规定，我国低合金结构钢共有 Q355、Q390、Q420、Q460、Q500、Q550、Q620、Q690 八个牌号，所加元素主要有锰、硅、钒、钛、铬和镍等。钢的牌号由代表屈服强度"屈"字的汉语拼音首字母 Q、规定的最小上屈服强度数值、交货状态代号、质量等级符号（B、C、D、E、F）四个部分组成。

（2）技术要求

低合金高强度结构钢的化学成分、力学性能应分别符合表 8-4～表 8-10 的要求。

（3）低合金高强度结构钢的性能及应用

低合金高强度结构钢具有较高的屈服点和抗拉强度，良好的塑性和冲击韧性，耐锈蚀性、耐低温性能好，使用寿命长，综合性能好。

低合金高强度结构钢主要用于轧制各种型钢（角钢、槽钢、工字钢）、钢板、钢管及钢筋，广泛用于钢结构和钢筋混凝土结构中，特别适用于各种重型结构、大跨度结构、高层结构及桥梁工程等，尤其对于大跨度和大柱网的结构，其技术经济效果更为明显。

热轧钢的牌号及化学成分

表8-4

牌号	质量等级	C^a 以下公称厚度或直径(mm) 不大于		Si	Mn	P^c	S^c	Nb^d	V^d	Ti^d	Cr	Ni	Cu	Mo	N^f	B
钢级		≤40^b	>40													
Q345	B	0.24		0.55	1.60	0.035	0.035	—	—	不大于	0.30	0.30	0.40	—	0.012	—
	C	0.20	0.22			0.030	0.030									
	D	0.20	0.22			0.025	0.025								—	
Q390	B	0.20		0.55	1.70	0.035	0.035	0.05	0.13	0.05	0.30	0.50	0.40	0.10	0.015	—
	C					0.030	0.030									
	D					0.025	0.025									
Q420^g	B	0.20		0.55	1.70	0.035	0.035	0.05	0.13	0.05	0.30	0.80	0.40	0.20	0.015	—
	C					0.030	0.030									
Q460^g	C	0.20		0.55	1.80	0.030	0.030	0.05	0.13	0.05	0.30	0.80	0.40	0.20	0.015	0.004

注：
a 公称厚度大于100mm的型钢，碳含量可由供需双方协商确定。
b 公称厚度大于30mm的钢材，碳含量不大于0.22%。
c 对于型钢和棒材，其磷和硫含量上限值可提高0.005%。
d Q390、Q420最高可到0.07%，Q460最高可到0.11%。
e 最高可到0.20%。
f 如果钢中酸溶铝Als含量不小于0.015%或全铝Alt含量不小于0.020%，或添加了其他固氮元素，固氮元素应在质量证明书中注明。
g 仅适用于型钢和棒材。

土木工程材料

正火、正火轧制钢的牌号及化学成分

表 8-5

牌号		化学成分（质量分数）（%）													
钢级	质量等级	C	Si	Mn	P[a]	S[d]	Nb	V	Ti[c]	Cr	Ni	Cu	Mo	N	ALs[b]
		不大于	不大于		不大于	不大于					不大于				不小于
Q335N	B	0.20	0.50	0.90~1.65	0.035	0.035	0.005~0.05	0.01~0.12	0.006~0.05	0.30	0.50	0.40	0.10	0.015	0.015
	C				0.030	0.030									
	D				0.030	0.030									
	E	0.18			0.025	0.020									
	F	0.16			0.020	0.010									
Q390N	B	0.20	0.50	0.90~1.70	0.035	0.035	0.01~0.05	0.01~0.20	0.006~0.05	0.30	0.50	0.40	0.10	0.015	0.015
	C				0.030	0.030									
	D				0.030	0.025									
	E				0.025	0.020									
Q420N	B	0.20	0.60	1.00~1.70	0.035	0.035	0.01~0.05	0.01~0.20	0.006~0.05	0.30	0.80	0.40	0.10	0.015	0.015
	C				0.030	0.030									
	D				0.030	0.030									0.025
	E				0.025	0.020									
Q460N[b]	C	0.20	0.60	1.00~1.70	0.030	0.030	0.01~0.05	0.01~0.20	0.006~0.05	0.30	0.80	0.40	0.10	0.015	0.015
	D				0.030	0.030								0.025	
	E				0.025	0.020									

钢中应至少有铝、铌、钒、钛等细化晶粒元素中一种，单独或组合加入时，应保证其中至少一种合金元素含量不小于表中规定含量的下限。

注： a 对于型钢和棒材，磷和硫含量上限值可提高 0.005%。
　　 b V+Nb+Ti≤0.22%，Mo+Cr≤0.30%。
　　 c 最高可到 0.20%。
　　 d 可用全铝 Alt 替代，此时全铝最小含量为 0.020%，当钢中添加了铝、铌、钒、钛等细化晶粒元素且含量不小于表中规定含量的下限时，铝含量下限值不限。

表 8-6

热机械轧制钢的牌号及化学成分

牌号		化学成分(质量分数)(%)														ALs^c
钢级	质量等级	C	Si	Mn	P^a	S^a	Nb	V	T^b	Cr	Ni	Cu	Mo	N	B	不小于
		不大于					不大于									
Q355M	B	0.14^d	0.50	1.60	0.035	0.035	0.01~0.05	0.01~0.10	0.006~0.05	0.30	0.50	0.40	0.10	0.015	—	0.015
	C				0.030	0.030										
	D				0.030	0.030										
	E				0.025	0.020										
	F				0.020	0.010										
Q390M	B	0.15^d	0.50	1.70	0.035	0.035	0.01~0.05	0.01~0.12	0.006~0.05	0.30	0.50	0.40	0.10	0.015	—	0.015
	C				0.030	0.030										
	D				0.030	0.030										
	E				0.025	0.020										
Q420M	B	0.16^d	0.50	1.70	0.035	0.035	0.01~0.05	0.01~0.12	0.006~0.05	0.30	0.50	0.40	0.20	0.015	—	0.015
	C				0.030	0.030								0.015		
	D				0.030	0.030								0.025		
	E				0.025	0.020										
Q460M	C	0.16^d	0.60	1.70	0.030	0.030	0.01~0.05	0.01~0.12	0.006~0.05	0.30	0.80	0.40	0.20	0.015	—	0.015
	D				0.030	0.025								0.025		
	E				0.025	0.020										
Q500M	C	0.18	0.60	1.80	0.030	0.030	0.01~0.11	0.01~0.12	0.006~0.05	0.60	0.80	0.55	0.20	0.015	—	0.015
	D				0.030	0.025								0.025		
	E				0.025	0.020										

185

续表

钢级	质量等级	C	Si	Mn	P[a]	S[a]	Nb	V	Ti[b]	Cr	Ni	Cu	Mo	N	B	Als[c] 不小于
							不大于									
Q550M	C	0.18	0.60	2.00	0.030	0.030	0.01~0.11	0.01~0.12	0.006~0.05	0.80	0.80	0.80	0.30	0.015	—	0.015
	D	0.18	0.60	2.00	0.030	0.025	0.01~0.11	0.01~0.12	0.006~0.05	0.80	0.80	0.80	0.30	0.025	—	0.015
	E	0.18	0.60	2.00	0.025	0.020	0.01~0.11	0.01~0.12	0.006~0.05	0.80	0.80	0.80	0.30	0.025	—	0.015
Q620M	C	0.18	0.60	2.60	0.030	0.030	0.01~0.11	0.01~0.12	0.006~0.05	1.00	0.80	0.80	0.30	0.015	—	0.015
	D	0.18	0.60	2.60	0.030	0.025	0.01~0.11	0.01~0.12	0.006~0.05	1.00	0.80	0.80	0.30	0.025	—	0.015
	E	0.18	0.60	2.60	0.025	0.020	0.01~0.11	0.01~0.12	0.006~0.05	1.00	0.80	0.80	0.30	0.025	—	0.015
Q690M	C	0.18	0.60	2.00	0.030	0.030	0.01~0.11	0.01~0.12	0.006~0.05	1.00	0.80	0.80	0.30	0.015	—	0.015
	D	0.18	0.60	2.00	0.030	0.025	0.01~0.11	0.01~0.12	0.006~0.05	1.00	0.80	0.80	0.30	0.025	—	0.015
	E	0.18	0.60	2.00	0.025	0.020	0.01~0.11	0.01~0.12	0.006~0.05	1.00	0.80	0.80	0.30	0.025	—	0.015

钢中应至少含有铝、铌、钒、钛等细化晶粒元素中一种，单独或组合加入时，应保证其中至少一种合金元素含量不小于表中规定含量的下限。

注：
a 对于型钢和棒材，磷和硫含量上限值可提高0.005%。
b 最高可到0.20%。
c 可用全铝Alt替代，此时全铝最小含量为0.020%，当钢中添加了铌、钒、钛等细化晶粒元素且含量不小于表中规定含量的下限时，铝含量下限值不限。
d 对于型钢和棒材，Q355M、Q390M、Q420M和Q460M的最大碳含量可提高0.02%。

热轧钢材的拉伸性能　　　　　　　　　　　　　　　　　表 8-7

牌号		上屈服强度 R_{eH}^a(MPa) 不小于									抗拉强度 R_m(MPa)			
钢级	质量等级	公称厚度或直径(mm)												
		≤16	>16~40	>40~63	>63~80	>80~100	>100~150	>150~200	>200~250	>250~400	≤100	>100~150	>150~250	>250~400
Q355	B、C	355	345	335	325	315	295	285	275	—	470~630	450~600	450~600	—
	D									265^b				450~600^b
Q390	B、C、D	390	380	360	340	340	320	—	—	—	490~650	470~620	—	—
Q420^c	B、C	420	410	390	370	370	350	—	—	—	520~680	500~650	—	—
Q460^c	C	460	450	430	410	410	390	—	—	—	550~720	530~700	—	—

注：^{a}　当屈服不明显时，可用规定塑性延伸强度 $R_{p0.2}$ 代替上屈服强度。

　　^{b}　只适用于质量等级为 D 的钢板。

　　^{c}　只适用于型钢和棒材。

热轧钢材的伸长率　　　　　　　　　　　　　　　　　表 8-8

牌号		断后伸长率 A(%)，不小于						
钢级	质量等级	试样方向	公称厚度或直径(mm)					
			≤40	>40~63	>63~100	>100~150	>150~250	>250~400
Q355	B、C、D	纵向	22	21	20	18	17	17^a
		横向	20	19	18	18	17	17^a
Q390	B、C、D	纵向	21	20	20	19	—	—
		横向	20	19	19	18	—	—
Q420^b	B、C	纵向	20	19	19	19	—	—
Q460^b	C	纵向	18	17	17	17	—	—

注：^{a}　只适用于质量等级为 D 的钢板。

　　^{b}　只适用于型钢和棒材。

正火、正火轧制钢材的拉伸性能

表 8-9

牌号		上屈服强度 R_{eH}^{a}(MPa) 不小于								抗拉强度 R_m(MPa)			断后伸长率 A(%) 不小于					
		公称厚度或直径(mm)																
钢级	质量等级	≤16	>16~40	>40~63	>63~80	>80~100	>100~150	>150~200	>200~250	≤100	>100~200	>200~250	≤40	>40~63	>63~100	>100~150	>150~250	>250~400
Q355N	B,C,D,E,F	355	345	335	325	315	295	285	275	470~630	450~600	450~600	22	22	22	21	21	21
Q390N	B,C,D,E	390	380	360	340	340	320	310	300	490~650	470~620	470~620	20	20	20	19	19	19
Q420N	B,C,D,E	420	400	390	370	360	340	330	320	520~680	500~650	500~650	19	19	19	18	18	18
Q460N	C,D,E	460	440	430	410	400	380	370	370	550~720	530~710	510~690	17	17	17	17	17	16

注：正火状态包含正火回火状态。

a 当屈服不明显时，可用规定塑性延伸强度 $R_{p0.2}$ 代替上屈服强度 R_{eH}。

热机械轧制（TMCP）钢材的拉伸性能

表 8-10

牌号		上屈服强度 R_{eH}^{a}（MPa）不小于						抗拉强度 R_m（MPa）					断后伸长率 A（%）不小于
		公称厚度或直径（mm）											
钢级	质量等级	≤16	>16~40	>40~63	>63~80	>80~100	>100~120^b	≤40	>40~63	>63~80	>80~100	>100~120^b	
Q355M	B,C,D,E,F	355	345	335	325	315	295	470~630	450~610	440~600	440~600	430~590	22
Q390M	B,C,D,E	390	380	360	340	340	320	490~650	480~640	470~630	460~620	450~610	20
Q420M	B,C,D,E	420	400	390	370	360	340	520~680	500~660	480~640	470~630	460~620	19
Q460M	C,D,E	460	440	430	410	400	380	550~720	530~710	510~690	600~680	490~660	17
Q500M	C,D,E	500	490	480	460	450	—	600~770	600~760	590~750	540~780	—	17
Q550M	C,D,E	550	540	530	510	500	—	670~830	620~810	600~790	590~780	—	16
Q620M	C,D,E	620	610	600	580	—	—	710~880	690~880	670~860	—	—	15
Q690M	C,D,E	690	680	670	650	—	—	770~940	750~920	730~900	—	—	14

注：热机械轧制（TMCP）状态包含热机械轧制（TMCP）加回火状态。

a　当屈服不明显时，可用规定塑性延伸强度 $R_{p0.2}$ 代替上屈服强度。

b　对于型钢和棒材，厚度或直径不大于 150mm。

小贴士

"鸟巢"钢结构施工技术创造了我国钢结构施工史上的奇迹，也是当今世界钢结构施工难度最大、最复杂的建筑之一。"鸟巢"钢结构施工中所采用的多项技术，在国内实属首例，如箱形弯扭构件制作技术研究与应用、钢结构综合安装技术研究与应用、钢结构合龙施工技术研究与应用、钢结构支撑卸载技术研究与应用、焊接综合技术研究与应用、施工测量测控技术研究与应用等六项最难施工技术。"鸟巢"钢结构施工中的技术研究与应用，填补了我国钢结构技术多项空白，开创了钢结构技术之先河，为我国钢结构施工发展做出巨大贡献。

"鸟巢"也是国内首次应用 Q460 级别高强度钢材的建筑，这种钢材称为"鸟巢钢"。以往 Q460 钢材仅用在机械方面，如大型挖掘机等。这次使用的钢板厚度达到 100mm，在我国材料史上绝无仅有，国家标准中 Q460 的最大厚度也只是 100mm。我国的科研人员经历了漫长的科技攻关，经过无数次的研发探索及多次反复试制，从无到有直至刷新国际，终于以自主创新、具有知识产权的国产 Q460 钢材，撑起了"国家体育场"的钢骨脊梁。

8.3.2 钢筋混凝土结构用钢

混凝土具有较高的抗压强度，但抗拉强度较低。钢筋因具有较高的强度，便于加工成型，而且与混凝土有良好的粘结性能，常用作混凝土的增强材料，大量用于混凝土工程中。钢筋混凝土中所用的钢筋主要有热轧钢筋、冷加工钢筋、热处理钢筋、钢丝和钢绞线等。

8.3.2.1 热轧钢筋

（1）分类及牌号

钢筋混凝土用热轧钢筋根据其表面状态特征、工艺与供应方式可分为热轧光圆钢筋、热轧带肋钢筋等。其中，热轧带肋钢筋通常为圆形横截面，且表面通常带有两条纵肋和沿长度方向均匀分布的横肋，按肋纹的形状分为牙肋和等高肋，如图 8-5 所示。热轧钢筋的牌号分为 HPB300、HRB400、HRB400E、HRBF400、HRBF400E、HRB500、HRB500E、HRBF500、HRBF500E、HRB600。其中 HPB300 级钢筋为光圆钢筋。

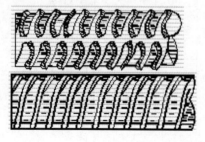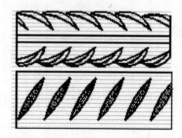

图 8-5　带肋钢筋外形

（2）热轧光圆钢筋的技术性能

根据国家标准《钢筋混凝土用钢　第 1 部分：热轧光圆钢筋》GB/T 1499.1—2017 的规定，热轧光圆钢筋的力学性能和工艺性能应符合表 8-11 的要求。

（3）热轧带肋钢筋的技术性能

根据国家标准《钢筋混凝土用钢　第 2 部分：热轧带肋钢筋》GB/T 1499.2—2018 的规定，热轧带肋钢筋的力学性能、弯曲性能应符合表 8-12 和表 8-13 的要求。

热轧光圆钢筋的力学性能和工艺性能　表 8-11

牌号	下屈服强度 R_{eL}（MPa）	抗拉强度 R_m（MPa）	断后伸长率 A（%）	最大力总延伸率 A_{gt}（%）	冷弯试验 180°
	不小于				
HPB300	300	420	25	10.0	$d=a$

注：d—弯芯直径；a—钢筋公称直径。

热轧带肋钢筋的力学性能　表 8-12

牌号	下屈服强度 R_{eL}（MPa）	抗拉强度 R_m（MPa）	断后伸长率 A（%）	最大力总延伸率 A_{gt}（%）	R_m^0/R_{eL}^0	R_{eL}^0/R_{eL}
	不小于					不大于
HRB400 HRBF400	400	540	16	7.5	—	—
HRB400E HRBF400E			—	9.0	1.25	1.30
HRB500 HRBF500	500	630	15	7.5	—	—
HRB500E HRBF500E			—	9.0	1.25	1.30
HRB600	600	730	14	7.5	—	—

注：R_m^0 为钢筋实测抗拉强度，R_{eL}^0 为钢筋实测下屈服强度。

热轧带肋钢筋的弯曲性能　表 8-13

牌号	公称直径 d（mm）	弯曲压头直径
HRB400 HRBF400 HRB400E HRBF400E	6～25	$4d$
	28～40	$5d$
	＞40～50	$6d$
HRB500 HRBF500 HRB500E HRBF500E	6～25	$6d$
	28～40	$7d$
	＞40～50	$8d$

牌号	公称直径 d (mm)	弯曲压头直径
HRB600	6～25	$6d$
	28～40	$7d$
	＞40～50	$8d$

8.3.2.2 冷轧带肋钢筋

热轧圆盘条经冷轧后，在其表面带有沿长度方向均匀分布的三面或两面横肋，即成为冷轧带肋钢筋。冷轧带肋钢筋按抗拉强度分为 6 个牌号，分别为 CRB550、CRB650、CRB800、CRB600H、CRB680H、CRB800H。与冷拔低碳钢丝相比，冷轧带肋钢筋具有强度高、塑性好，与混凝土粘结牢固，节约钢材，质量稳定等优点。根据国家标准《冷轧带肋钢筋》GB/T 13788—2017 的规定，冷轧带肋钢筋的力学性能和工艺性能应符合表 8-14 的要求。

冷轧带肋钢筋的力学性能和工艺性能 表 8-14

分类	牌号	规定塑性延伸强度 $R_{p0.2}$ (MPa) 不小于	抗拉强度 R_m (MPa) 不小于	$R_m/R_{p0.2}$ 不小于	断后伸长率 (%) 不小于		最大力总延伸率 (%) 不小于	弯曲实验[a] 180°	反复弯曲次数	应力松弛初始应力应相当于公称抗拉强度的70%
					A	A_{100mm}	A_{gt}			1000h,(%) 不大于
普通钢筋混凝土用	CRB550	500	550	1.05	11.0	—	2.5	$D=3d$	—	—
	CRB600H	540	600	1.05	14.0	—	5.0	$D=3d$	—	—
	CRB680H[b]	600	680	1.05	14.0	—	5.0	$D=3d$	4	5
预应力混凝土用	CRB650	585	650	1.05	—	4.0	2.5		3	8
	CRB800	720	800	1.05	—	4.0	2.5		3	8
	CRB800H	720	800	1.05	—	7.0	4.0		4	5

注：[a] D 为弯心直径，d 为钢筋公称直径。

[b] 当该牌号钢筋作为普通钢筋混凝土用钢筋使用时，对反复弯曲和应力松弛不做要求；当该牌号钢筋为预应力混凝土用钢筋使用时应进行反复弯曲试验代替 180°弯曲试验，并检测松弛率。

8.3.2.3 预应力混凝土用热处理钢筋

预应力混凝土用热处理钢筋是用热轧的螺纹钢筋经淬火和回火调制处理而成的，按其螺纹外形分为有纵肋和无纵肋两种。

预应力混凝土用热处理钢筋的优点是强度高，可代替高强钢丝使用；配筋根数少，节约钢材；锚固性好，不易打滑，预应力值稳定；施工简便，开盘后钢筋自然伸直，不需调直，不能焊接。它主要用作预应力钢筋混凝土轨枕，也用于预应力梁、板结构及吊车梁等。

8.3.2.4　预应力混凝土用钢丝和钢绞线

（1）预应力混凝土用钢丝

预应力混凝土用钢丝为高强度钢丝，使用优质碳素结构钢经过冷拔或再经回火等工艺处理制成。根据国家标准《预应力混凝土用钢丝》GB/T 5223—2014 规定，预应力混凝土用钢丝按加工状态分为冷拉钢丝和消除应力钢丝两类；消除应力钢丝按松弛性能又分为低松弛级和普通松弛级两种；钢丝按外形可分为光圆钢丝、螺旋肋钢丝和刻痕钢丝三种。

经低温回火消除应力后钢丝的塑性比冷拉钢丝要高，刻痕钢丝经压痕轧制而成，刻痕后与混凝土握裹力大，可减少混凝土上的裂缝。预应力混凝土用钢丝具有强度高、柔性好、无接头、质量稳定可靠、施工方便、不需冷拉、不需焊接等优点，可用于大跨度屋架、吊车梁等大型构件及 V 形折板等。

（2）预应力混凝土用钢绞线

预应力混凝土用钢绞线是以数根冷拉光圆钢丝或刻痕钢绞丝经绞捻和消除内应力的热处理后制成的。钢绞线按结构分为 8 类，结构代号为：

1）用 2 根钢丝捻制的钢绞线	1×2
2）用 3 根钢丝捻制的钢绞线	1×3
3）用 3 根刻痕钢丝捻制的钢绞线	$1 \times 3I$
4）用 7 根钢丝捻制的标准型钢绞线	1×7
5）用 6 根刻痕钢丝和 1 根光圆中心钢丝捻制的钢绞线	$1 \times 7I$
6）用 7 根钢丝捻制又经模拔的钢绞线	(1×7) C
7）用 19 根钢丝捻制的 1+9+9 西鲁式钢绞线	$1 \times 19S$
8）用 19 根钢丝捻制的 1+6+6/6 瓦林吞式钢绞线	$1 \times 19W$

钢绞线用钢的化学成分和力学性能应符合国家标准《预应力混凝土用钢绞线》GB/T 5224—2014 的规定。

预应力混凝土用钢丝和钢绞线均属于冷加工强化及热处理钢材，拉伸试验时没有屈服强度，但其抗拉强度却远远大于热轧及冷扎钢筋，并具有较好的柔韧性，且应力松弛率低，质量稳定，施工简便。两者均呈盘条状供应，松卷后可自行伸直，使用时可按要求长度切断，主要用于大跨度桥梁、屋架、吊车梁、电杆、轨枕等预应力混凝土结构。

8.3.3　钢材的选用原则

钢材的选用一般遵循以下原则：

（1）荷载性质。对于经常承受动力或振动荷载的结构，容易产生应力集中，从而引起疲劳破坏，因此需要选用材质高的钢材。

（2）使用温度。对于经常处于低温状态的结构，钢材容易发生冷脆断裂，特别是焊接结构更甚，因而要求钢材具有良好的塑性和低温冲击韧性。

（3）连接方式。对于焊接结构，当温度变化和受力性质改变时，焊接附近的母体金属容易出现冷、热裂纹，促使结构早期被破坏，所以焊接结构对钢材化学成分和力学性能要求应较严。

（4）钢材厚度。钢材的力学性能一般随厚度的增大而降低，钢材经多次轧制后，钢的内部结晶组织更为紧密、强度更高、质量更好，故一般结构用的钢材厚度不宜超过 40mm。

（5）结构重要性。选择钢材时要考虑结构使用的重要性，如大跨度结构、重要的建筑物结构，须相应选用质量较好的钢材。

任务 8.4 铝和铝合金

铝是近几十年内发展起来的一种轻金属材料。在地球表面，铝的资源非常丰富，可与铁矿相匹敌。铝及其合金有一系列优越的性能，是一种非常有发展前途的建筑材料。近年来，铝及其合金已在建筑中得到了十分广泛的应用。

微课：铝合金材料

8.4.1 铝

铝是一种银白色的轻金属，属于有色金属，纯铝的密度很小，仅有 $2.70g/cm^3$，为铁的 1/3，其熔点较低（660℃），具有良好的导热性、导电性、反辐射性能及耐腐蚀性能，并且有易于加工和焊接等特点。铝和氧结合可以形成一层致密、坚固的氧化铝薄膜的保护层，该保护层对潮湿空气、水、硝酸、醋酸的抗侵蚀能力比氧化铁强，但遇碱和含氯的盐（食盐）时会破坏其氧化膜，产生强烈的腐蚀。因为纯铝的强度、硬度都很低，不能满足使用要求，故在工程中不用纯铝制品。

8.4.2 铝合金

在纯铝中加入铜、镁、锰、锌、硅、铬等合金元素可制成铝合金，再经压力加工或热处理后，其强度和硬度将有显著提高，可用于建筑结构。各种铝合金的组成和特点如下。

（1）防锈铝：是铝镁或铝锰的合金。其特点是耐蚀性较高，抛光性好，能长期保持其光亮的表面，其强度比纯铝高，塑性及焊接性能良好，但切削加工性不良，可用于承受中等或低荷载及要求耐腐蚀及光洁表面的构件、管道等。

（2）硬铝：是铝和铜或加入镁、锰等组成的合金。建筑工程上主要为含铜（3.8%～4.8%）、镁（0.4%～0.8%）、锰（0.4%～0.8%）、硅（不大于 0.8%）的铝合金，称为硬铝。其经热处理强化后，可获得较高的强度和硬度，耐腐蚀性好。在建筑上可用作承重结构或其他装饰制件，其强度极限可达 330～490MPa，伸长率可达 12%～20%，布氏硬度值可达 1000MPa，是发展轻型结构的好材料。

（3）超硬铝：是铝和锌、镁、铜等的合金。经热处理强化后，其强度和硬度比普通硬铝更高，塑性及耐蚀性中等，切削加工性和点焊性能良好，但在负荷状态下易受腐蚀，故常用包铝方法保护，可用于承重构件和高荷载零件。

（4）锻铝：是铝和镁、硅及铜的合金。其具有较高的强度外，还具有良好的高温塑性及焊接性，但易腐蚀，适宜作承受中等荷载的构件。

8.4.3 建筑用铝材的加工及用途

8.4.3.1 加工方法

（1）铸铝。铝合金具有良好的铸造性能，较容易生产薄壁大面积构件，常用于生产铝幕墙。

（2）轧制铝。有平板，也有波纹板，主要用作复合材料的面材和内装修板材等。

（3）热挤压铝。可用挤压法加工带肋的薄壁铝型材，其断面虽然小，但可承受较大的压力，可用作屋架等结构构件、活动墙或隔断墙和窗框等。

图片：铝合金

8.4.3.2　在建筑中的应用

铝在建筑上，早在 80 多年前就已被作为装饰材料，逐渐发展应用到窗框、幕墙以及结构构件。在现代建筑中，常用的铝合金制品有铝合金门窗、铝合金装饰板及吊顶、铝及铝合金波纹板、压型板、冲孔平板、铝箔等，铝合金具有承重、耐用、装饰、保温、隔热等优良性能。

在建筑工程中使用的铝合金型材，为了提高其抗蚀性，常用阳极氧化的方法对其表面进行处理，增强其氧化膜厚度。在氧化处理的同时，还可以进行表面着色处理，以增强铝合金制品的外观美。

随着建筑物向轻质和装配化方向发展，今后铝合金将在我国建筑结构、窗框、顶棚、阳台扶手，以及室内装修、五金等方面得到更多的应用。

> **小贴士**
>
> 在高寒地区运行的哈大高铁动车车体，最后选定用铝合金材料制造。铝合金具有良好的低温塑韧性，无低温脆性。后续通过对车体铝合金材料做低温性能测试，所要求的各项指标均合格，哈大高铁的正式运行标志着我国在高寒地区高铁领域已经处于世界领先地位。

巩固练习题

一、单项选择题

1. 钢与生铁的区别在于其含碳量值应小于_____。

A. 4.0%　　　　　B. 3.5%　　　　　C. 2.5%　　　　　D. 2.0%

2. 在下列所述的钢材特点中，正确的是_____。

A. 抗拉强度与抗压强度基本相等　　　B. 冷拉后使钢材的技术性能大大提高

C. 所有的钢材都可以焊接　　　　　　D. 耐火性能好

3. 使钢材产生热脆性的有害元素主要是_____。

A. C　　　　　　B. S　　　　　　C. P　　　　　　D. O

4. 碳素结构钢在验收时，应检测的五个化学元素是_____。

A. C、Si、Mn、P、S　　　　　　　B. C、P、S、O、N

C. C、P、Mn、V、N　　　　　　　D. C、Si、Mn、V、S

5. 以下四种热处理方法中，可使钢材表面硬度大大提高的方法是_____。

A. 正火　　　　　B. 回火　　　　　C. 淬火　　　　　D. 退火

6. 钢材随着其含碳量的_____而强度提高。

A. 减少　　　　　B. 提高　　　　　C. 不变　　　　　D. 降低

7. 在进行钢结构设计时，以_____作为设计计算取值的依据。

A. 屈服强度　　　　B. 抗拉强度　　　　C. 抗压强度　　　　D. 弹性极限强度

8. 随着钢材含碳质量分数的提高，其_____。

A. 强度、硬度、塑性都提高　　　　　　B. 强度、硬度提高，塑性降低

C. 强度降低，塑性提高　　　　　　　　D. 强度、塑性都降低

9. 钢材牌号质量等级中，以下_____质量最好。

A. A　　　　　　　B. B　　　　　　　C. C　　　　　　　D. D

10. 钢材抵抗冲击荷载的能力称为_____。

A. 塑性　　　　　　B. 冲击韧性　　　　C. 弹性　　　　　　D. 硬度

11. 钢的含碳量为_____。

A. 小于2.06%　　B. 大于3.0%　　　C. 大于2.06%　　D. 小于1.26%

12. 伸长率衡量钢材的_____。

A. 弹性　　　　　　B. 塑性　　　　　　C. 脆性　　　　　　D. 耐磨性

13. 普通碳塑结构钢随钢号的增加，钢材的_____。

A. 强度增加、塑性增加　　　　　　　　B. 强度降低、塑性增加

C. 强度降低、塑性降低　　　　　　　　D. 强度增加、塑性降低

14. 在低碳钢的应力应变图中，有线性关系的是_____。

A. 弹性阶段　　　　B. 屈服阶段　　　　C. 强化阶段　　　　D. 颈缩阶段

15. 低合金高强度钢的牌号是以_____来表示的。

A. 屈服点数值（MPa）、质量等级　　　B. 屈服点数值（MPa）、脱氧程度

C. 抗拉强度（MPa）、质量等级　　　　D. 抗拉强度（MPa）、脱氧程度

16. 钢结构设计时，碳素结构钢以_____强度作为设计计算取值的依据。

A. 屈服强度　　　　B. 抗拉强度　　　　C. 条件屈服强度　　D. 弹性极限

17. 预应力混凝土用热处理钢筋是用_____经淬火和回火等调质处理而成的。

A. 热轧带肋钢筋　　　　　　　　　　　B. 冷轧带肋钢筋

C. 热轧光圆钢筋　　　　　　　　　　　D. 冷轧光圆钢筋

18. 钢与铁以含碳质量分数_____%为界，含碳质量分数小于这个值时为钢；大于这个值时为铁。

A. 0.25　　　　　　B. 0.60　　　　　　C. 0.80　　　　　　D. 2.0

19. 吊车梁和桥梁用钢，要注意选用_____较大，且时效敏感性较小的钢材。

A. 塑性　　　　　　B. 韧性　　　　　　C. 脆性　　　　　　D. 弹性

20. 钢结构设计时，对直接承受动力荷载的结构应选用_____。

A. 氧气转炉镇静钢　　　　　　　　　　B. 平炉沸腾钢

C. 氧气转炉半镇静钢　　　　　　　　　D. 氧气沸腾钢

21. 钢材随时间延长而表现出强度提高，塑性和冲击韧性下降，这种现象称为_____。

A. 钢的强化　　　　　　　　　　　　　B. 时效

C. 时效敏感性　　　　　　　　　　　　D. 钢的冷脆性

22. 决定钢材性质的主要元素是_____。

A. 碳　　　　　　　B. 硫　　　　　　　C. 氧　　　　　　　D. 锰

二、多项选择题

1. 预应力混凝土用钢绞线主要用于_____。

A. 大跨度屋架　　　B. 大跨度桥梁　　　C. 吊车梁　　　D. 电杆

E. 轨枕

2. 低合金结构钢具有_____等性能。

A. 较高的强度　　　B. 较好的塑性　　　C. 可焊性　　　D. 较好的抗冲击韧性

E. 较好的冷弯性

3. 钢材按冶炼时脱氧程度分为_____。

A. 沸腾钢　　　B. 镇静钢　　　C. 半镇静钢　　　D. 特殊镇静钢

E. 半沸腾半镇静钢

4. 体现钢材抗拉性能的阶段包括_____。

A. 弹性阶段　　　B. 屈服阶段　　　C. 强化阶段　　　D. 紧缩阶段

E. 破坏阶段

三、判断题

1. 一般来说，钢材硬度愈高，强度也愈大。　　　　　　　　　　　　　（　　）

2. 屈强比愈小，钢材受力超过屈服点工作时的可靠性愈大，结构的安全性愈高。

（　　）

3. 一般来说，钢材的含碳量增加，其塑性也增加。　　　　　　　　　　（　　）

4. 钢筋混凝土结构主要是利用混凝土受压、钢筋受拉的特点。　　　　　（　　）

5. 硫、磷是钢材不可缺少的微量元素，可以起到提高钢材可焊性的作用。（　　）

6. 钢材的屈强比越大，反映结构的安全性高，但钢材的有效利用率低。　（　　）

7. 钢材中含磷则影响钢材的热脆性，而含硫则影响钢材的冷脆性。　　　（　　）

8. 钢材的伸长率表明钢材的塑性变形能力，伸长率越大，钢材的塑性越好。（　　）

9. 钢材冷拉是指在常温下将钢材拉断，以伸长率作为性能指标。　　　　（　　）

10. 某厂生产钢筋混凝土梁，配筋需用冷拉钢筋，但现有冷拉钢筋不够长，因此将钢筋对焊接长使用。　　　　　　　　　　　　　　　　　　　　　　　　　　（　　）

11. 钢材的回火处理总是紧接着退火处理进行的。　　　　　　　　　　　（　　）

12. 磷是钢材的有害物质，所以要尽可能把钢材中的磷除掉。　　　　　　（　　）

四、简答题

描述低碳钢拉伸过程的四个阶段及其特点。

项目 9

建筑功能材料

Chapter 09

学习目标

了解建筑功能材料的分类，煤沥青与石油沥青的差别，石油沥青的组分和技术性质及选用；熟悉沥青防水材料的分类，并掌握其技术性能、适用范围及选用原则。了解材料的热学性能和吸声性，熟悉绝热材料、吸声材料、隔声材料的分类、特性，并掌握其适用范围及注意事项。

思政目标

培养合理选材理念，树立遵纪守法意识，勇于承担社会责任。

建筑材料根据在建筑上的用途，大体可以分为三大类：建筑结构材料，如梁、板、柱、基础、框架和其他受力构件所用材料，对这类材料的主要技术性能要求是力学性能和耐久性；墙体材料主要是指用于建筑物内、外及分隔墙体所用的材料，有力学性能要求的为承重墙，起围护作用并满足部分建筑功能要求的为非承重墙材；建筑功能材料则主要指担负某些建筑功能的、非承重用的材料，它们赋予建筑物防水、防火、保温、隔热、采光、隔声、装饰等功能，决定着建筑物的使用功能和建筑品质。

任务 9.1　防水材料

防水材料是重要的建筑材料之一，它在建筑物中起到防止雨水、地下水和其他水分渗透的作用。防水材料同时也用于其他工程中，如公路桥梁、水利工程等。

防水材料品种繁多，按其基本成分可分为沥青基防水材料、橡胶基防水材料和树脂基防水材料；按其形状和用途，可分为防水卷材、防水涂料和密封材料。

微课：止水条与
止水钢板

随着科学技术的进步，防水材料的品种、质量都有了很大的发展。就目前我国防水材料的总体结构比例来看，仍是以沥青基防水材料为主要产品，其中以改性沥青为主，其占全部防水材料的 70% 左右，高分子防水卷材占 10% 左右，防水涂料及其他防水材料占 20% 左右。

9.1.1　石油沥青及煤沥青

微课：沥青概述

沥青是高分子碳氢化合物及其非金属（氧、氮、碳等）衍生物组成的极其复杂的混合物，在常温下呈黑色或黑褐色的固体、半固体或液体状态。沥青是一种有机的胶凝材料，具有黏性、塑性、耐腐蚀性及憎水性等，因此在建筑工程中主要用作防潮、防水、防腐蚀材料，用于屋面、地下，以及其他防水工程、防腐工程和道路工程。

沥青按其在自然界的获得方式，可分为地沥青和焦油沥青两大类。其中地沥青分为天然沥青和石油沥青；焦油沥青分为煤沥青、木沥青和页岩沥青等。目前工程中常用的主要是石油沥青，另外还使用少量的煤沥青。

微课：石油沥青

石油沥青是以原油为原料，经过炼油厂常压蒸馏、减压蒸馏等提炼后，提取汽油、煤油、柴油、重柴油、润滑油等产品后得到的渣油，通常这些渣油属于低标号的慢凝液体沥青。

9.1.1.1　石油沥青的组分与结构

1. 石油沥青的组分

通常从使用角度出发，将沥青中按化学成分和物理力学性质相近的成分划分为若干个组，这些组就称为组分。石油沥青的组分及其主要物性如下：

（1）油分。油分为淡黄色至红褐色的油状液体，密度为 $0.7\sim$ $1.0 \mathrm{g/cm^3}$。在石油沥青中，油分的含量为 40%～60%。油分赋予沥青流

图片：沥青图片
选集

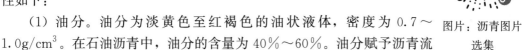

动性。

（2）树脂。树脂又称脂胶，为黄色至黑褐色半固体黏性物质，密度为 $1.0\sim1.1$ g/cm^3。中性树脂的含量增加越多，石油沥青的延度和黏结力等性能越好。在石油沥青中，树脂的含量为 $15\%\sim30\%$，它使石油沥青具有良好的塑形和黏结性。

（3）地沥青质。地沥青质为深褐色至黑色固态无定形的超细颗粒固体粉末，密度大于 $1.0g/cm^3$。地沥青质是决定石油沥青温度敏感性和黏性的重要组分。沥青中地沥青质的含量为 $10\%\sim30\%$，其含量越多，则软化点越高，黏性越大，也越硬脆。

石油沥青中还含有 $2\%\sim3\%$ 的沥青碳和似碳物（黑色固体粉末），其是石油沥青中分子量最大者，会降低石油沥青的黏结力。石油沥青中还含有蜡，它会降低石油沥青的黏结性和塑性，同时对温度特别敏感（即温度稳定性差）。

2. 石油沥青的结构

沥青中的油分和树脂可以互溶，树脂能浸润地沥青质颗粒而在其表面形成薄膜，从而构成以地沥青质为核心，周围吸附部分树脂和油分的互溶物胶团，而无数胶团分散在油分中形成胶体结构。根据沥青中各组分的相对比例不同，胶体结构可分为溶胶结构、凝胶结构和溶-凝胶结构 3 种类型。

（1）溶胶结构。当沥青中的地沥青质含量较少，油分及树脂含量较多时，胶团在胶体结构中运动较为自由，此时的石油沥青具有黏滞性小、流动性大、塑性好、稳定性较差的性能。

（2）凝胶结构。当地沥青质含量较高，油分与树脂含量较少时，地沥青质胶团间的吸引力会增大，且移动较困难，这种凝胶型结构的石油沥青具有较高的弹性和黏性、较小的温度敏感性、较低的流动性和塑性。

（3）溶-凝胶结构。若地沥青质含量适当，而胶团之间的距离和引力介于溶胶结构和凝胶结构之间的结构状态时，胶团间有一定的吸引力，在常温下变形的最初阶段呈现出明显的弹性效应，当变形增大到一定数值后，则变为有阻力的黏性流动。大多数的优质石油沥青都属于这种结构状态，因其具有黏弹性和触变性，故也称为弹性溶胶。

石油沥青中的各组分是不稳定的，在阳光、空气、水、热等外界因素的作用下，各组分之间会不断演变，油分、树脂会逐渐减少，地沥青质会逐渐增加，这一过程称为沥青的老化。随着时间的进展，由树脂向地沥青质转变的速度会加快，会使低分子量组成减少，地沥青质微粒表面膜层变薄，沥青的流动性和塑性将逐渐减小，硬脆性逐渐增大，直至脆裂，致使沥青防水层开裂破坏，或造成路面使用品质下降，产生龟裂破坏，对工程产生不良影响。

9.1.1.2 石油沥青的技术性质

石油沥青的技术性质主要有黏性、塑性、温度敏感性和大气稳定性。

1. 黏性

石油沥青的黏性是反映沥青材料内部阻碍其相对流动的一种特性，是沥青材料软硬、稀稠程度的反映。沥青在工程使用中可能会受到各种力的作用，如重力、温度应力、车轮荷载等。在沥青路面中，沥青作为黏结材料将矿料黏结起来，形成强度，沥青的黏滞性决定了路面的力学行为。为防止路面夏天时出现车辙，冬天时出现开裂，沥青的黏性是首要考虑的参数。

沥青的黏度和针入度是划分沥青等级（标号）的主要依据。对黏稠（半固体或固体）的石油沥青用针入度来表示，对液体石油沥青则用黏度来表示。

测定液体沥青等材料流动状态时的黏度时，应采用标准黏度计，该试验方法是在标准黏度计中，让液体状态的沥青在规定的温度条件下，通过规定的流孔直径，流出 50mL 体积所需的时间（s）被称为沥青的黏度，流出时间越长，表示沥青的黏度越大。

在规定的温度和时间条件下，用一定质量的标准针（100g）垂直贯入试样的深度表示沥青的针入度值，并以 0.1mm 为单位（0.1mm＝1 度）。针入度值是度量沥青稠度的一种指标，通常针入度值较小的沥青，其稠度越高，黏度亦越高。

2. 塑性

塑性是指试样沥青在外力作用下产生变形而不破坏，除去外力后，仍能保持变形后的形状的性质。沥青之所以能配制成性能良好的柔性防水材料，很大程度上取决于沥青的塑性，沥青的塑性对冲击振动荷载有一定的吸收能力，并能减少摩擦时的噪声，故沥青是一种优良的道路路面材料。

石油沥青的塑性用延度来表示。沥青的延度值是采用延度仪测定的，它是将沥青试样制成 8 字形标准试件（最小断面为 $1cm^2$），在规定的试验温度和拉伸速度条件下，该试件被拉断时的长度伸长值（以厘米计）。沥青的延度越大，塑性越好。

3. 温度敏感性（感温性）

温度敏感性是指石油沥青的黏滞性和塑性随温度升降而变化的性能。温度敏感性以软化点指标来表示。由于沥青材料从固态至液态有一定的间隔，因此规定以其中某一状态作为从固态转变到黏流态的起点，相应的温度则称为沥青的软化点，软化点用环球法来测定，软化点越高，沥青的温度敏感性就越小，说明沥青的耐热性能越好，但软化点过高，又不易于加工；软化点低的沥青，夏季易产生变形，甚至流淌。

4. 大气稳定性

大气稳定性是指石油沥青在热、阳光、氧气和潮湿等大气因素的长期综合作用下抵抗老化的性能，也是沥青材料的耐久性。石油沥青的大气稳定性以加热蒸发损失百分率和加热前后针入度比来评定。蒸发损失率越小，针入度比较大，沥青的大气稳定性越好。

以上 4 种性质是石油沥青材料的主要性质，前 3 项是划分石油沥青牌号的依据，称为沥青的 3 大指标。此外，为评定沥青的品质和保证施工安全，还应了解石油沥青的溶解度、闪点和燃点等性质。闪点和燃点的高低，表明了沥青引起火灾或爆炸可能性的大小，它关系到运输、储存和加热使用等方面的安全。例如，建筑石油沥青闪点约为 230℃，所以在熬制时一般温度应控制在 185～200℃之间。为了安全起见，沥青加热时还应与火焰隔离。

9.1.1.3　石油沥青的技术标准及选用

1. 石油沥青的技术标准

根据我国现行标准，石油沥青有道路石油沥青、建筑石油沥青和普通石油沥青等。3 种石油沥青都是按针入度指标来划分牌号的。每一牌号的沥青还应保证相应的延度、软化点、溶解度、蒸发损失、蒸发后针入度比和闪点等，建筑石油沥青的技术标准见表 9-1。

建筑石油沥青的技术标准 表 9-1

质量指标	建筑石油沥青牌号		
	40	30	10
针入度(25℃,100g,5s)(0.1mm)	36～50	26～35	10～25
延度(25℃,5cm/min)(cm)	≥3.5	≥2.5	≥1.5
软化点(℃)	≥60	≥75	≥95
溶解度(%)	≥99.5	≥99.5	≥99.5
蒸发损失(%)	≥1	≥1	≥1
蒸发后针入度(%)	≥65	≥65	≥65
闪点(℃)	≥230	≥230	≥230

在同一品种石油沥青材料中，牌号越小，沥青越硬；牌号越大，沥青越软。同时，随着牌号的增加，沥青的黏性会减小（针入度增加），塑性会增加（延度增大），而温度敏感性会增大（软化点降低）。

2. 石油沥青的选用

道路石油沥青牌号主要用于道路面或车间地面等工程，一般拌制成沥青混凝土、沥青拌合料或沥青砂浆等使用。道路石油沥青还可用作密封材料、黏结剂及沥青涂料等，此时选用黏性较大和软化点较高的道路石油沥青。

建筑石油沥青黏性较大，耐热性较好，但塑性较小，主要用作制造油毡、油纸、防水涂料和沥青胶。它们绝大部分用于屋面及地下防水、沟槽防水、防腐蚀及管道防腐等工程。

对于屋面防水工程，应注意防止过分软化。据高温季节测试，沥青屋面达到的表面温度比当地最高气温高 25～30℃，为避免沥青夏季流淌，屋面用沥青材料的软化点应比当地气温下屋面可能达到的最高温度高 20℃以上，例如，某地区沥青屋面温度可达 65℃，则选用的沥青软化点应在 85℃以上。但软化点也不宜选择过高，否则在冬季低温时一些不易受温度影响的部位易发生硬脆甚至开裂。

普通石油沥青含蜡较多，其一般含量大于 5%，有的高达 20%以上（称多蜡石油沥青），因而温度敏感性大，故在工程中不宜单独使用，只能与其他种类石油沥青掺配使用。

9.1.1.4　石油沥青的掺配

由于某一牌号沥青的特性往往不能满足工程技术的要求，因此需用不同牌号的沥青进行掺配，掺配量用公式（9-1）和公式（9-2）进行计算：

$$较软沥青掺量（\%）=\frac{较硬沥青软化点-要求沥青软化点}{较硬沥青软化点-较软沥青软化点}\times100 \tag{9-1}$$

$$较硬沥青掺量（\%）=100-较软沥青掺量 \tag{9-2}$$

按确定的配合比进行试配，确定掺配后沥青的软化点，最终掺量以试配结果（掺量-软化点曲线）来确定符合要求的配比。

9.1.1.5　煤沥青

煤沥青是炼焦厂或煤气厂的副产品。煤沥青的主要组分为油分、脂胶、游离碳等，常含有少量酸、碱物质。由于煤沥青的组分和石油沥青不同，因此其性能也不同，与石油沥青相比，煤沥青主要有以下技术特性：

（1）温度稳定性差，夏天易软，冬天易脆。

（2）塑性差，用于工程上常因数量变形导致破裂而失去防水功能。

（3）大气稳定性差，因其组分中含易挥发物较多，所以用在工程中老化得快。

（4）煤沥青中含酚、萘等有毒物质，防腐蚀能力较强，尤其用于木材防腐的效果最好。

（5）与矿物质材料黏结性能较好，可与石油沥青掺配使用，以提高石油沥青的黏结性能。

综上所述，煤沥青与石油沥青的性质差别很大，不能随意掺和使用，否则易出现分层、成团、沉淀、变质等现象而影响工程质量。

石油沥青和煤沥青可以通过表 9-2 的方法进行简易鉴别。

石油沥青与煤沥青简易鉴别的方法　　　　　　　　　　　　　　　　表 9-2

鉴别方法	石油沥青	煤沥青
密度法	密度约 1.0g/cm^3	密度大于 1.1g/cm^3
锤击法	声哑，有弹性，韧性较好	声脆，韧性差
燃烧法	烟无色，无刺激性臭味	烟呈黄色，有刺激性臭味
溶液比色法	用 30～50 倍汽油或煤油溶解后，将溶液滴于滤纸上，斑点呈棕色	溶解方法同石油沥青，斑点分内外两圈，内黑外棕

9.1.2　沥青防水材料

沥青防水材料是目前应用较多的防水材料，包括沥青防水卷材、沥青防水涂料和沥青密封材料。

9.1.2.1　沥青防水卷材

凡用原纸或玻璃布、石棉布、棉麻织品等胎料浸渍石油沥青（或焦油沥青）制成的卷状材料均称浸渍卷材（有胎卷材）。将石棉、橡胶粉等掺入沥青材料中，经碾压制成的卷状材料称为碾压卷材（无胎卷材）。这两种卷材通称为沥青防水卷材。沥青防水卷材种类较多，有石油沥青纸胎油毡、石油沥青玻璃纤维胎油毡、铝箔面油毡、高聚物改性沥青防水卷材等。

微课：防水卷材

1. 石油沥青纸胎油毡

石油沥青纸胎油毡是先采用低软化点石油沥青浸渍原纸，然后用高软化点石油沥青涂盖油纸两面，再涂或撒隔离材料所制成的一种纸胎防水卷材。所用隔离材料为粉状时（如滑石粉）称为粉毡，为片状时（如云母片）称为片毡。根据国家标准《石油沥青纸胎油毡》GB 326—2007 的规定，石油沥青纸胎油毡按卷重和物理性能分为Ⅰ型、Ⅱ型、Ⅲ型。其中，Ⅰ型、Ⅱ型油毡适用于辅助防水，保护隔离层，临时性建筑防水，防潮及包装等，Ⅲ型油毡适用于屋面工程的多层防水。石油沥青纸胎油毡的物理性能见表 9-3。

石油沥青纸胎油毡的物理性能（GB 326—2007） 表 9-3

项目		指标		
		Ⅰ型	Ⅱ型	Ⅲ型
单位面积浸涂材料总量(g/m²)		≥600	≥750	≥1000
不透水性	水压力(MPa)	≥0.02	≥0.02	≥0.10
	保持时间(min)	≥20	≥30	≥30
吸水率(%)		≤3.0	≤2.0	≤1.0
耐热度		(85±2)℃,5h,涂盖层无滑动,流淌和集中性气泡		
拉力(纵向)(N/50min)		240	270	340
柔度		(18±2)℃绕 φ20mm 棒或弯板无裂缝		

纸胎基油毡防水层存在一定的缺点，如抗拉强度及可塑性较低，吸水率较大，不透水性较差，并且原纸由植物纤维制成，易生腐烂，耐久性较差。此外原纸的原料来源也比较困难。目前纸胎基油毡已逐渐被淘汰。

2. 石油沥青玻璃纤维胎油毡

石油沥青玻璃纤维胎油毡是以玻纤毡为胎基，浸涂石油沥青，两面覆以隔离材料制成的防水卷材。石油沥青玻璃纤维胎防水卷材产品按单位面积的质量分为 15 号、25 号；按上表面材料分为 PE 膜、砂面，也可按生产厂要求采用其他类型的上表面材料。按力学性能分为Ⅰ型、Ⅱ型。石油沥青玻璃纤维胎油毡的性能要求见表 9-4。

石油沥青玻璃纤维胎油毡的性能（GB/T 14686—2008） 表 9-4

序号	项目		指标	
			Ⅰ型	Ⅱ型
1	可溶物含量(g/m²)≥	15 号	700	
		25 号	1200	
		试验现象	胎基不燃	
2	拉力(N/50mm)	纵向	350	500
		横向	250	400
3	耐热性		85℃	
			无滑动,流淌和滑落	
4	低温柔性		10℃	5℃
			无裂缝	
5	不透水性		0.1MPa,30min 不透水	
6	钉杆撕裂强度(N) ≥		40	50
7	热老化	外观	无裂纹,无起泡	
		拉力保持率(%) ≥	85	
		质量损失率(%) ≤	2.0	
		低温柔性	15℃	10℃
			无裂缝	

新型有胎沥青防水主要有麻布油毡、石棉布油毡、玻璃纤维布油毡和合成纤维面油毡等，这些油毡的制法与纸胎油毡相同，但抗拉强度、耐久性等都比纸胎油毡好得多，适用于防水性、耐久性和防腐性要求较高的工程。

3. 铝箔面油毡

铝箔面油毡是采用玻纤毡为胎基，浸涂氧化沥青，其表面用压纹铝箔贴面，底面撒以细颗粒矿物料或覆盖聚乙烯膜所制成的一种具有热反射和装饰功能的新型防水卷材。该防水卷材幅宽为 1000mm，按每卷标称质量（kg）分为 30、40 两种标号，其中 30 号适用于多层防水工程的面层，40 号适用于单层或多层防水工程的面层；按物理性能分为优等品、一等品和合格品 3 个等级。

4. 高聚物改性沥青防水卷材

高聚物改性沥青防水卷材是以合成高分子聚合物改性沥青为涂盖层，纤维织物或纤维毡为胎体，粉状、粒状、片状或薄膜材料为覆面材料制成的可卷曲片状防水材料，具有高温不流淌，低温不脆裂，拉伸强度高，延伸率较大等优异性能，属于中高端防水卷材。常见的有 SBS 改性沥青防水卷材、APP 改性沥青防水卷材、PVC 改性焦油沥青防水卷材等。

其中 SBS、APP 改性沥青防水卷材是近年来生产的两种新型防水卷材，以聚酯纤维无纺布为胎体，以 SBS、APP 改性沥青为面层，以塑料薄膜为隔离层，油毡表面带有砂粒，耐撕裂强度比玻璃纤维胎油毡大 15～17 倍，耐刺穿性大 15～19 倍，可用氯丁黏合剂进行冷粘贴施工，也可用汽油喷灯进行热熔施工。

（1）弹性体改性沥青防水卷材（SBS 防水卷材）

弹性体改性沥青防水卷材是以聚酯毡、玻纤毡、玻纤增强聚酯毡为胎基，以苯乙烯-丁二烯-苯乙烯（SBS）热塑性弹性体做石油沥青改性剂，两面覆以隔离材料所制成的防水卷材。弹性体改性沥青防水卷材按胎基分为聚酯毡（PY）、玻纤毡（G）和玻纤增强聚酯毡（PYG）；按上表面隔离材料分为聚乙烯膜（PE）、细砂（S）、矿物粒料（M）；按下表面隔离材料分为细砂（S）、聚乙烯膜（PE）；按材料性能分为 I 型和 II 型。弹性体改性沥青防水卷材的性能见表 9-5。

弹性体改性沥青防水卷材的性能（GB 18242—2008）　　　表 9-5

序号	项目		指标				
			I 型		II 型		
			PY	G	PY	G	PYG
1	可溶物含量(g/m²)	3mm	≥2100				—
		4mm	≥2900				—
		5mm	≥3500				
		试验现象	—	胎基不燃	—	胎基不燃	
2	耐热性	℃	90		105		
		≤mm	2				
		试验现象	无流淌、滴落				

序号	项目		指标				
			Ⅰ型		Ⅱ型		
			PY	G	PY	G	PYG
3	低温柔性(℃)		−20		−25		
			无裂缝				
4	不透水性(30min)(MPa)		0.3	0.2	0.3		
5	拉力	最大峰拉力(N/50mm)	≥500	≥350	≥800	≥500	≥900
		次高峰拉力(N/50mm)	—	—	—	—	—
		试验现象	拉伸中,试件中部无沥青涂层开裂或胎基分离现象				
6	延伸率	最大峰时延伸率(%)	≥30		≥40		—
		第二峰时延伸率(%)	—		—		≥15
7	浸水后质量增加(%)	PE、S	≤1.0				
		M	≤2.0				
8	热老化	拉力保持率(%)	≥90				
		延伸率保持率(%)	≥80				
		低温柔性(℃)	−15		−20		
			无裂缝				
		尺寸变化率(%)	≤0.7	—	≤0.7	—	≤0.3
		质量损失率(%)	≤1.0				
9	渗油性	张数	≤2				
10	接缝剥离强度(N/mm)		≥1.5				
11	钉杆撕裂强度(N)		—		≥300		
12	矿物粒料黏附性(g)		≤2.0				
13	卷材下表面沥青涂盖层厚度(mm)		≥1.0				
14	人工气候加速老化	外观	无滑动、流淌、滴落				
		拉力保持率(%)	≥80				
		低温柔性(℃)	−15		−20		
			无裂缝				

　　SBS改性沥青防水卷材具有良好的不透水性和低温柔性,同时还具有抗拉强度高、延伸率大、耐腐蚀性及耐热性好等优点,适用于各类建筑防水、防潮工程,尤其适用于寒冷地区和结构变形频繁的建筑物防水。

　　(2) 塑性体改性沥青防水卷材

　　塑性体改性沥青防水卷材是以聚酯毡、玻纤维及玻纤维增强聚酯毡为胎基,以无规聚丙烯 (APP) 或聚烯烃类聚合物 (APAO、APO 等) 作石油沥青改性剂,两面覆以隔离材料所制成的防水卷材。塑性体改性沥青防水卷材按胎基分为聚酯毡 (PY)、玻纤毡 (G) 及玻纤增强聚酯毡 (PYG);按上表面隔离材料分为聚乙烯膜 (PE)、细砂 (S) 及矿物粒料 (M);按下面隔离材料分为细砂 (S) 及聚乙烯膜 (PE);按材料性能分为 Ⅰ 型和 Ⅱ

型。塑性体改性沥青防水卷材的性能见表9-6。

塑性体改性沥青防水卷材的性能（GB 18243—2008）　　表9-6

序号	项目		指标				
			I型		II型		
			PY	G	PY	G	PYG
1	可溶物含量(g/m²)	3mm	≥2100				—
		4mm	≥2900				—
		5mm	≥3500				
		试验现象	—	胎基不燃	—	胎基不燃	
2	耐热性	℃	90		105		
		≤mm	2				
		试验现象	无流淌、滴落				
3	低温柔性(℃)		−7		−15		
			无裂缝				
4	不透水性(30min)(MPa)		0.3	0.2	0.3		
5	拉力	最大峰拉力(N/50mm)	≥500	≥350	≥800	≥500	≥900
		次高峰拉力(N/50mm)	—				
		试验现象	拉伸中,试件中部无沥青涂层开裂或胎基分离现象				
6	延伸率	最大峰时延伸率(%)	≥25		≥40		—
		第二峰时延伸率(%)	—		—		≥15
7	浸水后质量增加(%)	PE、S	≤1.0				
		M	≤2.0				
8	热老化	拉力保持率(%)	≥90				
		延伸率保持率(%)	≥80				
		低温柔性(℃)	−2		−10		
			无裂缝				
		尺寸变化率(%)	≤0.7	—	≤0.7	—	≤0.3
		质量损失率(%)	≤1.0				
9	渗油性	张数	≤2				
10	接缝剥离强度(N/mm)		≥1.0				
11	钉杆撕裂强度(N)		—				≥300
12	矿物粒料黏附性(g)		≤2.0				
13	卷材下表面沥青涂盖层厚度(mm)		≥1.0				
14	人工气候加速老化	外观	无滑动、流淌、滴落				
		拉力保持率(%)	≥80				
		低温柔性(℃)	−2		−10		
			无裂缝				

塑性体改性沥青防水卷材与弹性体改性沥青防水卷材相比，具有更高的耐热性，但低温柔性差，其他性质基本相同。它广泛适用于各类建筑防水、防潮工程，尤其适用于高温或有强烈太阳辐照地区的建筑物防水。

9.1.2.2 沥青防水涂料

建筑防水涂料是指涂敷在刚性基底上形成连续的不透水膜的材料，一般均制成乳化液，通过在建筑结构面层上形成涂膜防水层来达到防水的目的。防水涂料可分为有机防水涂料和无机防水涂料两类。有机防水涂料主要包括沥青类、合成橡胶类和合成树脂类。常用的有氯丁橡胶沥青防水涂料、SBS改性沥青防水涂料、氯氨酯防水涂料及硅橡胶防水涂料。无机防水涂料主要包括聚合物改性水泥基防水涂料和水泥基渗透结晶型防水涂料，它是通过在水泥中掺入一定的聚合物来不同程度地改变水泥固化后的物理力学性质。

1. 沥青基防水涂料

沥青基防水涂料的主要成膜物质是沥青，包括溶剂型和水乳型两种，主要品种有乳化沥青、沥青胶和冷底子油。

（1）乳化沥青

乳化沥青是沥青以微粒（粒径在 $1\mu m$ 左右）分散在有乳化剂的水中而制成的乳胶体。乳化沥青涂刷于基材表面，或与砂、石材料拌合成型后，其中水分逐渐散失，沥青微粒靠拢而将乳化剂薄膜挤破，从而相互团聚和黏结，这个过程称乳化沥青成膜。成膜后的乳化沥青与基层黏结形成防水层起到防水作用。

乳化沥青可涂刷或喷涂在材料表面作为防潮或防水层，也可粘贴玻璃纤维毡片（或布）作面防水层，或用于拌制冷用沥青砂浆和沥青凝土。

乳化沥青的储存期不能过长（一般为3个月左右），否则容易引起凝聚分层而发生变质，且存储温度不得低于0℃，不宜在−5℃以下施工，以免水分结冰而破坏防水层；也不宜在夏季烈日下施工，因为水分蒸发过快，会造成乳化沥青结膜块，使得膜内水分蒸发不出来而产生气泡。

（2）沥青胶

沥青胶又称沥青玛琋脂，它是在沥青中加入粉状或纤维状的填充料经均匀混合而成的。粉状的填充料如滑石粉、石灰石粉、白云石粉等，纤维状的如石棉屑、木纤维等，也可两者混用。沥青胶的常用配合比：沥青为 $70\%\sim90\%$，矿粉为 $10\%\sim30\%$。如采用的沥青黏性较低，则矿粉可多掺一些。一般铁矿粉越多，沥青胶的耐热性越好，黏结力越大，但柔韧性会随之降低，施工流动性也会变差。

沥青胶的技术性能要符合耐热度、柔韧度和黏结力3项要求，见表9-7。

沥青胶的技术指标   表9-7

项目	标号					
	S-60	S-65	S-70	S-75	S-80	S-85
耐热度	用2mm厚沥青粘贴两张沥青油纸,在不低于下列温度45°的坡度上,停放5h,沥青胶结料不应流出,油纸不应滑动					
	60	65	70	75	80	85

续表

项目	标号					
	S-60	S-65	S-70	S-75	S-80	S-85
柔韧度	涂在沥青油纸上的厚沥青胶层,在(18±2)℃时,围绕下列直径(mm)的圆棒,以5s时间均速弯曲成半周,沥青胶结层不应有开裂					
	10	15	15	20	25	30
黏结力	将两张用沥青胶粘贴在一起的油纸揭开时,若被撕开的面积超过粘贴面积的一半时,则认为不合格;否则认为合格					

沥青胶有热用和冷用两种。热用沥青胶是将70%～90%的沥青加热至180～200℃,使其脱水后,与10%～30%的干燥填料热拌混合均匀后,热用施工。冷用沥青胶是将40%～50%的沥青融化脱水后,缓慢加入25%～30%的溶剂,再掺入10%～30%的填料,混合拌匀制得,并在常温下使用。冷用沥青胶比热用沥青胶施工方便,涂层薄,节省沥青,但耗费溶剂。

（3）冷底子油

冷底子油是用建筑石油沥青加入汽油、煤油、轻柴油,或者用软化点为50～70℃的煤沥青加入苯,融合而配制成的沥青溶液,因其可以在常温下涂刷,故称冷底子油。冷底子油属溶剂型沥青涂料,其实质是一种沥青溶液。由于形成的涂膜较薄,因此一般不单独作防水材料使用,往往仅作某些防水材料的配套材料使用。

因为冷底子油的流动性好,所以施工时将冷底子油涂刷在砂浆或木材等基层上,它能很快地渗入到材料的孔隙中,待溶剂挥发后,便可与基层牢固结合,并使基层具有憎水性。冷底子油可用于涂刷混凝土、砂浆或金属表面。

配制冷底子油时常使用30%～40%的石油沥青和60%～70%的溶剂（汽油或煤油）,首先将沥青加热至180～200℃,脱水后冷却至130～140℃,并加入溶剂量为10%的煤油,待温度降至约70℃时,再加入余下的溶剂（汽油）搅拌均匀。冷底子油最好是现用现配。储藏时,应使用密闭容器,以防止溶剂挥发。

2. 高聚物改性沥青防水涂料

高聚物改性沥青防水涂料是以高聚物改性沥青为基料制成的水乳型或溶剂型防水涂料,有再生橡胶改性沥青防水涂料、水乳型氯丁橡胶沥青防水涂料及SBS改性沥青防水涂料等。

（1）再生橡胶改性沥青防水涂料

再生橡胶改性沥青防水涂料是以石油沥青为基料,以再生橡胶为改性剂复合而成的水性防水涂料。它是双组分（A液、B液）包装,其中A液为乳化橡胶,B液为阴离子型乳化沥青,储运时分别包装,使用时现场配制使用。该涂料具有无毒、无味、不燃的优点,可在常温下冷施工作业。涂膜具有橡胶弹性,温度稳定性好,耐老化性能及其他各项技术性能均比纯沥青和玛琋脂好,适用于屋面、墙体、地面、地下室、冷库的防水防潮,也可用于嵌缝及防腐工程等。

（2）水乳型氯丁橡胶沥青防水涂料

氯丁橡胶沥青防水涂料的基料是氯丁橡胶和石油沥青。溶剂型氯丁橡胶防水涂料是先将氯丁橡胶溶于一定量的有机溶剂（如甲苯）中形成溶液，然后将其掺入液体状态的沥青中，再加入各种助剂和填料经强烈混合而成的。

水乳型氯丁橡胶沥青防水涂料是阳离子氯丁乳胶与阳离子型石油沥青乳液的混合体，是氯丁橡胶的微粒与石油沥青的微粒借助于阳离子表面活性剂的作用，稳定分散在水中所形成的一种乳状液。该类涂料的特点是涂膜强度大、延伸性好，能充分适应基层的变化，耐热性和低温柔韧性优良，耐臭氧老化，抗腐蚀，阻燃性好，是一种安全无毒的防水涂料，它已成为我国防水涂料的主要品种之一，适用于工业与民用建筑物的屋面防水、墙体防水和楼地面防水，地下室和设备管道的防水。

虽然溶剂型氯丁橡胶沥青防水涂料的黏结性能比较好，但存在着易燃、有毒、价格高的缺点，因而目前的产量日益下降，有逐渐被水乳型氯丁橡胶沥青防水涂料所取代的趋势。

（3）SBS 改性沥青防水涂料

SBS 改性沥青防水涂料是由沥青、橡胶、合成树脂、SBS 及表面活性剂等高分子材料组成的一种水乳型弹性沥青防水涂料。该涂料的优点是低温柔性好，抗裂纹性强，黏结性能优良，抗老化性能好，与玻纤布等增强胎体复合，能用于任何复杂的基层，防水性好，可冷施工。SBS 改性沥青防水涂料适用于复杂的基层防水施工，如地下室、厨房、水池等防水防潮工程。

9.1.2.3　沥青密封材料

常用的防水密封材料可分为弹性密封膏、弹塑性密封膏及塑性密封膏 3 大类。

其中，弹性密封膏是以聚硫橡胶、有机硅橡胶、氯丁橡胶、聚氨酯和丙烯酸萘为主要原料制成的，它性能好，使用年限在 20 年以上；塑性密封膏是以改性沥青和煤沥青为主要原料制成的，其价格低，具有一定的弹性和耐久性，但弹性差，使用年限在 10 年以下；弹塑性密封膏是以聚氯乙烯胶泥及各种塑料油膏为主，其弹性较低，塑性较大，延伸性和黏结力较好，使用年限在 10 年以上。

沥青嵌缝油膏是以石油沥青为基料，加入改性材料、稀释剂及填充料混合制成的密封膏。其中，改性材料有废橡胶粉和硫化鱼油；稀释剂有松焦油、松节重油和机油；填充料有石棉绒和滑石粉等。沥青嵌缝油膏主要用作屋面、墙面、沟和槽的防水嵌缝材料。使用沥青嵌缝油膏嵌缝时，缝内应洁净干燥，先刷涂冷底子油一道，待其干燥后即嵌填油膏。在油膏表面可加石油沥青、油毡、砂浆、塑料作为覆盖层。

9.1.3　沥青混凝土

沥青混合料是指由沥青和适当级配的矿质混合料拌合而成的混合物，它是沥青混凝土混合料和沥青碎石混合料的总称。由适当比例的粗骨料、细骨料及填料与沥青拌合、压实，剩余空隙率小于 10% 的混合料简称沥青混凝土；剩余空隙率在 10% 以上的混合料简称沥青碎石。

9.1.3.1　沥青混凝土混合料的分类

按胶结材料种类分为石油沥青混合料、煤沥青混合料。

按施工温度分为热拌热铺混合料、常温沥青混合料。其中，热拌热铺混合料即沥青与矿质骨料（简称矿料）在热态下拌合、铺筑；常温沥青混合料即采用乳化沥青或稀释沥青与矿料在常温下拌和、铺筑。

按骨料级配类型分为连续级配沥青混合料、间断级配沥青混合料。其中，连续级配沥青混合料即混合料中的矿质骨料是按级配原则，从大到小各级沥青按比例搭配组成的；间断级配沥青混合料即骨料级配组成中缺少一个或若干个粒径档次。

按骨料最大粒径分为：

1. 特粗式沥青混合料，指骨料最大粒径为37.5mm；

2. 粗粒式沥青混合料，指骨料最大粒径为26.5mm或31.5mm的混合料；

3. 中粒式沥青混合料，指骨料最大粒径为16mm或19mm的混合料；

4. 细粒式沥青混合料，指骨料最大粒径为9.5mm或13.2mm的混合料；

5. 砂粒式沥青混合料，指骨料最大粒径不大于4.75mm的混合料。

9.1.3.2 沥青混凝土混合料的组成材料及结构

1. 组成材料

（1）沥青。沥青混凝土混合料的结合料主要是道路石油沥青。

（2）粗骨料。粗骨料主要是碎石、破碎砾石和矿渣等。若酸性石料用于高速路、一级公路、城市快速路、主干路的路面时，应采取下列抗剥离措施：①采用干燥的磨细消石灰或生石灰粉、水泥作为填料的一部分，其用量为矿料总量的1%～2%；②在沥青中掺加抗剥离剂；③将粗骨料用石灰浆处理后再使用。

（3）细骨料。细骨料是指天然砂、机制砂、石屑。与沥青黏结性能较差的天然砂及用花岗石、石英岩等酸性石料破碎的机械砂或石屑，不宜用于高速路、一级公路、城市快速路、主干路的路面。必须用时，应采取抗剥离措施。

（4）填料。在沥青混凝土混合料中粒径小于0.075mm的铁矿粉末称为填料。常用的填料有石灰岩石粉、水泥、石灰和粉煤灰。

2. 组成结构

按照沥青集料混合料的组成结构可分为3类，如图9-1所示。

 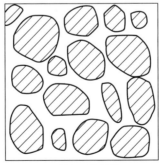 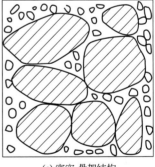

(a) 悬浮-密实结构　　　　　　　(b) 骨架-空隙结构　　　　　　　(c) 密实-骨架结构

图9-1　沥青混合料的组成结构

（1）悬浮-密实结构。悬浮-密实结构采用连续型密级配骨料，各级骨料悬浮于次级骨料及沥青胶浆之间，密实度、强度高，但高温稳定性差。

（2）骨架-空隙结构。骨架-空隙结构采用连续型开级配骨料，细骨料很少，甚至没有，热稳定性较好，黏结力较弱，空隙率大，耐久性差。

211

（3）密实-骨架结构。密实-骨架结构采用间断型密级配骨料，具有较强的黏结力、较高的抗剪强度，密实度、稳定性较好。

9.1.3.3 沥青混凝土混合料的技术性质

沥青混凝土混合料的技术性质主要包括高温稳定性、低温抗裂性、耐久性、抗滑性及施工和易性。

1. 高温稳定性

高温稳定性是指在夏季高温（通常为60℃）条件下，经车辆荷载反复作用后不产生车辙和波浪等破坏现象的性能。评价沥青混凝土混合料高温稳定性的方法主要有三轴试验、马歇尔稳定度试验和车辙试验等，因为三轴试验较为复杂，目前通用的方法是马歇尔稳定度试验和车辙试验。

（1）马歇尔稳定度试验。试验主要测定马歇尔稳定度、流值。马歇尔稳定度是指标准尺寸试件在规定的温度和加荷速度下，在马歇尔试验仪中最大的破坏荷载（kN），是反映混合料抵抗荷载能力的指标；流值是达到最大破坏荷载时试件的垂直变形（以0.1mm计），是反映混合料在外力作用下变形能力的指标。

（2）车辙试验。对一级公路和高速路还需采用车辙试验测定其高温稳定性。用标准成型方法制成300mm×300mm×500mm的沥青混合料试件，在60℃以下，一定荷载的橡胶轮（轮压为0.7MPa）在同一轨迹上作一定时间的反复行走，测定其在变形稳定期每增加1mm变形的碾压次数，即动稳定度，以次/mm表示。

2. 低温抗裂性

低温抗裂性是指沥青混合料在低温下抵抗破坏的能力。沥青混合料的低温裂缝是由混合料的低温脆化、低温缩裂和温度疲劳引起的。通常采用的方法是测定沥青混合料的低温劲度和温度收缩系数，通过计算低温收缩时在路面中所出现的温度应力与沥青混合料的抗拉强度对比，来预估沥青路面的开裂温度。低温抗裂性的指标未列入技术标准。

3. 耐久性

为保证沥青路面有较长的使用年限，沥青混合料应具有较好的耐久性。影响沥青混合料耐久性的因素，除沥青的化学性质、矿料的组成外，沥青混合料的空隙率也是重要因素之一。从耐久性的角度及沥青混合料的高温稳定性考虑，一般沥青混凝土应留有3%～10%的空隙。

此外，沥青用量与路面的耐久性也有很大的关系，当沥青用量明显低于最佳用量时，沥青膜太薄，混合料的延伸能力会降低，脆性会增加。通常以马歇尔稳定度来确定沥青的最佳用量。

我国现行规范采用空隙率、饱和度和残留稳定度等指标来表征沥青混合料的耐久性。

4. 抗滑性

为保证汽车能够安全和快速的行驶，要求路面具有一定的抗滑性。沥青混合料路面的抗滑性主要与其矿质集料的表面有关。沥青用量多及沥青含石蜡量高对路面的抗滑性非常不利。高速公路的抗滑层骨料一般选用抗滑性能好的玄武岩、安山岩等材料。

5. 施工和易性

影响沥青混合料施工和易性的主要因素是矿料级配。若粗、细骨料的颗粒大小差距过大，缺乏中间粒径，则混合料很容易产生离析。若细料太少，则沥青层不容易均匀地分布在粗颗粒表面；反之，细料过多则使搅拌困难。

 **小贴士**

　　城市道路"白改黑"，是把原来的水泥混凝土路面（灰白色）改建为沥青混凝土路面（黑色）。城市道路"白改黑"是城市建设发展的趋势。从 20 世纪 80 年代到 21世纪初，水泥混凝土路面作为城市道路主要结构形式，在国内许多城市广泛应用。但随着经济社会的发展，城市道路有了更高层次的需求，水泥混凝土路面存在一些本质缺陷，如行车产生较大震动与噪声、路表易产生裂缝、平整度差，出现裂缝、坑洞难以维修，另外吸热性能差、光折射力强易产生视觉疲劳等，这种路面与城市发展的时代性已不协调。城市道路"白改黑"以后，则可以达到环保、防尘、降噪和增添行车舒适性的效果。相对于原先的混凝土路面，"白改黑"后的沥青混凝土路面与轮胎之间附着力增强，车辆在处理紧急事件中制动性能大大提高，车辆行驶起来更加安全，更加平稳；车辆行驶过程中产生的噪声将大幅度下降，为降低城市噪声起到了重要作用；黑色沥青路面吸尘性能较好，能有效吸收车辆行驶过程中的扬尘，从而能提高街道两旁店铺、居民住宅的空气质量，提高美化城市环境的质量。

　　越来越多的城市道路由水泥混凝土路面改造为沥青混凝土路面，这充分体现了党和国家以人为本的理念，从人民群众最关心的问题着手，完善城市道路建设，以实际行动增进民生福祉，提升市民出行的幸福指数。

任务 9.2　绝热材料

　　在建筑中，习惯上把用于控制室内热量外流的材料叫作保温材料；把防止室外热量进入室内的材料叫隔热材料。保温、隔热材料统称为绝热材料。

微课：绝热材料

　　绝热材料是建筑功能材料的一个重要种类，主要用于减少建筑物与外界环境之间的热量交换，它的利用很大程度上影响了建筑物能耗的多少。在今天这个节能型社会中，有效地利用绝热材料，对于更好地实施节能减排和提高人们生活质量起着非常重要的作用。

9.2.1　材料的热学性质

　　不同材料具有不同的热学性质。其中，衡量一种建筑材料热学性质优劣的指标是材料的导热性。材料的导热性是指材料本身用来传导热量的一种能力，用导热系数 λ 来表示。导热系数的物理意义为：在稳定传热条件下，当材料层单位厚度内温差为 1℃时，在 1h 内通过 $1m^2$ 表面积的热量。

　　材料的导热系数值 λ 值越小，表示材料本身传导的热量越少，导热性能越差，相应的，该材料的绝热性能就越好，绝热性能与 λ 值成反比。影响材料导热性能的因素有很多，主要有以下几种因素。

9.2.1.1　材料的性质

不同材料，导热系数 λ 值是不一样的，金属最大，非金属次之，有机材料最小；固体较大，液体较小，气体最小。

同一材料，导热系数 λ 值也是不同的，结晶结构最大，微晶体结构面次之，玻璃体结构最小。因此，实际操作中，为了使材料的导热系数降低，可以通过改变材料微观结构的方法来实现，如水淬矿渣就是一种性能较好的绝热材料。

9.2.1.2　材料的表观密度与孔隙率

表观密度小的材料，孔隙率大，导热系数值小，即材料的导热系数值与孔隙率的大小成反比。因此，表观密度越小的材料绝热性能好。

纤维状材料存在一个最佳表观密度，即在该密度时该材料导热系数最小，当松散纤维材料中的纤维之间被压实至某一极限时，导热系数值反而会变大，这是由于材料孔隙变大而导致很多孔隙之间相互连通加强了对流作用的结果。

9.2.1.3　材料的环境温度

材料的外界温度为 0~50℃ 范围内时，λ 值基本不变。当温度升高时，材料的 λ 值变大，这是材料的固体分子热运动增强的结果。

9.2.1.4　材料的含水量

绝热材料吸湿受潮后，含水量变大，导热系数值随着增大。因为受潮后的绝热材料孔隙中含有更多的水分，外界温度降低，水分会结冰。水的导热系数 $λ=0.58W/(m·K)$，空气的导热系数 $λ=0.029W/(m·K)$，冰的导热系数 $λ=2.33W/(m·K)$。材料的 λ 值越大，材料传递热的能力越强，绝热性能就越差。因此，在运用绝热材料时必须注意材料的防水防潮。

9.2.1.5　材料的热流方向

对于一些各向异性材料，如木材的纤维质材料，当热流平行于材料的纤维方向时，热流受到的阻力小，λ 值较大，这时材料的绝热性能就会稍微差一点；相反，当热流垂直于材料的纤维方向时，热流受到较大阻力，λ 值较小，这时材料的绝热性能就会稍微好一些。

为了提高材料的绝热性能，绝热材料除应具有较小的导热系数外，还应具有适宜的强度、抗冻性、耐热性、耐低温性、耐水性、防火性和耐腐蚀性等，有时还需具有较小的吸水性等，优良的绝热材料应具有很高的孔隙率，以封闭、细小孔隙为主，以吸湿性、吸水性都较小的有机、无机非金属材料为主，而多数无机绝热材料的强度都较低，吸湿性和吸水性都较高，使用时应予以注意。

另外，室内外之间的热交换除了通过材料的传导传热方式外，辐射传热也是一种重要的传热方式。所以，一些金属薄膜，如铝箔等，由于其具有很强的反射能力，可以起到隔绝辐射传热的作用，也是一类比较理想的绝热材料。

9.2.2　绝热材料的类型

按照材料的化学成分，绝热材料可以分为有机和无机两大类。按照材料的构造，绝热材料可以分为纤维状、松散颗粒状和多孔组织材料三大类。

9.2.2.1 无机绝热材料

1. 纤维状无机绝热材料

它主要是由连续的气相与无机纤维状固相组成。其特征主要表现为：不易燃烧、耐久性好、吸声、施工工艺简单和价格便宜等，被广泛应用于住宅建筑的表面。常见的种类有矿棉、石棉、玻璃棉等。

（1）矿棉及矿棉制品

矿棉，主要包括岩石棉和矿渣棉，其堆积密度约为 $45\sim150\mathrm{kg/m^3}$，导热系数约为 $0.044\sim0.049\mathrm{W/(m\cdot K)}$。其中，岩石棉是由天然岩石熔融后经喷吹制成的纤维材料，常见的天然岩石大多为白云石、花岗岩和玄武岩等；矿渣棉是将矿渣原料熔融后经喷吹制成的纤维材料，常见的矿渣主要有各种工业矿渣，比如铜矿渣等。将矿棉与有机胶结剂相结合可以制成各类矿棉板、毡和管壳等制品。

矿棉及其制品的主要特性为：轻质、易燃烧、绝热、绝缘、吸声，制作成本低廉，原材料来源广泛，常被用作建筑物各处的保温材料，如墙体保温、屋面保温和地面保温等，一些热力管道的保温处理也常选此类材料。由于低堆积密度的矿棉内空气可发生对流而导热，因此，堆积密度低的矿棉导热系数反而略高，矿棉及其制品的最高使用温度约为 $600\mathrm{℃}$。

常见的矿棉纤维品有矿棉带、矿棉板、矿棉毡、矿棉筒和矿棉管壳等，矿棉也可制成粒状棉用作填充材料，缺点是吸水性大，弹性小。

（2）石棉及其制品

石棉的主要化学成分是含水硅酸镁，是一种比较常见的天然矿物纤维。建筑工程中常用的保温材料多为以石棉为主要原料加工生产的各种类型的保温隔热制品，如石棉涂料、石棉板、石棉毡和石棉粉等。

石棉及其制品的主要特性为：抗拉强度高、耐高温、耐酸碱、隔热隔声、防腐、防火和绝缘等，是一种优质的绝热材料，多用于热表面的绝热工程和防火覆盖等。

（3）玻璃棉及其制品

玻璃棉主要是以玻璃原料或碎玻璃为主要原料，经过高温熔融后制成的一种纤维状材料，是玻璃纤维的一种。

玻璃棉及其制品的主要特性为：无毒、不易燃、容重小、耐腐蚀、绝热、化学稳定性强、憎水性好、导热系数很小，具有很好的绝热性能，价格与矿棉制品相近，是目前公认的绝热性能优良的材料之一，被广泛应用于房屋建设中，起到保温作用，在一些温度相对较低的热力设备中也常采用玻璃棉制品。同时，玻璃棉还是很好的吸声材料。

常见的玻璃棉制品主要有沥青玻璃棉毡、板以及酚醛玻璃棉毡、板等，另外，还可以由玻璃棉生产出保温性能更为优良的超细棉制品。

2. 散粒状绝热材料

主要是由连续的气相与无机颗粒状固相组成，常见的材料有膨胀蛭石、膨胀珍珠岩等。

（1）膨胀蛭石及其制品

蛭石是一种主要含复杂的镁、铁和水铝硅酸盐的天然矿物，由云母类矿物风化而成，具有层状结构，因其在膨胀时像水蛭蠕动而得名蛭石，是一种有代表性的多孔轻质类无机绝热材料，具有隔热、耐冻、抗菌、防火、吸声、吸水性好等特性。在 850～1000℃ 的高温煅烧下，蛭石的体积会急剧膨胀 8～15 倍，其中单个颗粒的体积能膨胀高达 30 倍，膨胀后密度为 50～200kg/m³，颜色变为金黄或者银白色。蛭石的堆积密度为 80～200kg/m³，导热系数为 0.046～0.07W/（m·K），其特性为：在 1000～1100℃ 下使用，防火、防蛀虫、防腐蚀、化学稳定性好、无毒无味、吸水性强，是一种良好的保温材料，多用于建筑中墙壁、楼板、屋面的夹层中，作为松散填充料，起到绝热、隔声的作用，但应注意防水防潮。

另外，膨胀蛭石也可与水泥、水玻璃、沥青和树脂等胶凝材料制品配合，制成板，用于建筑构件上的绝热处理以及冷库中的保温层。

（2）膨胀珍珠岩及其制品

膨胀珍珠岩是由天然珍珠岩烧制而成，珍珠岩是由一种地下喷出的熔岩冲到地表后急剧冷却而形成的呈酸性的火山玻璃质岩石，其煅烧膨胀后呈现出一种白色或灰白色的蜂窝状松散状态，即为膨胀珍珠岩，它的堆积密度为 40～300kg/m³，导热系数为 0.047～0.0.70W/（m·K），耐热温度为 800℃，具有轻质、绝热、无毒、不易燃、耐腐和施工方便等特点，是一种高效的保温填充材料，广泛应用于建筑上的保温隔热处理，也可用作吸声材料。

膨胀珍珠岩制品是以膨胀珍珠岩为主料，加入适量的胶凝材料（水泥、水玻璃、沥青等），经拌合、成型、养护后制成的板、砖、管等产品。常见的产品有水泥膨胀珍珠岩制品、水玻璃膨胀珍珠岩制品和沥青膨胀珍珠岩制品等。

3. 多孔绝热材料

它是由固相和孔隙良好的分散材料组成的，主要为泡沫类和发气类产品，常见的有泡沫玻璃、微孔硅酸钙制品、泡沫混凝土、加气混凝土和硅藻土。

（1）泡沫玻璃

泡沫玻璃是在碎玻璃中加入 1‰～2‰ 发泡剂（石灰石或碳化钙）、改性添加剂和发泡促进剂等，经过一系列加工工序制成的无机非金属玻璃材料，它是由大量直径为 0.1～5mm 的封闭气泡结构组成的。其表观密度为 150～600kg/m³，导热系数为 0.058～0.128W/（m·K），抗压强度 0.8～15MPa。最高使用温度为 300～400℃（无碱玻璃粉生产时，最高温度为 800～1000℃）。

它的特性主要有：导热系数小、抗压强度高、防水防火、防蛀、防老化、绝缘、防磁波、防静电、无毒、耐腐蚀、抗冻性好、耐久性好、易于进行机械加工、与各类泥浆黏结性好、性能稳定，并且对水分、水蒸气和其他气体具有不渗透性，是较为高级的保温材料，还可以根据不同使用要求，通过变更生产技术参数来调整产品性能，以此来满足多种绝热需求。

泡沫玻璃作为绝热材料主要应用于寒冷地区底层的建筑物墙体、地板、天花板及屋顶保温，也可应用于各种需要隔声隔热的设备上，河渠、护栏等的防蛀防漏工程上，甚至还可以起到家庭清洁和保健功效，比传统的隔热材料性质优良。

（2）微孔碳酸钙制品

微孔碳酸钙制品是由粉状二氧化硅（硅藻土）、石灰等材料经配料、搅拌、成型、蒸压和干燥处理等工序制成。多用于围护结构及管道保温，效果比水泥膨胀珍珠岩和水泥膨胀蛭石好很多。

（3）泡沫混凝土

泡沫混凝土是由水泥、水、松香泡沫剂混合，经过一系列加工处理而形成的，其特性为多孔、质轻、保温、吸声，其表观密度为 $300\sim500kg/m^3$，导热系数为 $0.082\sim0.186W/(m\cdot K)$，也可以用煤灰粉、石灰、石膏和泡沫剂制成粉煤灰泡沫混凝土。

（4）加气混凝土

加气混凝土的组成材料主要有水泥、石灰、粉煤灰、发气剂（铝粉），是一种保温隔热性能良好的轻质材料，其表观密度小，导热系数小，24cm 厚的加气混凝土墙体的隔热效果好于 37cm 厚的砖墙，加气混凝土还具有良好的耐火性能。

（5）硅藻土

硅藻土是由水生硅藻类生物的残骸堆积而成，具有良好的绝热性能，多用于填充料。

9.2.2.2 有机绝热材料

有机绝热材料是多以天然植物材料或高分子材料为原料加工而成，保温效能较好，但存在不耐热、易变质、使用温度不能过高的缺点。常见的有机绝热材料有软木板、蜂窝板、植物纤维类绝热板、泡沫塑料、硬质泡沫橡胶和窗用绝热薄膜等。

微课：建筑保温板

1. 软木板

软木板是以栓皮栎树、黄菠萝树皮为主要原料经过破碎、拌合和成型等加工制成，其表观密度为 $150\sim250kg/m^3$，导热系数为 $0.046\sim0.070W/(m\cdot K)$。软木板的特性主要表现为：绝热性能好、防腐蚀、抗渗透，常用来粘贴热沥青的裂缝以及冷库的隔热处理。

2. 蜂窝板

蜂窝板又称蜂窝夹层结构，是在一层较厚的蜂窝状芯材两面贴上两块较薄的面板而形成的。其中的蜂窝芯材主要是由一些牛皮纸（浸过合成树脂）、玻璃布和铝片等加工和成，呈现一种六角形蜂窝状，其厚度可以根据不同要求采取不同规格。

蜂窝板的特性主要表现为：强度大、绝热性能好、抗震性能好。在制作过程中，要求必须采用合适的胶粘剂，保证面板与芯材粘贴牢固，只有这样，才能更好地发挥蜂窝板的优质特性。

3. 植物纤维类绝热板

植物纤维类绝热板的原料主要是稻草、木质纤维、麦秸和甘蔗渣等，其表观密度为 $200\sim1200kg/m^3$，导热系数为 $0.058\sim0.307W/(m\cdot K)$，多用于建筑墙体、顶层和地面等处的保温处理，也可用于冷藏库的隔热处理。

4. 泡沫塑料

泡沫塑料是以多种合成树脂为基料，加入一定剂量的泡发剂、催化剂和稳定剂等多种辅助材料，经过加热泡发而制成的一种轻质、绝热、吸声、保温及抗震的材料。因其表观密度小、隔热性好、加工使用方便，具有良好的保温效能、良好的隔声性能，该材料被广泛地应用于建筑墙面的保温隔热处理及冷藏库设备、管道的保温隔热处理和防湿防潮处理。

目前，我国市场上生产的泡沫塑料主要有：聚苯乙烯泡沫板、聚氯乙烯泡沫塑料、聚氨酯泡沫塑料，其他还有脲醛泡沫塑料及其制品，见表 9-8。该类材料主要适用于复合墙板、屋面板的夹芯层及冷藏包装中的绝热需要。

常见泡沫塑料技术性能 　　　　　　　　　　　　　　　　　　表 9-8

材料名称	表观密度(kg/m³)	导热系数 [W/(m·K)]	使用温度(℃)	备注
聚苯乙烯泡沫板	20～50	0.038～0.047	最高 70	—
聚氯乙烯泡沫塑料	17～75	0.031～0.045	最高 70	遇火自行熄灭
聚氨酯泡沫塑料	30～65	0.035～0.042	最高 120,最低－60	—

5. 硬质泡沫橡胶

硬质泡沫橡胶是用化学发泡法制成的一种热塑性材料，其表观密度在 $0.064～0.12 kg/m^3$ 之间，表观密度越小，保温性能越好，但强度越低。

硬质泡沫橡胶特点是导热系数小，强度大；抗碱盐的侵蚀能力较强，但强的无机酸及有机酸对它有侵蚀作用；不溶于醇等弱溶剂，但易被某些强有机溶剂软化溶解；耐热性不好，在 65℃ 左右开始软化；有良好的低温性能，低温下强度较高且有较好的体积稳定性，多用于冷库的绝热处理。

6. 窗用绝热薄膜（新型防热片）

其主要用于建筑物窗户部分的绝热处理，厚度多为 $12～50\mu m$，功能是将透过玻璃的大部分阳光反射出去，遮挡阳光，减少紫外线的穿透率，减少紫外线对室内物品的伤害，有效防止室内物品的褪色等，同时，也可以降低冬季能量的损失，减轻室内温度变化程度，起到节约能源，增加美感的作用。

图片：绝热材料
图片选集

9.2.3 常用绝热材料

常用绝热材料的技术性能与用途见表 9-9。

常用绝热材料的技术性能与用途 　　　　　　　　　　　　　　表 9-9

材料名称	表观密度 (kg/m³)	导热系数 [W/(m·K)]	最高使用 温度(℃)	用途
沥青玻纤制品	100～150	0.041	250～300	墙体、屋面、冷库等
超细玻璃棉毡	30～80	0.035	300～400	墙体、屋面、冷库等
矿渣棉纤维	110～130	0.044	≤600	填充材料
岩棉纤维	80～150	0.044	250～600	墙体、屋面、热力管道的填充材料
岩棉制品	80～160	0.04～0.052	≤600	
膨胀珍珠岩	40～300	0.02～0.17	≤800	高效能保温保冷填充材料
水泥膨胀珍珠岩	300～400	0.046～0.070	≤600	保温隔热材料
膨胀蛭石	80～900	0.046～0.070	1000～1100	填充材料
水平膨胀蛭石	300～550	0.076～0.105	≤600	保温隔热材料
泡沫玻璃	150～600	0.058～0.128	300～400	墙体、冷库绝热

续表

材料名称	表观密度 (kg/m³)	导热系数 [W/(m·K)]	最高使用 温度(℃)	用途
泡沫混凝土	300～500	0.081～0.19	—	围护隔热
加气混凝土	400～700	0.093～0.16	—	围护隔热
木丝板	300～600	0.11～0.26	—	顶棚、隔墙绝热
软质纤维板	150～400	0.047～0.093	—	顶棚、隔墙绝热，表面光洁
软木板	105～437	0.044～0.079	≤130	防腐，不易燃烧
聚苯乙烯泡沫塑料	20～50	0.031～0.047	70	屋体墙面保温
聚氨酯泡沫塑料	30～40	0.022～0.55	−60～120	屋体墙面保温、冷库隔热
聚氯乙烯泡沫塑料	12～72	0.022～0.035	−196～70	屋体墙面保温、冷库隔热

 小贴士

　　2009 年 2 月 9 日晚 20 时 27 分，北京市朝阳区东三环中央电视台新址园区在建的附属文化中心大楼工地发生火灾，熊熊大火在三个半小时之后得到有效控制，在救援过程中造成 1 名消防队员牺牲，6 名消防队员和 2 名施工人员受伤。建筑物过火、过烟面积 21333m²，其中过火面积 8490m²，楼内十几层的中庭已经坍塌，位于楼内南侧演播大厅的数字机房被烧毁，造成直接经济损失 16383 万元。事后分析原因发现，是由于有关人员违规燃放烟花爆竹、施工单位大量使用不合格保温板、监理及有关政府职能部门监管不到位等导致此次严重事故的发生。

　　工程建设者们承担着社会的安全与生产，必须从事故中汲取教训，在思想上高度重视，在行动上责任明确，合理选用保温材料，遵纪守法，履行好社会责任，全力避免任何一起可能给人民生命财产带来损害的事故发生。

任务9.3　吸声隔声材料

　　声学材料和结构对声音的作用可分为吸声和隔声。所有建筑都具有这两种作用，只不过程度不同而已，人们把吸声作用较强的材料定义为吸声材料，把吸声较强的结构定义为吸声结构，把隔声比较强的材料定义为隔声材料。在工程中，尤其是室内项目，常常采用的建筑材料同时具有这两种功能，比如带吸声小孔的顶棚。一般吸声性能好的材料，隔声性能就差一些，而隔声性能好的材料，吸声效果就不好。

　　对建筑声学研究主要有两个目的：其一是给各种听音场所或露天场地提供产生、传播和吸收所需要的声音的最佳条件，称为室内声学或空间学；其二是降低噪声，排除不需要的声音，称为噪声控制。建筑声学研究的主要手段就是通过结构的合理设计以及对声学材料的合理利用，最终达到减噪降噪的目的。

9.3.1　材料的吸声性

　　当声波在声场内传播，并入射到反射面（材料或结构表面）时，有部分声能被反射，

另一部分声能被吸收，导致了反射后的声能降低，能起到降噪作用，这种对空气传递的声波有较大程度吸收的材料和结构，称为吸声材料和吸声结构。

9.3.1.1　吸声系数

声波在传递过程中遇到壁面或其他障碍物时，一部分声能被反射回原声场，一部分声能将穿透材料透射到另一侧，其余部分则被壁面或障碍物吸收转化成了其他能量（一般为热能）而消耗。材料或结构的这种吸声降噪的能力常用吸声系数 α 来表征，其大小等于被材料吸收和透射过去的声能之和与入射到材料或结构上的总声能之比，按公式（9-3）进行计算：

$$\alpha = \frac{E_a + E_t}{E} = \frac{E - E_r}{E} = 1 - r \tag{9-3}$$

式中，E——入射到材料的总声能（J）；

$\quad E_a$——材料吸收的声能（J）；

$\quad E_t$——透过材料的声能（J）；

$\quad E_r$——被材料反射的声能（J）；

$\quad r$——反射系数，$r = \dfrac{E_r}{E}$。

吸声系数是表征材料或结构性能的物理量，不同材料或结构的吸声性能不同。当 $\alpha = 0$ 时，表示材料 100% 地将声能反射回原声场，材料不吸声；当 $\alpha = 1$ 时，表示材料 100% 地吸收声能，没有声能被反射回原声场。由此可见，一般材料的吸声系数都在 0～1 之间。吸声系数越大表示材料或结构的吸声能力越强。材料的吸声系数与下列因素有关：与材料的性质有关；与材料的厚度、材料的表面条件有关；与波声的入射角度和频率有关。

对于同一种材料或结构来讲，不同频率和入射角度，其吸声系数是不一样的。在工程中，通常采用 125Hz、250Hz、500Hz、1000Hz、2000Hz、4000Hz6 个频率吸声系数的算术平均值（取 0.05 的整数倍）表示某一材料或结构的吸声特性，称为"降噪系数（NRC）"。当材料或结构的 NRC>0.2 时，称为吸声材料或结构。当 NRC>0.5 时，称其为理想的吸声材料或结构。普遍的砖墙、混凝土等硬质光滑的建筑材料，其平均吸声系数在 0.08 以下，不能作为吸声材料使用。

9.3.1.2　吸声量

吸声系数反映了吸收声能被所占入射声能的百分比，它可用来比较在相同尺寸下不同材料和不同吸声结构的吸声能量，却不能反映不同尺寸材料和结构的实际吸声效果，吸声量就是用来表征吸声材料和吸声结构的实际吸声效果的物理量。其大小为吸声系数与吸声面积的乘积，按公式（9-4）进行计算：

$$A = \alpha S \tag{9-4}$$

式中，A——吸声材料的吸声量；

$\quad \alpha$——吸声材料的吸声系数；

$\quad S$——吸声材料的面积。

若室内各壁面的材料不同，第 i 壁面在某频率下的吸声量为 A_i，则整个房间的吸声量按公式（9-5）进行计算：

$$A = \sum_{i=1}^{n} \alpha_i S_i \qquad (9-5)$$

式中，α_i——第 i 种材料在某频率下的吸声系数；

S_i——第 i 种材料组成壁面的面积。

9.3.2　吸声材料

吸声材料主要应用于建筑物的墙面、地面和天棚等部位。根据外观、构造特性把吸声材料分为多孔材料（岩棉、玻璃棉、毛毡）、板状材料（胶合板、石棉水泥）、穿孔板结构（穿孔的胶合板）、吸声天花板（岩棉吸声板）、膜状材料（帆布、塑料薄膜）、柔性材料（海绵）。

根据材料的性质，可以把吸声材料划分为无机材料、有机材料和纤维材料。

从声学角度看，按照材料的吸声机理可以将吸声材料分为：多孔吸声材料、共振吸声结构和其他吸声结构。各类吸声材料的吸声性能都和声音频率有关。

图片：吸声材料
图片选集

9.3.2.1　多孔吸声材料

多孔吸声材料有许多内外连通的微小间隙和连续气泡，具有良好的通气性。当声波入射到多孔材料时顺着微孔进入材料内部，首先引起小孔或间隙的空气振动，小孔中心的空气质点可以自由地响应声波的压缩和稀疏，但紧靠孔壁或纤维表面的空气质点因受孔壁的影响不易振动，由于摩擦和空气的这种黏滞性会使一部分声能变为热能。此外，小孔中的空气和孔壁同纤维之间的热传导，也会引起热损失。这两方面原因促使声能衰减。因此只有孔洞对外开口，孔之间互相连通，且孔洞深入材料内部，才能有效地吸收声能，这点与某些保温材料的要求是不同的。因此，让声波容易进入微孔是多孔吸声材料的先决条件，如果微孔被灰尘污垢或油漆等封闭，其吸声性能将受到不利影响。

影响多孔材料吸声性能的主要有以下三个参数：

（1）流阻，它是在稳定的气流状态下，材料两面的压力差与气流通过该材料的线速度的比值，反映了当空气通过多孔材料时的阻力大小；对任何一种吸声材料，都应有一个合理的流阻值，过高、过低的流阻值都无法使材料获得良好的吸声性能。

（2）孔隙率，它由穿透材料内部自由空间孔隙的体积与材料总体积的比值来确定，良好的吸声材料的孔隙率一般在 70% 以上，多数达 90%，同时孔隙分布均匀，孔隙之间相互连通。

（3）结构因子，它是反映材料内部微观结构的一个无量纲物理量，它与材料的内外部形状、孔隙率以及材料的自身特性有关。材料结构的改变将导致这些参数的变化，从而改变材料的吸声特性。

多孔材料的吸声频谱，在材料比较薄（一般厚度为 2～3cm）的情况下，低频吸收较差，随着频率的增高，吸声系数增大，中、高频吸收比较好。材料加厚可增加吸声系数，低频吸声系数增加更多，吸声系数的增加量与材料的流阻大小有关。多孔材料背后设置空气层，与该空气层用同样材料填满的效果近似，工程上常用这个特点来节省材料。

多孔材料过去以棉、麻等有机纤维材料为主，现在大多采用玻璃棉、矿渣棉等无机松散材料。这些松散材料正逐步成为定型的吸声制品，如矿棉吸声板、玻璃棉板、玻璃棉毡等。如在这些材料表面上加一层塑料薄膜，则应不影响透声性。由无机颗粒材料制成的多孔砌块，如矿渣吸声砖、陶土吸声砖和珍珠岩制品等，也可用于吸收管道噪声。此外，有通气性能的聚氨酯泡沫塑料、海绵、木丝板和木纤维板等，也属于多孔材料。

9.3.2.2 共振吸声结构

当入射声波的频率和该系统的共振频率一致时，就发生共振，这时吸声系数在共振频率处最大，引起的声能消耗也最大。利用共振原理设计的吸声结构通常有 3 种：空腔共振吸声结构、薄板或薄膜共振吸声结构和微穿孔板吸声结构。

1. 空腔共振吸声结构

空腔共振吸声结构是常见的一种吸声结构。各种穿孔板、狭缝板背后设置空气层形成的吸声结构，都属于空腔共振吸声结构。最简单的空腔共振吸声结构是亥姆霍兹共振器，它是一个封闭空腔通过一个开口与外部空间相联系的结构。亥姆霍兹共振器取材方便，比如穿孔的石棉水泥板、石膏板、硬脂纤维板和胶合板等，使用这些材料和一定的构造做法，很容易根据要求设计出所需要的吸声特性，同时这些材料也是装饰常用的材质，因此应用广泛，但较窄的吸收频带和较低的共振频率导致了此共振器在工程中单独使用比较少。

它的吸声频带范围很窄，只能作为吸收共振频率邻近的频带为主的吸声构造。共振频率 f 取决于薄板的尺寸、重量、弹性系数和板后空气层的厚度，并且和框架构造及薄板安装方法有关。

2. 薄板或薄膜共振吸声结构

把胶合板、硬质纤维板、石膏板或金属板等薄板材料的周围固定在框架上，连同板后的封闭空气层，可共同构造薄板共振吸声结构，其共振频率在 80～300Hz，吸声系数在 0.2～0.5 之间。皮革、人造革和塑料薄膜等材料具有不透气、柔软、受张拉时有弹性的特点，这些材料与背后的空气层形成共振系统，其共振频率与膜的单位面积质量、空气层的厚度、空气密度有关，其共振频率在 200～1000Hz，吸声系数在 0.3～0.4 之间。

3. 微穿孔板吸声结构

在板厚小于 1mm 的金属板上钻孔径为 0.8～1mm 的微孔与其背后的空隙一起构成微穿孔吸声结构。它比普通吸声结构的吸声系数高，吸声频带宽，同时适合在高温、高速气流和潮湿等恶劣环境中使用。

9.3.2.3 工程中常用的吸声材料

1. 矿棉装饰吸声板

矿棉装饰吸声板是以矿渣棉、岩棉或玻璃棉为基料，加入适量的胶粘剂、防潮剂、防腐剂后，经过加压和烘干制成的板状材料。该吸声板质轻、不燃、保温、施工方便、吸声效果好，多用于吊顶及墙面。

2. 膨胀珍珠岩吸声制品

膨胀珍珠岩吸声制品是以膨胀珍珠岩为骨料配合适量的胶粘剂，并加入其他辅料制成的板块材料。按所用的胶粘剂及辅料不同，可分为水玻璃珍珠岩板、石膏珍珠岩板、水泥珍珠岩板、沥青珍珠岩板和磷酸盐珍珠岩板等。膨胀珍珠岩板具有质轻、不燃、吸声、施工方便等优点，多用于墙面或顶棚装饰与吸声工程。

膨胀珍珠岩吸声砖是以适当粒径的膨胀珍珠岩为骨料，加入胶粘剂，按一定配比，经搅拌、成型、干燥、烧结或养护而成。该砖材吸声、隔热、可锯可钉、施工方便，常用于墙面或顶棚的装饰与吸声工程。

3. 泡沫塑料

泡沫塑料有聚苯乙烯泡沫塑料、聚氯乙烯泡沫塑料、聚氨酯泡沫塑料和脲醛泡沫塑料等多种。泡沫塑料的孔型以封闭为主，所以吸声性能不够稳定，软质泡沫塑料具有一定程度的弹性，可导致声波衰减，常作为柔性吸声材料。

4. 钙塑泡沫装饰吸声板

钙塑泡沫装饰吸声板是以聚乙烯树脂和无机填料，经混炼模压、发泡、成型制成的。该板一般规格为 500mm×500mm×6mm，有多种颜色，可制成凹凸图案、打孔图案。钙塑泡沫装饰吸声板质轻、耐水、吸声、隔热、施工方便，常用于吊顶和内墙面。

5. 金属穿孔吸声装饰板和吸声薄板

将铝合金或不锈钢板穿孔加工制成金属穿孔吸声装饰板。由于其强度高，可制得较大穿孔率的微孔板背衬多孔材料使用。金属穿孔吸声装饰板主要有饰面作用。吸声薄板有胶合板、石膏板、石棉水泥板和硬质纤维板等。通常是将它们的四周固定在龙骨上，背后由适当的空气层形成的空腔组成共振吸声结构。若在其空腔内填入多孔材料，可在很宽的频率范围内提高吸声系数。

6. 槽木吸声板

槽木吸声板是一种在密度板的正面开槽、背面穿孔的狭缝共振吸声材料。其由芯材、饰面、吸声薄毡组成，具有出色的降噪吸声性能，对中、高频吸声效果效果尤佳。常用于歌剧院、影院、录音室、录音棚、播音室、电视台、会议室、演播厅和高级别墅等对声学要求高的场所。

7. 铝纤维吸声板

铝纤维吸声板具有质轻、厚度小、强度高、弯折不易破裂、能经受气流和水流的冲刷、耐水、耐热、耐冻、耐腐蚀和耐候性能优异的特点，是露天环境使用的理想吸声材料。其加工性能良好，可制成多种形状的吸声体。铝纤维吸声板由全纯铝金属制成，不含黏结剂，是一种可循环利用的吸声材料，对电磁波也具有良好的屏蔽作用。

8. 木丝吸声板

木丝吸声板是以白杨木纤维为原料，结合独特的无机硬水泥黏合剂，采用连续操作工艺，在高温、高压条件下制成的。其抗菌防潮、结构结实、富有弹性、抗冲击、节能保温、导热系数低至 0.07，具有很强的隔热保温性能，经济耐用，使用寿命长。

9.3.3　隔声材料

能减弱或隔断声波传递的材料称为隔声材料。必须指出的是：吸声性能好的材料不能简单地把它们作为隔声材料使用。

声音按传播途径可分为空气声和固体声。空气声是指声音只通过空气的振动而传播，如说话、唱歌和拉小提琴等都产生空气声；固体声（振动声）是指某种声源不仅通过空气辐射其声能，而且同时引起建筑结构某一部分发生振动，例如大提琴、脚步声、电动机和风扇等产生的噪声为典型的固体声。对于隔空气声，根据声学中的"质量定律"，墙或板传声的大小主要取决于其单位面积质量，质量越大，越不易振动，则隔声效果越好，故必须选用密实、沉重的材料如混凝土、黏土砖、钢板和钢筋混凝土等作为隔声材料。对于隔固体声，最有效的措施是采用不连续的结构处理，即在墙壁和承重梁之间、房屋的框架和隔墙及楼板之间加弹性衬垫，如毛毡、软木和橡皮等材料，或在楼板上加弹性地毯。

9.3.3.1　空气层隔绝

匀质单层板的隔声性能遵守质量定律，材料不变，厚度增加一倍，从而质量增加一倍，隔声量只能增加 6dB。显然加大厚度来提高隔声量是不经济的，如果把单层墙一分为二，作为双层墙，之间留有空气层，其隔声量增加远超过 6dB。因此双层墙结构具有更大的优越性。双层墙可以提高隔声效果主要是因为中间的空气层，当空间中的声波投射到前板上，一部分声能被反射，一部分声能被消耗，一部分透射到中间的空气层；透射进来的声能经空气衰减后入射到后墙上，同样是一部分被反射回中间空气层，一部分被后墙消耗，一部分透射出后墙。在这个过程中，声波经历了两次反射和消耗，声能消耗较大，因此，隔声效果较明显。

现在很多门窗都采用了双层结构来保持湿度和降低噪声，原因是其间的空气层取得了较大的隔声附加值，形成了门斗，在门斗内的空气表面做吸声处理，产生更高的隔声效果，称为门闸。为了防止双层材料出现吻合谷（当频率达到吻合效应频率后出现隔声量的一个低谷），工程上常采用不同厚度的双层材料制作门窗。

9.3.3.2　固体声隔绝

建筑空间围蔽结构（一般指楼板）在受到外界撞击而产生出撞击声，声音通过房屋结构的刚性连接而传播，最后振动的结构以辐射的形式向空气中释放声能，并传给接受者。这就是固体声影响收听者的过程。通过这个过程可以提出隔绝固体声的 3 种措施：

（1）从源头减少，即使振动源撞击结构引起的振动减弱，还可以通过减振措施完成，例如在楼板表面铺设弹性面层。

（2）从固体传播途径上来降低声能，这可以通过在楼板面层和承重结构之间设置弹性垫层来达到目的。

（3）在气体传播途径上来降低声能，工程上采用隔声吊顶来完成，吊顶必须是封闭的，其隔声可以按质量定律来估算。

9.3.4　选用原则和施工注意事项

9.3.4.1　吸声、隔声材料的选用原则

建筑体的功能存在着千差万别，所以对声学材料的要求也是不一样的。如电影院、音乐厅、演讲厅除考虑材料对声音的影响外，还考虑材料对厅内各点的音质和音量的影响，并要考虑材料的内装修功能以及成本、使用年限等问题。一般情况下选择吸声、隔声材料的基本要求如下：

（1）选择气孔是开放的且气孔互相连通的材料（开放连通的气孔，吸声性能好）。

（2）吸声材料强度低，设置部位要免受碰撞。

（3）尽量选择吸声系数大的材料。

（4）注意房间各部位与吸声内装修的协调性。

（5）注意吸声材料与隔声材料的区别。

9.3.4.2　施工注意事项

在进行声学装修时，由于对吸声材料的吸声机理了解不够，所以经常出现一些设计、施工的误区：

(1) 误认为表面凹凸不平就有吸声功能。在一些早期的厅堂中经常在墙面采用水泥拉毛的装修方式，认为这种表面凹凸不平的构造对声音有吸收的作用。吸声主要有两种方式，即多孔吸声和共振吸声，多孔吸声需要材料内部有连通的孔，共振吸声需要有空腔，而类似于水泥拉毛的构造既没有内部连通的孔也没有空腔，所以基本上对声音没有吸收作用。

(2) 误认为只要是软包就有良好的吸声性能。多孔吸声材料的吸声性能与材料的厚度有着密切的关系，如果材料太薄，则不能起到有效的吸声作用。一般情况下如果要达到较为理想的吸声效果，吸声材料的厚度至少要大于10mm，否则不能作为吸声构造使用。

(3) 误以为只要放置了吸声材料就能有吸声效果。在一些装修构造中将多孔吸声材料放置在夹板或石膏板等板材的后面，这种情况吸声材料是起不到吸声作用的。因为多孔性材料吸声的首要条件是声波能进入到材料的内部，而这种构造使声音被挡在吸声材料前面的板材反射回去，无法进入到材料的内部，所以不能起到吸声作用。如果前面的板材比较薄，板后的空腔比较大，可以作为薄板吸声结构。这时，如果在空腔内填充一些多孔吸声材料，可以增加结构吸声频带的宽度，但这时多孔性吸声材料只能起到辅助吸声的作用，不是主作用，其吸声效果也不能与吸声材料暴露在声场中的情况相比。

(4) 在施工中破坏多孔材料表面或饰面材料的透声性。如前所述，保证多孔材料吸声性能的首要条件是保证材料表面具有良好的透声性能。但在一些装修工程中，往往会采取一些不恰当的施工措施，破坏了材料原有的吸声效果，常见的有为了美化，将板的表面刷涂一层油漆或涂料，这样板面的空洞被封死，使声波无法进入到吸声材料的内部，严重地影响了材料的吸声性能。或者安装好后再在金属网或穿孔板表面刮腻子刷漆，或喷刷涂料。这些做法都会破坏饰面材料的透声性能，使得声波无法接触到吸声材料，从而破坏了构造的吸声性能。

(5) 误认为穿孔板都有良好的低频吸声性能。穿孔板组合共振吸声构造必须有两个必要的条件，一是面板必须有一定的穿孔率，二是板后必须有一定厚度的空腔，二者缺一不可。有些工程中将穿孔板实贴在墙面或其他材料上，板后没有空腔，这种情况是起不到低频共振吸声作用的。还有的工程使用半穿孔板，使声波无法通过空洞进入空腔内，同样也起不到共振吸声的作用。另外，用于以吸收低频为主的穿孔板组合吸声构造的穿孔板的穿孔率不能太大，一般不宜大于8%，穿孔率较大的穿孔板一般作为透声的饰面材料使用，其低频共振吸声的作用较弱。

巩固练习题

一、单项选择题

1. 建筑工程中多用_____来表示固体或半固体沥青的黏滞性。

A. 延度　　　　　　　　　　　　B. 软化点

C. 针入度　　　　　　　　　　　D. 蒸发损失率

2. 下列是衡量石油沥青温度敏感性的指标的是_____。

A. 蒸发损失率　　　B. 针入度　　　　　C. 软化点　　　　　D. 延度

3. 建筑工程中多用_____来表示沥青的塑性。

A. 延度　　　　　　B. 软化点　　　　　C. 针入度　　　　　D. 蒸发损失率

4. 石油沥青的针入度越大，则其黏滞性_____。

A. 越大　　　　　　B. 越小　　　　　　C. 不变　　　　　　D. 未知

5. 下列不宜用于屋面防水工程中的沥青是_____。

A. 建筑石油沥青　　　　　　　　　　B. 煤沥青

C. SBS 改性沥青　　　　　　　　　　D. APP 改性沥青

6. 石油沥青的牌号主要根据其_____来划分。

A. 针入度　　　　　　B. 延度　　　　　C. 软化点　　　　　D. 闪点

7. 三元乙丙橡胶 EPDM 防水卷材属于_____防水卷材。

A. 合成高分子　　　　　　　　　　　B. 沥青

C. 高聚物改性沥青　　　　　　　　　D. 橡胶

8. 黏稠沥青的黏性用针入度值表示，当针入度值愈大时，_____。

A. 黏性愈小，塑性愈大，牌号增大

B. 黏性愈大，塑性愈差，牌号减小

C. 黏性不变，塑性不变，牌号不变

D. 黏性愈大，塑性愈大，牌号不变

9. 石油沥青的塑性用延度的大小来表示，当沥青的延度值愈小时，_____。

A. 塑性愈大　　　　B. 塑性愈差　　　　C. 塑性不变　　　　D. 塑性未知

10. 石油沥青的温度稳定性可用软化点表示，当沥青的软化点愈高时，_____。

A. 温度稳定性愈好　　　　　　　　　B. 温度稳定性愈差

C. 温度稳定性不变　　　　　　　　　D. 温度稳定性未知

11. 石油沥青随牌号的增大，_____。

A. 其针入度由大变小　　　　　　　　B. 其延度由小变大

C. 其软化点由低变高　　　　　　　　D. 其黏性由小变大

12. 在进行沥青试验时，要特别注意_____。

A. 室内温度　　　　　　　　　　　　B. 试件所在水中的温度

C. 养护温度　　　　　　　　　　　　D. 试件所在容器中的温度

13. 沥青玛碲脂的标号是依据_____来确定的。

A. 软化点　　　　　　B. 强度　　　　　C. 针入度　　　　　D. 耐热度

14. 对高温地区及受日晒部位的屋面防水工程所使用的沥青胶，在配置时宜选用_____。

A. A—60 甲　　　　　　　　　　　　B. A—100 乙

C. 10 号石油沥青　　　　　　　　　　D. 软煤沥青

15. 石油沥青的组分长期在大气中将会转化，其转化顺序是_____。

A. 按油分—树脂—地沥青质的顺序递变

B. 固定不变

C. 按地沥青质—树脂—油分的顺序递变

D. 不断减少

16. 石油沥青材料属于_____结构。

A. 散粒结构　　　　B. 纤维结构　　　　C. 胶体结构　　　　D. 层状结构

17. 冷底子油是一种_____溶液。

A. 石灰　　　　　　B. 沥青　　　　　　C. 石油　　　　　　D. 橡胶

18. 冷库设备宜选用的绝热材料是_____。

A. 加气混凝土　　　　　　　　　　B. 矿棉板

C. 硬质聚氨酯泡沫塑料　　　　　　D. 微孔硅酸钙

19. 通常我们将六个频率的平均吸声系数_____的材料，称为吸声材料。

A. 大于 0.30　　　　　　　　　　B. 大于 0.20

C. 小于 0.20　　　　　　　　　　D. 大于 0.25

20. 对多孔吸声材料的吸声效果有影响的因素是_____。

A. 材料的密度　　　　　　　　　　B. 材料的微观结构

C. 材料的化学组成　　　　　　　　D. 材料的孔隙特征

二、多项选择题

1. 沥青胶根据使用条件应有良好的_____。

A. 耐热性　　　　B. 黏结性　　　　C. 大气稳定性　　　　D. 温度敏感性

E. 柔韧性

2. 建筑防水沥青嵌缝油膏是由_____混合制成。

A. 填充料　　　　B. 增塑料　　　　C. 稀释剂　　　　D. 改性材料

E. 石油沥青

3. 煤沥青的主要组分有_____。

A. 油分　　　　　B. 沥青质　　　　C. 树脂　　　　　D. 游离碳

E. 石蜡

4. 防水工程中选用防水材料应考虑_____。

A. 建筑物的接缝情况　　　　　　　B. 被黏结物的材质

C. 使用部位的特殊要求　　　　　　D. 环境的温度、湿度

E. 地震引起的短期变形

5. 沥青中的矿物填充料有_____。

A. 石灰石粉　　　B. 滑石粉　　　　C. 石英粉　　　　D. 云母粉

E. 石棉粉

6. 根据用途不同，沥青分为_____。

A. 道路石油沥青　　　　　　　　　B. 普通石油沥青

C. 建筑石油沥青　　　　　　　　　D. 天然沥青

E. 改性石油沥青

三、判断题

1. 当采用一种沥青不能满足配制沥青胶所要求的软化点时，可随意采用石油沥青与煤沥青掺配。　　　　　　　　　　　　　　　　　　　　　　　　　　　（　　）

2. 沥青本身的黏度高低直接影响着沥青混合料黏聚力的大小。　　　　　（　　）

3. 石油沥青的技术牌号愈高，其综合性能就愈好。　　　　　　　　　（　　）

4. 石油沥青的主要化学组分有油分、树脂、地沥青质三种，它们随着湿度的变化而在逐渐递变着。　　　　　　　　　　　　　　　　　　　　　　　　（　　）

5. 在石油沥青中当油分含量减少时，则黏滞性增大。　　　　　　　　　（　　）

6. 针入度反映了石油沥青抵抗剪切变形的能力，针入度值愈小，表明沥青黏度越小。

　　　　　　　　　　　　　　　　　　　　　　　　　　　　　　　　　（　　）

7. 地沥青质是决定石油沥青温度敏感性和黏性的重要组分，其含量愈多，则软化点愈高，黏性愈小，也愈硬脆。　　　　　　　　　　　　　　　　　　（　　）

8. 在石油沥青中，树脂使沥青具有良好的塑性和黏结性。　　　　　　　（　　）

9. 软化点小的沥青，其抗老化能力较好。　　　　　　　　　　　　　　（　　）

10. 当温度的变化对石油沥青的黏性和塑性影响不大时，则认为沥青的温度稳定性好。　　　　　　　　　　　　　　　　　　　　　　　　　　　　　（　　）

11. 石油沥青的牌号越高，其温度稳定性愈大。　　　　　　　　　　　　（　　）

12. 石油沥青的牌号越高，其黏滞性越大，耐热性越好。　　　　　　　　（　　）

13. 在同一品种石油沥青材料中，牌号愈小，沥青愈软，随着牌号增加，沥青黏性增加，塑性增加，而温度敏感性减小。　　　　　　　　　　　　　　　（　　）

14. 建筑石油沥青黏性较大，耐热性较好，但塑性较小，因而主要用于制造防水卷材、防水涂料和沥青胶。　　　　　　　　　　　　　　　　　　　　（　　）

15. 为避免冬季开裂，选择石油沥青的要求之一是，要求沥青的软化点应比当地气温下屋面最低温度高20℃以上。　　　　　　　　　　　　　　　　（　　）

16. 石油沥青的牌号越高，塑性越大，温度敏感性越大。　　　　　　　　（　　）

17. 建筑石油沥青的牌号是按针入度指数划分的。　　　　　　　　　　　（　　）

18. 材料的导热系数值越大，表示材料本身传导的热量越大，导热性能越差。（　　）

19. 能减弱或隔断声波传递的材料称为隔声材料。　　　　　　　　　　　（　　）

20. 对于隔空吸声，墙或板传声的大小主要取决于其单位面积质量，质量越大，越不易振动，隔声效果越好。　　　　　　　　　　　　　　　　　　　（　　）

21. 不同材料，导热系数值不一样，金属最大，非金属次之，有机材料最小；固体较大，气体较小，液体最小。　　　　　　　　　　　　　　　　　　（　　）

五、简答题

1. 简述SBS改性沥青防水卷材、APP改性沥青防水卷材的应用。

2. 为什么在使用绝热材料时要防潮？

3. 什么是吸声材料？吸声系数有何物理意义？

4. 吸声、隔声材料的选用基本要求是什么？

项目 10

Chapter 10

建筑装饰材料

▶▶

学习目标

了解建筑装饰材料的定义与分类、功能及选用原则，掌握建筑装饰陶瓷、建筑玻璃、建筑装饰涂料、壁纸、墙布及木材的基本性质、主要品种和用途等。能根据使用部位和作用不同，正确选用和合理使用建筑装饰材料。

思政目标

学习掌握唯物辩证法的根本方法，不断增强辩证思维能力，在工程建设中用辩证思维去分析问题、解决问题。

建筑装饰材料，又称建筑饰面材料，是指铺设或涂装在建筑物表面起装饰和美化环境作用的材料。建筑装饰材料是集材料、工艺、造型设计、美学于一身的材料，它是建筑装饰工程的重要物质基础。建筑装饰的整体效果和建筑装饰功能的实现，在很大程度上受到建筑装饰材料的制约，尤其受到装饰材料的光泽、质地、质感、图案、花纹等装饰特性的影响。

因此，熟悉各种装饰材料的性能、特点，按照建筑物及使用环境条件，合理选用装饰材料，才能材尽其能、物尽其用，更好地表达设计意图，并与室内其他产品配套来体现建筑装饰性。

任务 10.1　建筑装饰材料概述

10.1.1　建筑装饰材料的定义与分类

10.1.1.1　建筑装饰材料的定义

建筑装饰材料是指在建筑施工中结构工程和水电暖管道安装等工程基本完成后，在最后装修阶段所使用的各种起装饰作用的材料。

建筑装饰材料能对建筑物的室内空间和室外环境的功能和美化处理形成不同的装饰效果。其中，现代室内装饰材料，不仅能改善室内的艺术环境，使人们得到美的享受，同时还兼有绝热、防潮、防火、吸声、隔声等多种功能，起着保护建筑物主体结构，延长其使用寿命以及满足某些特殊要求的作用，是现代建筑装饰不可缺少的一类材料。

10.1.1.2　建筑装饰材料的分类

建筑装饰材料的品种繁多。要想全面了解和掌握各种建筑装饰材料的性能、特点和用途，首先需要对其进行合理的分类，通常有以下两种分类方式：

1. 根据化学成分不同分类

根据化学成分的不同，建筑装饰材料可分为无机装饰材料、有机装饰材料和复合装饰材料三大类，见表 10-1。

建筑装饰材料按化学成分分类　　　　　　　　　　　　　　表 10-1

建筑装饰材料	无机装饰材料	金属装饰材料	黑色金属	钢、不锈钢、彩色涂层钢板等
			有色金属	铝及铝合金、铜及铜合金等
		非金属装饰材料	胶凝材料	气硬性胶凝材料	石膏、石灰、装饰石膏制品
				水硬性胶凝材料	白水泥、彩色水泥等
			装饰混凝土及装饰砂浆、白色及彩色硅酸盐制品	
			天然石材	花岗石、大理石等
			烧结与熔融制品	烧结砖、陶瓷、玻璃及制品、岩棉及制品等
	有机装饰材料	植物材料	木材、竹材、藤材等	
		合成高分子材料	各种建筑塑料及其制品、涂料、胶粘剂、密封材料等	
	复合装饰材料	无机材料基复合材料	装饰混凝土、装饰砂浆等	
		有机材料基复合材料	树脂基人造装饰石材、玻璃钢等	
			胶合板、竹胶板、纤维板、保丽板等	
		其他复合材料	塑钢复合门窗、涂塑钢板、涂塑铝合金板等	

2. 根据装饰部位不同进行分类

根据装饰部位的不同，建筑装饰材料可分为外墙装饰材料、内墙装饰材料、地面装饰材料和顶棚装饰材料等四大类，见表 10-2。

建筑装饰材料按装饰部位分类　　　　　　　　　　　　　　　表 10-2

外墙装饰材料	包括外墙、阳台、台阶、雨棚等建筑物全部外露部位装饰材料	天然花岗岩、陶瓷装饰制品、玻璃制品、地面涂料、金属制品、装饰混凝土、装饰砂浆等
内墙装饰材料	包括内墙墙面、墙裙、踢脚线、隔断、花架等内部构造所用的装饰材料	壁纸、墙布、内墙涂料、织物饰品、人造石材、内墙釉面砖、人造板材、玻璃制品、隔热吸声装饰板等
地面装饰材料	指地面、楼面、楼梯等结构所用的装饰材料	地毯、地面涂料、天然石材、人造石材、陶瓷地砖、木地板、塑料地板等
顶棚装饰材料	指室内及顶棚装饰材料	石膏板、珍珠岩装饰吸声板、钙塑泡沫装饰吸声板、聚苯乙烯泡沫塑料装饰吸声板、纤维板、涂料等

10.1.2　建筑装饰材料的功能

装饰建筑的目标是使建筑物的外表美观，具有一定的建筑艺术风格；创造其有各种使用功能的优雅的室内环境；有效地提高建筑物的耐久性。这些目标都是通过装饰于表面的材料，运用不同的表现手法和施工方法来实现的。概括而言，建筑装饰材料对建筑主要有装饰和保护两大类功能，另外还有改善使用效果的功能。

图片：各装饰部位　微课：吊顶材料
装饰材料选集

10.1.2.1　装饰美化的功能

装饰材料特有的美化功能（即装饰性）是通过饰材本身的形式、色彩和质感来表现的。

形式是通过材料本身的形状尺寸，以及使用后形成的图形效果，包括材料组合后形成的界面图形、界面边缘及材料交接处的线脚等来实现的。有意识地利用这一点，在使用材料时既可以做到经济有效，还可结合一些美学规律和手法进行排列组合，以形成新的形式与图案，从而获得更好的装饰效果。

色彩是通过装饰材料表面不同的颜色给人以不同的心理感受。如红色、玫红色给人一种温暖、热烈的感觉，绿色、蓝色给人一种宁静、清凉、寂静的感觉。材料的色彩可以来源于其自身的本色，也可以通过染色等方式获得或改变，还可以因不同的光照条件而有所改变。

质感是通过材料的表面组织结构、花纹图案、颜色、光泽、透明性等给人的一种综合感觉。如钢材、陶瓷、木材、玻璃、呢绒等材料在人的感官中有软硬、轻重、粗细、冷暖等不同感觉，组成相同的材料也可以有不同的质感。一般而言，粗犷不平的表面能给人以豪放的感觉，而光滑细致的平面则能给人带来细腻精美的装饰效果。

材料的形、色、质与空间环境的其他装饰因素（如光线等）完美融合，协调统一，才能具有艺术感染力。设计师应熟练地了解和掌握各种装饰材料的性能、装饰功能与效果以及获得途径，从而合理选择和正确使用装饰材料，使建筑物获得美感。

10.1.2.2　保护建筑结构、构件的功能

建筑物外墙面长期受到风吹、日晒、雨淋、冰冻等自然因素的作用，以及腐蚀性气体和微生物的作用；内墙面和地面也常受到机械的磨损和撞击作用，以及水汽的渗透作用及污染等。通过一定的施工或构造方法，将装饰材料铺设、粘贴或涂刷在建筑表面，可使装饰材料对建筑构件起到一定的保护作用，不但美化了建筑，还提高了建筑的耐久性。

例如，建筑物的外墙上常使用面砖、饰材等做贴面装饰，它们就对墙面起到了一定的保护作用；住宅内部，常沿墙体设置墙裙，从而有效地保护墙体不受家具及人的撞击磨损，这也是在美化、装饰基础上，装饰材料发挥保护功能的典型实例。

10.1.2.3　改善使用效果的功能

由于其材料本身的特性或采用一定的加工方式，某些装饰材料不仅能美化、保护建筑，还能使建筑的使用功能及效果得到一定的改善，如增强建筑防潮防水、保温隔热、吸声隔声或耐热防火等方面的能力。比如防火装饰板、石膏装饰板等既是很好的饰面材料，又有较好的阻燃效果；夹丝安全玻璃有一定的抗爆作用；地毯是很好的吸声材料等。

10.1.3　建筑装饰材料的选用原则

选用建筑装饰材料应考虑以下几方面：

（1）装饰建筑物的类型和档次。所装饰的建筑类型和档次不同，选择的建筑装饰材料应当有所区别。

（2）建筑装饰材料对装饰效果的影响。建筑装饰材料的质感、尺度、线型、纹理、色彩等，对装饰效果都将产生一定的影响。

（3）建筑装饰材料的耐久性。根据装饰工程的实践经验，对装饰材料的耐久性要求包括力学性能、物理性能、化学性能三个方面。

（4）建筑装饰材料的经济性。从经济角度考虑装饰材料的选择，应有一个总体的观念，既要考虑到工程装饰一次投资的多少，也要考虑到日后的维修费用，还要考虑到装饰材料的发展趋势。有时在关键性的问题上，适当增大一些投资，减少使用中的维修费用，不使装饰材料在短期内落后，这是保证总体上经济性的重要措施。

（5）建筑装饰材料的环保性。不会散发有害气体，不会产生有害辐射，不会发生霉变锈蚀，遇火不会产生有害气体；对人体具有保健作用。

任务 10.2　建筑装饰陶瓷

在建筑装饰工程中，陶瓷是最古老的装饰材料之一。随着现代科学技术的发展，陶瓷在花色、品种、性能等方面都有了巨大的变化，为现代建筑装饰装修工程带来了越来越多兼具实用性和装饰性的材料，在建筑工程中应用十分普遍。

陶瓷是指以黏土及其他天然矿物为主要原料，经成型、焙烧而成的材料。陶瓷强度高、耐火、耐久、耐酸碱腐蚀、耐水、耐磨、易于清洗，加之生产简单，故而用途极为广泛，几乎应用于家庭到航天的各个领域。

我国的陶瓷生产有着悠久的历史和光辉的成就。尤其是瓷器，是我国的伟大发明之一。唐代的赵窑青瓷和刑窑白瓷、唐三彩；宋代的高温色釉、铁系花釉，如兔毫、油滴、玳瑁斑等；明清时期的青花、粉彩、祭红、郎窑红等产品都是我国陶瓷史上光彩夺目的明珠。我国的陶瓷制品无论在材质、造型或装饰方面都有很高的工艺和艺术造诣。

图片：建筑装饰陶瓷选集

在现代建筑装饰陶瓷中，应用最多的是釉面砖、地砖和锦砖。它们的品种和色彩多达数百种，而且还在不断涌现新的品种。如日本的浮雕面砖、德国的吸声面砖、澳大利亚的轻质发泡面砖、我国的结晶面砖等等。

10.2.1　陶瓷砖的基本知识

陶瓷砖是指由黏土、长石和石英为主要原料制造的用于覆盖墙面和地面的板状和块状建筑陶瓷制品。陶瓷砖在室温下通过挤压、干压或其他方法成型，干燥后，在满足性能要求的温度下烧制而成。

挤压砖是将可塑性坯料以挤压方式成型生产的陶瓷砖。干压砖是将混合好的粉料经压制成型的陶瓷砖。

根据国家标准《陶瓷砖》GB/T 4100—2015 的规定，按照砖的吸水率 E 可将陶瓷砖分为三类：低吸水率砖（$E \leqslant 3\%$）、中吸水率砖（$3\% < E \leqslant 6\%$）、高吸水率砖（$E > 6\%$）。

瓷质砖为吸水率（E）不超过 0.5% 的陶瓷砖；炻瓷砖为吸水率（E）大于 0.5%，不超过 3% 的陶瓷砖；细炻砖为吸水率（E）大于 3%，不超过 6% 的陶瓷砖；炻质砖为吸水率（E）大于 6%，不超过 10% 的陶瓷砖；陶质砖为吸水率（E）大于 10% 的陶瓷砖。

陶瓷砖按成型方法和吸水率分类见表 10-3。

陶瓷砖按成型方法和吸水率分类表　　　　　　　　　表 10-3

按吸水率（E）分类		低吸水率（Ⅰ类）		中吸水率（Ⅱ类）		高吸水率（Ⅲ类）
		$E \leqslant 0.5\%$（瓷质砖）	$0.5\% < E \leqslant 3\%$（炻瓷砖）	$3\% < E \leqslant 6\%$（细炻砖）	$6\% < E \leqslant 10\%$（炻质砖）	$E > 10\%$（陶质砖）
按成型方法分类	挤压砖（A）	AⅠa类	AⅠb类	AⅡa类	AⅡb类	AⅢ类
		精细　普通	精细　普通	精细　普通	精细　普通	精细　普通
	干压砖（B）	BⅠa类	BⅠb类	BⅡa类	BⅡb类	BⅢ类*

* BⅢ类仅包括有釉砖。

挤压陶瓷砖（$E \leqslant 0.5\%$，AⅠa类）的尺寸和表面质量见表 10-4，其物理性能、化学性能详见国家标准《陶瓷砖》GB/T 4100—2015。

各类陶瓷砖的尺寸、表面质量、物理性能和化学性能的技术要求应符合国家标准《陶瓷砖》GB/T 4100—2015 附录 A～附录 L 的相应规定。

对于不同用途的陶瓷砖规定了不同的性能要求，见表 10-5。

挤压陶瓷砖的尺寸和表面质量 表 10-4

尺寸和表面质量		精细	普通
长度和宽度	每块砖(2 条或 4 条边)的平均尺寸相对于工作尺寸的允许偏差	±1.0% 最大±2mm	±2.0% 最大±4mm
	每块砖(2 条或 4 条边)的平均尺寸相对于 10 块砖(20 条或 40 条边)平均尺寸的允许偏差	±1.0%	±1.5%
	制造商选择工作尺寸应满足以下要求: ①模数砖名义尺寸连接宽度允许在 3~11mm; ②非模数砖工作尺寸与名义尺寸之间的偏差不大于±3mm		
厚度	①厚度由制造商确定; ②每块砖厚度的平均值相对于工作尺寸厚度的允许偏差	±10%	±10%
边直度	相对于工作尺寸的最大允许偏差	±0.5%	±0.6%
直角度	相对于工作尺寸的最大允许偏差	±1.0%	±1.0%
表面平整度	①相对于由工作尺寸计算的对角线的中心弯曲度	±0.5%	±1.5%
	②相对于工作尺寸的边弯曲度	±0.5%	±1.5%
	③相对于由工作尺寸计算的对角线的翘曲度	±0.8%	±1.5%
表面质量		至少 95%的砖主要区域 无明显缺陷	

注:工作尺寸是按制造结果确定的尺寸,实际尺寸与其之间的偏差应在规定的范围之内。

不同用途陶瓷砖的产品性能要求 表 10-5

性能		地砖		墙砖		试验方法
		室内	室外	室内	室外	
尺寸和表面质量	长度和宽度	√	√	√	√	GB/T 3810.2
	厚度	√	√	√	√	GB/T 3810.2
	边直角	√	√	√	√	GB/T 3810.2
	直角度	√	√	√	√	GB/T 3810.2
	表面平整度	√	√	√	√	GB/T 3810.2
	表面质量	√	√	√	√	GB/T 3810.2
	背纹				√	GB/T 4100
物理性能	吸水率	√	√	√	√	GB/T 3810.3
	破坏强度	√	√	√	√	GB/T 3810.4
	断裂模数	√	√	√	√	GB/T 3810.4
	无釉砖耐磨深度	√	√			GB/T 3810.6
	有釉砖表面耐磨性	√	√			GB/T 3810.7
	线性热膨胀	√	√	√	√	GB/T 3810.8
	抗热震性	√	√	√	√	GB/T 3810.9
	有釉砖抗釉裂性	√	√	√	√	GB/T 3810.11
	抗冻性		√		√	GB/T 3810.12

续表

性能		地砖		墙砖		试验方法
		室内	窑外	窑内	窑外	
物理性能	摩擦系数	√	√			GB/T 4100
	湿膨胀	√	√	√	√	GB/T 3810.10
	小色差	√	√	√	√	GB/T 3810.16
	抗冲击性	√	√			GB/T 3810.5
	抛光砖光泽度	√	√	√	√	GB/T 13891
化学性能	有釉砖耐污染性	√	√	√	√	GB/T 3810.14
	无釉砖耐污染性	√	√	√	√	GB/T 3810.14
	耐低浓度酸和碱化学腐蚀性	√	√	√	√	GB/T 3810.13
	耐高浓度酸和碱化学腐蚀性	√	√	√	√	GB/T 3810.13
	耐家庭化学试剂和游泳池盐类化学腐蚀性	√	√	√	√	GB/T 3810.13
	有釉砖铅和镉的溶出量	√	√	√	√	GB/T 3810.15

注：在订货时，尺寸、厚度、表面特征、颜色、有釉砖耐磨性级别及其他性能均应与相关方协商。

陶瓷砖按用途分为外墙砖、内墙砖、地砖等。目前，家庭装修常用的是釉面砖（内墙砖）和瓷质砖（地砖）。

釉面砖色彩图案丰富，防污能力强，主要用于卫生间、厨房的墙面和地面。

无釉砖主要包括瓷质砖、玻化砖、抛光砖等。这类砖的破坏强度和断裂模数较高，吸水率较低，耐磨性好。玻化砖和抛光砖是经较高温度烧制的瓷质砖，玻化砖是所有瓷质砖中最硬的一种。抛光砖是将玻化砖表面抛光成镜面，呈现出缤纷多彩的花色。但是，抛光后砖的闭口微气孔成为开口孔，所以耐污染性相对较弱。

10.2.2　常用建筑陶瓷墙地砖

陶瓷墙地砖外形多样，花色繁多，有上釉的，也有不上釉的，有单色的，也有彩釉砖，还有图案砖、麻石砖等。经过精心设计，还可用陶瓷墙地砖制成陶瓷壁画，它既可以镶嵌在高层建筑上，也可以铺贴在候机室、大型会客室、候车室等公共建筑中，给人们以美的享受，因此被誉为"纪念碑式的艺术"。

10.2.2.1　釉面内墙砖

釉面内墙砖（简称釉面砖）是用于建筑物内部墙面装饰的薄板状施釉精陶瓷制品，习惯上称为瓷砖。因其釉面光泽度好，装饰手法丰富，色彩鲜艳，易于清洁，防火、防水、耐磨、耐腐蚀，故被广泛用于建筑内墙装饰。釉面砖按颜色可分为单色（含白色）、花色（各种装饰手法）和图案砖；按形状可分为正方形、长方形和异形砖，其中，正方形砖的常用规格为108mm×108mm×5mm、152mm×152mm×5mm。配件砖包括阳角条、阴角条、阳三角和阴三角等，用于铺贴一些特殊部位。异形砖一般用于屋顶、底、角、边、沟等建筑内部转角的贴面。由于釉面砖的吸水率较大（大于10%），属陶质产品，其质量需满足国家标准对釉面砖在尺寸偏差、外观质量、平整度及物理化学性能等方面的要求，并且根据其产品的外观质量分为优等品、一等品和合格品3个等级。釉面砖坯体属多孔的陶质坯体，在长期与空气的接触中，特别是在潮湿的环境中使用，往往会因吸收大量的水分而发生膨胀，而且外表面致密的玻璃质釉层吸湿膨胀量相对很小，由于这种坯体和釉层在应变应力上的不匹配，会导致釉面受拉应力而开裂。

釉面砖多用于卫生间、实验室、医院、厨房、精密仪器车间等处的室内墙面、墙裙、工作台的装修。由于釉面砖属于陶质制品，吸水率大，抗热抗震性能不高，因此不得用于室外墙面、柱面等处，否则容易出现脱落、开裂等现象。

为了保证釉面内墙砖与基层黏结牢固，砖的背面留有浅的凹槽，以便和基层砂浆充分黏结。釉面内墙砖在镶贴前还应作浸水处理，以免因干砖过多吸收灰浆中的水分而影响粘贴质量。单色釉面砖有直缝（通缝）镶贴和错缝（骑马缝）镶贴两种方式，直缝美观大方，拼缝清晰，异形块尺寸统一，便于裁切。缺点是对釉面内墙砖尺寸偏差及镶贴技术要求较高，否则难以做到表面平整，拼缝横平竖直。错缝镶贴的直观效果不及直缝镶贴，缝多线乱，不够美观，但由砖的尺寸偏差造成的缺陷容易被调整和掩盖。在进行带有图案的彩色釉面内墙砖的镶贴时应十分注意整体效果，要正确利用正方形砖的不同边角并严格保证整体图案的连贯和完整。

10.2.2.2 彩釉砖

外墙面砖及地砖有上釉或不上釉的，有单色或彩釉的，表面除光面外，还可制成仿石的、麻石的、带线条的等多种质感。外墙面砖及地砖有长方形、正方形多种规格，厚度一般在12mm以下。

彩釉砖是可用于外墙面与室内地面的有彩色釉面的瓷砖。其产品按表面质量分为优等品、一等品和合格品3个等级。彩釉砖色彩图案丰富多样，表面光滑，且表面可制成压花浮雕画、纹点画，还可以进行釉面装饰，因而具有优良的装饰性，适用于各类建筑的外墙面及地面装饰，用于地面时应考虑其耐磨类别的适应性，用于寒冷地区应选用吸水率小于3%的彩釉砖。

10.2.2.3 劈离砖

劈离砖又称劈裂砖，是由于成型时为双砖背连坯体，烧成后再劈裂成两块砖而得名的，是近年来开发的新型建筑陶瓷制品，适用于各类建筑物的外墙装饰和楼堂馆所、车站、候车室、餐厅等人流密集场所的室内地面铺设。厚砖（厚度为13mm）适用于广场、公园、停车场、走廊、人行道等露天场所的地面铺设。劈离砖的特点在于它兼有普通黏土砖和彩釉砖的特性，即由于其制品内部结构特征类似于黏土砖，故其具有一定的强度，抗冲击性好，防潮、防腐、耐磨、耐滑，具有良好的抗冻性和可黏结性，而且其表面可以施釉，故又具有一般压制成型的彩釉墙地砖的装饰效果和可清洗性。

10.2.2.4 陶瓷锦砖

陶瓷锦砖俗称马赛克，是以优质瓷土焙烧而成的小块瓷质砖。按其表面性质分为有釉和无釉两种，目前各地的产品多为无釉。单块成品边长不大于50mm，厚度多为4～5mm，有正方、长方、六角、菱形、斜长方等多种外形，颜色有单色和拼花等多种，表面有凸面和平面。由于单块成品尺寸较小，不便于施工，更不便于在建筑物上构成符合建筑设计要求的装饰图案，因此出厂前必须经过铺贴工序，将不同形状、不同颜色的单块成品，按一定的图案和尺寸铺贴在专用纸上，构成形似织锦、又名锦砖的"成品联"，然后装箱供施工单位使用。成品联有正方形和长方形两种，每联面积为300mm×300mm。由于锦砖贴在纸上，也叫"纸皮石"。

锦砖在生产厂铺贴时所用的黏结剂能够保证锦砖与纸粘贴牢固并易干燥、不发霉变质；固化后的黏结剂遇水溶解，以保证联纸在湿水后能在较短时间内分离。

陶瓷锦砖结构致密，吸水率小，具有优良的抗冻性、耐酸碱腐蚀性及耐磨性，且表面光洁，易清洗，多作为地面及外墙面装修的优良材料。陶瓷锦砖常用于卫生间、门厅、走廊、餐厅、浴室、化验室、医院等处的地面工程或外墙装修，也可用于内墙面的装修。

10.2.2.5　琉璃制品

琉璃制品是以难熔黏土作原料，经配料、成型、干燥、素烧、表面涂以琉璃釉料后，再经烧制而成的。琉璃制品表面光滑，色彩绚丽，造型古朴，坚实耐用，富有民族特色。其彩釉不易剥落，装饰耐久性好，比瓷质饰面材料容易加工，且花色品种很多，主要用于具有民族风格的房屋以及建筑园林中的亭台、楼阁等。

10.2.3　陶瓷墙地砖的应用

在工程中应用陶瓷墙地砖时应注意以下问题：

（1）根据建筑物的装修部位正确选用陶瓷墙地砖的品种。

1）墙地砖的品种不同其性能也不同。如前所述，釉面内墙砖多为精陶制品，外墙面砖和地砖多属于瓷器。墙地砖的吸水率指标反映了坯体烧结的致密程度，一般来说，吸水率越低，则表明坯体烧结程度越好，

微课：客厅地砖选购

坯体越致密，不仅强度较高，耐磨性较好，而且抗冻性也较好。所以外墙面砖及地砖的吸水率不得超过 10%，严寒地区的外墙面砖和地砖的吸水率常在 6% 以下。而陶质釉面内墙砖的吸水率很高，故不得用于外墙面。

抗热震性是墙地砖抵抗外界温度剧烈变化而不被破坏的能力，抗热震性越好，抵抗后期龟裂的能力越强，这也是陶质釉面内墙砖不能用于外墙装修的重要原因。

2）同一墙地砖品种，按其表面颜色大致可分为红、黄、白、绿、蓝、黑、橙、灰、紫九大系列，每个系列又有数十种以上的深浅色调。按其釉面装饰还可分为如下几种：

① 无光、半无光釉面。釉面柔和，具有丝绒或蜡状光泽，在强烈阳光照射下不刺眼。

② 平面造粒釉面。表面呈凹凸状，立体感强。

③ 平面有光釉面。釉面光亮浑厚。

④ 大理石彩釉面。釉面仿天然大理石。

⑤ 金属光泽釉面及珠贝光泽釉面。质感诱人，金碧辉煌。

⑥ 丝网印花釉面。将彩色图案印于釉面焙烧而成。

⑦ 浮雕彩釉面。将胚体表面压成凹凸图案后施釉，立体感强，釉色多变，给人以豪华、雅致的感觉，作为地砖时还有防滑作用。

在建筑装修设计中，应根据周围环境、建筑物的用途和等级等正确选用。

（2）陶瓷墙地砖镶贴的基层应湿润、干净、坚实、平整，并应根据不同的基体，进行不同的处理，以保证牢固黏结。例如，在混凝土基体上镶贴墙地砖时，可将其表面着毛湿水后刷一道聚合物水泥浆，再抹水泥砂浆；在砖墙上镶贴地砖时，先将基体用水湿透后，再用水泥砂浆打底。

（3）墙地砖的镶贴形式和接缝宽度直接影响装修效果。镶贴前应根据其尺寸偏差及颜

色差异等，选砖预排，以使拼缝均匀，色差最小。外墙面砖的接缝宽度一般较宽，多为10～30mm，其宽窄常取决于建筑物的高低和主要人流视点的远近，高者宽，视点远者宽，反之亦然。留较宽的面砖接缝本身就是一种装饰手法，尤其是浅色调面砖配以深色调凹形接缝时，使凸者更凸，凹者更凹，线条显得更为挺拔通畅。较宽的接缝还可节省大量面砖，也便于调整由于尺寸偏差所造成的接缝宽窄不均的缺陷。

（4）釉面砖和外墙面砖在镶贴前应将砖的背面清理干净并浸水 2h 以上，待其表面晾干后方可镶贴。在同一面墙下的横竖排列，不宜有一行以上的非整砖。非整砖行应排在次要部位或阴角处，以提高整体装饰效果。镶贴墙裙、浴盆、水池等上口和阴阳角处应使用相应的配件砖。

（5）镶贴墙地砖宜使用水泥浆和聚合物水泥浆。锦砖镶贴完毕后应及时揭去面纸，揭纸方向应平行于镶贴面，以免将锦砖揭起。

小贴士

外墙瓷砖由于其耐酸碱，物理化学性能稳定，对保护墙体有重要作用，同时美观而且大气，可以装饰整个建筑物，达到装饰风格多样化，但是外墙瓷砖脱落砸伤行人的事故时有发生，对过往行人的安全造成严重威胁。发生这样的事故很重要的原因就是施工过程中工人施工操作不当，施工质量把控不严，导致外墙瓷砖脱落。为了避免这种现象发生，施工人员和管理人员应该不断培养一丝不苟、精益求精的工匠精神。

鉴于此，希望同学们也要树立起自己的工匠精神，在做事过程中，完整持续地培养自己的专注之心、精进之心。专注之心就是专注于做好当下的每一件"事"，无论是知识的学习还是技能的训练，不分心，不受外来干扰。精进之心就是把事情做得越来越好的态度，保持向好的思维和反思的习惯，同时不断提升内在的标准，最终内化为工匠精神。

10.2.4 建筑陶瓷的发展趋势

专家预测，今后国际市场陶瓷面砖将流行"五化"：

（1）色彩趋深化。已流行的白色、米色、灰色和土色仍有一定的市场，但桃红、深蓝及墨绿等色将后来居上。

（2）形状多样化。圆形、十字形、长方形、椭圆形、六角形和五角形等形状的销量将逐渐增加。

（3）规格大型化。40mm 以上的大规格瓷砖将愈来愈时兴，以取代原来的小块瓷砖。

（4）观感高雅化。高格调、雅致、质感好的瓷砖正成为国内外市场的新潮流。

（5）釉面多元化。地面砖釉面以雾面、半雾面、半光面和全光面为多，壁画则以亮面为主。

任务 10.3　建筑玻璃

玻璃是以石英砂、纯碱、长石和石灰石等为主要原料，在 1500～1600℃高温下熔融、成型，并经急冷而成的固体材料。为了改善玻璃的某些性能和满足特殊技术要求，常常在玻璃生产过程中加入辅助性原料，或经特殊工艺处理，从而得到具有特殊性能的玻璃。

玻璃是现代建筑十分重要的室内外装饰材料之一。随着现代建筑发展的需要和玻璃制作技术上的飞跃进步，玻璃正在向多品种、多功能、绿色环保的方向方面发展。例如，其制品由过去单纯具有采光和装饰功能，逐渐向着控制光线、调节热量、节约能源、控制噪声、降低建筑自重、改善建筑环境、提高建筑艺术等多种功能发展，具有高度装饰性和多种适用性的玻璃新品种不断出现，为室内外装饰装修提供了更大的选择性。

图片：玻璃图片选集

10.3.1　普通玻璃的性质

（1）透明性好。普通清洁玻璃的透光率可以达到 85％～90％。

（2）脆性大。玻璃为典型的脆性材料，在冲击力的作用下易破碎。

（3）热稳定性差。玻璃受急冷、急热时易破碎。

（4）化学稳定性好。抗盐和酸的侵蚀能力强。

（5）表观密度较大，约为 2450～2550kg/m³。

（6）导热系数较大，为 0.75W/（m·K）。

10.3.2　玻璃制品

10.3.2.1　普通平板玻璃

普通平板玻璃是建筑使用量最大的一种，它的厚度为 2～12mm，主要用于装配门窗，起透光、挡风雨和保温隔声等作用，具有一定的机械强度，但易碎，紫外线通过率低。

微课：建筑玻璃

10.3.2.2　安全玻璃

安全玻璃主要包括钢化玻璃、夹丝玻璃、夹层玻璃。它的主要特性是力学强度较高，抗冲击能力较好，被击碎时，碎块不会飞溅伤人，并有防火的功能。

1. 钢化玻璃

钢化玻璃是将普通平板玻璃、磨光玻璃或吸热玻璃等加热软化，用空气、油类或熔盐等冷却介质使之骤冷制成的。钢化玻璃破碎时先出现网状裂纹，而后呈圆钝碎片破碎。相对于普通平板玻璃来说，钢化玻璃具有机械强度高、弹性好及热稳定性高的特点，可用作高层建筑物的门窗、幕墙、隔墙、桌面玻璃、炉门上的观察窗、辐射式气体加热器、弧光灯用玻璃，以及汽车挡风、电视屏幕等。

2. 夹丝玻璃

夹丝玻璃用连续压延法制造，当平板玻璃加热到红热软化状经过延机的两辊中间时，将预热处理的铁丝网或铁丝连续送入玻璃上面或下面从而嵌入玻璃中而制成。夹丝玻璃的表面可以压花或磨光，颜色可以是无色透明或彩色的。与普通平板玻璃相比，它的耐冲击性和耐热性好，防火性优越，可遮挡火焰，高温燃烧时不炸裂，破碎时不会造成碎片伤人。另外还有防盗性能，玻璃割破还有铁丝网阻挡。夹丝玻璃适用于各种采光屋顶天窗、阳台窗、楼梯、电梯间、走廊、高层楼宇和震荡性强的厂房天窗。

3. 夹层玻璃

夹层玻璃是由两片或多片平板玻璃夹入透明塑料膜片，经加热、加压黏合在一起的玻璃。生产夹层玻璃的原片可采用一等品的引拉法平板玻璃或浮法玻璃，也可为钢化玻璃、半钢化玻璃、丝、网玻璃，吸热玻璃或夹丝玻璃等。当受到破坏时，碎片仍黏附在胶层上，避免了碎片飞溅对人体的伤害，多用于有安全要求的装修项目。夹层玻璃的层数有 2 层、3 层、4 层和 5 层等，最多可达 9 层，达 9 层时一般子弹不易穿透，称为防弹玻璃，多用于银行或者豪宅等对安全要求非常高的装修工程之中。

10.3.2.3 保温隔热玻璃

保温隔热玻璃主要包括吸热玻璃、热反射玻璃和中空玻璃等。它们在建筑上主要起装饰作用，并具有良好的保温隔热功能。除用于一般门窗外，还常作为幕墙玻璃。

1. 吸热玻璃

吸热玻璃也称着色玻璃，是能吸收大量红外线辐射能，并保持较高可见光透过率的平板玻璃。其生产方法是在普通钠钙硅酸盐玻璃的原料中加入着色剂，使玻璃着色而具有吸热性能，这种着色称本体着色，玻璃不易褪色；或是玻璃表面喷涂氧化锡、氧化锑和氧化铁等着色氧化物薄膜，颜色有灰色、茶色、蓝色、绿色、古铜色、青铜色、粉红色和金黄色等。我国目前主要生产前 3 种颜色的吸热玻璃，厚度有 2mm、3mm、4mm、5mm、6mm、8mm、10mm、12mm 8 种。吸热玻璃广泛应用于建筑物的门窗、外窗以及用作车、船挡风玻璃等，起到隔热、防眩、采光和装饰等作用。

由于吸热玻璃两侧温差较大，热应力较高，易发生炸裂，故使用时应使窗帘、百叶帘等远离玻璃表面，以利于通风散热。

2. 热反射玻璃

热反射玻璃是将平板玻璃经过深加工得到的一种新型玻璃制品，具有良好的遮光性和隔热性能，可用于各种建筑中。普通玻璃的辐射热反射率为 7% 左右，而热反射玻璃可达到 30% 左右。它不仅可以节约室内空调能源，而且还可以起到良好的建筑装饰效果；同时，热反射玻璃还保持了较好的透气性能。

热反射玻璃主要用于有绝热要求的建筑物门窗、玻璃幕墙、汽车和轮船的玻璃窗等。热放射玻璃又称镜面玻璃或低辐射玻璃、遮阳镀膜玻璃。按照《镀膜玻璃》GB/T 18951—2013，镀膜玻璃包括阳光控制镀膜玻璃和低辐射镀膜玻璃。按厚度可分为 5mm、6mm、8mm、10mm、12mm 五种规格。因此，除了具有遮阳、节能作用以外，还可以改善室内色调，对建筑外观也有一定装饰作用。但在限制热辐射的同时也限制了可见光的透过，一定程度上影响了室内采光。

3. 中空玻璃

中空玻璃是由两片或者多片平板玻璃构成，用边框隔开，四周边缘部分用密封胶密封，玻璃层间充有干燥气体。

中空玻璃的特性是保温隔热，节能性好，隔声性能优良，并能有效地防止结露。中空玻璃主要用于需要采暖、空调、防止噪声和结露的建筑上。中空玻璃的节能效果是非常明显的。有统计表明，采用双层普通中空玻璃，冬季采暖的能耗可降低 25%～30%。

10.3.2.4　压花玻璃、磨砂玻璃

压花玻璃是用带花纹图案的滚筒压制处于可塑状态的玻璃料坯而制成,可一面压花,也可双面压花。

磨砂玻璃又称毛玻璃,是指经研磨、喷砂或氢氟酸溶蚀等加工,使其表面均匀粗糙的平板玻璃。

压花玻璃和磨砂玻璃都具有透光不透视的特点,装饰效果较好,一般用于宾馆、饭店、酒吧、游泳池、浴池、卫生间及办公室、会议室的门窗和隔断等。

10.3.2.5　自洁净玻璃

纳米 TiO_2 抗菌自洁净玻璃是一种高附加值的新型功能玻璃,也是21世纪玻璃深加工领域最尖端的高科技绿色环保玻璃。通过磁控溅射法在普通玻璃表面镀上一层纳米级锐钛矿 TiO_2 晶体的透明涂层后,玻璃在紫外线的照射下会表现出光催化性、光诱导超亲水性和杀菌的功能。通过光催化活性可以将附着在玻璃表面的有机污物分解成无机物而实现自净,而光诱导超亲水性会使水的接触角在 5°以下而使玻璃表面不易挂住水珠,从而隔断油污与 TiO_2 薄膜表面的直接接触,保持玻璃的自洁净。

10.3.2.6　装饰玻璃

玻璃应用于建筑装饰,最早出现在欧洲中世纪教堂中的彩绘玻璃。在 19 世纪的欧洲,随着工业化道路的发展,玻璃制造成本降低并可大量生产,玻璃便成为生活用品走进了建筑物和家庭。玻璃所特有的晶莹剔透的特性,引起了建筑师的关注,各种玻璃装饰艺术应运而生,玻璃已成为建筑及装饰中的不可缺少的材料。

1. 彩釉钢化玻璃

彩釉钢化玻璃是将玻璃釉料通过特殊工艺印刷在玻璃表面,然后经烘干、钢化处理而成。彩色釉料永久性烧结在玻璃表面上,具有抗酸碱、耐腐蚀、永不褪色和安全高强等优点,并有反射和不透视等特性。

彩釉钢化玻璃可具有不同的颜色和花纹。为了防止釉层开裂或脱落,釉料的膨胀系数要和玻璃的膨胀系数相接近。

釉面玻璃可用作建筑物的内外墙装饰,也可用作空心墙的护壁板及柜台等。

2. 磨砂玻璃、喷砂玻璃

磨砂玻璃是在普通平板玻璃上面进行打磨工艺处理,破坏玻璃表面对光线的镜面作用,使玻璃具有透光而不透视的特点。喷砂玻璃是用 $0.4\sim0.7$MPa 的压缩空气或高压风机产生的高速气流将金刚砂、硅砂等细砂吹到玻璃表面上,使玻璃表面产生砂痕而成。如用橡胶、纸等作为保护膜将不需要喷砂的部位遮盖起来,还可以得到各种文字、图案和线条等,增强装饰效果。

一般厚度多为9mm 以下,以 5mm、6mm 厚度居多。喷砂玻璃的性能基本上与磨砂玻璃相似,主要作为室内隐蔽处隔断使用。

3. 压花玻璃

压花玻璃是采用压延方法制造的一种平板玻璃。其最大的特点是透光不透明,多使用于洗手间等装修区域。

4. 玻璃马赛克

玻璃马赛克又称玻璃锦砖或玻璃纸皮砖。它是一种小规格的彩色饰面玻璃,一般规格

为 20mm×20mm、30mm×30mm、40mm×40mm，厚度为 4~6mm，是多种颜色的小块玻璃质镶嵌材料。外观有无色透明的，着色透明的，半透明的，带金、银色斑点、有花纹或条纹的。正面光泽滑润细腻，背面有较粗糙的槽纹以利于与基面黏结。为了便于施工，出厂前，将玻璃锦砖按设计图案反贴在牛皮纸上。

玻璃锦砖具有色调柔和、朴实、典雅、美观大方、化学稳定性和热稳定性好等优点，而且还有不变色、不积尘、表观密度小和黏结牢等特性，多用于室内局部、阳台外侧装饰。

10.3.2.7　玻璃墙体和屋面材料

1. 玻璃砖

玻璃砖又称特厚玻璃，是用玻璃制成的实心或空心材料，它们均具有透光而不透视的特点。其制作工艺基本和平板玻璃一样，不同的是成型方法，中间为干燥的空气。玻璃砖的形状和尺寸有多种，砖的内外表面可制成光面或凹凸花纹面，有无色透明或彩色多种，形状有正方形、矩形及各种异形，尺寸有 115mm、145mm、240mm 和 300mm。

玻璃砖被誉为"透光墙壁"，具有强度高、透明性好、绝热、隔声和防火等优点，能防止致眩的直射阳光直射入室内，如果天花板反射性能良好，还能补偿室内深处的照度不足。空心砖内部为空气，其绝热性能好，且不宜结露。如果抽成真空度约为 0.03MPa 的稀薄空气时，能使声波的传播受阻，从而增强隔声性能。

玻璃砖主要用于砌筑透光的墙壁或者有保温要求的透光造型之中，如建筑物的非承重内外隔墙、淋浴隔断和门厅、通道等，特别适用于高级建筑、体育馆等必须控制透光、眩光和太阳热的地方。

2. 玻璃幕墙

玻璃幕墙是以轻金属边框架和功能玻璃预制成模块的建筑外墙单元，镶嵌或是挂在框架结构外，作为围护和装饰墙体。由于它大片连续，不受荷载、质轻如幕，故称之为玻璃幕墙。国内常见的玻璃幕墙多以铝合金型材为边框，功能玻璃如中空、夹层、吸热、热反射、镀膜玻璃为外敷面，内多以绝热材料作为复合墙体。

图片：幕墙构造

微课：幕墙

玻璃幕墙作为立面装饰材料，具有自重轻、保温隔热、隔声和外观华丽的特点，它是将建筑功能、建筑美学、建筑结构和节能等因素有机结合在一起的外墙装饰，目前多用于豪华建筑的外墙装饰。

玻璃幕墙建筑分为两种，一种是局部玻璃幕墙，这种玻璃幕墙占有一面外墙的一部分或大部分，施工相对容易，工程造价也较低；另一种是全部玻璃幕墙，这种玻璃幕墙一面或几面外墙甚至全部外墙都是玻璃幕墙组成，建筑显得明净透彻，晶莹美观。需要指出的是国家标准《公共建筑节能设计标准》GB 50189—2015 中规定：公共建筑的建筑幕墙不能超过墙面积的 70%，屋顶透明部分不得大于屋顶面积的 20%。玻璃幕墙的结构形式主要有明框式幕墙（将玻璃嵌在铝合金边框上）、隐框式幕墙（没有铝合金框格，靠结构胶把玻璃粘在铝型材框架上）、半隐式幕墙。

玻璃幕墙在风压变形、雨水渗透、保温、隔声、耐撞击、防火、防雷、抗震和平面内变形等方面均应符合相关标准规定。

小贴士

　　玻璃幕墙是一种美观新颖的建筑墙体装饰方法，是现代主义高层建筑时代的显著特征，它赋予建筑的最大特点是将建筑美学、建筑功能、建筑节能和建筑结构等因素有机地统一起来，建筑物从不同角度呈现出不同的色调，随阳光、月色、灯光的变化给人以动态的美。自 20 世纪 80 年代玻璃幕墙建筑引入国内至今，我国已成为世界最大的玻璃幕墙生产和使用国，玻璃幕墙面积占全球的 80％以上。但玻璃幕墙可能会造成光污染等问题，比如高层建筑的幕墙上采用了涂膜玻璃或镀膜玻璃，当直射日光和天空光照射到玻璃表面时由于玻璃的镜面反射会产生反射眩光。生活中，玻璃幕墙反射所产生的噪光，会导致产生眩晕、暂时性失明，常常发生事故，鸟类误撞玻璃幕墙伤亡的新闻报道也频频见诸报端网络。例如，北京市昌平区一自建居民房安装玻璃幕墙，因反射天空景象太过逼真，鸟儿无法分辨，纷纷撞墙身亡。现场视频中可以看到鸟儿尸体散落一地，尚有个体痛苦挣扎，其中就有我国"三有"保护动物太平鸟。

　　由此可见，玻璃幕墙在实际工程运用中有利有弊，这告诉我们需要用辩证思维来看待问题，习总书记也曾指出："要学习掌握唯物辩证法的根本方法，不断增强辩证思维能力，提高驾驭复杂局面、处理复杂问题的本领"。"我们的事业越是向纵深发展，就越要不断增强辩证思维能力。"希望同学在平时学习工作中也要不断培养自己的辩证思维，坚持一分为二地看问题，用辩证思维去分析问题、解决问题。

任务 10.4　建筑装饰涂料

　　建筑装饰涂料是指涂于物体表面能很好地黏结形成完整保护膜，同时具有防护、装饰、防锈、防腐、防水功能的物质。由于早期涂料采用的主要原料是天然树脂、干性油和半干性油等，故称油漆，直至现在，人们仍习惯上把溶剂性涂料称为油漆，把乳液性涂料称为乳胶漆。

10.4.1　建筑装饰涂料的主要功能

　　建筑装饰涂料的主要功能包括保护功能、装饰功能及帮助实现建筑物特殊要求的使用功能。

　　（1）保护功能。建筑物暴露在自然界中，屋顶和外墙在阳光、大气、酸雨、温差、冻融的作用下会产生风化等破坏现象，内墙和地面在水汽、磨损等作用下也会发生损坏。当建筑物和建筑构件表面使用了适合这些基层的涂料后，可以提高材料的耐磨性、耐候性、耐化学侵蚀性及抗污染性，延长建筑物的使用寿命。

　　（2）装饰功能。建筑涂料花色品种繁多，可以满足各种类型建筑的不同装饰艺术要求，使建筑饰面与建筑形体、建筑环境协调一致。

　　（3）满足建筑物的使用功能。利用建筑涂料的各种特性和不同施工方法，能够提高室内的自然亮度，并能保持清洁，给人们创造出良好的生活和学习气氛以及舒适的视觉审美感受。对于有防火、防腐、防静电等特殊要求的部位，涂刷防火、防水、防腐等涂料均可收到显著的效果。

10.4.2 内墙涂料

内墙涂料，通常也可用于顶棚，其主要功能是装饰及保护内墙墙面及顶棚，使其美观，达到良好的装饰效果和使用功能。

10.4.2.1 内墙涂料的特点

内墙涂料由于其应用环境的特殊性，因此具有以下特点：

（1）色彩丰富、质地平滑。内墙涂料的色彩极为丰富，几乎所有的色彩都可以加工调制。内墙涂料的色彩一般应浅淡、明亮。由于内墙与人的目视距离最近，因此内墙涂料应质地平滑、细腻、色调柔和。

（2）耐碱、耐水性、耐洗刷性好，且不易粉化。由于墙面多带有碱性，因此要求内墙涂料具备一定的耐碱性。屋内湿度较大，为了防潮的需要，同时也为了内墙洁净洗刷的需要，内墙涂料必须有一定的耐水性和耐洗刷性。

（3）无毒、无污染、环保。内墙涂料是构成室内空间环境质量的重要组成部分。据统计，人们平均每天至少80%的时间生活在室内环境中。因此，内墙涂料无毒、无污染，对人体的健康极为重要。中国对涂料的"绿色"性也有具体的要求。在我国颁布的室内装饰装修材料10项强制性标准中，就有一项是专门针对内墙涂料的，即《建筑用墙面涂料中有害物质限量》GB 18582—2020。

（4）透气性、吸湿、排湿性好。

（5）涂刷方便，重涂性好。

10.4.2.2 常用内墙涂料

目前，常用的品种有乙-丙乳胶漆、苯-丙乳胶漆、氯偏共聚乳液内墙涂料、聚醋酸乙烯乳胶内墙涂料等。

（1）乙-丙乳胶漆。乙-丙乳胶漆是以聚醋酸乙烯与丙烯醋酸共聚乳液为主要成膜物质，在其中加入适量的填料、颜料及助剂后，经过研磨、分散制成的半光或有光内墙涂料。乙-丙乳胶漆主要用于建筑内墙装饰，其保色性好且耐碱性、耐水性、耐久性都较好，具有良好的光泽和质感，是一种常用的中高档的内墙装饰涂料。

微课：乳胶漆

（2）苯-丙乳胶漆。苯-丙乳胶漆涂料是以苯乙烯、丙烯酸酯、甲基丙烯酸等三元共聚乳液为主要成膜物质，在其中加入适量的填料、颜料和组剂，经研磨、分散后配制而成的一种无光内墙涂料。其耐碱、耐水、耐擦性及耐久性都非常优秀，通常用于高档内墙装饰，同时也适用外墙装饰。

（3）氯偏共聚乳液内墙涂料。氯偏共聚乳液内墙涂料是以氯乙烯与偏氯乙烯共聚乳液为基料，在其中加入适量的填料、颜料和助剂等成分，加工而成的一种水乳性涂料。它由一组色浆和一组氯偏清漆组成，并按色浆∶氯偏清漆=120∶30的比例配制而成。

（4）聚醋酸乙烯乳胶内墙涂料。聚醋酸乙烯乳胶内墙涂料是以聚醋酸乙烯乳液为主要成膜物质，在其中加入适量的填料、少量的颜料及组剂，经加工制成的水乳性涂料。它具有干燥迅速、透气性好、附着力强、耐水性较好、无毒无味、施工简单、颜色鲜艳等优点。

（5）聚乙烯醇水玻璃内墙涂料。聚乙烯醇水玻璃内墙涂料是以聚乙烯醇水溶液加水玻璃所组成的液体为基料，混合适当比例的填充料、颜料及表面活性剂，配制而成的水溶性内墙涂料。

（6）聚乙烯醇缩甲醛内墙涂料。聚乙烯醇缩甲醛内墙涂料又称 803 内墙涂料，它是以聚乙烯醇与甲醛不完全缩合反应而生成的聚乙烯醇半缩甲醛水溶液为胶结材料，并加入适当的颜料、填料及相应的助剂，经混合、搅拌、研磨、过滤等工序制成的一种涂料。

聚乙烯醇缩甲醛内墙涂料是聚乙烯醇水玻璃内墙涂料的改良产品，前者在耐水性、耐擦洗性等方面略优于后者。

（7）多彩内墙涂料。多彩内墙涂料又称为多彩花纹涂料，是一种较常用的墙面、顶棚装饰材料。其配制原理是将带色的溶剂型树脂涂料慢慢地渗入到甲基纤维素和水组成的溶液中，通过不断搅拌，使其分散成细小的溶剂性油漆涂料滴，形成不同颜色油滴的混合悬浊液。

（8）多彩立体涂料。多彩立体涂料也称幻彩材料、梦幻材料，它以其变幻奇特的质感以及艳丽多变的色彩为人们展现出一种全新感觉的装饰效果，是一种高级内墙涂料。多彩立体涂料是纤维质水溶性涂料，其主要成分为水溶性乳胶、人造纤维和天然纤维。

（9）石膏涂料。石膏涂料是用优质的建筑石膏粉及 95 乳化剂配置而成。配制涂料料浆比例为 95 乳化剂：石膏粉＝1：（0.8～2.0），以满足不同的装饰要求。根据装饰设计要求，可以在浆料中加入不同颜色的水溶性颜料。

石膏涂料的种类和技术也在不断地发展之中，新型的石膏涂料具有任意着色、表面柔和、外观高雅、硬度高、耐磨性好、耐擦洗性好、防火、隔热、隔声等特点。

10.4.2.3　其他内墙涂料

（1）仿瓷涂料。仿瓷涂料是以多种高分子化合物为基料，配以多种助剂、颜料和无机填料，经过加工而制成的一种具有良好光泽涂层的涂料。由于其涂层具有瓷器的美丽光泽，装饰效果良好，故也称仿瓷涂料或瓷釉涂料。

仿瓷涂料使用方便，可在常温下自然干燥，其涂膜具有耐磨、耐沸水、耐化学品、耐冲击、耐老化及硬度高的特点，涂层丰富、细腻、坚硬、光亮。

仿瓷涂料应用面广泛，可在水泥面、金属面、塑料面、木材等固体表面进行刷涂与喷涂，被广泛使用在公共建筑内墙、住宅的内墙、厨房、卫生间、浴室等处。

（2）发光涂料。发光涂料是可以在夜间发光的一种涂料，一般分为蓄光性发光和自发性发光两类。蓄光性发光涂料含有成膜物质、填充剂和荧光颜料等成分。它之所以能在夜间发光，是因为涂料中的荧光颜料（主要是硫化锌等无机颜料）受到光线的照射后被激活、释放能量，使其在夜间和白天都可发出明显可见的光。自发性发光涂料的组成成分除了蓄光性发光涂料的组成成分外，还含有极少量的放射性元素。当荧光颜料的蓄光消耗完毕之后，放射性物质就会放出射线刺激，使涂料得以继续发光。

（3）仿绒涂料。仿绒涂料是由树脂乳液和不同色彩聚合物微粒配制而成的涂料。其特色在于涂层富有弹性，色彩图案丰富，有一种类似于织物的绒面效果，手感柔和。仿绒涂料常被用于需要营造温馨、高雅的室内环境之中。

（4）纤维涂料。纤维涂料是由织物纤维配制而成的，也称锦壁涂料。它具有纤维材料的装饰效果，手感舒适，图案丰富，色彩鲜艳。

（5）天然真石漆。天然真石漆是以天然石材为原料，经特殊工艺加工而成的高级水溶性涂料。它具有阻燃、防水、环保等优点，并且模拟天然岩石的效果逼真、施工简单、价格适中。天然真石漆的装饰性能优秀，装饰效果典雅、高贵、立体感强。

微课：真石漆

近年来，随着新材料的不断发展，在外墙施工中常采用真石漆的涂料。真石漆具有适用面广、水性环保、耐污性好等优点，最重要是真石漆的安全隐患小，可以很好地解决外墙瓷砖脱落的安全隐患。新材料和新技术的不断发展依靠的正是创新，正如习总书记指出："创新是一个民族进步的灵魂，是一个国家兴旺发达的不竭动力，也是中华民族最深沉的民族禀赋。在激烈的国际竞争中，惟创新者进，惟创新者强，惟创新者胜。"

正因为如此，作为新时代的大学生，同学要不断培养自己的创新精神，对所学习或研究的事物要有好奇心，对所学习或研究的事物要有怀疑态度，对学习研究的事物要追求创新的欲望，对学习研究的事物要有求异的观念，对所学习或研究的事物要有冒险精神，对学习研究的事物要做到永不自满。

10.4.3　外墙涂料

外墙涂料主要用于装饰和保护建筑物的外墙面，使建筑物美观、整洁，从而达到美化城市环境的效果。外墙涂料还具有保护建筑物、延长建筑物使用寿命的作用。

10.4.3.1　外墙涂料的特点

根据外墙涂料的使用部位、环境和施工特点等内容，外墙涂料应具有自己的特点。由于建筑的外墙面长期暴露在大气中，经常受雨水冲刷侵蚀，因此对外墙涂料的耐水性要求应比较高。外墙涂料在风沙、冷热、日光、紫外线的辐射、酸雨侵蚀的环境中，要做到长期不产生开裂、剥落、脱粉、变色等现象，就必须具备优秀的耐候性和抗老化性。

外墙的清洁工作是具有高难度的，特别是高层建筑的外墙清洁工作，因此外墙涂料的耐污染性和易清洁性是很重要的。外墙涂料的施工及维修工作很多都是高空作业，因此具有较大的施工难度和风险性，这就要求施工及维修必须较为方便。作为装饰材料，外墙涂料应当具有较好的装饰效果。

10.4.3.2　常用外墙涂料

（1）过氯乙烯外墙涂料。过氯乙烯外墙涂料是以过氯乙烯树脂（含氯量为61%～65%）为主，掺用少量的其他树脂，共同组成主要成膜物质，再添加一定量的增塑剂、填料、颜料和稳定剂等物质，经混炼、塑化、切片、溶解、过滤等工艺制成的一种溶剂性的外墙涂料。

（2）BSA丙烯酸外墙涂料。BSA丙烯酸外墙涂料是以丙烯酸酯类共聚物为基料，加入各种助剂及填料制成的水乳型外墙涂料。该涂料具有无味、不燃、干燥迅速、施工方便等优点。

（3）丙烯酸酯外墙涂料。丙烯酸酯外墙涂料是以热塑性丙烯酸酯合成树脂为主要成膜物质，加入溶剂、颜料、填料、助剂等，经研磨制成的一种溶剂型涂料。丙烯酸酯系列外墙涂料是性能良好的建筑外墙装饰涂料，在国内已得到广泛的应用。

（4）聚氨酯丙烯酸外墙涂料。聚氨酯丙烯酸外墙涂料是由聚氨酯丙烯酸树脂为主要成膜物质，添加颜料、填料及助剂经研磨配制而成的双组分溶剂型涂料，其适用于建筑物混凝土或水泥砂浆外墙的装饰，装饰效果可保持 10 年以上。

（5）彩砂外墙涂料。彩砂外墙涂料，外形粗糙如砂，是以丙烯酸共聚乳液为胶黏剂，以丙烯脂或其他合成树脂乳液为主要成膜物质，以彩色陶瓷颗粒或天然带色的石屑为骨料，添加多种填料、助剂制成的一种砂粒状外墙涂料。

彩砂外墙涂料又称仿石型涂料、真石型涂料、石艺漆等，是外墙涂料中颇具特色的一种装饰涂料。彩砂外墙涂料的品种有单色和复色两种。其中，单色有粉色、铁红、棕色、黄色、绿色、黑色、蓝色等多种系列。复色则由这些单色组成，按照需要进行配色。

（6）氯化橡胶外墙涂料。氯化橡胶外墙涂料是由天然橡胶或合成橡胶在一定条件下通入氧气，经聚合反应获得白色粉末状树脂，再将其溶解于煤焦油类溶剂，加入增塑剂、颜料、填料和助剂等配制而成的一种溶剂型外墙涂料。

10.4.4　地面涂料

地面涂料的主要功能是装饰和保护室内地面，使地面清洁美观，并与其他装饰要素共同作用，创造出和谐健康的生活环境。

10.4.4.1　地面涂料的特点

根据使用部位和使用要求的不同，地面涂料应具有以下特点：

（1）良好的耐碱性。地面涂料主要是涂刷在水泥砂浆基面上，所以必须有良好的耐碱性并与水泥地面有良好的黏结力。

（2）良好的耐磨性。在建筑环境中，最容易受到磨损的部位就是地面，因此耐磨损性的好坏，是评判地面涂料性能好坏的主要依据之一。

（3）良好的抗冲击性。地面经常受重物撞击，这就要求地面涂料的涂层在受到重物冲击时，不易开裂或脱落。

（4）良好的耐水性、耐擦洗性。地面经常需要用水清洗，这就要求地面涂料具有很强的耐水性、耐擦洗性。

10.4.4.2　常用地面涂料

（1）过氯乙烯地面涂料。过氯乙烯地面涂料是以过氯乙烯树脂为主要成膜物质，掺入少量树脂、填料、颜料、稳定剂、增塑剂等，经捏合、混炼、塑化切粒、溶解等工艺制成的一种溶剂型地面涂料。

（2）H80-环氧地面涂料。H80-环氧地面涂料是以环氧树脂为主要成膜物质的双组分常温固化型涂料。该涂料由甲、乙两组分组成。其中，甲组分是以环氧树脂为主要成膜物质，加入填料、颜料、增塑剂、助剂等组成；乙组分是以胺类为主的固化剂组成。

任务 10.5 壁纸、墙布

壁纸、墙布是目前使用最广泛的墙面装饰材料，不仅适用于墙面，而且也适用于柱面和吊顶。因其色彩丰富，质感多样，图案装饰性强，且有高、中、低多档次供人们选择，除有良好的装饰功能外，还有吸声、隔热、防火、防菌、防霉、耐水等功能，维护保养简单，用久后调换更新容易等特点，因而易被人们接受。近十几年来，随着人们生活水平的提高，壁纸、墙布的生产和应用正在迅速普及。目前，我国生产的壁纸主要有塑料壁纸、织物壁纸及其他壁纸；墙布有玻璃纤维墙布、无纺贴墙布、化纤装饰墙布、纯棉装饰墙布、锦缎墙布等。

10.5.1 壁纸

10.5.1.1 塑料壁纸

塑料壁纸是以纸为基层，聚氯乙烯塑料薄膜为面层，经复合印花、压花等工序而制成的壁纸。在国际市场上，塑料壁纸大致可分为三类，即普通壁纸（也称为纸基涂塑壁纸）、发泡壁纸、特种壁纸。每一类壁纸都有三四个品种，每一品种又有若干花色。

微课：壁纸

1. 普通壁纸

常用的普通壁纸是以 $80g/m^2$ 的纸作为基材，涂聚氯乙烯糊状树脂 $100g/m^2$ 左右，经印花、压花而成，故称普通壁纸或纸基涂塑壁纸。

这种壁纸花色品种多，适用面广，价格低廉，广泛用于一般住房、公共建筑的内墙、柱面、顶棚的装饰，是生产最多、使用最普遍的品种。普通壁纸有单色压花壁纸、印花压花壁纸、有光印花和平光印花壁纸。

2. 发泡壁纸

发泡壁纸，也称浮雕壁纸，是以 $100g/m^2$ 的纸基作基材，涂塑 $300\sim400g/m^2$ 掺有发泡剂的聚氯乙烯（PVC）糊状物，印花后，再经加热发泡而成。壁纸表面呈凹凸花纹。

这类壁纸有高发泡、中发泡、低发泡等品种。高发泡壁纸发泡倍率大，表面呈现富有特性的凹凸花纹，是一种装饰、吸声、隔热多功能的壁纸，常用于影剧院、会议室、演讲厅、住宅天花板等处装饰。低发泡印花壁纸，是在发泡平面上印有图案的品种；低发泡压花壁纸（化学压花）是用有不同抑制发泡作用的油墨印花后再发泡，使表面形成具有不同色彩的凹凸花纹图案，也叫化学浮雕，该品种还有仿木纹、拼花、仿瓷砖等花色。发泡壁纸图样真，立体感强，装饰效果好，并具有弹性，适用于室内墙裙、客厅、内走廊的装饰。

3. 特种壁纸

特种壁纸是用特种纤维作为基层或是对基层、面层做特殊处理而制成的有特殊功能、用于有特殊要求场合的壁纸，也叫专用壁纸。如耐水壁纸是用玻璃纤维毡作基材，以适应卫生间、浴室等墙面的装饰；防火壁纸用石棉纸作基材，并且在 PVC 涂塑材料中掺入阻燃剂制成，适用于防火要求较高的建筑和木板面装饰；表面彩色砂粒壁纸是在基材上散布彩色砂料，再喷涂胶粘剂，使表面具有砂粒毛面，有较强的立体装饰效果，一般用于门厅、柱头、走廊等局部装饰。此外，还有防菌壁纸、防霉壁纸、吸湿壁纸、防静电壁纸、吸味壁纸等。

10.5.1.2　织物壁纸

高品位、全天然以及与床上用品、窗帘配套是壁纸的发展的主要方向，这是织物壁纸在塑料壁纸的基础上得以迅速发展起来的主要原因。

织物壁纸按面料不同可分为纱线壁纸、麻草壁纸、丝绸壁纸等。

1. 纱线壁纸

纱线壁纸是以纸为背衬，以棉、毛或化纤色线为面层经胶黏复合而成的壁纸。

（1）特点。其装饰效果主要通过各色纺线编织成不同的花纹图案或线中夹有金、银丝，荧光物等手法来体现，该壁纸吸声、不变形、无异味、无静电、防霉性好。

（2）应用。适用于宾馆、饭店、办公室、会议室、接待室、疗养院、计算机房、广播室及家庭等墙面装饰。

（3）纱线壁纸的规格、性能见表 10-6。

纱线壁纸的规格、性能　　　　　　　　　　表 10-6

名称	规格	性能
花色线壁纸	幅宽：914mm 长：7.3m/卷	抗拉强度：纵 178N，横 34N 吸湿膨胀率：纵－0.5%，横±2.5% 阻燃性：氧指数 20～22 抗静电性：$4.5×10^7 Ω$ 耐干摩擦：2000 次 吸声系数：250～2000Hz，0.19dB
纺织纤维壁纸	宽幅：500mm、 1000mm	收缩率：经 1%，纬 1% 防震性：回潮 20%，保湿 5h，无霉斑 耐光色牢度：4～5 级 耐磨色牢度：(干、湿)4～5 级

2. 麻草壁纸

麻草壁纸通常以纸为背衬，以麻或草类植物的纤维纺织物为面层，经复合加工而成。

（1）特点。麻草壁纸具有不变形、吸声、不老化、无异味、无静电、散潮湿、阻燃等特点，在装饰效果上，呈现出古朴、粗犷、自然的韵味，给人以返璞归真之感。

（2）应用。适用于会议室、接待室、影剧院、酒吧、舞厅以及饭店、宾馆的客房和商店的橱窗设计等处内墙面装饰等。

（3）麻草壁纸的规格、性能见表 10-7。

麻草壁纸的规格、性能　　　　　　　　　　表 10-7

名称	规格	性能
天然麻草壁纸	厚 0.3～0.6mm	具有阻燃、吸声、吸潮湿等特点
草编墙纸	厚 0.8、1.3mm 宽 914mm 长 7315mm	日晒牢度：日晒半年内不褪色

续表

名称	规格	性能
麻草类中国墙纸	厚 1mm 宽 940mm 质量 160g/m²	

3. 丝绸壁纸

丝绸壁纸是高级公共建筑装修中应用最为广泛的织物壁纸。

按所用背衬材料不同，丝绸壁纸可分为：

（1）以发泡聚乙烯为背衬材料，与丝绸面料复合而成的丝绸壁纸，该壁纸较厚，约 3～5mm，弹性好，具有一定的吸声效果，但裱糊时用普通的水性壁纸胶不易贴牢。

（2）以弹性软片（低发泡聚乙烯）为背衬与丝绸面料复合而成的丝绸壁纸，产品较薄，可用压条嵌压而装饰局部，也可用于高级包间、车厢以及家具的软包装。

（3）以 30g/m² 化纤无纺布为背衬与天然及人造纤维面层复合而成的丝绸壁纸。该壁纸无弹性，常用于大面积内墙装饰，用普通水性壁纸胶即可裱糊。这类丝绸壁纸透气性较好，较柔软耐擦洗，成本较低，也克服了织物的各向异性。其面层有三种：全人造丝交织层、人造丝与棉纱混合交织层、人造丝与人造棉交织层。

10.5.1.3 其他壁纸

1. 金属热反射节能壁纸

该壁纸是在纸基上真空喷镀一层铝膜（每平方米壁纸耗铝数克），形成反射层，然后印花、压花加工而成。

该壁纸能将热量的主要携带者——红外线反射掉 65%，节约能源 10%～30%。其表面有金属光泽和质感，寿命长、不老化、耐擦洗、耐污染，此外尚有一定的透气性，可防止墙面结露、霉变，适用于高级室内装饰。

2. 无机质壁纸

为了实现回归大自然的愿望，人类试图将一些天然无机材料用于壁纸表面，如将洁白的膨胀珍珠岩颗粒、闪闪发光的云母片、蛭石作为壁纸的饰面，粗矿而不失典雅，同时还具有一定的吸声、保温、吸湿等特殊功效，此工艺在欧洲国家广为应用，我国杭州等地也有生产。

3. 激光壁纸

激光壁纸是由纸基、激光薄膜和透明而带印花图案的聚氯乙烯膜构成。其装饰效果比激光玻璃更佳，且可贴于曲面上，每平方米约 80～100 元，比激光玻璃便宜，适用于不断更新格调的娱乐场所。

4. 植绒壁纸

该壁纸是以各色化纤绒毛为面层材料，通过静电植绒技术而制成的壁纸，具有质感强烈、触感柔和、吸声性好等优点，多用于影剧院的墙面和顶棚装饰。

10.5.2 墙布

10.5.2.1 玻璃纤维墙布

玻璃纤维墙布是以中碱玻璃为基材，表面涂以耐磨树脂，印上彩色图案而制成的。

（1）特点。色彩鲜艳，花色繁多，具有不褪色、不老化、防火、防水、耐湿、不虫蛀、不霉、可洗刷等特点。价格低廉，施工简便。

（2）应用。适用于招待所、旅馆、饭店、宾馆、展览馆、会议室、住宅、餐厅等内墙面装饰，尤其是卫生间、浴室的墙面装饰。

（3）规格、性能。玻璃纤维墙布的规格、性能见表 10-8。

玻璃纤维墙布的规格、性能　　　　　　　　　　　　　　表 10-8

规格				技术性能				
长(m)	宽(mm)	厚(mm)	单位质量(g/m³)	日晒牢度级	刷洗牢度级	摩擦牢度级	断裂力(N/25mm)	
							经向	纬向
50	830～840	0.17～0.20	190～200	5～6	4～5	3～4	≥700	≥600
50	850～900	0.17	170～200				≥600	
50	880	0.20	200	4～6	4(干洗)	4～5	≥500	
50	860～880	0.17	180	5	3	4	≥450	≥400
50	900	0.17～0.20	170～200					
50	840～880	0.17～0.20	170～200					

10.5.2.2　无纺贴墙布

无纺贴墙布是以棉、麻等天然纤维或涤、腈等合成纤维为原料，经无纺成型、上树脂、印制图案等工序制成的内墙面装饰材料。

（1）品种。按所用原料不同，无纺贴墙布分棉、麻、涤纶、腈纶等品种。

（2）特点。无纺贴墙布挺括，富有弹性，不易折断，纤维不老化、不散失、对皮肤无刺激作用。具有一定的透气性、防潮性、可擦洗性，不褪色。

（3）用途。无纺贴墙布适用于各种建筑物内墙面装饰，尤其是涤纶无纺墙布，除具有麻无纺墙布的特点外，还具有质地细洁、光滑等特点，特别适用于高级宾馆等内墙装饰。

该产品的规格、性能见表 10-9。

无纺贴墙布规格、性能　　　　　　　　　　　　　　表 10-9

名称	规格	性能
涤纶无纺墙布	厚:0.12～0.18mm 宽:850～900mm 单位质量:75g/m²	抗拉强度:2.0MPa 粘贴牢度(白乳胶): 混合砂浆墙面:5.5N/25mm 油漆墙面:3.5N/25mm
麻无纺墙布	厚:0.12～0.18mm 宽:850～900mm 单位质量:100g/m²	抗拉强度:1.4MPa 粘贴牢度(白乳胶): 混合砂浆墙面:2.0N/25mm 油漆墙面:1.5N/25mm

名称	规格	性能
无纺印花涂塑墙布	厚:0.12~0.18mm 宽:920mm 长:50m/卷 4卷/箱,200m	抗拉强度:2.0 MPa 耐磨牢度:3~4 胶黏剂:白乳胶
无纺墙布	厚:1.0mm,单位质量:70g/m²	透气性能好,无刺激作用

10.5.2.3　化纤装饰墙布

化纤装饰墙布以化学纤维或化学纤维与棉纤维混纺纤维织物为基材,以印花等工艺处理而成。前者称为"单纶"墙布,后者称为"多纶"墙布。

(1)特点。化纤装饰墙布具有无毒、无味、透气、防潮、耐磨、无分层等特点。

(2)应用。化纤装饰墙布适用于各类宾馆、住宅、办公室、会议室等建筑内墙面装饰。

(3)规格、性能。化纤装饰墙布的规格、性能见表10-10。

化纤装饰墙布的规格、性能　　　　　　　　　　　　表 10-10

名称	规格	性能
化纤装饰墙布	厚:0.15~0.18mm 宽:820~840mm 长:50m/卷	
多纶黏涤墙布	厚:0.32mm 长:50m/卷 单位质量:8.5kg/卷 黏结剂:DL香水胶水黏结剂	日晒牢度:黄绿色类 4~5 级,红棕色类 2~3 级 耐磨色牢度:干 3 级,湿 2~3 级 抗拉强度:经 300~400N/5cm 纬 200~400N/5cm 耐老化性:3~5 年

10.5.2.4　纯棉装饰墙布

纯棉装饰墙布以棉平布为基材,经印花、涂布耐磨树脂等工序制成。

(1)特点。纯棉装饰墙布具有无静电、吸声、无异味、强度高等特点。

(2)应用。该装饰墙布适应于各类宾馆、住宅、公共建筑的内墙面装饰。

(3)规格、性能。纯棉装饰墙布的规格、性能见表10-11。

纯棉装饰墙布的规格、性能　　　　　　　　　　　　表 10-11

名称	规格	性能
棉纺装饰墙布	厚:0.35mm 单位质量:115g/m²	断裂强度:纵向 770N/5cm,横向 490N/5cm 断裂伸长率:纵向 3%,横向 8% 耐磨性:500 次 日晒牢度:7 级 刷洗牢度:3~4 级 湿摩擦:4 级 静电:184V,半衰期 1s

10.5.2.5 锦缎墙布

锦缎墙布是丝织物的一种。

(1) 特点。色彩图案绚丽多彩、古雅精致，可创造一种高雅的环境。另外，吸声、透气、吸潮、质感明显。但价格昂贵，不易擦洗，易长霉。

(2) 应用。锦缎墙布只适用于重点工程的室内高级饰面裱糊。

(3) 产品规格。如浙江生成的"真丝装饰墙布"，宽 840～870mm，长 50m，质量 140g/m^2。

任务 10.6 木材

木材作为一种天然的植物材料，具有轻质高强、耐冲击、弹性和韧性好、导热性低、纹理美观、装饰性好等特点，因此在我国建筑工程中广泛使用。在结构上，木材主要用于构架和屋顶，如梁、柱、桁檩、椽、斗拱等。我国许多古建筑物均为木结构，它们在建筑技术和艺术上均有很高的水平，并具独特的风格。

图片：木材制品选集

木材由于加工制作方便，故广泛用于房屋的门窗、地板、天花板、栏杆、扶手、格栅等。然而，由于树木生长缓慢，我国林木资源相对较贫乏，远达不到 22% 的世界各国平均森林覆盖面积。因此，在加速林木资源发展的同时，作为工程技术人员，正确了解木材的性质、合理使用和节约木材就显得尤为重要。

微课：木材制品

目前，以木材作为桁架、梁柱、墙体等结构的用材已日渐减少，但在工程建设中用木材作脚手架、混凝土模板及临时支撑或制作门窗、室内装饰、家具、地板等时仍是优选材料之一。

10.6.1 木材的物理力学性质

木材的物理力学性质对木材在建筑工程中的应用具有很大的影响，因此要保证木结构的工程要求，需要了解木材的物理力学性质。木材的物理力学性质主要有含水率、湿胀干缩、强度等，其中含水率对木材的物理力学性质影响很大。

10.6.1.1 木材的物理性质

1. 密度与表观密度

木材的密度为 1480～1560kg/m^3，各种树种的木材由于其分子构造基本相同，因而木材的密度差别不大，常取 1550kg/m^3。

由于木材生长的土壤、气候及其自然条件不同，因此其构造和孔隙率也不同，使木材的表观密度相差较大，如泡桐的表观密度为 280kg/m^3，而广西的蚬木表观密度则可高达 1128kg/m^3。但大多数木材的表观密度都在 400～600kg/m^3 范围内，平均约为 500kg/m^3。此外，木材的孔隙率也在很大的范围内（30%～40%）变化。

2. 木材的吸湿性和含水率

木材中的木纤维具有很大量的羟基（-OH），是亲水性基团，因而木材的吸湿性很强，很容易从周围环境中吸附水分。木材的含水量以含水率来表示，即木材中水分的质量占干燥木材质量的百分比。木材的含水率随环境温度、湿度的改变而变化。当木材的含水率与周围空气的温度和相对湿度达到平衡时，就会达到相对稳定的含水率，即水分的蒸发和吸收趋于平衡，此含水率称为平衡含水率。我国各地的年平均平衡含水率一般在 $10\%\sim18\%$ 之间。新伐木材的含水率一般在 35% 以上，风干木材的含水率为 $15\%\sim25\%$，室内干燥木材的含水率常为 $8\%\sim15\%$。木材在使用前，须干燥至使用环境长年平均平衡含水率，以免制品变形、干裂。

木材中的水分，按其存在形式可分为化学结合水、吸附水和自由水 3 种类型。

化学结合水是木材化学组成中的结构水。它在常温下不变化，对木材的性能无影响。

吸附水是吸附在细胞壁内细纤维间的水。当木材中的细胞壁内被吸附水充满，而细胞腔与细胞间隙中没有自由水时，该木材的含水率被称为纤维饱和点，一般为 $25\%\sim35\%$，平均为 30%。纤维饱和点是木材物理力学性质发生改变的转折点。因此，吸附水直接影响到木材的强度和体积的胀缩。

自由水是存在于细胞腔中和细胞间隙中的水。自由水会影响木材的表观密度、抗腐蚀性和燃烧性。木材干燥时首先是自由水蒸发，而后是吸附水蒸发；木材吸潮时，先是细胞壁吸水，细胞壁中吸水达饱和后，自由水才开始被吸入。

3. 湿胀干缩

木材的纤维细胞组织构造使木材具有显著的湿胀干缩变形性。当木材从潮湿状态干燥至纤维饱和点时，其体积和尺寸不会发生变化，仅仅是自由水蒸发，质量减轻。继续干燥，当含水率低于纤维饱和点而细胞壁中吸附水蒸气时，则发生体积收缩。反之，干燥木材吸湿时，将发生体积膨胀，直至含水量达到纤维饱和点时为止，此后继续吸湿，也不再膨胀。

由于木材构造不均匀，因此各方向的胀缩也不同。同一木材，弦向胀缩最大，径向次之，而顺纤维的纵向最小。木材的胀缩性随树种而有差异，一般体积密度大的、夏材含量多的，胀缩较大。

木材的湿胀干缩对木材的使用有严重的影响，湿胀会造成木材凸起，干缩会导致木结构构件连接处因产生缝隙而松动。如长期受到湿胀干缩的交替作用，会使木材产生翘曲开裂。为了避免这种情况，潮湿的木材在加工或使用之前应预先进行干燥处理，使木材内的含水率与将来使用的环境湿度相适应。因此，木材应预先干燥至平衡含水率后才能加工使用。

4. 其他物理性质

木材的导热系数随其表观密度的增大而增大。顺纹方向的导热系数大于横纹方向。因为木材具有较好的吸声性能，故常用软木材、木丝板、穿孔板等作为吸声材料。虽然木材具有良好的电绝缘性，但当木材的含水量提高或温度升高时，木材的电阻会降低，电绝缘性会变差。

10.6.1.2　木材的力学性质

1. 木材的强度

由于木材构造的不均匀性，致使木材的各种力学强度都具有明显的方向性。在顺纹方向，木材的抗压和抗拉强度都比横纹方向高得多，而在横纹方向，弦向又不同于径向。木材的含水率、疵病及试件尺寸对木材强度都有显著的影响。

（1）抗压强度

木材的抗压强度分为顺纹抗压强度和横纹抗压强度。顺纹抗压强度为作用力方向与木材纤维方向一致时的强度，这种受压破坏是细胞壁失去稳定而非纤维的断裂。横纹抗压为作用力方向与木材纤维垂直时的强度，这种受压破坏是由于木材横向受力压紧产生显著变形而造成的破坏。

木材的顺纹抗压强度比横纹抗压强度要高，是木材用作柱、桩、斜撑和桁架等承压构件时的主要力学性能，是确定木材强度等级的依据。

木材的横纹抗压强度与顺纹抗压强度的比值因树种的不同而异，一般针叶树横纹抗压强度约为顺纹的 10%，阔叶树则约为 15%～20%。

（2）抗拉强度

木材的抗拉强度有顺纹和横纹两种，但横纹抗拉强度值很小，工程中一般不使用，而顺纹抗拉强度则是木材所有强度中最大的。顺纹受拉破坏，往往不是纤维被拉断而是纤维间被撕裂。木材的疵病如木节、斜纹、裂缝等都会使顺纹抗拉强度显著降低。同时，木材受拉杆件连接处应力复杂，这是顺纹抗拉强度被充分利用的原因。

（3）抗弯强度

木材受弯曲时会产生压、拉、剪等复杂的应力，受弯构件上部为顺纹抗压，下部为顺纹抗拉，而在水平面则产生剪切力。木材受弯破坏时，受压区首先达到强度极限，产生大量变形，但构件仍能继续承载，随着外力的增大，当下部受拉区也达到强度极限时，纤维本身及纤维间发生连接断裂，最后导致破坏。

木材的抗弯强度仅次于顺纹抗拉强度，为顺纹抗压强度的 1.5～2.0 倍。因此，在建筑工程中常被用作桁架、梁、桥梁及地板。

（4）抗剪强度

木材受剪时，根据剪力与木材纤维之间的作用方向可分为顺纹剪切、横纹剪切和横纹剪断 3 种强度。木材在不同剪力作用下，由于木纤维的破坏方式不同，因而表现为横纹剪断强度最大，顺纹剪切次之，横纹剪切最小。

工程上常利用木材抗压、抗拉、抗弯和抗剪强度作为设计依据。由于木材构造的不均匀性决定了它的许多性质为各向异性，在强度方面尤为突出。同一木材，以顺纹抗拉强度为最大，抗弯、抗压、抗剪强度依次递减，横纹抗拉、抗压强度比顺纹小得多。为了便于比较，各强度之间的关系见表 10-12。

木材各强度之间的关系 表 10-12

抗拉		抗压		抗剪		弯曲
顺纹	横纹	顺纹	横纹	顺纹	横纹	
2～3	1/3～1/20	1	1/3～1/10	1/7～1/3	1/2～1	1.5～2.0

2. 影响木材强度的主要因素

影响木材强度的因素有木材纤维组织、含水率、温度、负荷时间和疵病等。

（1）木材的纤维组织。木材受力时，主要靠细胞壁承受外力，细胞纤维组织越均匀密实，强度就越高。例如，夏材比春材的结构密实、坚硬，当夏材含量高时，木材强度较高。

（2）含水率。木材的含水率对强度影响很大。当木材含水率在纤维饱和点以下时，其强度随含水率的增加而降低，这是由于细胞壁水分的增加使细胞壁及其中的亲水胶体逐渐软化所致。反之，则强度增大。当木材含水率在纤维饱和点以上时，木材的强度等性能基本稳定，不随含水率的变化而变化。木材含水率的变化一般对木材的顺纹抗压及抗弯强度影响较大，而对顺纹抗剪强度影响较小，而对顺纹抗拉强度几乎没有影响。

（3）温度。木材受热后，细胞壁中的胶结物质会软化，从而引起木材强度的降低。研究表明，如果木材使用环境温度从 25℃ 升高至 50℃ 时，木材的顺纹抗压强度会降低 20%～40%，当温度高于 100℃ 时，木材会被烤焦和变形，并发生部分挥发物分解，强度下降；当温度高于 140℃ 时，木材的纤维素会发生热裂解，变形明显，并导致裂纹产生，强度急剧下降。因此，长期处于高温作用下（60℃ 以上）的建筑物件，不宜使用木材。

（4）负荷时间。木材的长期承载能力远低于暂时承载能力。这是因为在长期承载情况下，木材会发生纤维等速糯滑，累积后会产生较大变形而降低承载能力。因而木结构中木材的许可应力值远低于木材强度。

木材在长期荷载作用下能无限期负荷而不破坏的最大应力，称为木材的持久强度。持久强度仅为极限强度的 50%～60%。由于一切木结构都处于某一种负荷的长期作用下，因此，在设计结构时，应考虑负荷时间对木材强度的影响，一般以持久强度为依据。

（5）疵病。木材在生长、采伐、保存及加工过程中所产生的内部和外部的缺陷，统称为疵病。木材的疵病包括天然生长的缺陷（如木节、斜纹、腐朽和病虫害等）和加工后产生的缺陷（如裂缝、翘曲等）。一般木材或多或少都存在一些疵病，使木材的物理力学性质受到影响。

同一疵病对不同强度的影响也不相同。如木节对顺纹抗拉强度影响显著，对顺纹抗压强度影响较小；斜纹易使木材开裂和翘曲，降低其抗拉和抗弯强度；裂纹破坏木材的整体性，降低强度，在受弯构件中完全不能承受顺纹剪切作用。

10.6.1.3 木材的规格和等级标准

建筑木材根据不同荷载方式，依据木材的各种疵点的多少、部位和大小来划分等级，承重木结构板材的等级标准见表 10-13。根据承载特点，Ⅰ 等材用于受拉和受弯构件；Ⅱ 等材用于受弯和压弯构件；Ⅲ 等材用于受压构件。

承重木结构板材等级标准 表 10-13

项次	缺陷名称	木材等级		
		Ⅰ 等材	Ⅱ 等材	Ⅲ 等材
		受拉构件或受弯构件	受弯构件或压弯构件	受压构件
1	腐朽	不允许	不允许	不允许
2	木节:构件任一面任何 15cm 长度上所有木节尺寸的总和长不得大于所在面宽的	1/4（连接部位为 1/5）	1/3	2/5
3	斜纹:斜率不大于(%)	5	8	12

续表

项次	缺陷名称	木材等级		
		Ⅰ等材	Ⅱ等材	Ⅲ等材
		受拉构件或受弯构件	受弯构件或压弯构件	受压构件
4	裂缝:连接部位的受剪面	不允许	不允许	不允许
5	髓心	不允许	不允许	不允许

10.6.2 装饰和装修中的木材

木材作为建筑室内装饰与装修材料是木材应用的一个主要方面。它能给人以自然美的享受，还能使室内空间有温暖与亲切感。

微课：木地板

10.6.2.1 条木地板

条木地板是室内使用最普遍的木质地板，它由龙骨、水平撑和地板三部分组成。地板有单层和双层两种，双层地板中的下层为毛板，面层为硬木条板，硬木条板多选用水曲柳、柞木、枫木、柚木、榆木等硬质树材；单层条木板常选用松、杉等软质树材。条板宽度一般不大于 120mm，板厚为 20～30mm，材质要求采用不易腐朽和变形开裂的优质板材。

条木地板自重轻、弹性好、脚感舒适，并且导热性小，故冬暖夏凉，且易于清洁。条木地板被公认为是优良的室内地面装饰材料，它适用于办公室、会议室、会客室、休息室、宾馆客房、幼儿园及仪器室等场所。

10.6.2.2 拼花木地板

拼花木地板是较高级的室内地面装修材料，分双层和单层两种，前者面层均为拼花硬木板层，下层为毛板层。面层拼花板材多选用水曲柳、柞木、核桃木、榆木、槐木等地质优良、不易腐朽开裂的硬木树材。拼花小木条的尺寸一般长为 250～300mm，宽为 40～60mm，厚为 20～25mm，木条一般均带有企口。双层拼花木地板的固定方法是将面层小板条用暗钉钉在毛板上，单层拼花木地板可采用适宜的黏结材料，将硬木面板条直接粘贴于混凝土基层上。

拼花木地板纹理美观，耐磨性好，且拼花小木板一般均经过远红外线法干燥，含水率恒定（约 12%），因而变形小，易保持地面平整、光滑而不翘曲变形。

拼花木地板分高、中、低三个档次，高档产品适合于三星级以上中、高级宾馆以及大型会场、会议厅等室内地面装饰；中档产品适用于办公室、疗养院、体育馆、酒吧等地面装饰；低档的适用于各种民用住宅地面的铺装。

10.6.2.3 护壁板

护壁板又称木台度，在铺设拼花地板的房间内，往往采用护壁板，以使室内空间的材料格调一致，给人一种和谐整体的感受。护壁板可采用木板、企口条板、胶合板等，设计和施工时可采取嵌条、拼缝、嵌装等手法进行构图，以达到装饰墙壁的目的。

10.6.2.4 木花格

木花格即为用木板和仿木制作的具有若干个分格的木架，这些分格的尺寸或形状一般都各不相同。木花格宜选用硬木或杉木树材制作，并要求材质木节少，木色好，无虫蛀和腐朽等缺陷。木花格具有加工制作简便、饰件轻巧纤细、表面纹理清晰等特点,多用作建筑物室内的花窗、隔断等。

10.6.2.5　旋切微薄木

旋切微薄木是以色木、桦木或多瘤的树根为原料,经水煮软化后,旋切成厚 0.1mm 左右的薄片,再用胶粘剂粘贴在坚韧的纸上(即纸依托)制成卷材,或者采用柚木、水曲柳等树材,通过精密旋切,制得厚度为 0.2~0.5mm 的微薄片,再采用先进的胶粘工艺和胶粘剂,粘贴在胶合板基材上,制成微薄木贴面板。

10.6.2.6　木装饰线条

木装饰线条简称木线条。木线条种类繁多,主要有楼梯扶手、压边线、墙腰线、天花角线、弯线、挂镜线等。木线条都是采用木质较好的树材加工而成。

木材的综合利用就是将木材加工过程中的边角、碎料、刨花、木屑、锯末等,经过再加工处理,制成各种人造板材,有效提高木材的利用率。

10.6.2.7　胶合板

胶合板(即层压板),是将原木沿年轮方向旋转切成薄片,经干燥处理后上胶,将数张薄片按纤维方向垂直叠放,再经热压而制成。通常以奇数层组合,并以层数取名,一般为 3~13 层,最多可达 15 层,厚度为 2.5~30mm,宽度为 215~1220mm,长度为 95~2440mm。针叶树材和阔叶树材均可制作胶合板,工程中常用的是三合板和五合板。

胶合板与普通木板相比具有许多的优点:如消除了木材的各向异性,导热系数小,绝热性好,无明显的纤维饱和点,平衡含水率和吸湿性比木材低,木材的疵病被剔除,板面质量好等。

胶合板分类方法很多,按板的结构可分为胶合板、夹芯胶合板和复合胶合板;按用途可分为特种胶合板和普通胶合板。普通胶合板又分为Ⅰ、Ⅱ、Ⅲ、Ⅳ四类,其主要特性与适用范围见表 10-14。

普通胶合板的分类、特性及适用范围　　　　　　　　　　　　表 10-14

种类	分类	名称	胶种	特性	适用范围
普通胶合板	Ⅰ类	耐气候胶合板	酚醛树脂或其他性能相当的胶	耐久、耐煮沸或蒸馏处理,耐干热,抗菌	室内外工程
	Ⅱ类	耐水胶合板	脲醛树脂或其他性能相当的胶	耐冷水浸泡及短时间热水浸泡,抗菌,但不耐煮沸	室内外工程
	Ⅲ类	耐潮胶合板	血胶、低树脂含量的脲醛脂胶或其他性能相当的胶	耐短期冷水浸泡	室内工程(一般常态下使用)
	Ⅳ类	不耐潮胶合板	豆胶或其他性能相当的胶	有一定的胶合强度,但不耐潮	室内工程(一般常态下使用)

胶合板广泛用于室内隔墙板、护壁板、顶棚板及各种家具、室内装修等。

10.6.2.8　胶合夹芯板

胶合夹芯板有实心板和空心板两种。实心板是由干燥的短木条用树脂胶拼镶成芯,两面用胶合板加压热黏结制成。空心板内部则由厚纸蜂窝结构填充,表面用胶合板加压热制成。

胶合夹芯板面宽，尺寸稳定，质轻且构造均匀，多用作门板、壁板和家具。

10.6.2.9　纤维板

纤维板是将树皮、刨花、树枝等废料，经破碎、浸泡、研磨成木浆，加入胶粘剂或利用木材自身的胶粘物质，再经热压成形、干燥处理等工序而制成的板材。

纤维板木材利用率高达 90％以上，且材质均匀，各向强度一致，弯曲强度大，不易胀缩和翘曲开裂。

纤维板按其表观密度分为三种：硬质纤维板，表观密度不小于 $800kg/m^3$；中硬纤维板，表观密度为 $400\sim800kg/m^3$；软质纤维板，表观密度小于 $400kg/m^3$。硬质纤维板广泛用于替代木板作室内墙壁、地板、家具和装修材料等；软质纤维板表观密度小，孔隙率大，常用作绝热、吸声材料。

纤维板吸水后会导致沿板厚方向膨胀，强度下降，且板面发生变形翘曲。因此，纤维板若用于湿度较大的环境中，应作防潮处理。

10.6.2.10　刨花板、木丝板、木屑板

刨花板、木丝板和木屑板是利用木材加工中的废料刨花、木丝、木屑等经干燥、拌合胶粘料、热压而制成的板材。所用胶粘料有：豆胶、血胶等动植物胶，酚醛树脂、脲醛树脂等合成树脂，以及水泥、菱苦土等无机胶凝材料。

刨花板按制造方法可分成平压刨花板和挤压刨花板（实心挤压刨花板和空心挤压刨花板）两类。

刨花板、木丝板和木屑板这类板材表观密度较小、强度较低，主要用作绝热和吸声材料。其中热压树脂刨花板和木屑板，其表面可粘贴熟料贴面或胶合板作饰面层，使其强度增加，具有装饰性，可用作吊顶、隔墙和家具等。

10.6.2.11　复合板

复合板主要有复合地板和复合木板两种。

1. 复合地板

复合地板是一种多层叠压木地板，板材 80％为木质。这种地板通常是由面层、芯板和背层三部分组成，其中面层又由数层叠压而成，每层都有其不同的特色和功能。叠压面层是由特别加工处理的木纹纸与透明的密胺树脂经高温、高压压合而成；芯板是用木纤维、木屑或其他木质粒状材料（均为木材加工的边角料）等与有机物混合经加压而成的高密度板材；背层为聚合物叠压的纸质层。

复合地板规格一般为 $1200mm\times200mm$ 的条板，板厚 8mm 左右，其具有表面光滑美观、坚实耐磨、不变形和干裂、不沾污及褪色、不需打蜡、耐久性较好、易清洁和铺设方便等优点。因板材较薄，故铺设在室内原有地面上时，不需对门作任何改动。复合地板适用于客厅、起居室、卧室等地面铺装。

2. 复合木板

复合木板又称木工板，由三层胶粘压合而成。其上、下面层、芯板是由木材加工后剩下的短小木料经再加工制得的木板。

复合木板一般厚为 20mm、长为 2000mm、宽为 1000mm，幅面大，表面平整，使用方便。复合木板可代替实木板使用，常用于建筑室内隔墙、橱柜等的装修。

小贴士

众所周知，我国古建筑以木构建筑为主，由于木材容易腐烂，容易燃烧，导致木构建筑的耐久性不好。在近代，由于经历了百年的动乱，中国古建筑被大量的毁坏，特别是中国木构建筑的巅峰——唐代木构建筑。有日本学者曾狂妄断言："中国没有唐代木构建筑。要看唐代木构建筑，你只能去日本奈良。"然而在 1937 年，梁思成、林徽因和他们的团队成功发现了唐代木构建筑佛光寺东大殿，这一发现狠狠灭了日本建筑界的嚣张气焰，在建筑界打了一场漂亮的翻身战，为正在经历抗日战争的祖国和人民打了一针爱国的强心剂。

梁思成发现佛光寺的故事是中国文化界的一段佳话。

20 世纪初，敦煌莫高窟被发现，这一蕴藏无尽文化的洞穴也是故事的起点。莫高窟壁画中，不仅有反映山川、河流等地理风貌的图画，而且还有形象的地理地形图，其中最著名的就是莫高窟五代时期第 61 窟西壁的《五台山图》。它是莫高窟壁画中现存的一幅面积最大的壁画，也是我国现存的最早的形象地图。在《五台山图》绘成 1000 年之后，我国古建筑学家、清华大学梁思成教授，在 20 世纪 30 年代初期，根据伯希和编印的几大本《敦煌石窟图录》研究敦煌莫高窟壁画中的建筑，在《五台山图》中看到大佛光寺等寺院和一座以前未曾见过的亭阁式宝塔。于是，梁思成和林徽因二人带领团队亲自到山西五台山找佛光寺及其宝塔。梁思成他们不仅在五台山找到了大佛光寺，并在此找到了和敦煌壁画中一模一样的宝塔，这就是现存的佛光寺祖师塔。大大出乎梁思成所料的是，这儿不但保存有建于唐大中十年（856 年）的大佛殿，而且还有重建于唐建中三年（782 年）的南禅寺大殿。它是我国现存最早的一座木构建筑，发现佛光寺犹如发现了一个古代建筑的新大陆。通过精心研究，测量绘图，梁思成写出论述五台山佛光寺建筑的论文，发表后轰动中外建筑学界。于是，佛光寺被外国学者称誉为"亚洲佛光"。

巩固练习题

一、单项选择题

1. 在玻璃冷加工的基本方法中不能使用_____。

A. 研磨抛光　　　　B. 焊接　　　　　　C. 喷砂　　　　　　D. 切割

2. 下列关于玻璃砖的说法中，不正确的是_____。

A. 使用时不能切割

B. 可以作为承重墙

C. 透光不透视、化学稳定性好、装饰性好

D. 保温绝热、不结露、防水、不燃、耐磨

3. 厕浴间和有防水要求的建筑地面必须设置_____。

A. 保温层　　　　B. 隔离层　　　　　C. 防水层　　　　　D. 走坡层

4. 下列不属于人造板材的是_____。

A. 胶合板　　　　　B. 细木工板　　　　　C. 纤维板　　　　　D. 实木地板

5. 复合地板不宜用在_____。

A. 书房　　　　　　B. 客厅　　　　　　C. 卧室　　　　　　D. 浴室

6. "干千年，湿千年，干干湿湿两三年"描述的是_____的特性。

A. 陶瓷　　　　　　B. 玻璃　　　　　　C. 木材　　　　　　D. 石材

7. 在下列地点中，经常使用活动隔墙是_____。

A. 卫生间　　　　　B. 厨房　　　　　　C. 卧室　　　　　　D. 多功能厅

8. 银行柜台采用的玻璃应该为_____。

A. 安全玻璃　　　　B. 普通玻璃　　　　C. 花纹玻璃　　　　D. 特种玻璃

9. 现代装饰材料的主要发展方向是_____。

A. 装饰性和功能性

B. 保温隔热和隔声

C. 防水、防滑、耐磨性

D. 向多品种、多功能、易施工、防火阻燃和环保的方向发展

10. 木材中_____含量的变化，是影响木材强度和胀缩变形的主要原因。

A. 自由水　　　　　B. 吸附水　　　　　C. 化学结合水　　　D. 结晶水

11. 木材湿胀干缩沿_____方向最小。

A. 弦向　　　　　　B. 纤维　　　　　　C. 径向　　　　　　D. 髓线

12. 用标准试件测木材的各种强度以_____强度最大。

A. 顺纹抗拉　　　　B. 顺纹抗压　　　　C. 顺纹抗剪　　　　D. 抗弯

13. 木材在进行加工使用之前，应预先将其干燥至含水率达_____。

A. 纤维饱和点　　　　　　　　　　　　B. 平衡含水率

C. 标准含水率　　　　　　　　　　　　D. 饱和含水率

14. 木材的木节和斜纹会降低木材的强度，其中对_____强度影响最大。

A. 抗拉　　　　　　B. 抗弯　　　　　　C. 抗剪　　　　　　D. 抗压

15. 木材在不同含水率时的强度不同，故木材强度计算时的含水率是指_____。

A. 纤维饱和点时含水率　　　　　　　　B. 平衡含水率

C. 标准含水率　　　　　　　　　　　　D. 饱和含水率

16. 以下木材能用于承重结构的是_____。

A. 松木　　　　　　B. 香樟　　　　　　C. 榆木　　　　　　D. 楠木

二、多项选择题

1. 在纤维饱和点以下，随着含水率增加，木材的_____。

A. 导热性降低　　　B. 重量增加　　　　C. 强度降低　　　　D. 体积收缩

E. 体积膨胀

2. 在建筑工程中可用作承重构件的树种有_____。

A. 松树　　　　　　B. 柏树　　　　　　C. 榆树　　　　　　D. 杉树

E. 水曲柳

3. 树木是由_____等部分组成。

A. 树皮　　　　　　B. 木质部　　　　　C. 髓心　　　　　　D. 髓线

E. 年轮

4. 影响木材强度的因素有_____。

A. 含水率　　　　　B. 负荷时间　　　　　C. 温度　　　　　D. 疵病

E. 胀缩

5. 木材的综合利用主要是由生产人造板材，建筑上常用人造板材有_____。

A. 胶合板　　　　　B. 纤维板　　　　　C. 复合板　　　　　D. 刨花板

E. 木丝、木屑板

6. 木材含水率变化对以下_____影响较大。

A. 顺纹抗压强度　　　　　　　　　B. 顺纹抗拉强度

C. 抗弯强度　　　　　　　　　　　D. 顺纹抗剪强度

E. 横纹抗剪强度

7. 木材的疵病主要有_____。

A. 木节　　　　　B. 腐朽　　　　　C. 斜纹　　　　　D. 虫害

E. 裂缝

8. 合理选择和使用好建筑装饰材料是建筑装饰的重要环节，在选择建筑装饰材料时，应注意_____因素。

A. 安全与健康性　　B. 色彩　　　　　C. 材料　　　　　D. 装饰造价

E. 耐久性

9. 涂料的组成可分为_____。

A. 主要成膜物质　　　　　　　　　B. 次要成膜物质

C. 稀释剂　　　　　　　　　　　　D. 助剂

E. 填充料

10. 钢化玻璃有_____等品种。

A. 普通钢化玻璃　　　　　　　　　B. 钢化吸热玻璃

C. 钢化磨光玻璃　　　　　　　　　D. 钢化隔热玻璃

E. 彩釉钢化玻璃

三、判断题

1. 炻质陶瓷制品的吸水率最大，一般大于10%。　　　　　　　　　　（　　）

2. 釉面砖属薄型瓷制品，是由多孔坯体表面施釉经一定温度烧制而成，有较大的吸水率，一般为16%～22%，施工时多采用水泥砂浆铺贴。　　　　　　　　（　　）

3. 纤维饱和点是木材物理力学性质发生变化的转折点。　　　　　　　（　　）

4. 木材的顺纹抗压强度大于其顺纹抗拉强度。　　　　　　　　　　　（　　）

5. 木材随着其含水率的增大体积产生膨胀，随着含水率的减小体积收缩。（　　）

6. 木材的持久强度等于其极限强度。　　　　　　　　　　　　　　　（　　）

7. 真菌在木材中生存和繁殖，必须具备适当的水分、空气和温度等条件。（　　）

8. 针叶树材强度较高，表观密度和胀缩变形较小。　　　　　　　　　（　　）

9. 木材越密实，其表观密度和强度越大。　　　　　　　　　　　　　（　　）

10. 相同树种，材质中夏材越多，收缩和变形越小。　　　　　　　　　（　　）

11. 当木材的含水率在纤维饱和点以下时，随着含水率的增大木材的湿胀干缩变形也

随着增大。　　　　　　　　　　　　　　　　　　　　　　　　　　（　　）

12. 木材在湿胀干缩变形时，其弦向、纵向和径向的干缩率一样。　　（　　）

13. 木材的平衡含水率，在空气相对湿度不变的情况下，随着温度的升高而减小。

（　　）

14. 木材的顺纹抗弯强度值比横纹的抗弯强度值大。　　　　　　　　（　　）

15. 木材含水率在纤维饱和点以上变化时，对其强度不会有影响，含水率在纤维饱和点以下时，随含水率的降低强度反而会增大。　　　　　　　　　　　（　　）

16. 木材的腐朽是由霉菌寄生所致。　　　　　　　　　　　　　　　（　　）

17. 木材放置于潮湿干燥变化较大的环境时最易腐朽，长期放在水中和深埋在土中的木材反而不会腐朽。　　　　　　　　　　　　　　　　　　　　　（　　）

四、简答题

1. 建筑装饰材料的选用原则有哪些？

2. 何为中空玻璃，中空玻璃有哪些特性？

3. 内墙涂料的特点有哪些？

4. 地面涂料的特点有哪些？

5. 釉面内墙砖具有怎样的特点，为何不能用于室外？

6. 影响木材强度的主要因素有哪些？

7. 简述木材含水率的变化对其性能的影响。

项目 **11**

Chapter 11

新型土木工程材料

学习目标

了解智能材料、纤维增强复合材料和新型混凝土材料等新型土木工程材料的发展现状及趋势，并熟悉新型土木工程材料在工程中的应用。

思政目标

坚持科技创新，建设科技强国。

随着科学技术的不断进步，新型土木工程材料不断涌现并得到应用，这些新材料具备良好的环保性、高效性、节能性，且应用种类繁多，具有各自不同的应用特性。目前土木工程中使用较多的新型材料主要有智能材料、纤维增强复合材料和新型混凝土材料等。新型材料的使用，提升了工程的质量、性能和品质，同时也提高了建设效率，更好地满足了时代需求。

任务 11.1　智能材料

智能材料是一个较新的研究领域，其研究开发始于 20 世纪 90 年代初期。随着人类向电子化、自动化、信息化社会的进步，在许多工业生产领域已经实现了自动控制。在建筑领域，智能材料应用在建筑工程中形成智能建筑结构，使建筑结构本身不仅具有承受荷载的能力，而且还具有识别、分析、判断和驱动功能及自诊断、自适应和自修复功能。

微课：智能材料

11.1.1　智能材料概述

智能材料（Intelligent Material），是一种能感知外部刺激，能够判断并适当处理，且本身可执行的新型功能材料。

与传统材料不同，智能材料应具备感知、处理和驱动三个基本要素。由于现有的单一均质材料通常难以具备多功能的智能特性，因此，往往需要两种或几种材料复合，构成一个智能材料体系，这是复杂材料体系的复合，和普通材料有着极大的区别。智能材料与普通材料的对比如图 11-1 所示。

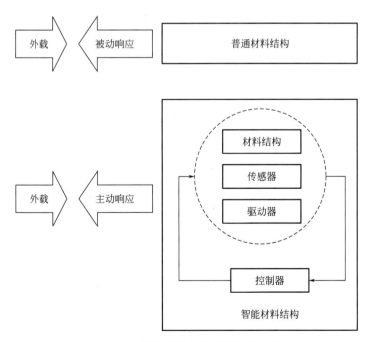

图 11-1　智能材料与普通材料的对比

一般来说智能材料由基体材料、敏感材料、驱动材料和信息处理器4部分构成：

1. 基体材料

基体材料担负着承载的作用，宜选用轻质材料。一般基体材料首选高分子材料，因为其重量轻、耐腐蚀，尤其具有黏弹性的非线性特征。其次也可选用金属材料，以轻质有色合金为主。

2. 敏感材料

敏感材料担负着传感的任务，其主要作用是感知环境变化（包括压力、应力、温度、电磁场、pH值等）。常用敏感材料如形状记忆材料、压电材料、光纤材料、磁致伸缩材料、电致变色材料、电流变液、磁流变液和液晶材料等。

3. 驱动材料

驱动材料担负着响应和控制的任务，因为在一定条件下驱动材料可产生较大的应变和应力。常用有效驱动材料如形状记忆材料、压电材料、电流变液和磁致伸缩材料等。

4. 信息处理器

信息处理器是核心部分，它对传感器输出信号进行判断处理。

11.1.2 智能材料的种类和功能

11.1.2.1 智能材料的种类

智能材料可以从以下不同的角度进行分类：

1. 按照材料的组成分类。智能材料可分为金属系智能材料、无机非金属系智能材料和高分子系智能材料3种。金属系智能材料，主要指形状记忆合金（SMA），是一类重要执行材料，可用其控制振动和结构变形。这种功能主要是由物体的磁致伸缩现象而产生的，铽-镝-铁多晶合金是最典型的磁致伸缩材料，稀土功能材料也具有超磁致伸缩性能。无机非金属系智能材料，主要有压电陶瓷、电致伸缩陶瓷、电（磁）流变液、光致变色和电致变色材料。高分子系智能材料，由于是人工合成，品种多、范围广，所形成的智能材料也极其广泛，其中主要有形状记忆高分子材料、智能凝胶、压电高分子材料、药物控制释放体系、智能膜等。

2. 按照智能材料的自感知、自判断和自执行分类。智能材料可分为自感知（传感器）智能材料、自执行（驱动器）智能材料、自判断（信息处理器）智能材料3种。其中，自感知（传感器）智能材料包括压电体、电阻应变丝、光导纤维等；自执行（驱动器）智能材料包括压电体、伸缩性陶瓷、形状记忆合金、电流变液等。

3. 按照智能材料的智能特性分类。智能材料可分为可以改变材料特性（如力学、光学、机械等）的智能材料；可以改变材料组分与结构的智能材料；可以监测自身健康状况的智能材料；可以自我调节的智能生物材料（如人造器官、药物释放系统等）；可以改变材料功能的智能材料等。

4. 按照智能材料的功能特性分类。智能材料可分为对外界或内部的刺激强度，如应力、应变及物理、化学、光、热、电、磁、辐射等作用具有感知功能的材料，这种材料又被称为感知材料和能对外界环境条件或内部状态发生变化时做出响应或驱动的材料。感知材料主要有压电高分子材料、形状记忆合金、压电陶瓷、光导纤维等。

5. 按照智能材料模拟生物行为的模式分类。智能材料可分为智能传感材料、智能驱动材料、智能修复材料以及智能控制材料等。

11.1.2.2　智能材料的功能

智能材料的两个特点是材料的多功能复合和材料的仿生设计,所以智能材料系统具有或部分具有如下的智能功能:

1. 传感功能

能感受到外界条件的信息,并能将信息按一定规律转换成信号或其他形式的信息传送出去,从而满足各种信息的传输、处理、存储、显示、记录和控制等要求,达到实现传感的目标。

2. 回馈功能

智能材料系统信息的输出返回到输入终端回馈,以某种方式改变输入方式,从而产生影响系统功能的转换。即将输出信号通过适当的反馈装置返回到输入端并与输入信息再次进行比较和选择的过程。

3. 信息识别

系统的信息接收装置,以一定的功能目的为出发点,利用已具备和配置好的相关知识和经验,可以对传输信息的真伪和有用性进行有效甄别,同时与所要达到的目标相联系,从而达到实现信息价值的目的。信息的识别一般可以通过如下方式实现:系统配置对所要求目标的正确认识能力及自反应的深刻程度;系统配置对信息识别程序要采取实事求是的科学态度;智能系统对已具有的信息判断、推理能力的大小。

4. 积累功能

智能材料系统在运行时为了满足将来各种不同环境的需求,材料本身会渐渐聚集一些有用的因素和信息,自身会逐渐完善,从而满足不同条件下的各项要求。

5. 响应功能

智能系统受到外界刺激作用时会将这些信息传输出去,针对不同条件所产生的刺激反应不同,产生不同的应对措施。

6. 自我诊断能力

材料通过信息反馈系统和驱动系统,能够对其自身出现的问题故障和错误进行诊断和判断。

7. 智能材料系统自修复能力和自适应能力

材料系统通过自我诊断出的问题和破坏程度,通过类似于生物有机体所具有的自修复特性,采取相应的物质补偿和能量补偿的方式实现自我完善和修复,从而实现对不同状况下的条件适应。

11.1.3　几种新型智能材料

11.1.3.1　压电材料

压电材料是受到压力作用时会在两端面间出现电压的晶体材料。压电材料主要包括无机压电材料、有机压电材料和压电复合材料3类。法国物理学家 P. 居里和 J. 居里发现,把重物放在石英晶体上,晶体某些表面会产生电荷,电荷量与压力成比例。这一现象被称为压电效应。

图片:智能材料
图片选集

利用压电材料的这些特性可实现机械振动(声波)和交流电的互相

转换。因而压电材料广泛用于传感器元件中，例如地震传感器，力、速度和加速度的测量元件以及电声传感器等。这类材料在生活中也被广泛运用，例如打火机的点火器即运用此技术。

11.1.3.2　形状记忆合金

形状记忆合金（Shape Memory Alloys，SMA）是通过热弹性与马氏体相变及其逆变而具有形状记忆效应（Shape Memory Effect，SME）的由两种以上金属元素所构成的材料。利用这一特性可以制成理想驱动器，因其被加热至奥氏体温度时，可自行恢复到原形状。其通常以细丝状态用于智能结构，主要适合于低能量要求的低频和高撞击应用。目前形状记忆材料已经形成了相对较大的一个门类，主要分为：形状记忆合金、形状记忆陶瓷、形状记忆聚合物。

形状记忆合金主要应用于机械工程、医疗器械、航空航天工业、工程建筑以及日常生活中。在工程建筑行业，形状记忆合金可以用于隔声材料及探测地震损害控制，还可以利用形状记忆合金的超弹性效应以及其恢复力大、变形较小的特点来制作具有自修复功能的建筑结构，如将预拉伸的形状记忆合金丝埋入混凝土结构中，使其发生形变后能够具有初步自修复的功能，如图 11-2 所示为形状记忆合金丝的混凝土自修复结构。

图 11-2　形状记忆合金丝的混凝土自修复结构

11.1.3.3　电（磁）流变液

电（磁）流变液是均匀弥散在绝缘介质中的悬浮液体，在外加电场（或磁场）作用下表现出明显的牛顿体行为，将电（磁）场的变化迅速转变成材料的剪切抗力变化，且有可逆和响应速度快的特点，在毫秒之间可实现液固转化，使液体变成具有一定剪切强度的固体。液固转化的可逆性随外加电（磁）场改变，其强度可连续调控，是机电一体化的一种理想材料。其机理是电（磁）场诱导固体粒子极化及其相互作用，使分子、原子极化，界面极化，因而产生流变特性。

电流变体可以做液压阀、离合器、减震器、机械卡具、智能复合材料、汽车刹车器等。

11.1.4　智能材料在土木工程中的应用

11.1.4.1　在混凝土固化监测中的应用

为了解决温湿度变化引起温度梯度以及水化热产生温差引起内应力的问题，可利用埋入式光纤传感器对大型混凝土结构进行内温监测。通常将光纤传感器埋入未固化的混凝土时，除要求光纤界面和水泥之间有良好的结合，还要求光纤在可塑材料填充和机械振动时不受损伤及在高度碱性水泥糊剂环境中具有化学耐久性。

11.1.4.2　在混凝土砖及大坝上的应用

工程结构的过量位移或变形会导致结构失稳并造成破坏。运用光纤技术可以实现大坝结构的连续可靠的监测。光纤位移极限信号装置可用于检测大坝缝隙变化，光纤应变计可以用于缝隙或不透水沥青混凝土水坝状态变化的长期监测，环形光纤传感器分为两路，分别连接坝体的两边，用一种特别的材料封装在大坝混凝土中心。当应变计用力锁定模式安装时，径向变化可引起传感器传输性质的变化。

11.1.4.3　在房屋建筑中的应用

1. 建筑系统和辅助设施的管理和控制

埋入通信光纤可进行通信和办公自动化；光纤传感器可控制加热、空调、下水道设备、电力、照明、电梯、火警及出入，还可测量压力、水管流量、温度等。

2. 结构监测和损伤评估

对于承载很大又很重要的构件，可以在钢筋混凝土制作时埋入光纤阵列，通过微型计算机及神经网络判断缺陷的位置。由于水泥抗拉伸性较差，通常将光纤安装在水泥受拉伸处，检测水泥是否出现裂缝。高层建筑的基桩完整性检查是一个大问题，若在基桩中埋入偏振型或分布式光纤传感器，则可以直接判断基桩是否出现破坏。将碳纤维加入混凝土中，则可形成智能混凝土，不存在埋入问题和相容性问题。

3. 试验应力分析

利用埋入光纤测量混凝土的强度、弹性及位移等，在此基础上设计结构，将使结构设计更经济和安全。例如将光纤阵列埋在机场跑道上，可以测得飞机起飞着陆时跑道上的应力状态，得到二维应变图，有利于跑道再设计和对跑道的维修。

11.1.4.4　智能自修复混凝土

可采取定期检测并触发其自修复功能（如用电激发等）的方法；也可结合太阳能混凝土研究，混凝土中置入太阳能转换机制，当出现裂纹时，转换机制动作，直接触发或通过另外的机制触发自修复作用；还可以植入纤维或形成电解质（或绝缘物质）薄膜包裹，出现裂纹后电性能发生变化，然后触发原子微区反应。

智能化是现代人类文明发展的趋势，要实现智能化，智能化材料是不可缺少的重要环节。智能化材料是材料科学发展的一个重要方向，也是材料科学发展的必然趋势。智能化材料的研究内容十分丰富，涉及许多前沿学科和高新技术，智能化材料在工农业生产、科学技术、人民生活、国民经济等各方面起着非常重要的作用，应用领域十分广阔。智能化材料的研究应用必将把人类社会文明推向一个新的高度。

任务 11.2　纤维增强复合材料

纤维增强复合材料（Fiber Reinforced Polymer，FRP）是由增强纤维材料，如玻璃纤维、碳纤维、芳纶纤维等，与基体材料经过缠绕，模压或拉挤等成型工艺而形成的复合材料。根据增强材料的不同，常见的纤维增强复合材料分为碳纤维增强复合材料（CFRP），玻璃纤维增强复合材料（GFRP），以及芳纶纤维增强复合材料（AFRP）。

微课：纤维增强
复合材料

11.2.1　碳纤维增强复合材料

碳纤维增强复合材料是以碳纤维或碳纤维织物为增强体，以树脂、陶瓷、金属、水泥、碳质或橡胶等为基体所形成的复合材料，如图 11-3 所示。

图 11-3　碳纤维增强复合材料

碳纤维增强复合材料主要具有以下特点：高强度、耐高温、低热膨胀系数、热容量小、比重小、耐腐蚀、抗辐射。

碳纤维增强复合材料制品主要因工艺不同而不同，碳纤维增强复合材料成型方法有如下几种：

1. 手糊成型法

分为干法（预浸料铺叠）和湿法（纤维织物和树脂胶交替使用）。手糊成型也用于制备预浸料毛坯，以用于模压等二次成型工艺中。这种方法是将碳纤维布片层压成在模具上形成最终产品的方法。通过选择织物纤维的排列和编织以优化所得材料的强度和刚度性质。然后用环氧树脂填充模具并加热或空气固化。这种制造方法常用于非受力性零件，比如引擎盖。

2. 真空成型法

真空袋法利用真空泵将成型袋内抽成真空，使袋与模具之间的负压形成压力，使复合材料紧贴模具。在真空袋法的基础上，后来又衍生出了真空袋-热压罐的成型方法。相比只使用真空袋的方法，热压罐可以提供更高的压力，并且对制件进行加热固化（代替了自然固化的过程），这样的制件结构更加紧实，表面质量更好，能够有效地消除气泡，整体质量更高。

3. 压缩成型法

压缩成型是一种有利于批量化、大规模生产的成型办法。模具通常由上下两件制成，称之为阳模和阴模。成型过程是将预浸料铺叠而成的毛坯放入金属对模中，在一定的温度和压力作用下，使毛坯在模腔内受热塑化、受压流动并充满模腔，再成型固化而获得制品。

4. 缠绕成型法

对于形状复杂或者呈旋转体的形状的制件,可以将纤维浸渍树脂后,缠绕到一定形状的芯模上,达到一定厚度后,通过固化脱模得到制品。

5. 树脂传递模塑成型法

树脂传递模塑的基本步骤为:首先,将准备好的碳纤维织物坯件放置在模具中,并闭合模具,然后将液体热固性树脂注入其中,浸润增强材料并固化。

碳纤维增强复合材料在土木工程中的应用主要有以下几个方面:

(1)建筑工程加固。可以根据加固部位不同、加固方式不同或需要的能力不同分别选用,例如当需要提高承载力或加固结构构件形状复杂时,可以选择高强度的碳纤维布;当需要提高刚度时则尽量选择碳纤维板;采用嵌入式加固方法时,可以选用碳纤维板或碳纤维条带。

(2)新建工程建设。主要使用碳纤维筋、碳纤维索、碳纤维型材以及衍生出的碳纤维复合材料构件和结构等。碳纤维筋主要用于混凝土结构中替代钢筋,在腐蚀环境下可以减少因钢筋锈蚀所产生的结构损伤或破坏,提高结构寿命。在混凝土结构中的钢筋密集部位使用碳纤维筋,可以减少筋的数量,方便施工,提高施工质量。碳纤维索主要用于桥梁等大跨度结构建设中的拉索或吊索,也可以用于锚索,用以减轻结构自重、提高抗拉能力、改善耐久性等。碳纤维型材以及衍生出的碳纤维复合材料构件和结构主要用于制造结构受力构件或局部结构单体,以改善构件和结构的性能,适应不同环境或工况要求,还可以利用碳纤维材料的优良性能形成多样化的新型智能结构。

> **小贴士**
>
> 碳纤维增强复合材料是一种力学性能优异的新材料,具有碳材料的固有本性特征,又兼备纺织纤维的柔软可加工性,所以碳纤维增强复合材料可以广泛应用于各行各业,可以应用于航空航天领域的结构材料,还可以应用于纺织行业,加工成织物、毡、席、带、纸及其他材料等。
>
> 碳纤维碳纤维增强复合材料能够在不同的领域闪闪发光得益于自己刚柔并济的特点,同样的道理,做人太刚烈,往往遇事不计后果,针锋相对,反而易受挫折;做人太柔弱,遇事只会唯唯诺诺,优柔寡断,反而受人欺辱。做人应当屈伸有度,刚柔相济,该温柔以对时,绝不鲁莽行事;该果敢示人时,绝不含糊其辞。

11.2.2 玻璃纤维增强复合材料

玻璃纤维增强复合材料是以玻璃纤维及其制品为增强材料,以合成树脂为基体材料,经复合工艺制作而成的一种功能型的新型材料,如图 11-4 所示。

玻璃纤维增强复合材料主要具有以下特点:低密度;高比强度,玻璃纤维增强复合材料的比强度比最高强度的合金钢还高 3 倍;具有良好的电性能和热性能;良好的耐腐蚀性能,在酸、碱,甚至有机溶剂等介质中都很稳定,耐腐蚀性超过了不锈钢;玻璃纤维增强复合材料的力学性能具有可设计性,可以通过选择合适的原材料和合理的铺层形式,使复

图 11-4　玻璃纤维增强复合材料

合材料构件满足使用要求。

目前玻璃纤维增强复合材料成型方法主要有：手糊成型、模压成型、缠绕成型、拉挤成型、树脂灌注和真空灌注成型等。每种工艺都有各自的优缺点，有各自的适应范围，它们的技术水平要求相差很大，其对原材料、模具、设备投资等的要求也各不相同。因此，在玻璃纤维增强复合材料工程化应用过程中需要根据产品的使用要求和产量选择合适的成型工艺，不同工艺之间存在着共性，从原材料到形成制品的过程，如图 11-5 所示。

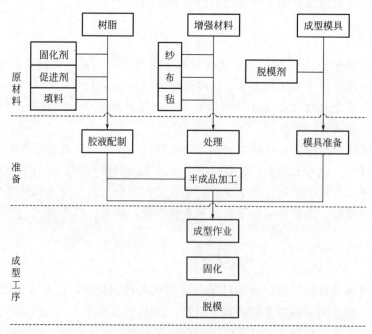

图 11-5　玻璃纤维增强复合材料成型加工的典型流程

玻璃纤维增强复合材料在土木工程中的应用主要有以下几个方面：

（1）建筑结构构件。例如柱、梁、承重折板、屋面板、楼板等，这些制件主要用于化学腐蚀厂房的承重结构、高层建筑等。采用玻璃纤维增强复合材料夹层结构板作为围护结构，可以最大限度地减轻建筑自重，减少承重结构的载荷，常用作框架结构的高层建筑的墙体材料。

（2）门窗工程。采用中碱玻璃纤维作为增强材料，选用不饱和树脂作为基体材料，添加其他矿物填料通过拉挤工艺生产出中空型材，经过切割、组装、喷涂等工序而制成门窗。

（3）模板工程。采用在线模压成型工艺制作玻璃纤维复合材料组合模板，其结构内部玻璃纤维的长度超出传统注塑工艺的 3 倍以上，大大提高了模板的拉伸、弯曲、冲击等力学性能，具有良好的耐热性和结构稳定性。

11.2.3　芳纶纤维增强复合材料

芳纶纤维增强复合材料是以树脂为基体材料，芳纶纤维及其制品作为增强材料的复合材料。芳纶纤维是芳香族聚酰胺纤维的简称，是一种新型合成纤维，由芳香基团和酰胺基团连接组成线性聚合物。

芳纶纤维增强复合材料主要具有以下特点：高强度、高模量、耐高温、阻燃、绝缘、耐磨、耐化学腐蚀、抗切割、耐疲劳等。

芳纶纤维增强复合材料的成型方法和玻璃纤维增强复合材料类似，有缠绕法、手糊法、预浸渍法、真空袋法、加压法以及注射法等，可根据需要选择。

芳纶纤维增强复合材料在土木工程中的应用主要有：

（1）增强材料。例如芳纶纤维增强水泥，可获得轻质高强的结构件，有效防止水泥制品开裂；可加工成布、索、编织成钢筋状，作为水泥增强骨架材料，质量轻强度高，耐腐蚀、抗剪切。

（2）高性能隔热阻燃材料。

任务 11.3　新型混凝土材料

混凝土材料发展至今已有百余年之久，并且现在已经成为生活、生产、建筑、道路桥梁等各个领域的必要材料之一。随着工业化和城市化的不断进行，混凝土的用量也呈现出逐年上升的趋势，但普通混凝土已不能完全满足现今的工程要求。为了满足当代发展的需求，解决普通混凝土自身重、易产生裂缝等缺点，新型混凝土的研制已经成为一个重要的发展方向。随着新型混凝土的研制热度持续增长，各种新型混凝土不断出现，新型混凝土在兼具普通混凝土的高强度、高耐久的特点外，还具有自密实、韧性好、轻质性等优良特性，因此新型混凝土的发展前景十分广阔。

微课：新型混凝土材料

图片：新型混凝土
材料图片选集

11.3.1　自密实混凝土

自密实混凝土是指在自身重力作用下，能够流动、密实，即

273

使存在致密钢筋也能完全填充模板，同时获得很好均质性，并且不需要附加振动的混凝土。自密实混凝土主要减小粗骨料的体积和最大粒径并严格控制细骨料的最大粒径，与普通混凝土相比较来说，自密实混凝土无需附加振动，提高生产效率，具有良好的流动性和抗离析能力，自密实混凝土在现场操作时，其无需振捣的特性可以极大程度上减少工地现场所产生的噪声污染。

为了达到不振动能自行密实，硬化后具有常态混凝土一样的良好物理力学性能，配制的混凝土在流态下必须满足以下要求：

1. 黏性适度

黏性用混凝土的扩展度表示，要求在 500～700mm 范围内。如黏性过大即扩展度小于 500mm 时，则流经小间隙和充填模板会带来一定的困难；如果黏性太小即扩展度大于 700mm 后，则容易产生离析。因此，自密实混凝土要求粉体含量有足够的数量，粗骨料应采用 5～15mm 或 5～25mm 的粒径，且含量也比普通混凝土少。含砂率应在 50％左右。

2. 良好的稳定性

浇筑前后均不离析、不泌水，粗细骨料均匀分布，保持混凝土结构的匀质性，使水泥石与骨料、混凝土与钢筋具有良好的粘结，保持混凝土的耐久性。

3. 适当的水灰比

如果加大水灰比，增加用水量，虽然会增大流动度，但黏性降低。混凝土的用水量应控制在 150～200kg/m^3 之间。要保持混凝土的黏性和稳定性，只能依靠掺加高效减水剂来实现。采用聚羧酸类减水剂比较好，也可采用氨基磺酸盐，掺量为 0.8％～1.2％（占水泥重量）。

4. 控制粉体含量

要保持混凝土具有良好的稳定性，粉体含量是关键。当水泥用量较多时，可以掺用粉煤灰、矿渣粉或石灰石粉取代一部分水泥，以降低水化热量。必要时，可以采取减少水泥用量、掺用少量的增黏剂，以保持适度的黏性。

11.3.2 泡沫混凝土

泡沫混凝土又称发泡混凝土，泡沫混凝土通常是采用机械方法将发泡剂水溶液制备成泡沫，然后再将已制得的泡沫和硅钙质材料、菱镁材料或石膏材料所制成的料浆均匀搅拌，经浇筑成型、养护而成的。

泡沫混凝土发泡机理有两种，分别为物理发泡和化学发泡。物理发泡是将预先生产的泡沫添加到混凝土浆体中，搅拌均匀，由于泡沫混凝土薄层存在某些活性物，能够将发泡剂产生的气体包裹住，从而在混凝土硬化成形后形成气泡。化学发泡是在浆料中加入发泡剂并催化其发生化学反应产生气体，待混凝土硬化后气泡被固定在混凝土内部。

泡沫混凝土因为其特殊的发泡机理而具有轻质多孔的特性，相比于普通混凝土，其体积密度大约是普通混凝土的 20％甚至更低，具有轻质性的特点。泡沫混凝土内部的多孔特性，有利于形成良好的热工性能，隔热效果更好并具有一定的抗冻性，在部分北部地区房屋外墙采用泡沫混凝土，可以有效形成保温层，同时还有着防水、防火、抗压的特点。

泡沫混凝土由于主要由发泡原理养护而成，其性能取决于泡沫含量的多少，在生产时缺少一定的骨料成分，在某些程度上限制了泡沫混凝土的强度、稳定性和耐久性。泡沫混凝土中气孔的形成到固定是一个由气体到液体再到固体的相系变化，其成型后泡沫混凝土的自身特性和强度、耐久性受到气孔间隙率和密度，以及变化过程中的温度、压力等其他因素的影响。

11.3.3　纤维混凝土

纤维混凝土是纤维和水泥基料组成的复合材料的统称。在普通水泥中加入抗拉强度高、极限延伸率大、抗碱性好的纤维后，可以使混凝土具有高强度、高耐久的特性。纤维的添加使混凝土具有一定的抗裂性能，可控制基体混凝土裂纹的进一步发展。纤维混凝土的主要品种有钢纤维混凝土、玻璃纤维混凝土、聚丙烯纤维混凝土及碳纤维混凝土、植物纤维混凝土和高弹模合成纤维混凝土等。

纤维混凝土是在普通混凝土的组成基础上添加了纤维成分，可以以添加材料的自身特性来赋予整体其添加成分的优良特性。纤维混凝土的优良特性取决于添加纤维与混凝土的相互作用以及添加纤维的类型、尺寸、密度等因素。同时，纤维材料也需要良好的热稳性，才能保持纤维混凝土自身的性质和结构。

目前，纤维混凝土多采用混杂纤维，及将不同类型和尺寸的纤维与混凝土混杂，来改善单一纤维混凝土的欠缺之处。纤维混杂不仅可以发挥自身的特性同时也可以相互作用、相互提升。

纤维混凝土的作用如下：

（1）很好地控制混凝土的非结构性裂缝。

（2）对混凝土具有微观补强的作用。

（3）利用纤维束减少塑性裂缝和混凝土的渗透性。

（4）增强混凝土的抗磨损能力。

（5）静载试验表明纤维混凝土可替代焊接钢丝网。

（6）增强混凝土的抗破损能力。

（7）增强混凝土的抗冲击能力。

11.3.4　再生混凝土

再生混凝土是指将废弃的混凝土块经过处理后，按一定比例与级配混合，部分或全部代替砂石等天然骨料（主要是粗骨料），而配制成的新混凝土。再生混凝土按骨料的组合形式可以分为以下几种情况：骨料全部为再生骨料；粗骨料为再生骨料、细骨料为天然砂；粗骨料为天然碎石或卵石、细骨料为再生骨料；再生骨料替代部分粗骨料或细骨料。

再生混凝土的应用可以使一些废弃材料得到二次利用，且减少砂砾等一些不可再生资源的消耗，符合环境保护与可持续发展战略目标。再生混凝土的抗压强度、抗拉强度、抗折强度等性能取决于再生骨料的类型和处理方法。再生混凝土中添加的再生骨料由其自身材料的缺点会使再生混凝土产生一定的缺陷，往往需要对再生骨料进行强化处理来提高再生骨料的特性，强化处理可分别从机械活化、酸液活化、化学浆液处理和水玻璃溶液处理四方面来进行。机械活化是去除附着于再生骨料颗粒表面的多余水泥。酸液活化是将再生骨料放置于酸料中，利用其中发生的化学反应而改善再生骨料自身的性能。化学浆液处理是利用浆液对再生骨料进行浸泡再干燥处理来提升再生骨料的质量。水玻璃溶液处理是把水玻璃填充到再生骨料制造中产生的孔隙来提高再生骨料的密度，进而改善再生混凝土整体的性能。

再生混凝土的力学性能在经过上述强化处理后可以满足当今工程建设的实际要求。将粉煤灰、纤维和高炉渣等成分掺入再生混凝土中也可起到提升再生混凝土性能的作用。

> **小贴士**
>
> 　　2020年9月22日，国家主席习近平在第七十五届联合国大会上宣布，中国力争2030年前二氧化碳排放达到峰值，努力争取2060年前实现碳中和目标。2021年5月26日，碳达峰碳中和工作领导小组第一次全体会议在北京召开。2021年10月24日，中共中央、国务院印发《关于完整准确全面贯彻新发展理念做好碳达峰碳中和工作的意见》。建筑全过程碳排放总量占到全国碳排放的比重达到50%左右，为了完成国家碳达峰碳中和的"双碳"发展目标，建筑业的减排任重而道远，而利用再生混凝土等环保材料可以很好地助力节能减排。作为一名建筑人，同学们在未来的学习和工作中，也要勤奋钻研，勇于创新，积极投身建筑业的绿色革命，为国家的双碳目标贡献自己的力量。

11.3.5　活性微粉混凝土

活性微粉混凝土（Reactive Powder Concrete，RPC）是一种超高强度、高韧性、高耐久、体积稳定性良好的水泥基复合材料。

活性微粉混凝土根据最大密实度理论，没有在混凝土中使用粗骨料，仅利用水泥、硅灰、细石英砂、高性能减水剂、微细钢纤维等通过传统混凝土成型工艺制备而成，使得各种材料颗粒达到最大程度的密实。减少材料内部缺陷的措施包括：取消粒径大于1mm的骨料，以改善内部结构的均匀性；优选与活性组分相容性良好的减水剂，以减低水胶比（一般控制在0.21以下）；优化整体活性组分的级配，对于抗压强度200MPa级的活性微粉混凝土，可选用优质活性超细掺料部分替代硅灰；成型过程中施加压力，以提高内部结构的密实度；掺入细短钢纤维，以提高韧性和体积稳定性；通过热养护来加速活性粉末的水化反应和改善微观结构，促进细骨料与活性粉末的反应，改善界面的粘结力。

利用活性微粉混凝土的超高强度与高韧性，在不需要配筋或少量配筋的情况下，能生产薄壁制品（如屋面板、桥面板）、细长构件（如桥梁和工业厂房的桁架、梁、采矿井架等）和其他新颖结构形式的构件，可替代工业厂房的钢屋架和高层、超高层建筑的上部钢结构，进入现有高强混凝土所不能进入的应用领域，可大幅度降低工程造价。此外，用活性微粉混凝土制作的预制构件用于市政工程中的立交桥、行人过街天桥、城市轻轨高架桥、交通工程中的大跨度桥梁等，可增加桥下净空间、缩短引桥长度、降低建设成本和缩短工期。用无纤维活性微粉混凝土制成的钢管混凝土，具有极高的抗压强度、弹性模量和抗冲击韧性，用它来做高层或超高层建筑的支柱，可大幅度降低截面尺寸，增加建筑物的使用面积并且更加美观。

巩固练习题

一、单项选择题

1. 下列不属于智能材料的是_____。

A. 磁流变液　　　B. 光导纤维　　　C. 压电材料　　　D. 芳纶纤维

2. 玻璃纤维增强复合材料的英文简称是_____。

A. FRP　　　B. AFRP　　　C. CFRP　　　D. GFRP

3. 自密实混凝土的砂率一般是_____。

A. 10%　　　B. 30%　　　C. 50%　　　D. 70%

二、多项选择题

1. 智能材料应具备的基本要素有_____。

A. 感知　　　B. 处理　　　C. 驱动　　　D. 检测

E. 强化

2. 下列材料中，属于智能材料的是_____。

A. 形状记忆合金　　　　　　　B. 电流变液

C. 碳纤维增强复合材料　　　　D. 压电材料

E. 自密实混凝土

3. 下列属于碳纤维增强复合材料特点的是_____。

A. 高强度　　　B. 比重小　　　C. 绝缘　　　D. 耐腐蚀

E. 低热膨胀系数

三、判断题

1. 智能材料是一种能感知外部刺激，能够判断并适当处理，且本身可执行的新型功能材料。（　　）

2. 碳纤维增强复合材料的强度比钢材低。（　　）

3. 自密实混凝土在自身重力作用下，就能够流动、密实。（　　）

4. 形状记忆合金可以用于隔声材料及探测地震损害控制。（　　）

5. 碳纤维增强复合材料常应用于建筑工程加固。（　　）

四、简答题

1. 什么是智能材料？智能材料有哪些功能？

2. 纤维增强复合材料有哪些种类？

3. 新型混凝土材料有哪些？分别有哪些特点？

项目 12

常用土木工程材料试验

 学习目标

依据国家现行相关标准规范，学习水泥试验、普通混凝土骨料试验、普通混凝土试验、建筑砂浆试验、钢筋试验和沥青试验。了解各项试验的目的与原理；掌握各项试验的仪器设备和操作步骤；熟悉试验结果的数据处理。

思政目标

具备科学精神，提高实践能力，树立团队意识。

任务 12.1　水泥试验

在水泥试验中，我们把测定水泥的细度、标准稠度用水量、凝结时间、安定性及胶砂强度作为评定水泥性质的主要技术指标。

本试验根据国家标准《水泥细度检验方法 筛析法》GB/T 1345—2005、《水泥标准稠度用水量、凝结时间、安定性检验方法》GB/T 1346—2011、《水泥胶砂强度检验方法（ISO 法）》GB/T 17671—2021 进行。

水泥试验的一般规定：

（1）以同一水泥厂、同品种、同强度等级、同一批号且连续进场的水泥为一个取样单位。袋装水泥不超过 200t 为一批，散装水泥不超过 500t 为一批。取样应有代表性，可连续取，也可从 20 个以上不同部位取等量样品，总量至少 12kg。

（2）试样应充分拌匀，并通过 0.9mm 方孔筛，记录筛余百分数及筛余物情况。

（3）实验室温度为（20±2）℃，相对湿度大于 50%；养护箱温度为（20±1）℃，相对湿度大于 90%；养护池水温为（20±1）℃。

（4）水泥试样、标准砂、拌合水及仪器用具的温度应与实验室温度相同。

12.1.1　水泥细度检验方法（筛析法）

本方法规定了 45μm 方孔标准筛和 80μm 方孔标准筛的水泥细度筛析试验方法。本方法适用于硅酸盐水泥、普通水泥、矿渣水泥、火山灰水泥、粉煤灰水泥等。

微课：水泥细度试验

12.1.1.1　试验目的和原理

水泥细度直接影响水泥的水化、凝结硬化、水化热、强度、干缩等性质，通过测定水泥的细度，作为评定水泥品质指标之一。

本方法采用了 45μm 方孔筛和 80μm 方孔筛对水泥试样进行筛析试验。用筛上筛余物的质量百分数来表示水泥样品的细度。

测定水泥细度的筛析法有负压筛法、水筛法和手工干筛法，当测定的结果有争议时，以负压筛法为准。

12.1.1.2　仪器设备

1. 负压筛法

负压筛析仪、负压筛（方孔边长 0.08mm 或 0.045mm）、天平（称量 100g，分度值不大于 0.01g）等。

2. 水筛法

筛子（方孔边长 0.08mm，筛框有效直径 125mm，高 80mm）、筛座（用于支承筛子，并能带动筛子转动，转速为 50r/min）、喷头（直径 55mm，面上均匀分布 90 个孔，孔径 0.5~0.7mm）、天平（称量 100g，分度值不大于 0.01g）等。

3. 手工干筛法

筛子（方孔边长 0.08mm，筛框有效直径 150mm，高 50mm）、天平（称量 100g，分度值不大于 0.05g）等。

12.1.1.3 试验步骤

1. 试验准备

试验前所用试验筛应保持清洁，负压筛和手工筛应保持干燥。试验时，$80\mu m$ 筛析试验称取试样 25g，$45\mu m$ 筛析试验称取试样 10g。

2. 负压筛法

（1）筛析试验前，应把负压筛放在筛座上，盖上筛盖，接通电源，检查控制系统，调节负压至 4000～6000Pa 范围内。

（2）称取试样 25g（$80\mu m$ 负压筛）或 10g（$45\mu m$ 负压筛）精确至 0.01g，置于洁净的负压筛中，放在筛座上，盖上筛盖，接通电源，开动筛析仪连续筛析 2min，在此期间如有试样附着在筛盖上，可轻轻地敲击筛盖使试样落下。筛毕，用天平称量全部筛余物。

3. 水筛法

（1）筛析试验前，应检查水中无泥、砂，调整好水压及水筛架的位置，使其能正常运转，并控制喷头底面和筛网之间距离为 35～75mm。

（2）称取试样 50g，精确至 0.01g，置于洁净的水筛中，立即用淡水冲洗至大部分细粉通过后，放在水筛架上，用水压为 0.05MPa±0.02MPa 的喷头连续冲洗 3min。筛毕，用少量水把筛余物冲至蒸发皿中，等水泥颗粒全部沉淀后，小心倒出清水，烘干并用天平称量全部筛余物。

4. 手工干筛法

（1）称取水泥试样 50g，精确至 0.01g，倒入手工筛内。

（2）用一只手持筛往复摇动，另一只手轻轻拍打，往复摇动和拍打过程应保持近于水平。拍打速度每分钟约 120 次，每 40 次向同一方向转动 60°，使试样均匀分布在筛网上，直至每分钟通过的试样量不超过 0.03g 为止。称量全部筛余物。

5. 试验筛的清洗

试验筛必须经常保持洁净，筛孔通畅，使用 10 次后要进行清洗。金属框筛、铜丝网筛清洗时应用专门的清洗剂，不可用弱酸浸泡。

12.1.1.4 计算结果及处理

水泥试样筛余百分数，按公式（12-1）进行计算：

$$F = \frac{R_s}{W} \times 100\%$$ (12-1)

式中，F——水泥试样的筛余百分数，%；

R_s——水泥筛余物的质量，g；

W——水泥试样的质量，g。

结果计算至 0.1%。

水泥细度试验记录表（负压筛法）见表 12-1。

水泥细度试验记录表（负压筛法）   表 12-1

次数	试样质量(g)	筛余量(g)	筛余百分数(%)	备注

12.1.2 水泥标准稠度用水量的测定

12.1.2.1 试验目的和原理

水泥的凝结时间和体积安定性都与用水量有关，为消除试验条件带来的差异，测定凝结时间和体积安定性时，必须采用具有标准稠度的净浆。本试验的目的就是为测定水泥凝结时间及安定性时制备标准稠度的水泥净浆确定用水量。

水泥标准稠度净浆对标准试杆（或试锥）的沉入具有一定阻力。通过试验不同含水量水泥净浆的穿透性，以确定水泥标准稠度净浆中所需加入的水量。

标准稠度用水量的测定方法有标准法和代用法两种，如结果有矛盾时，以标准法为准。

12.1.2.2 仪器设备

1. 标准法

水泥净浆搅拌机、标准法维卡仪（见图 12-1）、标准稠度测定用试杆、试模、天平（称量 1000g，分度值不大于 1g）、量水器（最小刻度 0.1mL）等。

2. 代用法

水泥净浆搅拌机、代用法维卡仪、天平（称量 1000g，分度值不大于 1g）、量水器（最小刻度 0.1mL）等。

12.1.2.3 试验步骤

1. 标准法

（1）试验前准备工作

a. 维卡仪的滑动杆能自由滑动。试模和玻璃底板用湿布擦拭，将试模放在底板上。

b. 调整至试杆接触玻璃板时指针对准零点。

c. 搅拌机运行正常。

（2）水泥净浆的拌制

称取试样 500g。

用水泥净浆搅拌机搅拌，搅拌锅和搅拌叶片先用湿布擦过，将拌合水倒入搅拌锅内，然后在 5～10s 内小心将称好的 500g 水泥加入水中，防止水和水泥溅出；拌合时，先将锅放在搅拌机的锅座上，升至搅拌位置，启动搅拌机，低速搅拌 120s，停 15s，同时将叶片和锅壁上的水泥浆刮入锅中间，接着高速搅拌 120s 停机。

（3）标准稠度用水量的测定步骤

拌合结束后，立即取适量水泥净浆一次性将其装入已置于玻璃底板上的试模中，浆体超过试模上端，用宽约 25mm 的直边刀轻轻拍打超出试模部分的浆体 5 次以排除浆体中的孔隙，然后在试模上表面约 1/3 处，略倾斜于试模分别向外轻轻锯掉多余净浆，再从试模边沿轻抹顶部一次，使净浆表面光滑。在锯掉多余净浆和抹平的操作过程中，注意不要压实净浆；抹平后迅速将试模和底板移到维卡仪上，并将其中心定在试杆下，降低试杆直至与水泥净浆表面接触，拧紧螺栓 1～2s 后，突然放松，使试杆垂直自由地沉入水泥净浆中。在试杆停止沉入或释放试杆 30s 时记录试杆距底板之间的距离，升起试杆后，立即擦净；整个操作应在搅拌后 1.5min 内完成。

2. 代用法

（1）试验前准备工作

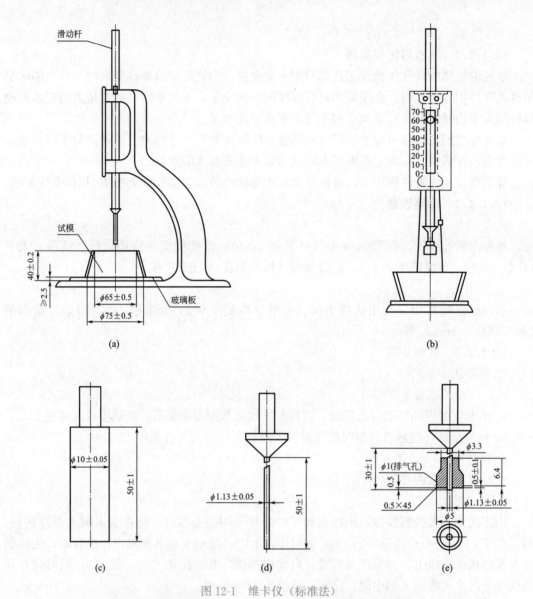

图 12-1 维卡仪（标准法）

（a）初凝时间测定用试模侧视图；（b）终凝时间测定用发转试模前视图；

（c）标准稠度测定用试杆；（d）初凝用试针；（e）终凝用试针

a. 维卡仪的金属棒能自由滑动。

b. 调整至试锥接触锥模顶面时指针对准零点。

c. 搅拌机运行正常。

（2）水泥净浆的拌制

同标准法。

（3）标准稠度用水量的测定步骤

采用代用法测定水泥标准稠度用水量可用调整水量和不变水量两种方法的任一种测定。采用调整水量方法时拌合水量按经验找水，采用不变水量方法时拌合水量用 142.5mL。

拌合结束后，立即将拌制好的水泥净浆装入锥模中，用宽约 25mm 的直边刀在浆体表面轻轻插捣 5 次，再轻振 5 次，刮去多余的净浆；抹平后迅速放到试锥下面固定的位置上，将试锥降至净浆表面，拧紧螺栓 1～2s 后，突然放松，让试锥垂直自由地沉入水泥净浆中。到试锥停止下沉或释放试锥 30s 时记录试锥下沉深度。整个操作应在搅拌后 1.5min 内完成。

12.1.2.4　结果计算

1. 标准法

以试杆沉入净浆并距底板 6mm±1mm 的水泥净浆为标准稠度净浆。其拌合水量为该水泥的标准稠度用水量（P），按水泥质量的百分比计，精确到 0.1%。按公式（12-2）进行计算：

$$P = \frac{拌合用水量}{水泥质量} \times 100\% \tag{12-2}$$

2. 代用法

（1）用调整水量方法测定时，以试锥下沉深度 30mm±1mm 时的净浆为标准稠度净浆。其拌合水量为该水泥的标准稠度用水量（P），按水泥质量的百分比计。如下沉深度超出范围需另称试样，调整水量，重新试验，直至达到 30mm±1mm 为止。

（2）用不变水量方法测定时，根据公式（12-3）（或仪器上对应标尺）计算得到标准稠度用水量 P。当试锥下沉深度小于 13mm 时，应改用调整水量法测定。

$$P = 33.4 - 0.185S \tag{12-3}$$

式中，P——标准稠度用水量，%；

S——试锥下沉深度，mm。

当试锤下沉深度小于 13mm 时，应改用调整水量法测定。

标准稠度用水量试验记录表（标准法）见表 12-2。

标准稠度用水量试验记录表（标准法）　表 12-2

次数	水泥质量(g)	加水量(g)	试杆沉入净浆并距底板距离(mm)	结论	备注
1	500				
2	500				
3	500			该水泥的标准稠度用水量为 $P = \dfrac{用水量}{500} \times 100\%$	标准稠度指：试杆沉入净浆并距离底板距离为 6mm±1mm
4	500				
5	500				
6	500				
7	500				

12.1.3　水泥凝结时间的测定

12.1.3.1　试验目的和原理

水泥的凝结时间是判断水泥品质是否达标的标准之一。

水泥的凝结时间是通过试针沉入水泥标准稠度净浆至一定深度所需的时间测定的。

12.1.3.2　仪器设备

凝结时间测定仪（即标准法维卡仪，见图 12-1）、水泥净浆搅拌机、湿气养护箱（温度为 20℃±1℃，相对湿度不低于 95%）、天平和量水器等。

12.1.3.3　试验步骤

1. 试验前准备工作

调整凝结时间测定仪的试针接触玻璃板时指针对准零点。

2. 试件的制备

以标准稠度用水量按标准水泥浆拌制成标准稠度净浆，按标准稠度用水量的测定方法装模和刮平后，立即放入湿气养护箱中。记录水泥全部加入水中的时间作为凝结时间的起始时间。

3. 初凝时间的测定

试件在湿气养护箱中养护至加水后 30min 时进行第一次测定。测定时，从湿气养护箱中取出试模放到试针下，降低试针与水泥净浆表面接触。拧紧螺栓 1～2s 后，突然放松，试针垂直自由地沉入水泥净浆。观察试针停止下沉或释放试针 30s 时指针的读数。临近初凝时间时每隔 5min（或更短时间）测定一次，当试针沉至距底板 4mm±1mm 时，为水泥达到初凝状态；由水泥全部加入水中至初凝状态的时间为水泥的初凝时间，用 min 来表示。

4. 终凝时间的测定

为了准确观测试针沉入的状况，在终凝针上安装了一个环形附件。在完成初凝时间测定后，立即将试模连同浆体以平移的方式从玻璃板取下，翻转 180°，直径大端向上，小端向下放在玻璃板上，再放入湿气养护箱中继续养护。临近终凝时间时每隔 15min（或更短时间）测定一次，当试针沉入试体 0.5mm 时，即环形附件开始不能在试体上留下痕迹时，为水泥达到终凝状态。由水泥全部加入水中至终凝状态的时间为水泥的终凝时间，用 min 来表示。

5. 测定注意事项

测定时应注意，在最初测定的操作时应轻轻扶持金属柱，使其徐徐下降，以防试针撞弯，但结果以自由下落为准；在整个测试过程中试针沉入的位置至少要距试模内壁 10mm。临近初凝时，每隔 5min（或更短时间）测定一次，临近终凝时每隔 15min（或更短时间）测定一次，到达初凝时应立即重复测一次，当两次结论相同时才能确定到达初凝状态，到达终凝时，需要在试体另外两个不同点测试，确认结论相同才能确定到达终凝状态。每次测定不能让试针落入原针孔，每次测试完毕须将试针擦净并将试模放回湿气养护箱内，整个测试过程要防止试模受振。

12.1.3.4　结果计算

（1）当试针沉至距底板 4mm±1mm 时，为水泥达到初凝状态；由水泥全部加入水中至初凝状态的时间为水泥的初凝时间，用 min 来表示。

（2）当试针沉入试体 0.5mm 时，即环形附件开始不能在试体上留下痕迹时，为水泥达到终凝状态。由水泥全部加入水中至终凝状态的时间为水泥的终凝时间，用 min 来表示。

（3）到达初凝或终凝时应立即重复测一次，当两次结论相同时，才能定位到达初凝状态或终凝状态。

凝结时间试验记录表见表 12-3。

凝结时间试验记录表　　　　　　　　　　　　　表 12-3

次数	初凝时间测定		终凝时间测定	
	测定时间	距底板距离(mm)	测定时间	沉入深度(mm)

12.1.4　水泥安定性的测定

12.1.4.1　试验目的和原理

水泥的安定性是判断水泥品质是否达标的标准之一。

水泥安定性测定方法有雷氏法和试饼法，雷氏法是标准法，试饼法是代用法，两者结果相矛盾时，以雷氏法（标准法）为准。

雷氏法是通过测定水泥标准稠度净浆在雷氏夹中沸煮后试针的相对位移表征其体积膨胀的程度。

试饼法是通过观测水泥标准稠度净浆试饼煮沸后的外形变化情况表征其体积安定性。

12.1.4.2　仪器设备

煮沸箱、雷氏夹膨胀值定仪（见图 12-2）、雷氏夹（见图 12-3）、天平、量水器和湿气养护箱（温度为 20℃±1℃，相对湿度不低于 95％）。

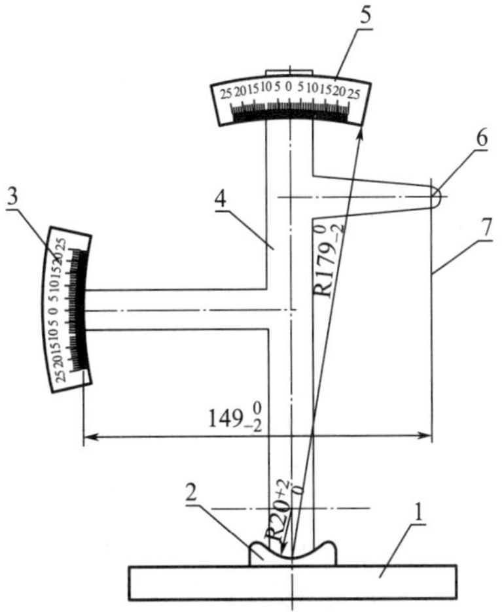

12.1.4.3　试验步骤及结果判别

1. 雷氏法（标准法）

（1）试验前准备工作

a. 每个试样需成型两个试件，每个雷氏夹需配备两个边长或直径约 80mm、厚度 4～5mm 的玻璃板，凡与水泥净浆接触的玻璃板和雷氏夹内表面都要稍稍涂上一层油。（注：有些油会影响凝结时间，矿物油比较合适。）

b. 水泥标准稠度净浆的制备。以标准稠度用水量加水，按测定标准稠度用水量时制备水泥净浆的操作方法制成水泥标准稠度净浆。

（2）雷氏夹试件的成型

图 12-2　雷氏夹膨胀值定仪
1—底座；2—模子底；3—测弹性标尺；4—立柱；
5—测膨胀值标尺；6—悬臂；7—悬丝

将预先准备好的雷氏夹放在已稍擦油的玻璃板上，并立即将已制好的标准稠度净浆一次装满雷氏夹，装浆时一只手轻轻扶持雷氏夹，另一只手用宽约 25mm 的直边刀在浆体表

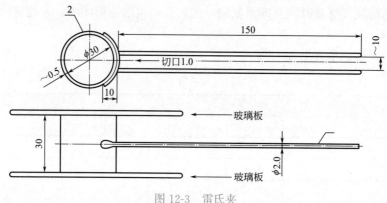

图 12-3　雷氏夹

面轻轻插捣 3 次，然后抹平，盖上稍涂油的玻璃板，接着立即将试件移至湿气养护箱内养护 24h±2h。

（3）沸煮

a. 调整好沸煮箱内的水位，使其能在整个沸煮过程中都超过试件，不需中途添补试验用水，同时又能保证在 30min±5min 内升至沸腾。

b. 脱去玻璃板取下试件，先测量雷氏夹指针尖端间的距离（A），精确到 0.5mm，接着将试件放入沸煮箱水中的试件架上，指针朝上，然后在 30min±5min 内加热至沸并恒沸 180min±5min。

c. 结果判别

沸煮结束后，立即放掉沸煮箱中的热水，打开箱盖，待箱体冷却至室温，取出试件进行判别。测量雷氏夹指针尖端的距离（C），准确至 0.5mm，当两个试件煮后增加距离（$C-A$）的平均值不大于 5.0mm 时，即认为该水泥安定性合格；当两个试件煮后增加距离（$C-A$）的平均值大于 5.0mm 时，应用同一样品立即重做一次试验，以复检结果为准。

2. 试饼法（代用法）

（1）试验前准备工作

a. 每个样品需准备两块边长约 100mm 的玻璃板，凡与水泥净浆接触的玻璃板都要稍稍涂上一层油。

b. 水泥标准稠度净浆的制备。以标准稠度用水量加水，按测定标准稠度用水量时制备水泥净浆的操作方法制成水泥标准稠度净浆。

（2）试饼的成型方法

将制好的标准稠度净浆取出一部分分成两等份，使之成球形，放在预先准备好的玻璃板上，轻轻振动玻璃板并用湿布擦过的小刀由边缘向中央抹，做成直径 70~80mm、中心厚约 10mm、边缘渐薄、表面光滑的试饼，接着将试饼放入湿气养护箱内养护 24h±2h。

（3）沸煮

a. 调整好沸煮箱内的水位，使其能在整个沸煮过程中都超过试件，不需中途添补试验用水，同时又能保证在 30min±5min 内升至沸腾。

b. 脱去玻璃板取下试饼，在试饼无缺陷的情况下将试饼放在沸煮箱水中的算板上，在 30min±5min 内加热至沸并恒沸 180min±5min。

c. 结果判别

沸煮结束后，立即放掉沸煮箱中的热水，打开箱盖，待箱体冷却至室温，取出试件进行判别。目测未发现裂缝，用钢直尺检查也没有弯曲（使钢直尺和试饼底部紧靠，以两者间不透光为不弯曲）的试饼为安定性合格，反之为不合格。当两个试饼判别结果有矛盾时，该水泥的安定性为不合格。

安定性试验记录表（雷氏法）见表 12-4。

安定性试验记录表（雷氏法）　　　　　　　　　　　表 12-4

试样编号	针尖距离 A（mm）（煮沸前）	针尖距离 C（mm）（煮沸后）	膨胀值 $C-A$（mm）	膨胀值平均值（mm）	结论
					该水泥安定性：

12.1.5　水泥胶砂强度的测定

12.1.5.1　试验目的

测定水泥各龄期的强度，从而确定或检验水泥的强度等级。

12.1.5.2　试验仪器

胶砂搅拌机、振实台、试模（见图 12-4）、播料器及刮平尺（见图 12-5）、抗折试验机、抗压试验机。

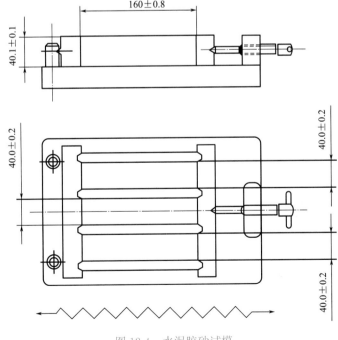

图 12-4　水泥胶砂试模

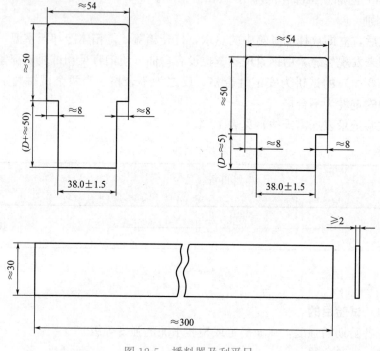

图 12-5　播料器及刮平尺

12.1.5.3　试验步骤

1. 试模的准备

将试模擦净，模板与底板接触处要涂上黄油，紧密装配，防止漏浆，试模内壁均匀刷一薄层机油，便于脱模。

2. 胶砂的组成及制备

（1）标准砂。ISO 基准砂是由 SiO_2 含量不低于 98％的天然圆形硅质砂组成。

（2）胶砂配合比。胶砂的质量配合比为水泥：标准砂：水＝1：3：0.5，一锅胶砂成型三条试体。每锅材料需要量为：水泥 $450\pm2g$；水 $225\pm1mL$；标准砂 $1350\pm5g$。

（3）搅拌。每锅胶砂用搅拌机进行机械搅拌。先使搅拌机处于待工作状态，然后按以下的程序进行操作：

a. 把水加入锅里，再加入水泥，把锅放在固定架上，上升至工作位置。

b. 立即开动机器，低速搅拌 $30s\pm1s$ 后，在第二个 $30s\pm1s$ 开始的同时均匀地将砂子加入，把搅拌机调至高速再搅拌 $30s\pm1s$。

c. 停拌 90s，在停拌开始的 $15s\pm1s$ 内，将搅拌锅放下，用刮刀将叶片、锅壁和锅底上的胶砂刮入锅中。

d. 再在高速下继续搅拌 $60s\pm1s$。

3. 试体的制备

（1）试体尺寸为 $40mm\times40mm\times160mm$ 的棱柱体。

（2）用振实台成型

a. 胶砂制备后立即进行成型。将空试模和模套固定在振实台上，用料勺将锅壁上的胶砂清理到锅内并翻转搅拌胶砂使其更加均匀，成型时将胶砂分两层装入试模。装第一层时，每个槽里约放 300g 胶砂，先用料勺沿试模长度方向划动胶砂以布满模槽，再用大布料器垂直架在模套顶部沿每个模槽来回一次将料层布平，接着振实 60 次。

b. 再装入第二层胶砂，用料勺沿试模长度方向划动胶砂以布满模槽，但不能接触已振实胶砂，再用小布料器布平，振实 60 次。每次振实时可将一块用水湿过拧干、比模套尺寸稍大的棉纱布盖在模套上以防止振实时胶砂飞溅。

c. 移走模套，从振实台上取下试模，用一金属直边尺以近似 90° 的角度（但向刮平方向稍斜）架在试模模顶的一端，然后沿试模长度方向以横向锯割动作慢慢向另一端移动，将超过试模部分的胶砂刮去。锯割动作的多少和直尺角度的大小取决于胶砂的稀稠程度，较稠的胶砂需要多次锯割，锯割动作要慢以防止拉动已振实的胶砂。用拧干的湿毛巾将试模端板顶部的胶砂擦拭干净，再用同一直边尺以近乎水平的角度将试体表面抹平。抹平的次数要尽量少，总次数不应超过 3 次。最后将试模周边的胶砂擦除干净。

d. 用毛笔或其他方法对试体进行编号。两个龄期以上的试体，在编号时应将同一试模中的 3 条试体分在两个以上龄期内。

4. 试体的成型

在搅拌胶砂的同时将试模和下料漏斗卡紧在振动台的中心。将搅拌好的全部胶砂均匀地装入下料漏斗中，开动振动台，胶砂通过漏斗流入试模，振动 120s±5s 停止。振动完毕，取下试模，用刮平尺刮去其高出试模的胶砂并抹平、编号。

5. 试体的养护

(1) 脱模前的处理和养护

在试模上盖一块玻璃板，也可用相似尺寸的钢板或不渗水的、和水泥不反应的材料制成的板。盖板不应与水泥胶砂接触，盖板与试模之间的距离应控制在 2～3mm 之间。为了安全，玻璃板应有磨边。立即将做好标记的试模放入养护室或湿箱的水平架子上养护，湿空气应能与试模各边接触。养护时不应将试模放在其他试模上。一直养护到规定的脱模时间时取出脱模。

(2) 脱模

脱模应非常小心。脱模时可以用橡皮锤或脱模器。

对于 24h 龄期的，应在破型试验前 20min 内脱模。对于 24h 以上龄期的，应在成型后 20～24h 之间脱模。

如经 24h 养护，会因脱模对强度造成损害时，可以延迟至 24h 以后脱模，但在试验报告中应予说明。

已确定作为 24h 龄期试验（或其他不下水直接做试验）的已脱模试体，应用湿布覆盖至做试验时为止。

对于胶砂搅拌或振实台的对比，建议称量每个模型中试体的总量。

(3) 水中养护

将做好标记的试体立即水平或竖直放在 20℃±1℃ 水中养护，水平放置时刮平面应朝上。试体放在不易腐烂的箅子上，并彼此间保持一定间距，让水与试体的六个面接触。养护期间试体之间间隔或试体上表面的水深不应小于 5mm。

每个养护池只养护同类型的水泥试体。最初用自来水装满养护池（或容器），随后随时加水保持适当的水位。在养护期间，可以更换不超过 50％的水。

6. 强度试验

（1）强度试验试体的龄期

试体龄期是从水泥加水搅拌开始试验时算起。不同龄期强度试验在规定时间里进行（见表 12-5）。

各龄期强度试验时间规定

表 12-5

龄期	时间	龄期	时间
24h	24h±15min	7d	7d±2h
48h	48h±30min	>28d	28d±8h
72h	72h±45min		

（2）抗折强度测定

将试体一个侧面放在试验机支撑圆柱上，试体长轴垂直于支撑圆柱，通过加荷圆柱以 50N/s±10N/s 的速率均匀地将荷载垂直地加在棱柱体相对侧面上，直至折断。保持两个半截棱柱体处于潮湿状态直至抗压试验。

（3）抗压强度测定

抗压强度通过规定的仪器，在经抗折试验断后的半截棱柱体的侧面上进行测定。半截棱柱体中心与压力机压板受压中心差应在 ±0.5mm 内，棱柱体露在压板外的部分约有 10mm。在整个加荷过程中以 2400N/s±200N/s 的速率均匀地加荷直至破坏。

12.1.5.4 结果计算

1. 抗折强度

抗折强度 R_f 按公式（12-4）进行计算：

$$R_f = \frac{1.5 F_f L}{b^3} \tag{12-4}$$

式中，F_f——折断时施加于棱柱体中部的荷载，N；

L——支撑圆柱之间的距离，mm；

b——棱柱体正方形截面的边长，mm。

2. 抗压强度

抗压强度 R_c 按公式（12-5）进行计算：

$$R_c = \frac{F_c}{A} \tag{12-5}$$

式中，F_c——破坏时的最大荷载，N；

A——受压部分面积，mm^2。

12.1.5.5 试验结果的确定

1. 抗折强度

以一组三个棱柱体抗折结果的平均值作为试验结果。当三个强度值中有一个超出平均值±10％时，应剔除后再取平均值作为抗折强度试验结果；当三个强度值中有两个超出平均值±10%时，则以剩余一个作为抗折强度结果。

单个抗折强度结果精确至 0.1MPa，算术平均值精确至 0.1MPa。

2. 抗压强度

以一组三个棱柱体上得到的六个抗压强度测定值的算术平均值为试验结果。如六个测定值中有一个超出六个平均值的±10%时，剔除这个结果，再以剩下五个的平均值为结果。如果五个测定值中再有一个超过它们平均数±10%时，则此组结果作废。当六个测定值中同时有两个或两个以上超出平均值的±10%，则此组结果作废。

单个抗折强度结果精确至 0.1MPa，算术平均值精确至 0.1MPa。

水泥胶砂强度试验记录表见表 12-6。

水泥胶砂强度试验记录表

表 12-6

龄期	抗折强度试验			抗压强度试验		
	破坏荷载 （kN）	抗折强度 （MPa）	平均强度 （MPa）	破坏荷载 （kN）	抗压强度 （MPa）	平均强度 （MPa）
3d						
28d						
结论	该水泥的强度等级为：					

参与"两弹一星"研制的科技工作者，把个人的理想与祖国的命运紧紧联系在一起，把个人的志向与民族的振兴紧紧联系在一起，苦干惊天动地事，甘做隐姓埋名人。

他们创造了"两弹一星"的奇迹，孕育形成了热爱祖国、无私奉献，自力更生、艰苦奋斗，大力协同、勇于登攀的"两弹一星"精神。"热爱祖国、无私奉献"是"两弹一星"精神的鲜明底色；"自力更生、艰苦奋斗"是"两弹一星"精神的立足基点；"大力协同、勇于登攀"，"两弹一星"的研制生动诠释了我国集中力量办大事的制度优势。

"两弹一星"精神凝聚着科技工作者报效祖国的满腔热血和赤胆忠心，反映出他们坚定的理想信念和崇高的精神境界，是中国共产党人精神谱系的重要组成部分，成为全党全国各族人民在社会主义现代化建设道路上奋勇开拓的强大精神力量。

任务 12.2　普通混凝土骨料试验

普通混凝土骨料试验主要涉及砂的筛分析试验、砂的表观密度试验、砂的含水率试验、砂中含泥量试验、碎石或卵石的筛分析试验、碎石或卵石的表观密度试验、碎石或卵石的含水率试验、碎石或卵石中含泥量试验、碎石或卵石的压碎值指标试验。

本试验依据国家标准《建设用砂》GB/T 14684—2022 规定进行。

12.2.1　取样与缩分

12.2.1.1　取样

1）骨料应按同产地、同规格分批取样和检验。用大型工具（如火车、货船、汽车）运输的，以 $400m^3$ 或 600t 为一验收批。用小型工具（如马车等）运输的，以 $200m^3$ 或 300t 为一验收批。不足上述数量者，以一批论。

2）在料堆上取样时，取样部位应均匀分布，取样前，先将取样部位表层铲除。以砂样时，由各部位抽取大致相等的砂共 8 份，组成一组样品；取石子样时，由各部位抽取大致相等的石子 15 份（在料堆的顶部、中部和底部各由均匀分布的五个不同部位取得）组成一组样品。

每验收批至少应进行颗粒级配、含泥量、泥块含量检验，对石子还应进行针、片状颗粒含量检验。若检验不合格时，应重新取样。对不合格项，进行加倍复验，若仍有一个试样不能满足标准要求，应按不合格品处理。

3）砂石各单项试验的取样数量分别见表 12-7 和表 12-8；须做几项试验时，如确能保证样品经一项试验后不致影响另一项试验的结果，可用同组样品进行几项不同的试验。

各单项砂试验的最少取样量　　　　　　　　　　　　　　　　　　表 12-7

试验项目	筛分析	表现密度	堆积密度	含水率	含泥量	泥块含量
最少取样量（kg）	4.4	2.6	5.0	1.0	4.4	20.0

各单项石子试验的最少取样量（单位：kg）　　　　　　表 12-8

试验项目	石子最大粒径(mm)							
	9.5	16.0	19.0	26.5	31.5	37.5	63.0	≥75.0
筛分析	9.5	16.0	19.0	25.0	31.5	37.5	63.0	80.0
表观密度	8.0	8.0	8.0	8.0	12.0	16.0	24.0	24.0
含水率	16.0	16.0	16.0	16.0	16.0	16.0	16.0	16.0
堆积密度	40.0	40.0	40.0	40.0	80.0	80.0	120.0	120.0
含泥量	8.0	8.0	24.0	24.0	40.0	40.0	80.0	80.0
泥块含量	8.0	8.0	24.0	24.0	40.0	40.0	80.0	80.0
针片状含量	1.2	4.0	8.0	12.0	20.0	40.0	40.0	40.0

12.2.1.2　缩分

1. 砂样缩分

a. 用分料器缩分：将样品在天然状态下搅拌均匀，然后将其通过分料器，并将两个接料斗中的一份再次通过分料器。重复上述过程，直至把样品缩分至试验所需数量为止。

b. 人工四分法缩分：将样品放在平整洁净的平板上，在潮湿状态下搅拌均匀，摊成厚度约 20mm 的圆饼，在饼上划两条正交直径将其分成大致相等的四份，取其对角的两份按上述方法继续缩分，直至缩分后的样品数量略多于进行试验所需量为止。

2. 石子缩分

采用四分法进行。将样品倒在平整洁净的平板上，在自然状态下搅拌均匀，堆成圆锥体然后沿相互垂直的两条直径把圆锥体分成大致相等的四份，取其对角的两份重新拌匀，再堆放圆锥体。重复上述过程，直至把样品缩分至略多于试验所需为止。

12.2.2　砂的筛分析试验

12.2.2.1　试验目的

通过试验测定砂的颗粒级配，计算砂的细度模数，评定砂的粗细程度；掌握砂细度模数的测定方法，正确使用仪器与设备，并熟悉其性能。

微课：砂筛分析试验

12.2.2.2　主要设备仪器

（1）标准筛。孔径为 9.50mm、4.75mm、2.36mm、1.18mm、0.60mm、0.30mm、0.15mm 的方孔筛，以及筛的底盘和盖各一只。

（2）天平。称量为 1000g，感量为 1g。

（3）鼓风烘箱。能使温度控制在 105℃±5℃。

（4）摇筛机。

（5）其他。浅盘和毛刷等。

12.2.2.3　试验步骤

（1）试样制备。按规定取样，并将砂试样缩分至约 1100g，放在烘箱中于 105±5℃ 的温度下烘干到恒重。待冷却至室温后，筛除大于 9.50mm 的颗粒（并算出筛余百分率，若试样含泥量超过 5%，则应先用水洗掉），分成大致相等的两份备用。

（2）准确称取烘干试样 500g（特细砂可称 250g），置于按筛孔大小顺序排列（大孔在上、小孔在下）的套筛的最上一只筛（公称直径为 5.00mm 的方孔筛）上；将套筛装入摇筛机内固紧，筛分 10min；然后取出套筛，再按筛孔由大到小的顺序，在清洁的浅盘上逐一进行手筛，直至每分钟的筛出量不超过试样总量的 0.1％时为止；通过的颗粒并入下一只筛子，并和下一只筛子中的试样一起进行手筛。按这样顺序依次进行，直至所有的筛子全部筛完为止。

（3）试样在各只筛子上的筛余量均不得超过按公式（12-6）计算得出的剩留量，否则应将该筛的筛余试样分成两份或数份，再次进行筛分，并以其筛余量之和作为该筛的筛余量。

$$G = \frac{A\sqrt{d}}{200} \qquad (12\text{-}6)$$

式中，G——某一筛上的剩留量，g；

$\quad\quad d$——筛孔边长，mm；

$\quad\quad A$——筛的面积，mm^2。

（4）称取各筛筛余试样的质量（精确至 1g），所有各筛的分计筛余量和底盘中的剩余量之和与筛分前的试样总量相比，相差不得超过 1％。

12.2.2.4 试验结果的计算和评定

（1）计算分计筛余百分率。分计筛余百分率为各号筛上的筛余量与试样总量相比，精确至 0.1％。

（2）计算累计筛余百分率。累计筛余百分率为每号筛上的筛余百分率加上该号筛以上各筛余百分率之和，精确至 0.1％（见表 12-9）。筛分后，若各号筛的筛余量与筛底的量之和同原试样质量之差超过 1％，则需重新试验。

分计筛余百分率与累计筛余百分率 表 12-9

筛孔尺寸(mm)	分计筛余(%)	累计筛余(%)
4.75	a_1	$A_1 = a_1$
2.36	a_2	$A_2 = a_1 + a_2$
1.18	a_3	$A_3 = a_1 + a_2 + a_3$
0.60	a_4	$A_4 = a_1 + a_2 + a_3 + a_4$
0.30	a_5	$A_5 = a_1 + a_2 + a_3 + a_4 + a_5$
0.15	a_6	$A_6 = a_1 + a_2 + a_3 + a_4 + a_5 + a_6$

（3）砂的细度模数按公式（12-7）计算，精确至 0.1％：

$$M_x = \frac{(A_2 + A_3 + A_4 + A_5 + A_6) - 5A_1}{100 - A_1} \qquad (12\text{-}7)$$

（4）累计筛余百分率取两次试验结果的算术平均值，精确至 1％。细度模数取两次试验结果的算术平均值，精确至 0.1。如两次试验的细度模数之差超过 0.20，则需重新试验。

（5）砂的筛分析试验记录表见表 12-10 和图 12-6。

砂的筛分析试验记录表　　　　　　　　表 12-10

次数	筛孔尺寸(mm)	4.75	2.36	1.18	0.60	0.30	0.15	筛底
1	筛余量(g)	m_1	m_2	m_3	m_4	m_5	m_6	$m_底$
	筛分后总重量(g)	$M=m_1+m_2+m_3+m_4+m_5+m_6+m_底$						
	分计筛余率(%)	a_1	a_2	a_3	a_4	a_5	a_6	—
								—
	累计筛余率(%)	A_1	A_2	A_3	A_4	A_5	A_6	—
								—
	细度模数 M_{x1}	$M_{x1}=\dfrac{(A_2+A_3+A_4+A_5+A_6)-5A_1}{100-A_1}$						
次数	筛孔尺寸(mm)	4.75	2.36	1.18	0.60	0.30	0.15	筛底
2	筛余量(g)	m_1	m_2	m_3	m_4	m_5	m_6	$m_底$
	筛分后总重量(g)	$M=m_1+m_2+m_3+m_4+m_5+m_6+m_底$						
	分计筛余率(%)	a_1	a_2	a_3	a_4	a_5	a_6	—
								—
	累计筛余率(%)	A_1	A_2	A_3	A_4	A_5	A_6	—
	细度模数 M_{x2}	$M_{x2}=\dfrac{(A_2+A_3+A_4+A_5+A_6)-5A_1}{100-A_1}$						
细度模数平均至		$M_x=\dfrac{M_{x1}+M_{x2}}{2}$						
结论		粗细程度				级配		

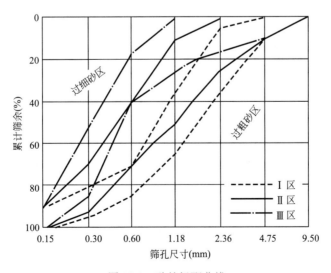

图 12-6　砂的级配曲线

12.2.3 砂的表观密度试验

砂的表观密度试验有标准法和简易法两种。

12.2.3.1 主要设备仪器

1. 标准法

天平（称量 1000g，感量 1g）、容量瓶（容量 500mL）、烘箱（温度控制范围为 105℃±5℃）、干燥器、浅盘、铝制料勺、温度计等。

2. 简易法

天平（称量 1000g，感量 1g）、李氏瓶（容量 250mL）、烘箱（温度控制范围为 105℃±5℃）、干燥器、浅盘、铝制料勺、温度计等。

12.2.3.2 试样制备

1. 标准法

经缩分后不少于 650g 的样品装入浅盘，在温度为 105℃±5℃ 的烘箱中烘干至恒重，并在干燥器内冷却至室温。

2. 简易法

将样品缩分至不少于 120g，在 105℃±5℃ 的烘箱中烘干至恒重，并在干燥器中冷却至室温，分成大致相等的两份备用。

12.2.3.3 试验步骤

1. 标准法

（1）称取烘干的试样 300g（m_0），装入盛有半瓶冷开水的容量瓶中。

（2）摇转容量瓶，使试样在水中充分搅动以排除气泡，塞紧瓶塞，静置 24h；然后用滴管加水至瓶颈刻度线平齐，再塞紧瓶塞，擦干容量瓶外壁的水分，称其质量（m_1）。

（3）倒出容量瓶中的水和试样，将瓶的内外壁洗净，再向瓶内加入与（2）水温相差不超过 2℃ 的冷开水至瓶颈刻度线。塞紧瓶塞，擦干容量瓶外壁水分，称其质量（m_2）。

2. 简易法

（1）向李氏瓶中注入冷开水至一定刻度处，擦干瓶颈内部附着水，记录水的体积（V_1）。

（2）称取烘干试样 50g（m_0），徐徐加入盛水的李氏瓶中。

（3）试样全部倒入瓶中后，用瓶内的水将粘附在瓶颈和瓶壁的试样洗入水中，摇转李氏瓶以排除气泡，静置约 24h 后，记录瓶中水面升高后的体积（V_2）。

12.2.3.4 结果计算

1. 标准法

表观密度（标准法）应按公式（12-8）进行计算，精确至 10kg/m³：

$$\rho = \left(\frac{m_0}{m_0 + m_2 - m_1} - \alpha_t \right) \times 1000 \tag{12-8}$$

式中，ρ——表观密度，kg/m²；

m_0——试样的烘干质量，g；

m_1——试样、水及容量瓶总质量，g；

m_2——水及容量瓶总质量，g；

α_t——水温对砂的表观密度影响的修正系数，见表 12-11。

不同水温对砂的表观密度影响的修正系数　　表 12-11

水温(℃)	15	16	17	18	19	20
α_t	0.002	0.003	0.003	0.004	0.004	0.005
水温(℃)	21	22	23	24	25	—
α_t	0.005	0.006	0.006	0.007	0.008	—

以两次试验结果的算术平均值作为测定值。当两次结果之差大于 $20kg/m^2$ 时，应重新取样进行试验。

2. 简易法

表观密度（简易法）应按公式（12-9）进行计算，精确至 $10kg/m^3$：

$$\rho = (\frac{m_0}{V_2 - V_1} - \alpha_t) \times 1000 \qquad (12\text{-}9)$$

式中，ρ——表观密度，kg/m^2；

m_0——试样的烘干质量，g；

V_1——水的原有体积，mL；

V_2——倒入试样后的水和试样的体积，mL；

α_t——水温对砂的表观密度影响的修正系数，见表 12-11。

以两次试验结果的算术平均值作为测定值，两次结果之差大予 $20kg/m^3$ 时，应重新取样进行试验。

3. 砂的表观密度试验记录表（标准法）见表 12-12。

砂的表观密度试验记录表（标准法）　　表 12-12

次数	试样的烘干质量 m_0(g)	试样、水及容量瓶总质量 m_1(g)	水及容量瓶总质量 m_2(g)	表观密度 (kg/m³)	表观密度平均值 (kg/m³)
1					
2					

12.2.4　砂的含水率试验

砂的含水率试验有标准法和简易法两种。

12.2.4.1　主要设备仪器

1. 标准法

天平（称量 1000g，感量 1g）、烘箱（温度控制范围为 105℃±5℃）、容器（如浅盘等）。

2. 简易法

天平（称量 1000g，感量 1g）、电炉（或火炉）、炒盘（铁制或铝制）、油灰铲、毛刷等。

12.2.4.2　试验步骤

1. 标准法

由密封的样品中取各重 500g 的试样两份，分别放入已知质量的干燥容器（m_1）中称重，记下每盘试样与容器的总重（m_2）。将容器连同试样放入温度为 105℃±5℃ 的烘箱中烘干至恒重，称量烘干后的试样与容器的总质量（m_3）。

2. 简易法

（1）由密封样品中取 $500g$ 试样放入干净的炒盘（m_1）中，称取试样与炒盘的总质量（m_2）。

（2）置炒盘于电炉（或火炉）上，用小铲不断地翻拌试样，到试样表而全部干燥后，切断电源（或移出火外），再继续翻拌 $1min$，稍予冷却（以免损坏天平）后，称干样与炒盘的总质量（m_3）。

12.2.4.3 结果计算

（1）砂的含水率（标准法）按公式（12-10）计算，精确至 0.1%：

$$\omega_{wc} = \frac{m_2 - m_3}{m_3 - m_1} \times 100\% \tag{12-10}$$

式中，ω_{wc}——砂的含水率，$\%$；

m_1——容器质量，g；

m_2——未烘干的试样与容器的总质量，g；

m_3——烘干后的试样与容器的总质量，g。

以两次试验结果的算术平均值作为测定值。

（2）砂的含水率试验记录表，见表 12-13。

砂的含水率试验记录表（标准法）　　　表 12-13

次数	干燥容器质量 $m_1(g)$	烘干前试样与容器总质量 $m_2(g)$	烘干后试样与容器总质量 $m_3(g)$	含水率（%）	含水率平均值（%）
1					
2					

12.2.5 砂中含泥量试验

砂中含泥量试验是评定砂质量的依据之一，砂中含泥量试验有标准法和虹吸管法两种。

12.2.5.1 主要设备仪器

1. 标准法

天平（称量 $1000g$，感量 $1g$）、烘箱（温度控制范围为 $105℃\pm5℃$）、试验筛（筛孔公称直径为 $80\mu m$ 及 $1.25mm$ 的方孔筛各一个）、洗砂用的容器及烘干用的浅盘等。

2. 虹吸管法

虹吸管（玻璃管的直径不大于 $5mm$，后接胶皮弯管）、玻璃容器或其他容器（高度不小于 $300mm$，直径不小于 $200mm$）、天平（称量 $1000g$，感量 $1g$）、烘箱（温度控制范围为 $105\pm5℃$）、试验筛（筛孔公称直径为 $80\mu m$ 及 $1.25mm$ 的方孔筛各一个）、洗砂用的容器及烘干用的浅盘等。

12.2.5.2 试样制备

样品缩分至 $1100g$，置于温度为 $105℃\pm5℃$ 的烘箱中烘干至恒重，冷却至室温后，称取各为 $400g$（m_0）的试样两份备用。

12.2.5.3　试验步骤

1. 标准法

（1）取烘干的试样一份置于容器中，并注入饮用水，使水面高出砂面约 150mm，充分拌匀后，浸泡 2h，然后用手在水中淘洗试样，使尘屑、淤泥和黏土与砂粒分离，并使之悬浮或溶于水中。缓缓地将浑浊液倒入公称直径为 1.25mm、80μm 的方孔套筛（1.25mm 筛放置于上面）上，滤去小于 80μm 的颗粒。试验前筛子的两面应先用水润湿，在整个试验过程中应避免砂粒丢失。

（2）再次加水于容器中，重复上述过程，直到筒内洗出的水清澈为止。

（3）用水淋洗剩留在筛上的细粒，并将 80μm 筛放在水中（使水面略高出筛中砂粒的上表面）来回摇动，以充分洗除小于 80μm 的颗粒。然后将两只筛上剩留的颗粒和容器中已经洗净的试样一并装入浅盘，置于温度为 105℃±5℃ 的烘箱中烘干至恒重。取出来冷却至室温后，称试样的质量（m_1）。

2. 虹吸管法

（1）称取烘干的试样 500g（m_0），置于容器中，并注入饮用水，使水面高出砂面约 150mm，浸泡 2h，浸泡过程中每隔一段时间搅拌一次，确保尘屑、淤泥和黏土与砂分离。

（2）用搅拌棒均匀搅拌 1min（单方向旋转），以适当宽度和高度的闸板闸水，使水停止旋转。经 20～25s 后取出闸板，然后，从上列下用虹吸管细心地将浑浊液吸出，虹吸管吸口的最低处应的离砂面不小于 30mm。

（3）再倒入清水，重复上述过程，直到吸出的水与清水的颜色基本一致为止。

（4）最后将容器中的清水吸出，把洗净的试样倒入浅盘并在 105℃±5℃ 的烘箱中烘干至恒重，取出，冷却至室温后称砂质量（m_1）。

12.2.5.4　结果计算

（1）砂中含泥量应按公式（12-11）计算，精确至 0.1%：

$$\omega_c = \frac{m_0 - m_1}{m_0} \times 100\% \tag{12-11}$$

式中，ω_c——砂中含泥量，%；

　　　m_0——试验前的烘干试样质量，g；

　　　m_1——试验后的烘干试样质量，g。

以两个试样试验结果的算术平均值作为测定值。两次结果之差大于 0.5% 时，应重新取样进行试验。

（2）砂中含泥量试验记录表见表 12-14。

砂中含泥量试验记录表　　　　　　　　　　　表 12-14

次数	试验前的烘干试样质量 m_0(g)	试验后的烘干试样质量 m_1(g)	含泥量（%）	含泥量平均值（%）
1				
2				

12.2.6 碎石或卵石筛分析试验

12.2.6.1 试验目的

测定石子在不同孔径筛上的筛余量，评定石子的颗粒级配。

12.2.6.2 主要仪器设备

试验筛（筛孔尺寸为 90.0mm、75.0mm、63.0mm、53.0mm、37.5mm、31.5mm、26.5mm、19.0mm、16.0mm、9.50mm、4.75mm 和 2.36mm 的方孔筛以及筛的底盘和盖各一只，其规格和质量要求应符合现行国家标准《试验筛 技术要求和检验 第 2 部分：金属穿孔板试验筛》GB/T 6003.2—2012 的要求，筛框直径为 300mm）、天平和秤（天平的称量 5kg，感量 5g；秤的称量 20kg，感量 20g）、烘箱（温度控制范围为 105℃±5℃）、浅盘。

12.2.6.3 试样制备

从取回试样中用四分法将样品缩分至略多于表 12-15 所规定的试样数量，烘干或风干后备用。

筛分析所需试样的最少用量

表 12-15

最大粒径(mm)	9.5	16.0	19.0	26.5	31.5	37.5	63.0	75.0
最少试样用量(kg)	9.5	16.0	19.0	25.0	31.5	37.5	63.0	80.0

12.2.6.4 试验步骤

（1）按表 12-14 的规定称取试样，精确到 1g。

（2）将试样按筛孔大小顺序过筛，当每只筛上的筛余层厚度大于试样的最大粒径值时，应将该筛上的筛余试样分成两份，再次进行筛分，直至各筛每分钟的通过量不超过试样总量的 0.1%。

（3）称取各筛筛余的质量，精确至试样总质量的 0.1%。各筛的分计筛余量和筛底剩余量的总和与筛分前测定的试样总量相比，其相差不得超过 1%。

12.2.6.5 结果计算

（1）计算分计筛余（各筛上筛余量除以试样的百分率），精确至 0.1%。

（2）计算累计筛余（该筛的分计筛余与筛孔大于该筛的各筛的分计筛余百分率之总和），精确至 1%。

（3）根据各筛的累计筛余，评定该试样的颗粒级配。

（4）石子的筛分析试验记录表见表 12-16。

石子的筛分析试验记录表

表 12-16

筛孔尺寸(mm)	分计筛余量(kg)	分计筛余率(%)	累计筛余率(%)
90.0			
75.0			
63.0			
53.0			
37.5			

续表

筛孔尺寸（mm）	分计筛余量（kg）	分计筛余率（%）	累计筛余率（%）
31.5			
26.5			
19.0			
16.0			
9.50			
4.75			
2.36			
筛底		—	—
结论	该石子的颗粒级配为：①_____ 连续级配；②_____ 间断级配		
备注	各筛上所有分计筛余量和筛底剩余量之和为：_____ kg		

12.2.7 碎石或卵石的表观密度试验

碎石或卵石的表观密度试验有标准法和简易法两种。

12.2.7.1 主要设备仪器

1. 标准法

液体天平（称量 5kg，感量 5g，其型号及尺寸应能允许在臂上悬挂盛试样的吊篮，并在水中称重）、吊篮（直径和高度均为 150mm，由孔径为 1～2mm 的筛网或钻有孔径为 2～3mm 孔洞的耐锈蚀金属板制成）、盛水容器（有溢流孔）、烘箱（温度控制范围为 105℃±5℃）、试验筛（筛孔公称直径为 5.00mm 的方孔筛一只）、温度计（0～100℃）、带盖容器、浅盘、刷子和毛巾等。

2. 简易法

烘箱（温度控制范围为 105℃±5℃）、秤（称量 20kg，感量 20g）、广口瓶（容量 1000mL，磨口，并带玻璃片）、试验筛（筛孔公称直径为 5.00mm 的方孔筛一只）、毛巾、刷子等。

12.2.7.2 试样制备

试验前，将样品筛除公称粒径 5.00mm 以下的颗粒，并缩分至略大于两倍于表 12-17 所规定的最少用量，冲洗干净后分成两份备用。

表观密度试验所需试样的最少用量   表 12-17

最大粒径（mm）	9.5	16.0	19.0	26.5	31.5	37.5	63.0	75.0
最少试样用量（kg）	8.0	8.0	8.0	8.0	12.0	16.0	24.0	24.0

12.2.7.3 试验步骤

1. 标准法

（1）按表 12-17 的规定称取试样。

（2）取试样一份装入吊篮，并浸入盛水的容器中，水面至少高出试样 50mm。

（3）浸水 24h 后，移放到称量用的盛水容器中，并用上下升降吊篮的方法排除汽泡（试样不得露出水面）。吊篮每升降一次约为 1s，升降高度为 30～50mm。

（4）测定水温（此时吊篮应全浸在水中），用天平称取吊篮及试样在水中的质量（m_2）。称量时盛水容器中水面的高度由容器的溢流孔控制。

（5）提起吊篮，将试样置于浅盘中，放入 105℃±5℃的烘箱中烘干至恒重，取出来放在带盖的容器中冷却至室温后，称重（m_0）。

（6）称取吊篮在同样温度的水中质量（m_1），称量时盛水容器的水面高度仍应由溢流口控制。

2. 简易法

（1）按表 12-17 的规定称取试样。

（2）将试样浸水饱和，然后装入广口瓶中。装试样时，广口瓶应倾斜放置，注入饮用水，用玻璃片覆盖瓶口，以上下左右摇晃的方法排除气泡。

（3）气泡排尽后，向瓶中添加饮用水直至水面凸出瓶口边缘。然后用玻璃片沿瓶口迅速滑行，使其紧贴瓶口水面。擦干瓶外水分后，称取试样、水、瓶和玻璃片总质量（m_1）。

（4）将瓶中的试样倒入浅盘中，放在 105℃±5℃的烘箱中烘干至恒重；取出，放在带盖的容器中冷却至室温后称取质量（m_0）。

（5）将瓶洗净，重新注入饮用水，用玻璃片紧贴瓶口水面，擦干瓶外水分后称取质量（m_2）。

12.2.7.4 结果计算

1. 标准法

表观密度（标准法）应按公式（12-12）进行计算，精确至 10kg/m^3：

$$\rho = \left(\frac{m_0}{m_0 + m_1 - m_2} - \alpha_t \right) \times 1000 \tag{12-12}$$

式中，ρ——表观密度，kg/m^2；

m_0——试样的烘干质量，g；

m_1——吊篮在水中的质量，g；

m_2——吊篮及试样在水中的总质量，g；

α_t——水温对表观密度影响的修正系数，见表 12-18。

不同水温对碎石或卵石表观密度影响的修正系数 　　　　表 12-18

水温（℃）	15	16	17	18	19	20
α_t	0.002	0.003	0.003	0.004	0.004	0.005
水温（℃）	21	22	23	24	25	—
α_t	0.005	0.006	0.006	0.007	0.008	—

以两次试验结果的算术平均值作为测定值。当两次结果之差大于 20kg/m^3 时，应重新取样进行试验。对颗粒材质不均匀的试样，两次试验结果之差大于 20kg/m^3 时，可取四次测定结果的算术平均值作为测定值。

2. 简易法

表观密度（简易法）应按公式（12-13）进行计算，精确至 $10 kg/m^3$：

$$\rho = \left(\frac{m_0}{m_0 + m_2 - m_1} - \alpha_t \right) \times 1000 \qquad (12-13)$$

式中，ρ——表观密度，kg/m^2；

m_0——试样的烘干质量，g；

m_1——试样、水、瓶和玻璃片的总质量，g；

m_2——水、瓶和玻璃片的总质量，g；

α_t——水温对表观密度影响的修正系数，见表 12-18。

以两次试验结果的算术平均值作为测定值。当两次结果之差大于 $20 kg/m^3$ 时，应重新取样进行试验。对颗粒材质不均匀的试样，两次试验结果之差大于 $20 kg/m^3$ 时，可取四次测定结果的算术平均值作为测定值。

3. 碎石或卵石的表观密度试验记录表（标准法）见表 12-19。

碎石或卵石的表观密度试验记录表（标准法）　　　　表 12-19

次数	试样的烘干质量 m_0(g)	吊篮在水中的质量 m_1(g)	吊篮及试样在水中的总质量 m_2(g)	表观密度 (kg/m^3)	表观密度平均值 (kg/m^3)
1					
2					

12.2.8　碎石或卵石的含水率试验

12.2.8.1　主要设备仪器

天平（称量 20kg，感量 20g）、烘箱（温度控制范围为 $105℃ \pm 5℃$）、容器（如浅盘等）。

12.2.8.2　试验步骤

（1）按要求称取试样，分成两份备用；

（2）将试样置于干净的容器中，称取试样和容器的总质量（m_1），并在 $105℃ \pm 5℃$ 的烘箱中烘干至恒重；

（3）取出试样，冷却后称取试样与容器的总质量（m_2），并称取容器的质量（m_3）。

12.2.8.3　结果计算

（1）碎石或卵石的含水率（标准法）应按公式（12-14）进行计算，精确至 0.1%：

$$\omega_{wc} = \frac{m_1 - m_2}{m_2 - m_3} \times 100\% \qquad (12-14)$$

式中，ω_{wc}——碎石或卵石的含水率，%；

m_1——烘干前试样与容器总质量，g；

m_2——烘干后试样与容器总质量，g；

m_3——容器质量，g。

以两次试验结果的算术平均值作为测定值。

（2）碎石或卵石的含水率试验记录表见表 12-20。

碎石或卵石的含水率试验记录表

表 12-20

次数	烘干前试样与容器总质量 m_1(g)	烘干后试样与容器总质量 m_2(g)	容器质量 m_3(g)	含水率（%）	含水率平均值（%）
1					
2					

12.2.9 碎石或卵石中含泥量试验

12.2.9.1 主要设备仪器

天平（称量 1000g，感量 1g）、烘箱（温度控制范围为 105℃±5℃）、试验筛（筛孔公称直径为 80μm 及 1.25mm 的方孔筛各一个）、容器（容积为 10L 的瓷盘或金属盒）、浅盘等。

12.2.9.2 试样制备

将试样缩分至略大于表 12-21 规定的最少用量的两倍，置于温度为 105℃±5℃的烘箱中烘干至恒重，冷却至室温后，分成两份备用。

含泥量试验所需试样的最少用量

表 12-21

最大粒径(mm)	9.5	16.0	19.0	26.5	31.5	37.5	63.0	75.0
最少试样用量(kg)	8.0	8.0	24.0	24.0	40.0	40.0	80.0	80.0

12.2.9.3 试验步骤

（1）称取试样一份（m_0）装入容器中摊平，并注入饮用水，使水面高出石子表面 150mm；浸泡 2h 后，用手在水中淘洗颗粒，使尘屑、淤泥和黏土与较粗颗粒分离，并使之悬浮或溶解于水。缓缓地将浑浊液倒入公称直径为 1.25mm 及 80μm 的方孔套筛（1.25mm 筛放置上面）上，滤去小于 80μm 的颗粒。试验前筛子的两面应先用水湿润。在整个试验过程中应注意避免大于 80μm 的颗粒丢失。

（2）再次加水于容器中，重复上述过程，直至洗出的水清澈为止。

（3）用水冲洗剩留在筛上的细粒，并将公称直径为 80μm 的方孔筛放在水中（使水面略高出筛内颗粒）来回摇动，以充分洗除小于 80μm 的颗粒。然后将两只筛上剩留的颗粒和筒中已洗净的试样一并装入浅盘，置于温度为 105℃±5℃的烘箱中烘干至恒重。取出冷却至室温后，称取试样的质量（m_1）。

12.2.9.4 结果计算

（1）碎石或卵石中含泥量应按公式（12-15）进行计算，精确至 0.1%：

$$\omega_c = \frac{m_0 - m_1}{m_0} \times 100\%$$ (12-15)

式中，ω_c——碎石或卵石中含泥量，%；

m_0——试验前的烘干试样质量，g；

m_1——试验后的烘干试样质量，g。

以两个试样试验结果的算术平均值作为测定值。两次结果之差大于 0.2% 时，应重新取样进行试验。

（2）碎石或卵石中含泥量试验记录表见表 12-22。

碎石或卵石中含泥量试验记录表　　　　　　　　　　　　　表 12-22

次数	试验前的烘干试样质量 m_0(g)	试验后的烘干试样质量 m_1(g)	含泥量(%)	含泥量平均值(%)
1				
2				

12.2.10　碎石或卵石的压碎值指标试验

本方法适用于测定碎石或卵石抵抗压碎的能力，以间接地推测其相应的强度。

12.2.10.1　主要设备仪器

压力试验机（荷载 300kN）、压碎值指标测定仪、秤（称量 5kg，感量 5g）、试验筛（筛孔公称直径为 10.0mm 和 20.0mm 的方孔筛各一只）。

12.2.10.2　试样制备

（1）标准试样一律采用公称粒级为 10.0～20.0mm 的颗粒，并在风干状态下进行试验。

（2）对多种岩石组成的卵石，当其公称粒径大于 20.0mm 颗粒的岩石矿物成分与 10.0～20.0mm 粒级有显著差异时，应将大于 20.0mm 的颗粒经人工破碎后，筛取 10.0～20.0mm 标准粒级另外进行压碎值指标试验。

（3）将缩分后的样品先筛除试样中公称粒径 10.0mm 以下及 20.0mm 以上的颗粒，再用针状和片状规准仪剔除针状和片状颗粒，然后称取每份 3kg 的试样 3 份备用。

12.2.10.3　试验步骤

（1）置圆筒于底盘上，取试样一份，分两层装入圆筒。每装完一层试样后，在底盘下面垫放一直径为 10mm 的圆钢筋，将筒按住，左右交替颠击地面各 25 下。第二层颠实后，试样表面距盘底的高度应控制为 100mm 左右。

（2）整平筒内试样表面，把加压头装好（注意应使加压头保持平正），放到试验机上在 160～300s 内均匀地加荷到 200kN，稳定 5s，然后卸荷，取出测定筒。倒出筒中的试样并称其质量（m_0），用公称直径为 2.50mm 的方孔筛筛除被压碎的细粒，称量剩留在筛上的试样质量（m_1）。

12.2.10.4　结果计算

（1）碎石或卵石的压碎值指标 δ_α 应按公式（12-16）进行计算，精确至 0.1%：

$$\delta_\alpha = \frac{m_0 - m_1}{m_0} \times 100\% \tag{12-16}$$

式中，δ_α——压碎值指标，%；

m_0——试样的质量，g；

m_1——压碎试验后筛余的试样质量，g。

（2）多种岩石组成的卵石，应对公称粒径 20.0mm 以下和 20.0mm 以上的标准粒级

（10.0～20.0mm）分别进行检验，则其总的压碎值指标 δ_α，应按公式（12-17）进行计算：

$$\delta_\alpha = \frac{\alpha_1 \delta_{\alpha 1} - \alpha_2 \delta_{\alpha 2}}{\alpha_1 + \alpha_2} \times 100\%$$
（12-17）

式中，δ_α——总的压碎值指标，%；

α_1、α_2——公称粒径 20.0mm 以下和 20.0mm 以上两粒级的颗粒含量百分率；

$\delta_{\alpha 1}$、$\delta_{\alpha 2}$——两粒级以标准粒级试验的分计压碎值指标，%。

以三次试验结果的算术平均值作为压碎值指标测定值。

（3）碎石或卵石的压碎值指标试验记录表见表12-23。

碎石或卵石的压碎值指标试验记录表　表 12-23

次数	试样的质量 m_0(g)	压碎试验后筛余的试样质量 m_1(g)	压碎值指标（%）	压碎值指标平均值（%）
1				
2				
3				

■■小贴士

载人航天精神：特别能吃苦、特别能战斗、特别能攻关、特别能奉献

2003 年，第一次进入太空——中国首位航天员杨利伟搭乘神舟五号载人飞船，将中华民族千年飞天梦想变为现实；

2008 年，第一次出舱行走——航天员翟志刚以自己的一小步，迈出了中华民族的一大步；

2016 年，第一次中期驻留——航天员景海鹏和陈冬叩开中国空间站时代的大门；

2021 年，第一次进驻中国空间站——航天员聂海胜、刘伯明和汤洪波住上了属于中国人的"太空之家"；

2021 年 10 月至 2022 年 4 月，航天员翟志刚、王亚平、叶光富在中国空间站组合体工作生活了 183 天，刷新了中国航天员单次飞行任务太空驻留时间的纪录。

几十年来，中国航天人艰苦创业、奋力攻关，取得了连战连捷的辉煌战绩，使我国空间技术发展跨入了国际先进行列。

实施载人航天工程以来，广大航天人牢记使命、不负重托，培育铸就了特别能吃苦、特别能战斗、特别能攻关、特别能奉献的载人航天精神。"特别能吃苦"诠释了航天人热爱祖国、为国争光的坚定信念；"特别能战斗"诠释了航天人独立自主、敢于超越的进取意识；"特别能攻关"诠释了航天人攻坚克难、勇于登攀的品格作风；"特别能奉献"诠释了航天人淡泊名利、默默奉献的崇高品质。

经过几代航天人奋斗拼搏凝聚而成的载人航天精神，是"两弹一星"精神在新时期的发扬光大，不仅是托起飞天梦的精神之翼，更是全体中国人民宝贵的民族精神财富。

任务 12.3　普通混凝土试验

本试验依据《普通混凝土拌合物性能试验方法标准》GB/T 50080—2016、《混凝土物理力学性能试验方法标准》GB/T 50081—2019 等相关规定进行试验，评定混凝土拌合物的和易性以及混凝土的力学性能。

12.3.1　混凝土拌合物取样和制备

12.3.1.1　混凝土拌合物的取样

（1）同一组混凝土拌合物的取样，应在同一盘混凝土或同一车混凝土中进行。取样量应多于试验所需量的 1.5 倍，且不宜小于 20L。

（2）混凝土拌合物的取样应具有代表性，宜采用多次采样的方法。宜在同一盘混凝土或同一车混凝土中的 1/4 处、1/2 处和 3/4 处分别取样，并搅拌均匀；第一次取样和最后一次取样的时间间隔不宜超过 15min。

（3）宜在取样后 5min 内开始各项性能试验。

12.3.1.1　混凝土拌合物的制备

（1）混凝土拌合物应采用搅拌机搅拌，搅拌前应将搅拌机冲洗干净，并预拌少量同种混凝土拌合物或水胶比相同的砂浆，搅拌机内壁挂浆后将剩余料卸出；

（2）称好的粗骨料、胶凝材料、细骨料和水应依次加入搅拌机，难溶和不溶的物状外加剂宜与胶凝材料同时加入搅拌机，液体和可溶外加剂宜与拌合水同时加入搅拌机；

（3）混凝土拌合物宜搅拌 2min 以上，直至搅拌均匀；

（4）混凝土拌合物一次搅拌量不宜少于搅拌机公称容量的 1/4，不应大于搅拌机公称容量，且不应少于 20L；

（5）试验室搅拌混凝土时，材料用量应以质量计，骨料的称量精度应为 ±0.5%，水泥、掺合料、水、外加剂的称量精度均应为 ±0.2%。

12.3.2　混凝土拌合物坍落度试验

微课：混凝土拌合物
坍落度试验

12.3.2.1　试验目的

我们通过测定混凝土的坍落度来评定混凝土拌合物的流动性。本方法适用于骨料最大粒径不大于 40mm、坍落度不小于 10mm 的混凝土拌合物的稠度测定。

12.3.2.2　仪器设备

（1）坍落度筒。由金属制成的圆台形筒，内壁光滑。在筒外上端有手把，下端有踏板。筒的内部尺寸为：底部直径 200mm、顶部直径 100mm、高度 300mm。

（2）捣棒。直径 16mm，长 650mm 的圆棒，端部磨圆。

（3）2 把钢尺。钢尺的量程不应小于 300mm，分度值不应大于 1mm。

（4）底板。底板应采用平面尺寸不小于 1500mm×1500mm，厚度不小于 3mm 的钢板，其最大挠度不应大于 3mm。

（5）小铲、木尺、钢尺、拌板、镘刀。

12.3.2.3 试验步骤

（1）坍落度筒内壁和底板应润湿无明水；底板应放置在坚实水平面上，并把坍落度筒放在底板中心，然后用脚踩住两边的脚踏板，坍落度筒在装料时应保持在固定的位置。

（2）混凝土拌合物试样应分三层均匀地装入坍落度筒内，每装一层混凝土拌合物，应用捣棒由边缘到中心按螺旋形均匀插捣 25 次，捣实后每层混凝土拌合物试样高度约为筒高的三分之一；插捣底层时，捣棒应贯穿整个深度，插捣第二层和顶层时，捣棒应插透本层至下一层的表面；顶层混凝土拌合物装料应高出筒口，插捣过程中，混凝土拌合物低于筒口时，应随时添加；顶层插捣完后，取下装料漏斗，应将多余混凝土拌合物刮去，并沿筒口抹平。

（3）清除筒边底板上的混凝土后，应垂直平稳地提起坍落度筒，并轻放于试样旁边；坍落度筒的提离程宜控制在 3~7s；从开始装料到提坍落度筒的整个过程应连续进行，并应在 150s 内完成。当试样不再继续坍落或坍落时间达 30s 时，用钢尺测量出筒高与坍落后混凝土试体最高点之间的高度差，作为该混凝土拌合物的坍落度值。

12.3.2.4 试验结果与分析

（1）提起坍落度筒后，量测筒高与坍落后混凝土试体最高点之间的高度差即为该混凝土拌合物的坍落度值。

坍落度筒提离后，如试件发生崩坍或一边剪坏现象，则应重新取样进行测定。如第二次仍出现这种现象，则表示该拌合物和易性不好，应予记录备查。

（2）观察坍落后的混凝土试体的黏聚性及保水性。

a. 黏聚性的检查。用捣棒在已坍落的混凝土锥体侧面轻轻敲打，如果锥体逐渐下沉，则表示黏聚性良好，如果锥体倒塌、部分崩裂或出现离析现象，则表示黏聚性不好。

b. 保水性的检查。坍落度筒提起后，如有较多的稀浆从底部析出，锥体部分的混凝土也因失浆而骨料外露，则表明此混凝土拌合物的保水性能不好；如坍落度筒提起后无稀浆或仅有少量稀浆自底部析出，则表明混凝土拌合物保水性良好。

（3）当混凝土拌合物的坍落度大于 220mm 时，用钢尺测量混凝土扩展后最终的最大和最小直径，在两者之差小于 50mm 的条件下，用其算术平均值作为坍落扩展度值；否则，此次试验无效。

（4）坍落度、坍落扩展度以 mm 为单位，测量精确至 1mm，结果修约至 5mm。

12.3.3 混凝土拌合物维勃稠度法

12.3.3.1 试验目的

测定混凝土的维勃稠度，评定混凝土的流动性。本方法适用于骨料最大粒径不大于40mm、维勃稠度在 5~30s 的混凝土拌合物的稠度测定。

12.3.3.2 仪器设备

（1）维勃稠度仪：由振动台、容器、旋转架、透明圆盘、无踏板的坍落度筒等部分组同。

（2）秒表、其他用具与坍落度试验相同。

12.3.3.3 试验步骤

（1）维勃稠度仪应放置在坚实水平面上，容器、坍落度筒内壁及其他用具应润湿无明水。

（2）喂料斗应提到坍落度筒上方扣紧，校正容器位置，应使其中心与喂料中心重合，然后拧紧固定螺钉。

（3）混凝土拌合物试样应分三层均匀地装入坍落度筒内，捣实后每层高度应约为筒高的三分之一。每装一层，应用捣棒在筒内由边缘到中心按螺旋形均匀插捣 25 次；插捣底层时，捣棒应贯穿整个深度，插捣第二层和顶层时，捣棒应插透本层至下一层的表面；顶层混凝土装料应高出筒口，插捣过程中，混凝土低于筒口，应随时添加。

（4）顶层插捣完应将喂料斗转离，沿坍落度筒口刮平顶面，垂直地提起坍落度筒，不应使混凝土拌合物试样产生横向的扭动。

（5）将透明圆盘转到混凝土圆台体顶面，放松测杆螺钉，应使透明圆盘转至混凝土锥体上部，并下降至与混凝土顶面接触。

（6）拧紧定位螺钉，开启振动台，同时用秒表计时，当振动到透明圆盘的整个底面与水泥浆接触时应停止计时，并关闭振动台。

12.3.3.4　试验结果与分析

（1）秒表记录的时间应作为混凝土拌合物的维勃稠度值，精确至 1s。

（2）混凝土拌合物稠度试验记录表见表 12-24。

混凝土拌合物稠度试验记录表　　　　　　　　　　　　　　表 12-24

试拌调整次数	各材料用量(kg/10L)				和易性		
	水泥	水	砂	石子	坍落度(mm)	黏聚性	保水性
1							
2							
3							
4							
备注							

12.3.4　混凝土立方体抗压强度试验

12.3.4.1　试验目的

测定混凝土立方体抗压强度，作为评定混凝土强度等级的依据，或检验混凝土的强度能否满足设计要求。

12.3.4.2　仪器设备

（1）压力试验机。测量精度为 1%，试件的预期破坏荷载值应大于全量程的 20%，且小于全量程的 80%，应具有加荷指示装置。

（2）试模。由铸铁或钢制成，应有足够的刚度，组装后内部尺寸的误差不应大于公称尺寸的 0.2%，且不应大于 1mm。组装后各相邻的不垂直度应不超过 0.5°。

（3）振动台、捣棒、小铁铲、金属直尺、镘刀等。

12.3.4.3　试件的制作与养护

1. 试件的制作

（1）混凝土抗压强度以三个试件为一组，每一组试件应从同一盘搅拌或同一车运送的

309

混凝土拌合物中取样，或为实验室同一次制备的混凝土拌合物，并同样养护。

（2）应在拌合后最短的时间内成型，一般不宜超过 15min。

（3）150mm×150mm×150mm 的试件为标准试件。试件尺寸应根据骨料最大粒径按表 12-25 选定，当混凝土强度等级≥C60 时，宜采用标准试件。制作前，应将试模洗干净并在试模的内表面涂一薄层矿物油或其他不与混凝土发生反应的隔离剂。

试件尺寸及强度换算系数   表 12-25

试件尺寸(mm)	骨料最大粒径(mm)	每层插捣次数(次)	抗压强度换算系数
100×100×100	31.5	12	0.95
150×150×150	40	25	1.00
200×200×200	63	50	1.05

（4）混凝土试件的成型方法应根据拌合物稠度确定。

a. 坍落度不大于 70mm 的混凝土宜用振动台振实。将拌合物一次装入试模。装料时，应用抹刀沿试模内壁插捣并使混凝土拌合物高出试模上口。振捣时，试模不得有任何自由跳动。振动应持续到拌合物表面出浆为止，应避免过度振动。振动结束后，刮去多余的混凝土，并用镘刀抹平。

b. 坍落度大于 70mm 的混凝土宜用捣棒人工捣实。将混凝土拌合物分两层装入试模，每层厚度大致相等。插捣应按螺旋方面从边缘向中心均匀进行。插捣底层时，捣棒应达到试模底面，插捣上层时，捣棒应穿入下层 20～30mm。插捣时，捣棒应保持垂直，不得倾斜。然后用抹刀沿试模内壁插拔数次。每层的插捣次数按 10000mm^2 截面积内不得少于 12 次。插捣后，应用橡皮锤轻轻敲击试模四周，直至捣棒留下的孔洞消失为止，刮除多余的混凝土，并用镘刀抹平。

2. 试件的养护

（1）试件成型后应立即用不透水的薄膜覆盖表面，以防水分蒸发。采用标准养护的试件应在温度为 20℃±5℃环境下静置一至两昼夜，然后编号拆模。

（2）拆模后的试件应立即放在温度为 20℃±2℃、相对湿度为 95％以上的标准养护室中养护，在标准养护室内，试件应放在架上，彼此间隔为 10～20mm，试件表面应保持潮湿，并应避免用水直接冲淋试件。无标准养护室时，试件可在温度为 20℃±2℃的不流动的水中养护，水的 pH 值不应小于 7。标准养护龄期为 28d（从搅拌加水时开始计时）。

（3）与结构构件同条件养护的试件，其拆模时间可与实际构件的拆模时间相同。拆模后，试件仍需保持与构件同条件养护。

12.3.4.4 抗压强度试验步骤

（1）试件从养护地点取出后，应尽快进行试验，以免试件内部的温度和湿度发生显著变化。

（2）先将试件擦洗干净，测量尺寸，并检查外观，试件尺寸精确到 1mm，并据此计算试件的承压面积。

（3）将试件安放在压力试验机的下压板上，试件的承压面应与成形时的顶面垂直。试件的中心应与压力试验机下压板中心对准。开动压力试验机，当上板与试件接近时，调整球座，使接触均衡。

（4）混凝土试件的试验应连续而均匀地加荷。当混凝土的强度等级低于 C30 时，其加荷速度为 0.3～0.5MPa/s；当混凝土的强度等级高于或等于 C30 时，加荷速度为 0.5～0.8MPa/s。当试件接近破坏而开始迅速变形时，停止调整压力试验机油门，直到试件破坏，并记录破坏荷载。

（5）试件受压完毕，应清除压力试验机上、下压板上粘附的杂物，继续进行下一次试验。

12.3.4.5　结果计算

（1）混凝土立方体的抗压强度按公式（12-18）计算，精确至 0.1MPa：

$$f_{cu} = \frac{F}{A} \tag{12-18}$$

式中，f_{cu}——混凝土立方体试件的抗压强度，MPa；

F——试件破坏荷载，N；

A——试件承压面积，mm^2。

（2）以 3 个试件测得的算术平均值作为该组试件的抗压强度值。如 3 个测值中的最大值或最小值中有 1 个与中间值的差值超过中间值的 15%，则把最大值或最小值舍去，取中间值作为该组试件的抗压强度值；如最大值和最小值与中间值的差值均超过中间值的 15%。则该组试件的试验结果作废。

（3）混凝土立方体的抗压强度是以边长为 150mm 的立方体试件作为抗压强度的标准值，其他尺寸试件的测定结果应乘以尺寸换算系数（见表 12-25）。

（4）混凝土抗压强度试验记录表见表 12-26。

混凝土抗压强度试验记录表　　　　　　　　表 12-26

试样编号	受压面积（mm²）	破坏荷载（kN）	抗压强度（MPa）		备注
			单块值	代表值	
					1. 标准养护 2. 龄期为＿＿d

12.3.5　混凝土轴心抗压强度试验

12.3.5.1　试验目的

混凝土轴心抗压强度更能体现混凝土在实际工程中的受力和破坏情况，对工程实际有指导意义。

12.3.5.2　仪器设备

（1）压力试验机。测量精度为 1%，试件的预期破坏荷载值应大于全量程的 20%，且小于全量程的 80%，应具有加荷指示装置。

（2）试模。由铸铁或钢制成，应有足够的刚度，组装后内部尺寸的误差不应大于公称尺寸的 0.2%，且不应大于 1mm。组装后各相邻的不垂直度应不超过 0.5°。

（3）振动台、捣棒、小铁铲、金属直尺、镘刀等。

12.3.5.3 试件的制作与养护

（1）标准试件是边长为 150mm×150mm×300mm 的棱柱体试件。

（2）边长为 100mm×100mm×300mm 和 200mm×200mm×400mm 的棱柱体试件是非标准试件。

（3）每组试件应为 3 块。

12.3.5.4 试验步骤

（1）试件到达试验龄期时，从养护地点取出后，应检查其尺寸及形状，尺寸公差应满足标准规定，试件取出后应尽快进行试验。

（2）试件放置试验机前，应将试件表面与上、下承压板面擦拭干净。

（3）将试件直立放置在试验机的下压板或钢垫板上，并应使试件轴心与下压板中心对准。

（4）开启试验机，试件表面与上下承压板或钢垫板应均匀接触。

（5）在试验过程中应连续均匀加荷，加荷速度应取 0.3～1.0MPa/s。当棱柱体混凝土试件轴心抗压强度小于 30MPa 时，加荷速度宜取 0.3～0.5MPa/s；棱柱体混凝土试件轴心抗压强度为 30～60MPa 时，加荷速度宜取 0.5～0.8MPa/s；棱柱体混凝土试件轴心抗压强度不小于 60MPa 时，加荷速度宜取 0.8～1.0MPa/s。

（6）手动控制压力机加荷速度时，当试件接近破坏开始急剧变形时，应停止调整试验机油门，直至破坏，并记录破坏荷载。

12.3.5.5 结果计算

（1）混凝土试件轴心抗压强度按公式（12-19）进行计算，精确至 0.1MPa：

$$f_{cp} = \frac{F}{A} \tag{12-19}$$

式中，f_{cp}——混凝土试件轴心抗压强度，MPa；

$\quad$ F——试件破坏荷载，N；

$\quad$ A——试件承压面积，mm^2。

（2）混凝土强度等级小于 C60 时，用非标准试件测得的强度值均应乘以尺寸换算系数，对 200mm×200mm×400mm 试件为 1.05；对 100mm×100mm×300mm 试件为 0.95。当混凝土强度等级不小于 C60 时，宜采用标准试件；使用非标准试件时，尺寸换算系数应由试验确定。

（3）混凝土轴心抗压强度试验记录表见表 12-27。

混凝土轴心抗压强度试验记录表 表 12-27

试样编号	受压面积（mm²）	破坏荷载（kN）	轴心抗压强度（MPa）		备注
			单块值	代表值	
					1. 标准养护 2. 龄期为＿＿d

12.3.6　混凝土劈裂抗拉强度试验

12.3.6.1　试验目的

混凝土劈裂抗拉强度试验是测定混凝土抗拉强度的试验，目的是检验混凝土的强度能否满足设计要求。

12.3.6.2　仪器设备

（1）压力试验机。测量精度为 1％，试件的预期破坏荷载值应大于全量程的 20％，且小于全量程的 80％，应具有加荷指示装置。

（2）试模。由铸铁或钢制成，应有足够的刚度，组装后内部尺寸的误差不应大于公称尺寸的 0.2％，且不应大于 1mm。组装后各相邻的不垂直度应不超过 0.5°。

（3）劈裂钢垫条和三合板垫层如图 12-7 所示。

（4）振动台、捣棒、小铁铲、金属直尺、镘刀等。

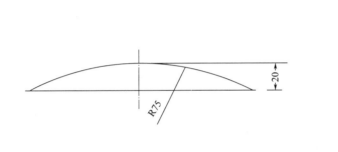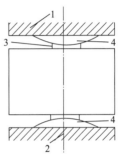

图 12-7　劈裂钢垫条和三合板垫层

1—上压板；2—下压板；3—垫层；4—垫条

12.3.6.3　试件的制作与养护

（1）标准试件应是边长为 150mm 的立方体试件；

（2）边长为 100mm 和 200mm 的立方体试件是非标准试件；

（3）每组试件应为 3 块。

12.3.6.4　试验步骤

（1）试件到达试验龄期时，从养护地点取出后，应检查其尺寸及形状，尺寸公差应满足标准规定，试件取出后应尽快进行试验。

（2）试件放置试验机前，应将试件表面与上、下承压板面擦拭干净。在试件成型时的顶面和底面中部画出相互平行的直线，确定出劈裂面的位置。

（3）将试件放在试验机下承压板的中心位置，劈裂承压面和劈裂面应与试件成型时的顶面垂直；在上、下压板与试件之间垫以圆弧形垫块及垫条各一条，垫块与垫条应与试件上、下面的中心线对准并与成型时的顶面垂直。宜把垫条及试件安装在定位架上使用。

（4）开启试验机，试件表面与上、下承压板或钢垫板应均匀接触。

（5）在试验过程中应连续均匀地加荷，当对应的立方体抗压强度小于 30MPa 时，加载速度宜取 0.02～0.05MPa/s；对应的立方体抗压强度为 30～60MPa 时，加载速度宜取 0.05～0.08MPa/s；对应的立方体抗压强度不小于 60MPa 时，加载速度宜取 0.08～0.10MPa/s。

313

（6）采用手动控制压力机加荷速度时，当试件接近破坏时，应停止调整试验机油门，直至破坏，然后记录破坏荷载。

（7）试件断裂面应垂直于承压面，当断裂面不垂直于承压面时，应作好记录。

12.3.6.5　结果计算

（1）混凝土劈裂抗拉强度按公式（12-20）进行计算，精确至0.1MPa：

$$f_{tc} = \frac{2F}{\pi A} = 0.637\frac{F}{A} \tag{12-20}$$

式中，f_{tc}——混凝土劈裂抗拉强度，MPa；

F——试件破坏荷载，N；

A——试件劈裂面面积，mm^2。

（2）混凝土劈裂抗拉强度值的确定应符合下列规定：

1）应以3个试件测值的算术平均值作为该组试件的劈裂抗拉强度值，应精确至0.01MPa；

2）当3个测值中的最大值或最小值有一个与中间值的差值超过中间值的15％时，应把最大及最小值一并舍除，取中间值作为该组试件的劈裂抗拉强度值；

3）当最大值和最小值与中间值的差值均超过中间值的15％时，该组试件的试验结果无效。

（3）采用100mm×100mm×100mm非标准试件测得的劈裂抗拉强度值，应乘以尺寸换算系数0.85；当混凝土强度等级不小于C60时，应采用标准试件。

（4）混凝土劈裂抗拉强度试验记录表见表12-28。

表 12-28

混凝土劈裂抗拉强度试验记录表

试样编号	劈裂面积（mm²）	破坏荷载（kN）	劈裂抗拉强度（MPa）		备注
			单块值	代表值	
					1. 标准养护 2. 龄期为___d

探月精神：追逐梦想、勇于探索、协同攻坚、合作共赢

2020年12月4日，国家航天局公布探月工程嫦娥五号探测器在月球表面国旗展示的照片。嫦娥五号着陆器和上升器组合体全景相机环拍成像，五星红旗在月面成功展开。

2007年，嫦娥一号绕月探测成功，成为中国航天第三个里程碑；

2010年，嫦娥二号获得当时国际最高7米分辨率全月影像图；

2013年，嫦娥三号成功落月并开展月面巡视勘察，实现我国首次对地外天体的软着陆直接探测；

2014 年，再入返回飞行试验任务圆满成功，突破和掌握了航天器以接近第二宇宙速度再入返回关键技术；

2019 年，嫦娥四号首次实现人类航天器在月球背面软着陆和巡视探测，月球背面与地球的中继通信；

2020 年，嫦娥五号首次实现我国地外天体采样返回。

从绕月拍摄到飞跃探测，从月背着陆到落月采样，探月工程六战六捷、连战连捷，"绕、落、回"三步走规划圆满收官。

从 2004 年 1 月我国探月工程立项开始，参与研制建设的全体人员不畏艰难、勇于创新，创造了月球探测的中国奇迹，孕育形成了追逐梦想、勇于探索、协同攻坚、合作共赢的探月精神。"追逐梦想"，是探月精神的活力源泉；"勇于探索"，是探月精神的关键核心；"协同攻坚"，是探月精神的根本支点；"合作共赢"，是探月精神的时代特征。

探月工程研制建设者身上所凝聚的探月精神，既是航天传统精神、"两弹一星"精神、载人航天精神的传承和延续，又具有鲜明的时代特征，成为我国航天事业在新时代不断取得新辉煌的巨大动力。

任务 12.4　建筑砂浆试验

为了评定新拌砂浆的质量，必须试验其和易性，而和易性又决定于砂浆的流动性和保水性，流动性用沉入度来评定，保水性用分层度来评定。

本试验依据《建筑砂浆基本性能试验方法标准》JGJ/T 70—2009 等相关规定进行。

12.4.1　砂浆稠度试验（沉入度）

12.4.1.1　试验目的

砂浆沉入度是指一几何形状和重量均符合标准规定的圆锥体，借自重在规定时间内沉入新拌砂浆的深度（厘米）。沉入度的大小，反映了砂浆的流动性。

微课：建筑砂浆试验

12.4.1.2　仪器设备

（1）砂浆稠度仪：应由试锥、容器和支座三部分组成。试锥应由钢材或铜材制成，试锥高度应为 145mm，锥底直径应为 75mm，试锥连同滑杆的质量应为 300g±2g；盛浆容器应由钢板制成，筒高应为 180mm，锥底内径应为 150mm；支座应包括底座、支架及刻度显示三个部分，应由铸铁、钢或其他金属制成（图 12-8）。

（2）钢制捣棒：直径为 10mm，长度为 350mm，端部磨圆。

（3）秒表。

12.4.1.3　试验步骤

（1）采用少量润滑油轻擦滑杆，再将滑杆上多余的油用吸油纸擦净，使滑杆能自由滑动。

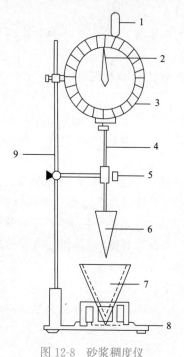

图 12-8 砂浆稠度仪

1—齿条测杆；2—指针；3—刻度盘；
4—滑杆；5—制动螺丝；6—试锥；
7—盛浆容器；8—底座；9—支架

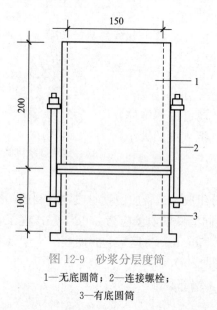

图 12-9 砂浆分层度筒

1—无底圆筒；2—连接螺栓；
3—有底圆筒

（2）采用湿布擦净盛浆容器和试锥表面，再将砂浆拌合物一次装入容器；砂浆表面宜低于容器口 10mm，用捣棒自容器中心向边缘均匀地插捣 25 次，然后轻轻地将容器摇动或敲击 5～6 下，使砂浆表面平整，随后将容器置于稠度测定仪的底座上。

（3）拧开制动螺丝，向下移动滑杆，当试锥尖端与砂浆表面刚接触时，应拧紧制动螺栓，使齿条测杆下端刚接触滑杆上端，并将指针对准零点上。

（4）拧开制动螺丝，同时计时间，10s 时立即拧紧螺栓，将齿条测杆下端接触滑杆上端，从刻度盘上读出下沉深度（精确至 1mm），即为砂浆的稠度值。

（5）盛浆容器内的砂浆，只允许测定一次稠度，重复测定时，应重新取样测定。

12.4.1.4 试验结果确定

（1）同盘砂浆应取两次试验结果的算术平均值作为测定值，并应精确至 1mm。

（2）当两次试验值之差大于 10mm 时，应重新取样测定。

12.4.2 砂浆分层度试验

12.4.2.1 试验目的

测定砂浆分层度的目的，在于确定砂浆保存水分的能力。它是以砂浆经振动后，其上下层流动性的差异来表示的。

12.4.2.2 仪器设备

（1）砂浆分层度筒（图 12-9）：应由钢板制成，内径应为 150mm，上节高度应为 200mm，下节带底净高应为 100mm，两节的连接处应加宽 3～5mm，并应设有橡胶垫圈。

（2）振动台：振幅应为 0.5mm±0.05mm，频率应为 50Hz±3Hz。

（3）砂浆稠度仪、木锤等。

12.4.2.3 试验步骤

（1）应按照标准规定测定砂浆拌合物的稠度。

（2）将砂浆拌合物一次装入分层度筒内，待装满后，用木锤在分层度筒周围距离大致相等的四个不同部位轻轻敲击 1～2 下；当砂浆沉落到低于筒口时，应随时添加，然后刮去多余的砂浆并用抹刀抹平。

（3）静置 30min 后，去掉上节 200mm 砂浆，然后将剩余的 100mm 砂浆倒在拌合锅内拌 2min，再按照标准规定测其稠度。前后测得的稠度之差即为该砂浆的分层度值。

12.4.2.4　试验结果确定

（1）应取两次试验结果的算术平均值作为该砂浆的分层度值，精确至 1mm。

（2）当两次试验值之差大于 10mm 时，应重新取样测定。

12.4.3　砂浆立方体抗压强度试验

12.4.3.1　试验目的

测定砂浆立方体抗压强度的目的，在于确定砂浆的强度等级。

12.4.3.2　仪器设备

（1）试模：应为 70.7mm×70.7mm×70.7mm 的带底试模，按照现行行业标准《混凝土试模》JG/T 237—2008 的规定选择，具有足够的刚度并拆装方便。试模的内表面应机械加工，其不平度应为每 100mm 不超过 0.05mm，组装后各相邻面的不垂直度不应超过±0.5°。

（2）钢制捣棒：直径为 10mm，长度为 350mm，端部磨圆。

（3）压力试验机：精度应为 1%，试件破坏荷载应不小于压力机量程的 20%，且不应大于全量程的 80%。

（4）垫板：试验机上、下压板及试件之间可垫以钢垫板，垫板的尺寸应大于试件的承压面，其不平度应为每 100mm 不超过 0.02mm。

（5）振动台：空载中台面的垂直振幅应为 0.5mm±0.05mm，空载频率应为 50Hz±3Hz，空载台面振幅均匀度不应大于 10%，一次试验应至少能固定 3 个试模。

12.4.3.3　试件的制备与养护

（1）应采用立方体试件，每组试件应为 3 个。

（2）采用黄油等密封材料涂抹试模的外接缝，试模内应涂刷薄层机油或隔离剂。将拌制好的砂浆一次性装满砂浆试模，成型方法应根据稠度而确定。当稠度大于 50mm 时，宜采用人工插捣成型；当稠度不大于 50mm 时，宜采用振动台振实成型。

1）人工插捣：采用捣棒均匀地由边缘向中心按螺旋方式插捣 25 次，插捣过程中当砂浆沉落低于试模口时，应随时添加砂浆，可用油灰刀插捣数次，并用手将试模一边抬高 5～10mm 各振动 5 次，砂浆应高出试模顶面 6～8mm；

2）机械振动：将砂浆一次装满试模，放置到振动台上，振动时试模不得跳动，振动 5～10s 或持续到表面泛浆为止，不得过振。

（3）待表面水分稍干后，再将高出试模部分的砂浆沿试模顶面刮去并抹平。

（4）试件制作后应在温度为 20℃±5℃的环境下静置 24h±2h，对试件进行编号、拆模。当气温较低时，或者凝结时间大于 24h 的砂浆，可适当延长时间，但不应超过 2d。试件拆模后应立即，放入温度为 20℃±2℃，相对湿度为 90% 以上的标准养护室中养护。养护期间，试件彼此间隔不得小于 10mm，混合砂浆、湿拌砂浆试件上面应覆盖，防止有水滴在试件上。

（5）从搅拌加水开始计时，标准养护龄期应为 28d，也可根据相关标准要求增加 7d 或 14d。

12.4.3.4 试验步骤

（1）试件从养护地点取出后应及时进行试验。试验前应将试件表面擦拭干净，测量尺寸，并检查其外观，并应计算试件的承压面积。当实测尺寸与公称尺寸之差不超过1mm时，可按照公称尺寸进行计算。

（2）将试件安放在试验机的下压板或下垫板上，试件的承压面应与成型时的顶面垂直，试件中心应与试验机下压板或下垫板中心对准。开动试验机，当上压板与试件或上垫板接近时，调整球座，使接触面均衡受压。承压试验应连续而均匀地加荷，加荷速度应为0.25～1.5kN/s；砂浆强度不大于2.5MPa时，宜取下限。当试件接近破坏而开始迅速变形时，停止调整试验机油门，直至试件破坏，然后记录破坏荷载。

12.4.3.5 结果计算

（1）砂浆立方体抗压强度应按公式（12-21）进行计算：

$$f_{m,cu} = K \frac{N_u}{A} \tag{12-21}$$

式中，$f_{m,cu}$——砂浆立方体试件抗压强度，MPa，应精确至0.1MPa；

$\quad\quad N_u$——试件破坏荷载，N；

$\quad\quad A$——试件承压面积，mm^2；

$\quad\quad K$——换算系数，取1.35。

（2）应以三个试件测值的算术平均值作为该组试件的砂浆立方体抗压强度平均值（f_2），精确至0.1MPa。

（3）当三个测值的最大值或最小值中有一个与中间值的差值超过中间值的15%时，应把最大值及最小值一并舍去，取中间值作为该组试件的抗压强度值。

（4）当两个测值与中间值的差值均超过中间值的15%时，该组试验结果应为无效。

⬥ 小 贴 士

新时代北斗精神：自主创新、开放融合、万众一心、追求卓越

2020年6月23日，随着最后一颗组网卫星成功发射，北斗三号全球卫星导航系统完成全球星座部署；2020年7月31日，北斗三号全球卫星导航系统正式建成开通，标志着我国建成独立自主、开放兼容的全球卫星导航系统，成为世界上第三个独立拥有全球卫星导航系统的国家。

自1994年启动北斗系统工程以来，北斗人奏响了一曲大联合、大团结、大协作的交响曲，孕育了自主创新、开放融合、万众一心、追求卓越的新时代北斗精神。"自主创新"是北斗工程的核心价值；"开放融合"是北斗工程的世界胸襟；"万众一心"是北斗工程的制胜基因；"追求卓越"是北斗工程的目标追求。

新时代北斗精神，是以爱国主义为核心的民族精神和以改革创新为核心的时代精神在航天领域的生动展示，是"两弹一星"精神、载人航天精神等科技战线红色基因在新时代的赓续传承，是中国精神极其鲜活、极其真切、极具特色的具体体现，是全体北斗人执着坚守的核心价值。

任务 12.5　钢筋试验

钢筋试验包括拉伸试验和冷弯试验，测定用以评定钢筋性能的主要技术指标。

本试验依据国家标准《钢筋混凝土用钢材试验方法》GB/T 28900—2022 等相关规定进行。

12.5.1　验收与取样

（1）钢筋应按批进行检查和验收，每批质量不大于 60t。每批应由同一牌号、同一炉罐号、同一规格、同一交货状态的钢筋组成。

（2）每一验收批中取试样一组，其中拉伸试样两根，冷弯试样两根。

微课：钢筋试验

（3）自每批钢筋中任选两根切取试样，试样应在每根钢筋距端头 50cm 处截取，每根钢筋上截取一根拉伸试样，一根冷弯试样。

（4）拉伸、冷弯试样不允许进行车削加工。试验一般在室温 10～35℃ 范围内进行，对温度要求严格的试验，试验温度应控制为 23℃±5℃。

12.5.2　拉伸试验

12.5.2.1　试验目的

测定钢筋在拉伸过程中的应力-应变曲线，以及屈服强度、抗拉强度、断后伸长率三个重要指标，评定钢筋的质量与等级。

12.5.2.2　仪器设备

万能材料试验机（示值误差不大于 1%，所有测值应在试验机最大荷载的 20%～80% 范围内）、游标卡尺（精度 0.1mm）、钢筋画线机等。

12.5.2.3　试验步骤

1. 试样制备

（1）钢筋试样的长度应合理，试验机两夹头间的钢筋自由长度应足够。

（2）原始标距 $L_0 = 5a$（或 $10a$），应用小标记、细画线或细墨线标记原始标距，但不得用引起过早断裂的缺口作标记。如果钢筋的自由长度（夹具间非夹持部分的长度）比原始标距长许多，可以标记一系列套叠的原始标距。

2. 试验方法

（1）将试样上端固定在试验机上夹具内，开动试验机，旋开加油阀，将滑塞升起 10mm 左右，关闭加油阀。调节试验机测力盘的主动针回零，拨动从动针，使之与主动针重合。再用下夹具固定试样下端，重新旋开加油阀进行拉伸试验，直到将钢筋拉断。

（2）屈服完成前的加荷速度应保持并恒定在表 12-29 规定的范围内；屈服后，试验机活动夹头在荷载下的移动速率不大于 $0.5A_c$/min（$L_c = l_0 + 2h_1$）。试验时，可安装描绘器，记录力-延伸曲线或力-位移曲线。

319

土木工程材料

应力速率   表 12-29

钢筋的弹性模量 E（MPa）	应力速率（MPa/s）	
	最小	最大
$<1.5\times10^5$	1	10
$\geqslant1.5\times10^5$	3	30

12.5.2.4 结果计算

1. 强度计算

（1）从曲线图或测力盘上读取不计初始瞬时效应时屈服阶段的最小力或屈服平台的恒定力 F_s（N）及试验过程中的最大力 F_b（N）。

（2）按公式（12-22）和（12-23）分别计算屈服强度 σ_s（精确至 5MPa）、抗拉强度 σ_b（精确至 5MPa）。

$$\sigma_s=\frac{F_s}{A} \tag{12-22}$$

$$\sigma_b=\frac{F_b}{A} \tag{12-23}$$

式中，A——钢筋的公称横截面积（mm^2），见表 12-30。

不同公称直径钢筋的公称横截面积   表 12-30

公称直径（mm）	公称横截面积（mm^2）	公称直径（mm）	公称横截面积（mm^2）
8	50.27	22	380.1
10	78.54	25	490.9
12	113.1	28	615.8
14	153.9	32	804.2
16	201.1	36	1018
18	254.5	40	1257
20	314.2	50	1964

（3）强度值修约按表 12-31 执行。

强度值修约间隔（单位：MPa）   表 12-31

强度	范围	修约间隔
σ_s、σ_b	$\leqslant200$	1
	$>200\sim1000$	5
	>1000	10

2. 断后伸长率计算

（1）将试样断裂的部分仔细地配接在一起，使其轴线处于同一直线上，并确保试样断裂部分适当接触后测量试样断裂后标距 S，精确到 0.1mm。

（2）按公式（12-24）进行计算断后伸长率 δ，精确至 1%：

320

$$\delta_5(\text{或}\ \delta_{10}) = \frac{L_1 - L_0}{L_0} \times 100\% \tag{12-24}$$

式中，δ_5、δ_{10}——$L_0 = 5a$ 和 $L_0 = 10a$ 时的断后伸长率。

（3）只有断裂处与最接近的标距标记的距离不小于原始标距三分之一的情况方为有效。

（4）为了避免因发生在第（3）项规定的范围之外的断裂而造成试样报废，可以采用移位方法测定断后伸长率，具体方法是：在长段上，从拉断处。点取基本等于短段格数，得 A 点，接着取等于长段所余格数之半，得 C 点；或者取所余格数减 1 与加 1 之半，得 C 与 C_1 点。移位后的 L_1 分别为 AO＋OB＋2BC 或者 AO＋OB＋BC＋BC$_1$。如果直接测所得的伸长率能达到标准值要求，则可不采用移位法。

（5）如试件在标距端点上或标距外断裂，则试验结果无效，应重做试验。

12.5.3　冷弯试验

12.5.3.1　试验目的
检验钢筋在常温下承受规定弯曲程度（一定的弯曲角度和弯心直径）的弯曲变形能力，检查钢筋是否存在内部组织的不均匀、内应力和夹杂物等缺陷。

12.5.3.2　仪器设备
万能试验机或压力机，具有两支承辗，支承辐间距离可以调节，具有不同直径的弯心。

12.5.3.3　试验步骤
（1）截取钢筋试样的长度 $L \approx 5a + 150$（mm），其中 a 为钢筋直径。

（2）根据热轧钢筋的种类，分别按表 12-32 和表 12-33 确定弯心直径 d 和弯曲角度 α。

热轧光圆钢筋冷弯试验的弯心直径和弯曲角度　　　　表 12-32

牌号	钢筋直径 a(mm)	弯心直径 d(mm)	弯曲角度 α
HPB300	6～22	a	180°

热轧带肋钢筋冷弯试验的弯心直径和弯曲角度　　　　表 12-33

牌号	钢筋直径 a(mm)	弯心直径 d(mm)	弯曲角度 α
HRB400	6～25	$4a$	
HRBF400	28～40	$5a$	
HRB400E			
HRBF400E	＞40～50	$6a$	
HRB500	6～25	$6a$	180°
HRBF500	28～40	$7a$	
HRB500E			
HRBF500E	＞40～50	$8a$	
	6～25	$6a$	
HRB600	28～40	$7a$	
	＞40～50	$8a$	

（3）调节支辗间距为 $L = (d + 2.5a) \pm 0.5a$，此间距在试验期间应保持不变。

（4）将钢筋试样放于两支辊上，试样轴线应与弯曲压头轴线垂直，弯曲压头在两支座之间的中点处对试样连续缓慢地施加压力使其弯曲到规定的角度。如不能直接达到180°，应将试样置于两平行压板之间，连续施加力，压其两端使其进一步弯曲，直至达到180°。

12.5.3.4 结果评定

检查试样弯曲处外面和侧面，无裂缝、断裂或起层，即评定为冷弯合格。

12.5.4 钢筋机械性能评定

（1）屈服强度、抗拉强度、伸长率均符合各自标准规定，则可判定为符合该级别。

（2）如拉伸、冷弯试验中某一项试验结果不合格，可从同一批钢筋中取双倍数量的试样（四根钢筋），进行该不合格项目的复检。如全部合格，则该批钢筋评定为合格；即使有一个指标不合格，则该批钢筋评定为不合格。

> **小贴士**
>
> **"高铁精神"：科学求实、相容并蓄；自主创新、赶超一流；忠诚祖国、拼搏奉献**
>
> 高速铁路技术虽然在日本和欧洲率先兴起，但是在中国引进并改造这一技术后，高铁成为中国产业最耀眼的一颗明星。中国高铁5年走过国际上40年的道路、从追赶者变为全球领跑者，这样神奇的速度，缔造了感人肺腑的"高铁精神"，这就是：科学求实、相容并蓄；自主创新、赶超一流；忠诚祖国、拼搏奉献。建议在我国全社会大力弘扬"高铁精神"，突出自主创新，为加快转变经济发展方式提供强大的精神力量支撑。同时，对外宣传高铁，提升中国形象。
>
> 2021年底，中国高铁运营里程突破40000km。从0到40000km，中国高铁实现了从无到有，从追赶到并跑，再到领跑的历史性变化。运营里程世界最长，商业运营速度世界最快，运营网络通达水平世界最高……中国高铁发展速度之快、质量之高，令全世界惊叹，是当之无愧的"国家名片"。

任务 12.6 沥青试验

本节主要介绍沥青的针入度试验。

12.6.1 沥青取样方法和取样数量

微课：沥青试验

1. 半固体或未破碎固体沥青的取样

（1）从桶、袋、箱中取样应在样品表面以下及容器侧面以内至少75mm处采取。若沥青是能够打碎的，则用干净的工具将沥青打碎后取样；若沥青是软的，则用干净的热工具切割取样。

（2）当能确认是同一批生产的产品时，应随机取出一件按上述取样方法取4kg供检验用；当不能确认是同一批生产的产品或按同批产品要求取出的样品经检验不符合规范要求时，则应按随机取样原则选出若干件，再按上述规定取样，其件数等于总件数的立方根。当取样件数超过一件，每个样品重坦应不少于0.1kg，这样取出的样品，经充分混合均匀后取出 4kg 供检验用。

2. 碎块或粉末状沥青的取样

（1）散装储存的碎块或粉末状固体沥青取样，应按《固体和半固体石油产品取样法》SH/T 0229—1992 操作。总样量不少于 25kg，再从中取出 1～2kg 供检验用。

（2）装在桶、袋、箱中的碎块或粉末状固体沥青，按前述随机取样原则选出若干件，从每一件接近中心处取至少 5kg 样品，这样采集的总样量应不少于 25kg，然后按《固体和半固体石油产品取样法》SH/T 0229—1992 执行四分法操作，从中取出 1～2kg 供检验用。

3. 流体状沥青取样

对于流体状沥青的取样，按《沥青取样法》GB/T 11147—2010 的相关规定操作。

12.6.2　针入度测定

12.6.2.1　试验目的

测定针入度，用以评定沥青的黏滞性和沥青牌号。

12.6.2.2　仪器设备

（1）针入度仪。针连杆的质量为 47.5g±0.05g，针和针连杆总质量为 50g±0.05g，另外仪器附有 50g±0.05g 和 100g±0.05g 的砝码各一个，可以组成 100g±0.05g 和 200g±0.05g 的载荷以满足试验所需的载荷条件。

（2）标准针。由硬化回火的不锈钢制造，针长约 50mm，针的直径为 1.00～1.02mm。

（3）试样皿。金属或玻璃的圆柱形平底容器。针入度小于 40 时，其内径为 33～55mm，深度为 8～16mm；针入度为 40～200 时，其内径为 55mm，深度为 35mm；针入度为 200～350 时，其内径为 55～75mm，深度为 45～70mm；针入度为 350～500 时，其内径为 55mm，深度为 70mm。

（4）恒温水浴。容量不小于 10L，能保持温度在试验温度的 ±0.1℃范围内。

（5）平底玻璃皿。容量不小于 350mL，深度要没过最大的样品皿。内设一个不锈钢支架，能使试样皿稳定。

（6）秒表（精度 0.1s）、温度计（分度 0.1℃，范围 0～50℃）。

12.6.2.3　试样制备

（1）小心加热样品，不断搅拌以防局部过热，加热到试样能够易于流动。焦油沥青的加热温度不超过软化点的 60℃，石油沥青的加热温度不超过软化点的 90℃。加热时间在假证样品充分流动的基础上尽量少。加热、搅拌过程中避免试样中进入气泡。

（2）将试样倒入预先选好的试样皿中，其深度至少是预计针入深度的 120%。如果试样皿的直径小于 65mm，而预期针入度大于 200mm，每个试验条件都要倒三个样品。如果样品足够，浇筑的样品要达到试样皿边缘。

（3）轻轻地盖住试样皿以防灰尘落入。在 15～30℃的室温下，小的试样皿（ϕ33mm×16mm）中的样品冷却 45min～1.5h，中等试样皿（ϕ55mm×35mm）中的样品冷却 1～1.5h，较大的试样皿中的样品冷却 1.5～2.0h，冷却结束后将试样皿和平底玻璃皿一起放入测试温度下的水浴中，水面应没过试样表面 10mm 以上，在规定的温度下恒温，小的试样皿恒温 45min～1.5h，中等试样皿恒温 1～1.5h，较大试样皿恒温 1.5～2.0h。

12.6.2.4　试验步骤

（1）调节针入度仪的水平，检查连杆和导轨，确保水面没水和其他物质。如果预测针入度超过 350 应选择长针，否则用标准针。用合适的溶剂把针擦净，再用干净的布把针擦干，然后将针插入针连杆中固定。按试验条件（除非另行规定，标准针、针连杆与附加砝码的总质量为 100g±0.05g，温度为 25℃±0.1℃，时间为 5s）选择合适的砝码并放好砝码。

（2）将已恒温到试验温度的试样皿从恒温水浴中取出，放在平底玻璃皿中的三脚架上，用与水浴相同温度的水完全覆盖样品，将平底玻璃皿放在针入度仪的平台上，慢慢放下针连杆，使针尖与试样表面恰好接触。必要时用放置在合适位置的光源观察针头位置，使针尖与水中针头的投影刚刚接触为止。轻轻拉下活杆，使其与针连杆顶端接触，调节针入度仪上的刻度盘指针为零。

（3）用手紧压按钮，释放针连杆，同时开动秒表，使标准针自由地穿入沥青试样中，到规定的时间（5s），停压按钮，使标准针停止下沉。

（4）拉下活杆，与针连杆顶部接触，此时刻度盘指针读数即为试样针入度，用 1/10mm 表示。

（5）同一试样至少重复测定 3 次，每次穿入点相互距离及与盛样皿边缘距离都不得小于 10mm。每次测定都应将试样和平底玻璃皿放入恒温水浴中，并使用干净的针。当针入度不超过 200 时，可将针取下用合适的溶剂擦净后继续使用；当针入度超过 200 时，每个试样皿中扎一针，三个试样皿得到三个数据。或者每个试样至少用三根针，每次试验用的针留在试样中，直至三根针扎完时再将针取出。但这样测得的针入度最高值和最低值之差不得超过平均值的 4%。

12.6.2.5　结果评定

取三次测定针入度的平均值作为试验结果，取至整数。三次测定的针入度值相差不应大于表 12-34 中的数值，如果误差超过表中的数值，则进行重复试验。如果结果再次超过允许值，则取消所有的试验结果，重新进行试验。

图片：常用土木工程
材料试验图片集

针入度测定最大允许差值（单位：1/10mm）　　　　表 12-34

针入度	0~49	50~149	150~249	250~349	350~500
最大差值	2	4	6	8	20

巩固练习题

一、单项选择题

1. 水泥试验中，以同一水泥厂、同品种、同强度等级、同一批号且连续进场的水泥为一个取样单位，袋装水泥不超过_____为一批。

A. 200t　　　　　B. 300t　　　　　C. 400t　　　　　D. 500t

2. 取砂样时，由各部位抽取大致相等的砂_____份。

A. 4　　　　　B. 6　　　　　C. 8　　　　　D. 10

3. 砂筛分析试验中，筛分前应准备称取烘干试样_____g。

    A. 1000　　　　　　　B. 800　　　　　　　C. 500　　　　　　　D. 250

4. 砂筛分析试验中，套筛装入摇筛机内固紧，每次筛分时间为_____min。

    A. 5　　　　　　　　B. 8　　　　　　　　C. 10　　　　　　　D. 15

5. 混凝土拌合物坍落度试验中，试样应分_____层均匀地装入坍落度筒内。

    A. 2　　　　　　　　B. 3　　　　　　　　C. 4　　　　　　　　D. 5

6. 混凝土拌合物的取样要求取样量应多于试验所需量的_____倍。

    A. 1　　　　　　　　B. 1.5　　　　　　　C. 2　　　　　　　　D. 2.5

7. 每装一层混凝土拌合物，应用捣棒由边缘到中心按螺旋形均匀插捣_____次。

    A. 15　　　　　　　B. 20　　　　　　　C. 25　　　　　　　D. 30

8. 砂浆流动性的大小可以通过_____测定。

    A. 坍落度桶　　　　　　　　　　　　B. 砂浆稠度仪

    C. 砂浆分层度仪　　　　　　　　　　D. 维勃稠度仪

9. 砂浆稠度试验中，试锥掉落后_____拧紧螺栓，读取沉入度值。

    A. 10s　　　　　　　B. 20s　　　　　　　C. 30s　　　　　　　D. 40s

10. 砂浆分层度试验中，两次稠度测得值分别为 15mm、10mm，则其分层度值为_____。

    A. 15mm　　　　　　B. 10mm　　　　　　C. 5mm　　　　　　D. 25mm

11. 在低碳钢的应力应变图中，有线性关系的是_____。

    A. 弹性阶段　　　　B. 屈服阶段　　　　C. 强化阶段　　　　D. 颈缩阶段

12. 低合金高强度钢的牌号是以_____来表示的。

    A. 屈服点数值（MPa）、质量等级　　　B. 屈服点数值（MPa）、脱氧程度

    C. 抗拉强度（MPa）、质量等级　　　　D. 抗拉强度（MPa）、脱氧程度

13. 钢普通碳塑结构钢随钢号的增加，钢材的_____。

    A. 强度增加、塑性增加　　　　　　　B. 强度降低、塑性增加

    C. 强度降低、塑性降低　　　　　　　D. 强度增加、塑性降低

14. 下列是衡量石油沥青温度敏感性的指标的是_____。

    A. 蒸发损失率　　　B. 针入度　　　　　C. 软化点　　　　　D. 延度

15. 石油沥青的针入度越大，则其黏滞性_____。

    A. 越大　　　　　　B. 越小　　　　　　C. 不变　　　　　　D. 不确定

16. 石油沥青的牌号主要根据其_____来划分。

    A. 针入度　　　　　B. 延度　　　　　　C. 软化点　　　　　D. 闪点

二、多项选择题

1. 在水泥试验中，我们测定水泥的_____作为评定水泥性质的主要技术指标。

    A. 细度　　　　　　　　　　　　　　B. 标准稠度用水量

    C. 凝结时间　　　　　　　　　　　　D. 安定性

    E. 胶砂强度

2. 下列属于砂筛分析试验的标准筛的筛孔孔径的是_____mm。

    A. 4.75　　　　　　B. 2.36　　　　　　C. 1.18　　　　　　D. 0.85

E. 0.60

3. 下列属于砂筛分析试验中用到的仪器设备的是_____。

A. 标准筛   B. 天平   C. 鼓风烘箱   D. 摇筛机

E. 捣棒

4. 下列属于混凝土拌合物坍落度试验的仪器设备的是_____。

A. 坍落度筒   B. 捣棒   C. 钢尺   D. 底板

E. 摇筛机

5. 关于坍落度试验，下列说法正确的是_____。

A. 坍落度筒的提离过程宜控制在 3~7s

B. 捣实后每层混凝土拌合物试样高度约为筒高的三分之一

C. 插捣底层时，捣棒应贯穿整个深度

D. 从开始装料到提坍落度筒的整个过程应连续进行，并应在 100s 内完成

E. 顶层插捣完后，应将多余混凝土拌合物刮去，并沿筒口抹平

6. 砂浆稠度试验所需的仪器有_____。

A. 砂浆稠度仪器   B. 砂浆分层度桶

C. 秒表   D. 捣棒

E. 坍落度桶

7. 砂浆分层度试验所需的仪器有_____。

A. 砂浆稠度仪器   B. 砂浆分层度桶

C. 秒表   D. 捣棒

E. 坍落度桶

8. 随着钢材厚度的增加，下列说法正确的是_____。

A. 钢材的抗拉强度有所提高   B. 钢材的抗压强度有所提高

C. 钢材的抗弯强度有所提高   D. 钢材的抗剪强度有所提高

E. 视钢号而定

9. 预应力混凝土宜选用的钢筋牌号是_____。

A. HPB300   B. HRB400   C. HRB500   D. HRB600

E. HRB335

10. 建筑防水沥青嵌缝油膏是由_____混合制成。

A. 填充料   B. 增塑料   C. 稀释   D. 改性材料

E. 石油沥青

11. 沥青胶根据使用条件应有良好的_____。

A. 耐热性   B. 粘结性   C. 大气稳定性   D. 温度敏感性

E. 柔韧性

三、判断题

1. 在负压筛法试验时，$80\mu m$ 筛析试验称取试样为 10g。   (   )

2. 在负压筛法试验时，$45\mu m$ 筛析试验称取试样为 25g。   (   )

3. 砂筛分析试验的目的是测定砂的颗粒级配，计算砂的细度模数。   (   )

4. 砂筛分后，若各号筛的筛余量与筛底的量之和同原试样质量之差超过 1%，则需重

新试验。　　　　　　　　　　　　　　　　　　　　　　　　　　　　（　　）

5. 混凝土拌合物的取样宜在同一盘混凝土或同一车混凝土中的 1/4 处、1/2 处和 3/4 处分别取样，并搅拌均匀。　　　　　　　　　　　　　　　　　　　（　　）

6. 混凝土坍落度试验适用于骨料最大粒径不大于 40mm、坍落度不小于 10mm 的混凝土拌合物的稠度测定。　　　　　　　　　　　　　　　　　　　　　（　　）

7. 砂浆稠度试验当两次试验值之差大于 10mm 时，应重新取样测定。　　（　　）

8. 分层度试验中，将砂浆放入分层度桶中静置 30min 后，去掉上节 200mm 砂浆，然后将剩余的 100mm 砂浆倒在拌合锅内拌 2min，再按照标准规定测其稠度。　（　　）

9. 屈强比愈小，钢材受力强超过屈服点工作时的可靠性愈大，结构的安全性愈高。
　　　　　　　　　　　　　　　　　　　　　　　　　　　　　　　　（　　）

10. 一般来说，钢材的含碳量增加，其塑性也增加。　　　　　　　　　（　　）

11. 针入度反映了石油沥青抵抗剪切变形的能力，针入度值愈小，表明沥青黏度越小。　　　　　　　　　　　　　　　　　　　　　　　　　　　　　　　（　　）

12. 在石油沥青中，树脂使沥青具有良好的塑性和黏结性。　　　　　　（　　）

四、简答题

简述混凝土拌合物坍落度试验的步骤。

参考文献

[1] 张飞燕. 建筑与装饰材料［M］. 成都：电子科技大学出版社，2016.

[2] 陈正. 土木工程材料［M］. 北京：机械工业出版社，2020.

[3] 苏达根. 土木工程材料［M］. 4版. 北京：高等教育出版社，2019.

[4] 焦宝祥. 土木工程材料［M］. 3版. 北京：高等教育出版社，2019.

[5] 刘娟红. 土木工程材料［M］. 北京：机械工业出版社，2019.

[6] 杜红秀，周梅等. 土木工程材料［M］. 2版. 北京：机械工业出版社，2020.

[7] 白宪臣. 土木工程材料［M］. 2版. 北京：机械工业出版社，2020.

[8] 贾福根，宋高嵩，刘红宇. 土木工程材料［M］. 北京：清华大学出版社，2016.

[9] 苏卿. 土木工程材料［M］. 4版. 武汉：武汉理工大学出版社，2020.

[10] 程沙沙，刘运宝. 建筑材料［M］. 2版. 北京：中国建筑工业出版社，2022.